表 1.3　风景园林规划图纸图线的线型、线宽、颜色及主要用途(第 15 页彩图)

名　称	线　型	线　宽	颜　色	主要用途
实线		0.10b	C = 67 Y = 100	城市绿线
		0.30b ~ 0.40b	C = 22　M = 78 Y = 57　K = 6	宽度小于 8 m 的风景名胜区车行道路
		0.20b ~ 0.30b	C = 27　M = 46 Y = 89	风景名胜区 步行道路
		0.10b	K = 80	各类用地边线
双实线		0.10b	C = 31　M = 93 Y = 100　K = 42	宽度大于 8 m 的风景名胜区道路
点画线	或	0.40b ~ 0.60b	C = 3　M = 98 Y = 100 或 K = 80	风景名胜区核心 景区界
	或	0.60b	C = 3　M = 98 Y = 100 或 K = 80	规划边界和用地 红线
双点 画线	或	b	C = 3　M = 98 Y = 100 或 K = 80	风景名胜区界
虚线	或	0.40b	C = 3　M = 98 Y = 100 或 K = 80	外围控制区 (地带)界
		0.20b ~ 0.30b	K = 80	风景名胜区景区界、功能区界、保护分区界
		0.10b	K = 80	地下构筑物或特殊 地质区域界

注:①b 为图线宽度,视图幅以及规划区域的大小而定。

②风景名胜区界、风景名胜区核心景区界、外围控制区(地带)界、规划边界和用地红线应用红色,当使用红色边界不利于突出图纸主体内容时,可用灰色。

③图形颜色由 C(青色)、M(洋红色)、Y(黄色)、K(黑色)4 种印刷油墨的色彩浓度确定;图形颜色中字母对应的数值为色彩浓度百分值,表中缺省的油墨类型的色彩浓度百分值一律为 0。

附录Ⅰ 城市绿地系统规划图纸中用地图例(第202页彩图)

序 号	图 形	文 字	图形颜色
1		公园绿地	C=55 M=6 Y=77
2		生产绿地	C=53 M=8 Y=53
3		防护绿地	C=36 M=15 Y=54
4		附属绿地	C=15 M=4 Y=36
5		其他绿地	C=19 M=2 Y=23

注:图形颜色由C(青色)、M(洋红色)、Y(黄色)、K(黑色)4种印刷油墨的色彩浓度确定;图形颜色中字母对应的数值为色彩浓度百分值,表中缺省的油墨类型的色彩浓度百分值一律为0。

附录Ⅱ 风景名胜区总体规划图纸用地及保护分类、保护分级图例(第203页彩图)

序 号	图 形	文 字	图形颜色
1	用地分类		
1.1		风景游赏用地	C=46 M=7 Y=57
1.2		游览设施用地	C=31 M=85 Y=70
1.3		居民社会用地	C=4 M=28 Y=38
1.4		交通与工程用地	K=50
1.5		林地	C=63 M=20 Y=63
1.6		园地	C=31 M=6 Y=47
1.7		更低	C=15 M=4 Y=36
1.8		草地	C=45 M=9 Y=75
1.9		水域	C=52 M=16 Y=2
1.10		滞留用地	K=15
2	保护分类		
2.1		生态保护区	C=52 M=11 Y=62
2.2		自然景观保护区	C=33 M=9 Y=27
2.3		史迹保护区	C=17 M=42 Y=44

续表

序　号	图　形	文　字	图形颜色
2.4		风景恢复区	C = 20　M = 4　Y = 39
2.5		风景游览区	C = 42　M = 16　Y = 58
2.6		发展控制区	C = 8　M = 20
3	保护分级		
3.1		特级保护区	C = 18　M = 48　Y = 36
3.2		一级保护区	C = 16　M = 33　Y = 34
3.3		二级保护区	C = 9　M = 17　Y = 33
3.4		三级保护区	C = 7　M = 7　Y = 23

注:①根据图面表达效果需要,可在保持色系不变的前提下,适当调整保护分类及保护分级图形颜色色调。

②图形颜色由C(青色)、M(洋红色)、Y(黄色)、K(黑色)4种印刷油墨的色彩浓度确定;图形颜色中字母对应的数值为色彩浓度百分值,表中缺省的油墨类型的色彩浓度百分值一律为0。

附录Ⅲ　风景名胜区总体规划图纸景源图例(第205页彩图)

序　号	景源类别	图　形	文　字	图形大小	图形颜色
1	人文		特级景源(人文)	外圈直径为 b	C=5　M=99 Y=100　K=1
2			一级景源(人文)	外圈直径为0.9b	
3			二级景源(人文)	外圈直径为0.8b	
4			三级景源(人文)	外圈直径为0.7b	
5		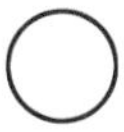	四级景源(人文)	直径为0.5b	
6	自然		特级景源(自然)	外圈直径为 b	C=87　M=29 Y=100　K=18
7			一级景源(自然)	外圈直径为0.9b	
8			二级景源(自然)	外圈直径为0.8b	
9			三级景源(自然)	外圈直径为0.7b	
10			四级景源(自然)	直径为0.5b	

注:①图形颜色由C(青色)、M(洋红色)、Y(黄色)、K(黑色)4种印刷油墨的色彩浓度确定;图形颜色中字母对应的数值为色彩浓度百分值。

②b为外圈直径,视图幅以及规划区域的大小而定。

附录Ⅳ　风景名胜区总体规划图纸基本服务设施图例(第206页彩图)

设施类型	图　形	文　字	图形颜色
服务基地	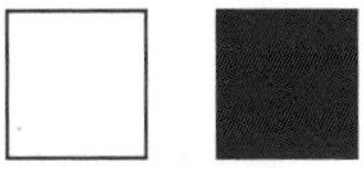	旅游服务基地/综合服务设施点(注:左图为现状设施,右图为规划设施)	C = 91　M = 67 Y = 11　K = 1
旅行		停车场	
		公交停靠站	
		码头	
		轨道交通	
		自行车租赁点	
		出入口	
游览		导示牌	C = 71　M = 26 Y = 69　K = 7
		厕所	
		垃圾箱	
		观景休息点	
		公安设施	
		医疗设施	
		游客中心	

续表

设施类型	图　形	文　字	图形颜色
游览		票务服务	C = 71　M = 26 Y = 69　K = 7
		儿童游戏场	
饮食		餐饮设施	C = 27　M = 100 Y = 100　K = 31
住宿		住宿设施	
购物		购物设施	
管理		管理机构驻地	

注:图形颜色由 C(青色)、M(洋红色)、Y(黄色)、K(黑色)4 种印刷油墨的色彩浓度确定;图形颜色中字母对应的数值为色彩浓度百分值。

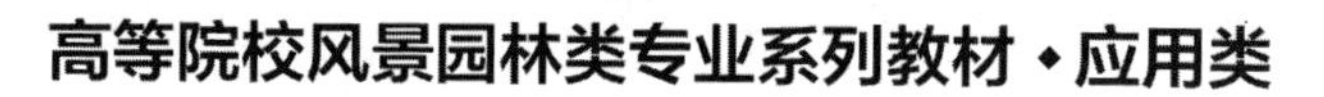

园林工程制图与识图

YUANLIN GONGCHENG ZHITU YU SHITU

主 编 黄 晖
副主编 丁智音 李晓妍
彭章华 郑 华 熊 星
主 审 顾红男

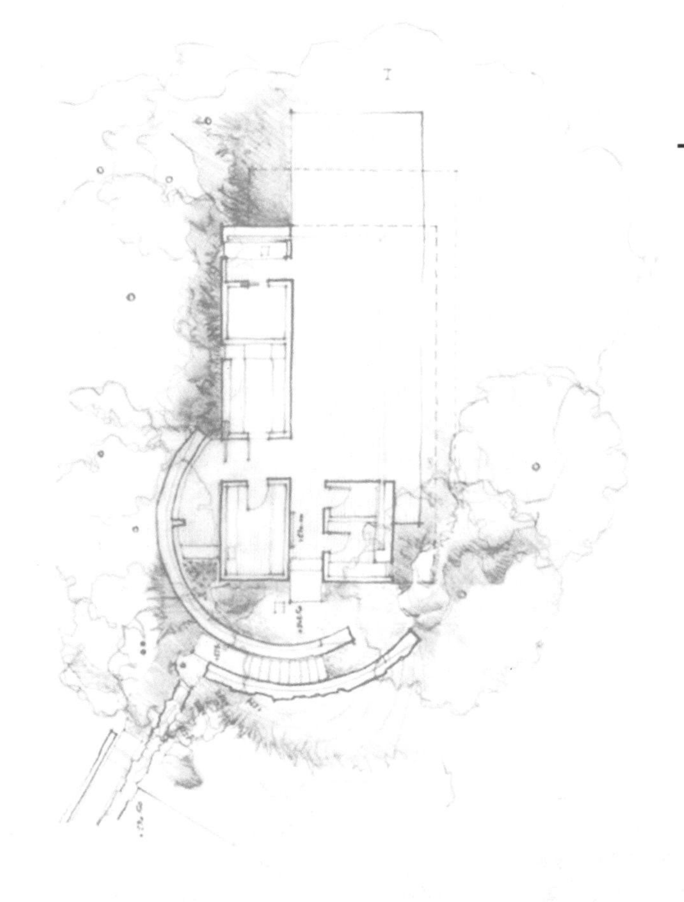

重庆大学出版社

内容提要

本书是高等院校风景园林类专业系列教材之一，是在总结高等院校教育经验的基础上，结合我国高等院校教育的特点，基于高等院校学生的知识结构水平和行业对技术人员的要求编写的。本书主要内容分为4大部分：园林制图基础知识、园林素材表现、投影作图（投影原理、轴测图、阴影透视图）、专业制图与识图。

本书旨在使初学者通过学习基本理论和教材中大量园林工程案例，掌握园林工程人员必备的专业基础知识和技能，为以后专业课的学习打下基础。为帮助学生更好地掌握所学知识，本教材配有《园林工程制图与识图习题集》。本书配有电子教案（可在重庆大学出版社教学资源网上下载），供教师教学参考。书中含16个二维码，可扫码观看教学视频和三维模型。

本书为高等院校本科园林技术、园林工程、景观、环境艺术设计类专业教材，也可供建筑工程、给排水等其他相关专业师生参考。

图书在版编目（CIP）数据

园林工程制图与识图 / 黄晖主编. -- 重庆 : 重庆大学出版社, 2020.11（2022.8 重印）
高等院校风景园林类专业系列教材. 应用类
ISBN 978-7-5689-2438-2

Ⅰ. ①园… Ⅱ. ①黄… Ⅲ. ①园林设计—工程制图—识图—高等学校—教材 Ⅳ. ①TU986.2

中国版本图书馆 CIP 数据核字（2020）第196317号

园林工程制图与识图

主　编　黄　晖
副主编　丁智音　李晓妍
彭章华　郑　华　熊　星
主　审　顾红男
策划编辑：何　明
责任编辑：何　明　版式设计：黄俊棚　莫　西　何　明
责任校对：姜　凤　责任印制：赵　晟

*

重庆大学出版社出版发行
出版人：饶帮华
社址：重庆市沙坪坝区大学城西路21号
邮编：401331
电话：(023)88617190　88617185（中小学）
传真：(023)88617186　88617166
网址：http://www.cqup.com.cn
邮箱：fxk@cqup.com.cn（营销中心）
全国新华书店经销
重庆升光电力印务有限公司印刷

*

开本：787mm×1092mm　1/16　印张：15.5　字数：421千　插页：16开4页
2020年11月第1版　2022年8月第2次印刷
印数：2 001—5 000
ISBN 978-7-5689-2438-2　定价：49.00元

·编委会·

· 编写人员 ·

主　编　黄　晖　深圳职业技术学院

副主编　丁智音　深圳职业技术学院

李晓妍　深圳市东大景观设计有限公司

彭章华　深圳园林股份有限公司

郑　华　南京农业大学

熊　星　南京农业大学

主　审　顾红男　重庆大学

PREFACE 前言

园林工程制图是以逻辑思维方法培养学生的形象思维，实现逻辑思维与形象思维的互换，传授表达设计对象、阅读设计对象的方法。园林制图课是针对园林设计公司施工图绘图员、园林工程公司施工员、监理工程公司监理等岗位而设的前期技能型课程。

园林制图是专业入门课，在专业素质培养中，起到基础性作用，是学生感知专业、培养专业精神、树立事业理想的起步。基于园林制图课程的基础性作用，本教材以园林设计、园林工程岗位群所要求的知识结构、技能结构为标准，坚持能力本位的高职教育观，对教学内容进行了大胆的改编和整合。

知识结构主要加强学生逻辑思维能力与形象思维能力的培养，通过这两种思维能力的转换，有效地提高了学生的想象力、创造力和分析能力。教材涉及了“制图规范”“画法几何”“阴影透视”三个科目的知识点，分别在第1、3、4、5章中与园林常见案例结合讲述。学习时务必结合习题集，在学中练、练中学。

技能结构主要通过加强学生对设计对象的表达能力、识读能力、交流能力，对图形信息的记忆能力的培养来实现。本书着重三方面技能：徒手绘图、工具绘图、识图描图。第2章讲述的徒手绘图是设计基本功，需要持之以恒地勤练、苦练；工具绘图虽在岗位工作中被计算机取代，但它是培养学生精益求精的工匠精神必不可少的基础训练；本书所有知识的最终落脚点是第6章识图描图，是后续课程的必备技能。本书在理论上坚持“必须、够用”原则；更加注重专业制图理论与实际工程结合，用园林案例诠释基本理论的应用；在编排上尽量精简语言，做到以图“说话”，简单明了、深入浅出、图文结合。

本书根据《风景园林制图标准》(CJJ/T 67—2015)进行编写。附录中纳入了新制图标准中的规划设计图相关图例和植物图例等内容。

课程思政是学生坚定专业理想的思想基石。园林制图作为学生专业入门课，培养专业兴趣、了解中国传统文化是这门课非常重要的思想内容。教材绪论关于制图发展史，特别是中国制图工具、表达方法中融入的智慧，值得国人骄傲；教材和配套习题集中引用了相当多的中国传统建筑、小品案例，学习时可以结合中国传统建筑美学、建筑造型与社会状况等了解传统文化、造园文化。

本次重印，第2章增加了两个教学案例、两个综合实训案例和对应的教学视频，第3章、第4章、第5章所有案例做了绘图视频和部分三维动画，共计76个视频文件，可用手机扫二维码观看。在使用本教材时，第2章先看教学视频，每周再按习题集任务坚持练习。第3—5章，建议采用翻转课堂教学法。第一步在课前，以印刷书为主，先看绘图步骤分解图，不明白的地方用手机扫图旁的二维码，观看教学视频，尽量放慢节奏，重在理解。此步骤重在培养自学能力和识图能力。第二步在课中，以听讲、答疑为主，解决自学没理解的问题，同时捕捉老师讲解与课本不同之处，并分析不同思路的优势。此步骤重在培养深度思考能力、分析能力。第三步在课后，通过做配套习题集往深度和广度拓展。此步骤重在培养融会贯通的应用能力、绘图能力。

重庆大学出版社官网有本教材的教学资源库。可以下载全书教学课件，供老师们备课参考和学生自学，同时可以浏览本书所有动画和绘图视频。教材配有《园林工程制图与识图习题集》，习题集与教材案例完全同步，可做课堂练习，也可课后巩固训练。

本书由黄晖担任主编，由丁智音、李晓妍、彭章华、郑华、熊星担任副主编，由顾红男担任主审。

限于编者水平所限，书中难免有遗漏和不详之处，恳请广大读者批评指正。

编　者

2022年6月

CONTENTS 目录

绪 论

我们实际生活在一个形的世界里，世界上的绝大多数事物都是有形的，认知和交流都离不开它。如果事物没有形状，我们就很难描述和表达它。正是因为形的存在，所以别人一说起某某物品，你就会联想到它的形状，从而知道它所要表达的意思，达到交流的目的。在很多领域，其生产在相当程度上都要以形为归属，例如机械、土建、服装等。

图以形为基础，就像文字和数字是描述人们思想和语言的工具一样，图是描述形的工具并承当它的载体。图形信息是人类从外界获得信息的主要来源，据统计，在所有获得的信息中，有80% ~90%的信息量来自视觉。图形所含的信息量是相当大的，有时候一大段文字所代表的信息都不如一幅简单的图形所描述的信息量大，况且图形信息使人理解透彻，给人以深刻的印象。

那么什么是图形呢？从实际形成来看，下面所列的都可以称为图形：

- 人类眼睛所看到的景物。
- 用摄像机、录像机等装置获得的照片、图片。
- 用绘图机或绘图工具绘制的工程图、设计图、方框图。
- 各种人工美术绘画、雕塑品。
- 用数学方法描述的图形（包括几何图形、代数方程或分析表达式所确定的图形）。

可以看出，图形的概念是一个广义的概念，它既包括了描述图形，也包括了自然图形。对于描述图形来说，这是画法几何早期重点解决的问题，它包括各种几何图形，由函数式、代数方程和表达式所描述的图形，这也就是人们通常称之为图形的概念。从构成图形的要素来看，图形是由点、线、面、体等几何要素所构成，这些几何要素的不同变化和组合构成了不同的图形。

在工程上和数学上，人们常用图来表达工程信息和几何信息，把它作为信息的载体及描述和交流的工具，但它又有不同于文字和数字的独特功能，能够表达一些文字和数字难以表达或不能表达的信息。如今，图已成为科学技术领域里的一种通用语言，在工程上用来构思、设计、指导生产、交换意见、介绍经验；在科学研究中用来处理实验数据、图示和图解各种平面及空间几何元之间的关系问题、选择最佳方案等。可以这样说，工、农业生产和国防等各行各业都离不开图。

1）制图学的发展历程

图形技术的形成与人类社会生产力的发展是紧密联系在一起的。原始人在社会集体中劳动、生活，就需要交流思想，一方面发展了语言；另一方面，他们用手、树枝、工具等在岩石上、地面或其他表面开始画出了一些简单的图形，借以表达自己的意图。这时期的图形一般都是模仿自然物体的外形轮廓而成的，表达的内容是有限的，也是相当粗略的。随着社会的发展，逐渐地产生了一些简单的几何图形，这就为原始的制图做好了准备。这些图案一方面发展了原始的美术艺术,用以表示感情;另一方面,随着社会的发展用来为实际的应用服务。

到了人类社会迈进奴隶社会时,生产力较过去有了较大的发展,人类文明开始发出灿烂的火花:伟大的科学家、哲学家亚里士多德创立了一整套归纳—演绎的科学方法体系;数学家欧几里德写出了第一本有着科学理论结构的教科书——《几何原理》。以后的制图及画法几何都以它们为基础。

与此同时,随着社会的进步与科技的发展,图的应用范围也在逐渐地扩大,地理、天文、建筑等领域的制图有了较大进展,托勒密在他那部包含八篇的《地理学》中已讲述了绘制地图的方法,第一篇 24 章是专门论述把球面绘成平面的最古老的著作。另外,建筑学的理论体系也发展得很快,工程制图在这里取得了很大的进步。在公元前一世纪罗马建筑学家维特鲁威所著的《建筑》一书中就应用了建筑物的平面、立体、剖视等图法。

但是在那个时期,制图还处于一种半经验、半直观的状态中,其科学理论体系还没有形成。到了 14 世纪和 15 世纪,资产阶级文化代表们开始宣扬"人文主义"的世界观,掀起了研究古典学术的热潮。当时走在科学研究最前列的是艺术家们,那时艺术家们从他们的职业来讲是无所不知的,从创作图画到设计各种建筑、机械等都是他们的工作。而当时他们面临的一个技术问题是如何把三维的现实世界绘制到二维平面的画面上。为了解决这个问题,许多艺术家运用数学工具,提出了许多透视规则。其中最出色的是德国艺术家亚尔倍·丢勒,在他的著作里有一个新颖的几何思想:考虑曲线和人形在两个或三个相互垂直的平面中的正投影。这正是蒙日画法几何学的出发点。

艺术家所提出的聚焦透视法的基本思想是投射和截面取景原理。到了 17 世纪,法国数学家笛沙格发展了这个基本原理,引进了投射和截景作为一种新的证明方法,研究了几种不同类型的圆锥曲线,提出了一种新的理论——射影几何理论。笛卡尔为了解决几何作图问题,提出了平面的坐标系统,也就是我们所说的直角坐标系,这是一个了不起的贡献。随后又与其他人一起创立了解析几何,并且指出他的方法可以运用到三维空间中去,他的设想是:从曲线的每一点处作线段垂直于两个互相垂直的平面。这些线段的端点分别在这两个平面上描出两条曲线。这实际已提出了平行投影的概念。这一切都给画法几何学的创立准备了科学理论基础。

我国是世界上工程图学发展最早的国家之一,在工程图学方面有着光辉的成就,从商殷算起,至今有一脉相承的 3 000 多年的可考历史。早在 2 000 多年前,春秋时代一部最古的技术经典《周礼考工记》中,就有关于画图仪器"规""矩""绳墨""悬""水"的记载。"规"就是圆规,"矩"就是直角尺,"绳墨"就是弹直线的墨斗,"悬"和"水"则是定铅垂线和水平线的仪器。1977 年从我国河北省平山县发掘出的战国时期的王墓里,发现了采用正投影法绘制的一幅建筑平面图。约在西汉时,我国出现了一部伟大的天文历算著作《周髀算经》,书中已有关于勾股和方圆相切等几何作图问题的记载。秦汉以来,历代建筑宫室都有图样。如《史记·秦始皇本纪》中记载着"秦每破诸侯,写放其宫室,作之咸阳北阪上"。唐代柳宗元曾在《梓人传》一书中描写当时建筑宫室的情景:"画宫于诸,盈尺而曲尽其制,计其毫厘而构大厦,无进退焉。"这说明了这种图样有施工价值,而且还应用了比例尺。公元 1100 年前后,北宋李诫撰写的经典著作《营造法式》是我国建筑技术的一部经典著作。该书总结了我国两千多年的建筑技术和成就,书中所附图样,大量采用了平面图、轴测图、透视图和正投影图。

2)园林制图课程的性质与任务

课程的性质:本课程为风景园林专业学生必修专业基础课。

课程的任务:通过本课程的学习,使学生能够掌握园林工程设计制图的必要常识、制图规范及园林制图中常用的理论知识;能够熟练使用制图工具绘制基本园林工程图(平面图、立面图、剖面图、透视图及轴测鸟瞰图);能够看懂园林工程图纸,了解园林设计的初步知识。教书与育人相结合,培养学生职业道德与敬业精神。

前导课程:素描、色彩、园林工程测量。

后续课程:园林建筑设计、园林工程施工与管理、园林建筑材料与构造、园林规划设计。

3)本课程的主要内容

(1)制图的基本知识　介绍制图工具、仪器及用品的使用与维护,基本制图标准,绘图的一般步骤。

(2)园林素材的表现　介绍园林植物、山石、水体、人物等的钢笔手绘表现方法。

(3)投影作图　介绍投影的基本知识和基本理论,包括正投影、轴测投影及阴影透视,主要学习正投影原理,这是制图的理论基础,也是本课程的重点内容。

(4)专业识图与制图　包括园林建筑施工图、结构施工图、水电施工图、植物配置图等的识读,主要介绍各专业施工图的特点、识读方法与绘制方法。

4)本课程的学习方法

本课程是一门专业基础课,系统性、理论性及实践性较强,学习时要讲究学习方法才能提高学习效果。

①认真听讲,及时复习、理解和掌握作图、识图的基本理论、基本知识和基本方法。

②在做作业和实训过程中,要独立思考,反复不断地查阅有关教材的内容,以解决所遇到的疑难问题和检查所做练习、实训的正确度,从而也对教材的内容加深理解。这是针对制图“容易学,难掌握”的特点所必须采用的一种方式。

③多画图、多识图,从物到图,从图到物,反复训练,理论联系实际,培养空间想象力。

④正确处理好画图与识图的关系。画图可以加深对图的理解,提高识图能力。画图是手段,识图是目的,对于高等院校学生,识图能力的培养尤为重要。

⑤平时多注意观察周围的环境景观,积累一定的感性认识,这样有助于对园林设计图的理解。

⑥由于工程图样是施工的依据,图上的一丝差错都会给工程造成损失。因此,在学习时应严格遵守国家制图标准,培养严谨的工作作风、认真负责的工作态度、耐心细致的工作习惯。良好的职业道德和敬业精神是现代企业对高等院校毕业生的基本要求。

1 园林制图基础知识

［本章导读］本章主要介绍国家制图标准的有关规定、绘图工具的使用和维护、绘图的基本步骤。此为初学者必须掌握的基本技能，是为整个课程实践训练所必须的、法规性质的知识，它贯穿于每次作业、每项制图任务中。学习本章时，切勿死记硬背，应在画图的同时查阅、执行，在作业的过程中巩固、掌握。本章作为园林制图的入门，目的是让学生对园林制图有一个初步的认识和了解，培养良好的作图习惯、严谨的工作作风，为后续内容的学习打下良好的基础。

1.1 绘图工具及仪器的使用

1.1.1 图 板

图板是用质地较软的木制成，板面通常采用表面平坦光滑的胶合板，板的四周（或左右两边）镶有平直的硬木边框，如图 1.1 所示。

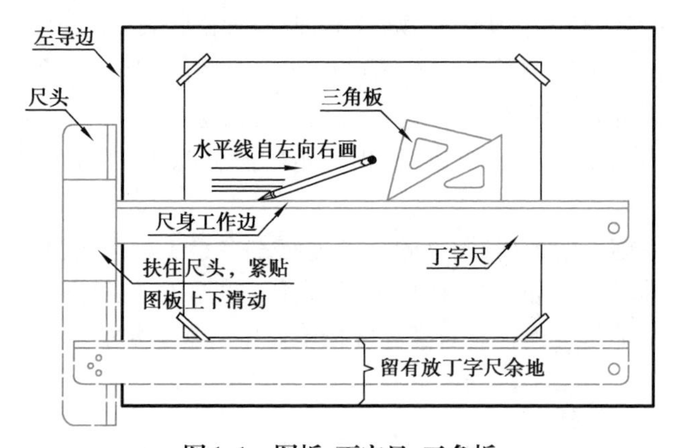

图 1.1 图板、丁字尺、三角板

图板放在绘图桌上，板身略为倾斜，与水平面倾斜约 20°。固定图纸要用胶带纸粘贴。使用时要注意爱护，要防止水浸、暴晒和重压。

1.1.2 丁字尺

丁字尺是用木材或有机玻璃等材料制成的，其规格尺寸有 640，900，1 200 mm 等数种，可以配合图板使用（图 1.1）。

丁字尺由尺头和尺身组成，两者结合牢固，尺头的内侧与尺身工作边垂直。尺身工作边必须保持平直光滑。丁字尺用毕后应挂置妥当，防止尺身变形。

丁字尺主要用来绘水平线，并可与三角板配合绘垂直线及15°倍数的倾斜线。使用时左手扶住尺头，使它紧靠图板左导边，然后上下推动使尺身工作边对准画线位置，按住尺身，从左向右，自上而下逐条绘出。

为了保证绘图的准确性，不可用尺身的下边缘画线；绘制同一张图纸，只能用图板的同侧导边为工作边。

1.1.3　三角板

一副三角板有30°-60°-90°和45°-45°-90°两块。三角板与丁字尺配合使用，可画垂直线和与15°角成倍角的斜线，如图1.2所示。绘垂直线时将三角板的一直角边紧靠待画线的右边，另一直角边紧靠丁字尺工作边，然后左手按住尺身和三角板，右手持笔自下而上画线。同时还可利用两块三角板相互配合对圆周进行4，5，8，12等分，并可画任意斜线的平行线和垂直线。

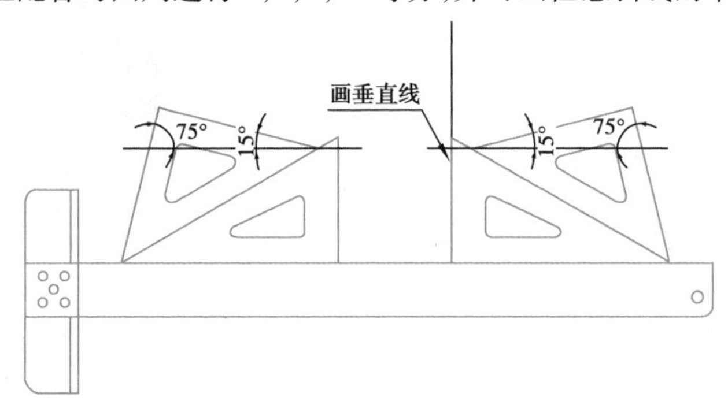

图1.2　丁字尺与三角板配合使用

1.1.4　比例尺

根据实际需要和图纸大小，可采用比例尺将物体按比例缩小或放大绘成图样。常见的比例尺为三棱尺，如图1.3(a)所示。三棱尺上有6种比例刻度，一般分为1∶100，1∶200，1∶300，1∶400，1∶500，1∶600等。也有直尺形状的，称为比例直尺，如图1.3(b)所示。它有一行刻度和三行数字，分别表示1∶100，1∶200，1∶500等比例。比例尺上的数字以m为单位。

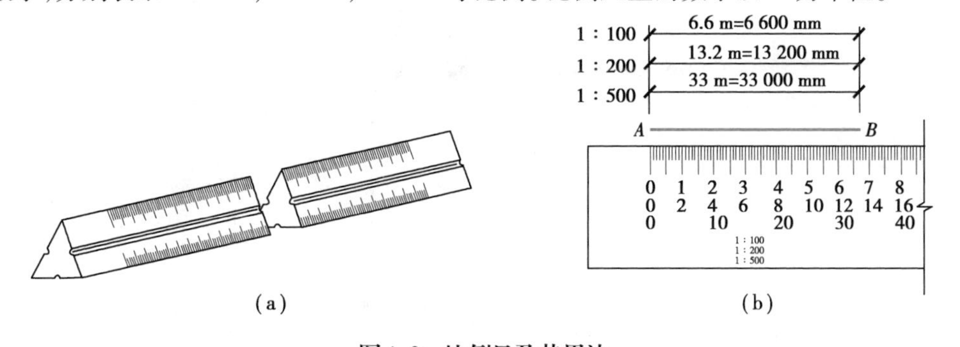

图1.3　比例尺及其用法

采用比例尺直接量度尺寸，尺上的比例应与图样上的比例相同，其尺寸不用通过计算，便可直接读出。例如已知图形的比例是1∶200，想知道图上线段*AB*的实长，就可用比例尺上

1∶200 的刻度去度量。将刻度上的零点对准点 A，而点 B 在刻度 13.2 处，则可读得线段 AB 的长度为 13.2，即 13 200 mm。1∶200 的刻度还可作 1∶2，1∶20 和 1∶2 000 的比例使用。如果比例改为 1∶2 时，读数应为 $13.2 \times \frac{2}{200}$ m $= 0.132$ m；比例改为 1∶20 时，应为 $13.2 \times \frac{20}{200}$ m $=$ 1.32 m；比例改为 1∶2 000 时，则为 $13.2 \times \frac{2\ 000}{200}$ m $= 132$ m。

比例尺只用来量取尺寸，不可用来画线，尺的棱边应保持平直，以免影响使用。

1.1.5 曲线板

曲线板[图 1.4(a)]用于绘制不规则的非圆曲线。

作图时，应先徒手将曲线上各点轻轻地依次连成光滑的曲线，然后在曲线板上选用与曲线上完全吻合的一段描绘，吻合点越多，所得曲线越光滑。如若吻合段有 4 个连接点，可先描绘前三点的一段，留下最后两个点给下一段描，这样中间有一小段前后吻合两次，依次描绘就可连出光滑曲线[图 1.4(b)]。

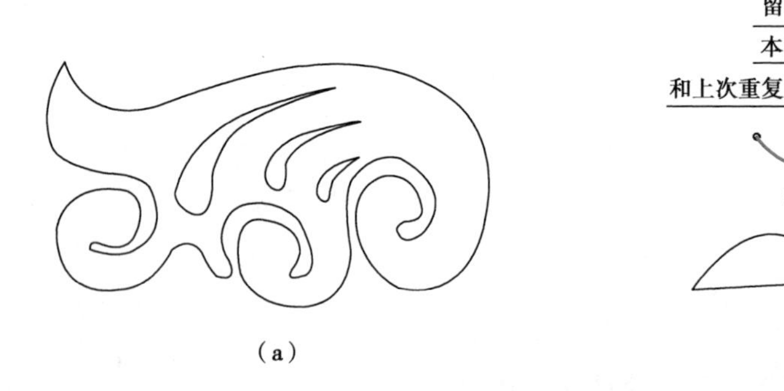

图 1.4 曲线的描绘方法

描绘对称曲线时，应自顶点一小段开始，对称地使用曲线板的同一段曲线描绘对称部分。

1.1.6 圆 规

圆规主要用于画圆及圆弧，也可配以针尖插脚作分规使用，如图 1.5 所示。

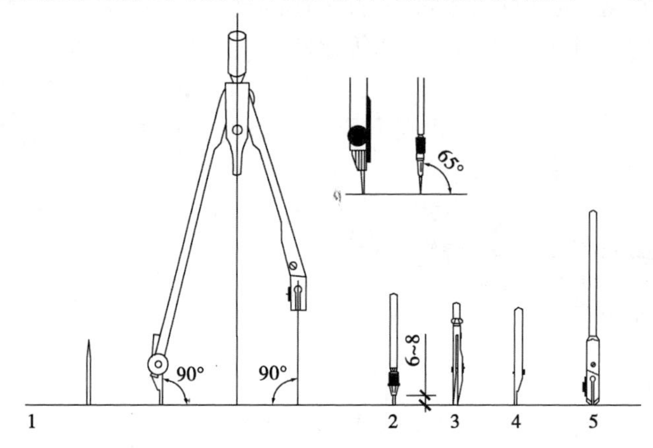

图 1.5 圆规

1—钢针；2—铅心插腿；3—直线笔插腿；4—钢针插腿；5—延长杆

圆规有 1 只活动腿和 1 只固定腿。固定腿上装有针尖。针尖的一端为圆锥形,可作为分规使用;另一端根部呈小平台状,画圆或圆弧时,将小平台下的针尖插入图板中定圆心用。活动腿上可选用 3 种插腿:铅心插腿用来画铅笔线型图;直线笔插腿用来上墨描图;钢针尖插腿用作分规使用。此外,在活动腿上还可接上延长杆,用以画大圆或大圆弧,如图 1.6 所示。

用圆规绘图,选用的铅心要比画线用铅笔的铅心软一级,且铅心尖应与钢针的小台阶平齐。同时,不论所画圆的直径多大,针尖和插腿应尽可能垂直纸面。画图时,先将圆规按所画圆的半径大小张开,然后将圆规针尖放在圆心的位置上,使铅心接触纸面,再用右手的食指和拇指转动圆规端杆,习惯上按顺时针方向旋转画圆。旋转时保持圆规向画线方向稍微倾斜,切勿往复旋动,具体使用方法如图 1.7 所示。

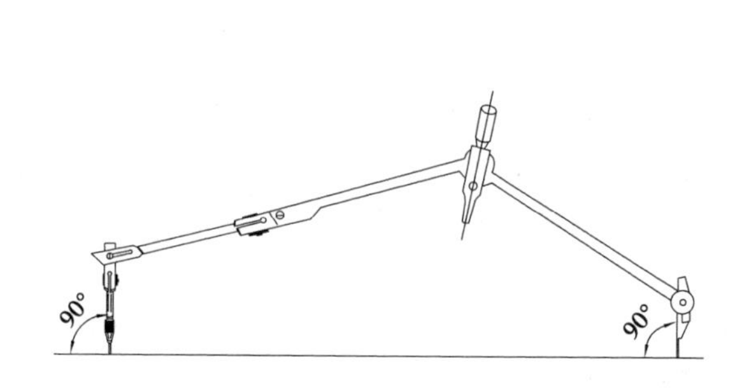

图 1.6　画大圆的方法

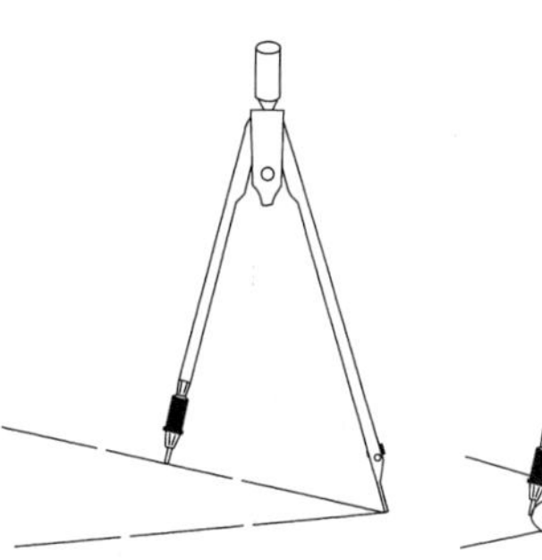
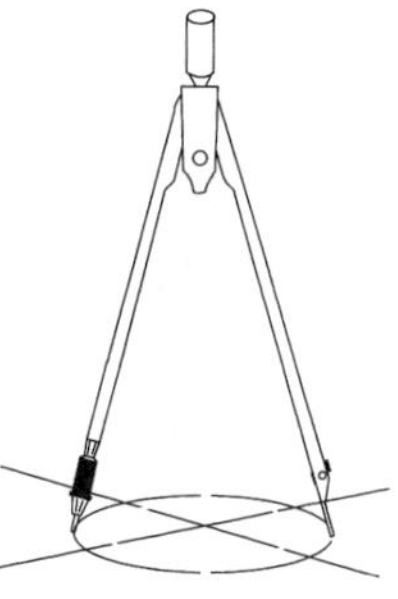

图 1.7　圆规的使用方法

1.1.7　分　规

分规的主要作用有等分线段、移置线段和量度尺寸。常用的有大分规和弹簧分规两种,使用时它的两个针尖必须平齐,如图 1.8(a)所示。

用分规量度尺寸时,注意不应把针尖扎入尺面,如图 1.8(b)所示。用分规等分线段时,先凭目测估计,使两针尖张开距离大致接近等分段的长度,然后在线段上试分,如有差额,则将两针头距离再进行调整,直到恰好等分时为止,如图 1.8(c)所示。

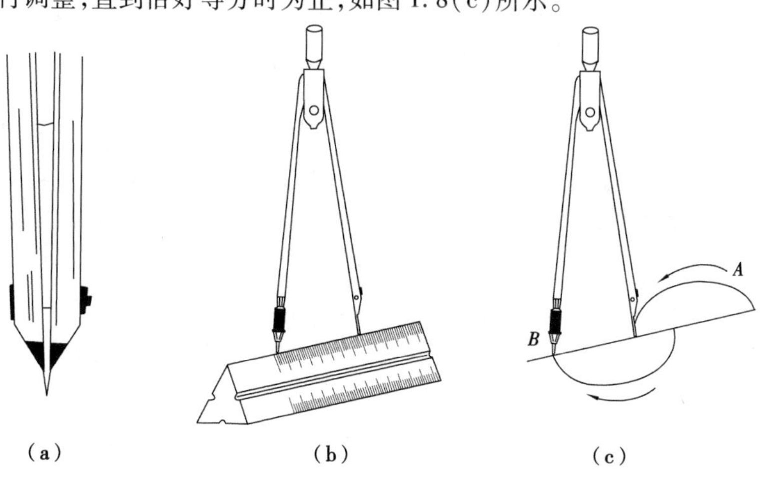

图 1.8　分规的用法

1.1.8 绘图笔

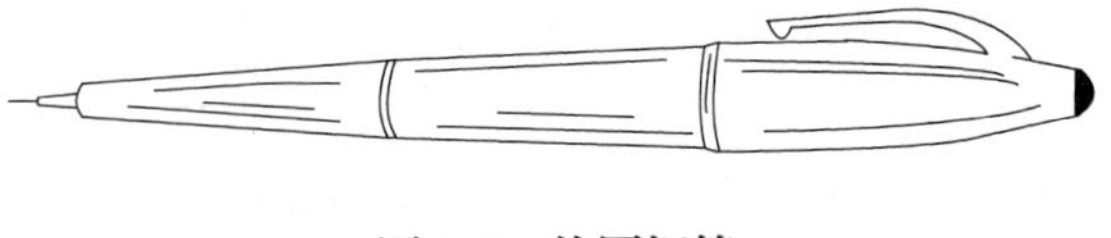
图 1.9 绘图钢笔

虽然传统绘图用鸭嘴笔，绘制的线条饱满、硬朗，但由于灌墨麻烦，容易滴墨，现已逐渐被淘汰。近年来，描图多用一种类似普通自来水笔的带有吸水、储水结构的绘图笔，如图 1.9 所示，绘图笔的笔尖是一支细针管。笔尖的口径有多种规格，如 0.1，0.3，0.6，0.9，…，1.2 mm，绘图时按线型粗细选用。使用绘图笔绘图时，笔杆沿画线方向倾斜 20°左右。另外还有一次性绘图笔，使用更加方便。

1.1.9 铅　笔

铅笔有木铅笔[图 1.10(a)]和活动铅笔[图 1.10(b)，(c)]等多种。活动铅笔笔身用金属或塑料制成，常见的有两种不同型号：一种为笔尖装有金属套管，每支笔只有一个口径，如 0.3，0.5，0.7，0.9 mm 等，如图 1.10(b)所示；另一种笔尖装有颚式咬紧装置，可以更换各种不同硬度的铅笔，如图 1.10(c)所示。

铅芯分硬、中、软 3 种。标号有 6H ~ H，HB，B ~ 6B 共 13 种，按顺序由最硬到最软，HB 为中等硬度。绘制图形底稿时，一般采用 HB 或 H 铅笔，也可用铅芯直径为 0.5 mm 的活动铅笔绘制；描黑底稿时，一般用 B 或 2B。

铅笔从没有标号的一端开始使用，以便保留软硬标号。削铅笔的具体方法与要求如图 1.10(d)所示。

绘图时，笔身前后方向应与纸面垂直，而向绘线方向倾斜约 60°，如图 1.10(e)所示。同时用力要均匀。用锥状铅芯画长线时，要一边画一边旋转铅笔，使线条粗细保持一致。

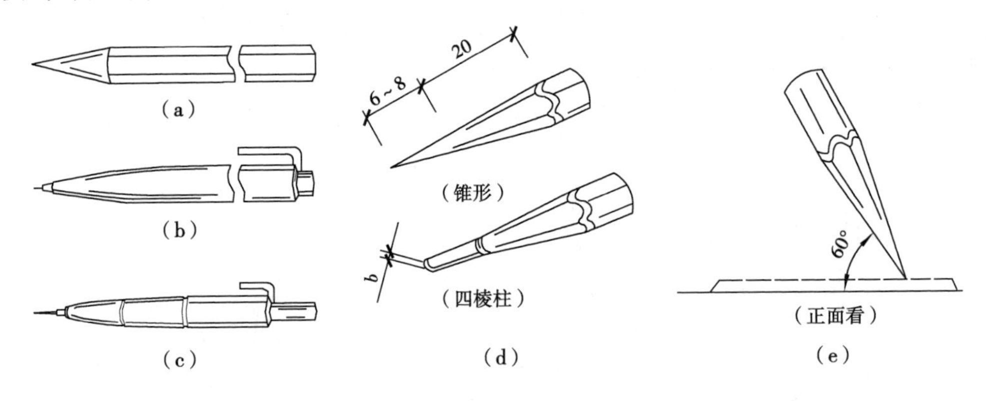

图 1.10 铅笔及其用法

1.1.10 其　他

除了上述工具之外，在绘图时，还需要准备测量角度的量角器、擦图片(修改图线时用它遮住不需要擦去的部分，露出要擦去部分)、削铅笔刀、橡皮、固定图纸用的胶带纸、砂纸(磨铅笔用)，以及清除图画上橡皮屑的小刷等，如图 1.11 所示。

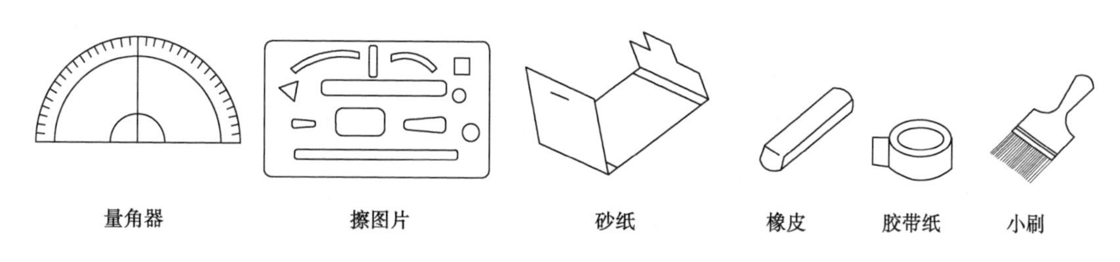

图 1.11 其他绘图工具

1.2 国家制图标准的有关规定

图纸是传达信息的最基本、最重要的语汇,也是规划设计文件的重要组成部分。制图标准是达成专业图纸“简明、有序、识别性强”的重要手段。中华人民共和国成立后很长时间,风景园林制图没有覆盖全行业系统性的制图标准,大多自主参考建筑、城市规划以及国际相关标准,但是这些标准不能完全体现风景园林专业的特点,造成风景园林部分成果表现不一、深浅不一,甚至很多园林设计机构自设一套制图标准。1995 年颁布的《风景园林图例图示标准》(CJJ 67—95)是关于图例图示的规定,也没能涵盖风景园林制图的各个层面和环节。2008 年后陆续编制、更新的《风景园林制图标准》是适应我国风景园林行业的发展,规范风景园林行业的制图标准。本章引用的标准条例为 2015 年编制的《风景园林制图标准》。

风景园林实践范围日益拓展,规划设计内容也不断更新充实,不同类型的项目,其规划设计的深度也要求不一,有一些可能跟其他专业有所交叉。《风景园林制图标准》适用于风景园林规划和设计制图,其中规划包括:城市绿地系统规划和风景名胜区总体规划;设计包括:风景园林方案设计、初步设计和施工图设计,这几部分内容基本可以涵盖风景园林行业大部分规划设计类型。

1.2.1 图纸幅面和格式

风景园林制图,无论是规划图纸还是设计图纸,目前基本按照 A0、A1、A2、A3 的规格出图,该规格与现行的国家标准《房屋建筑制图统一标准》(GB/T 50001—2017)一致。

1)图纸幅面尺寸

图纸的幅面是指图纸的尺寸。为了便于图样的装订、管理和交流,国标对图纸幅面的尺寸大小作了统一规定。绘制图样时,图纸的幅面和图框尺寸必须符合表 1.1 的规定,表中代号含义如图 1.12 所示。

表 1.1 基本图幅尺寸表

单位:mm

幅面 尺寸代号	A0	A1	A2	A3	A4
$b \times l$	841 × 1 189	594 × 841	420 × 594	297 × 420	210 × 297
c	10			5	
a	25				

图纸分横式和竖式两种,以短边作为垂直边称为横式图纸,如图 1.12(a)所示。以短边作为水平边称为竖式,如图 1.12(b)所示。一般 A0—A3 图纸宜横式使用,必要时,也可竖式使用。A0、A1 图纸图框线的线宽为 1.4 mm。A2、A3、A4 图纸图框线的线宽为 1.0 mm。

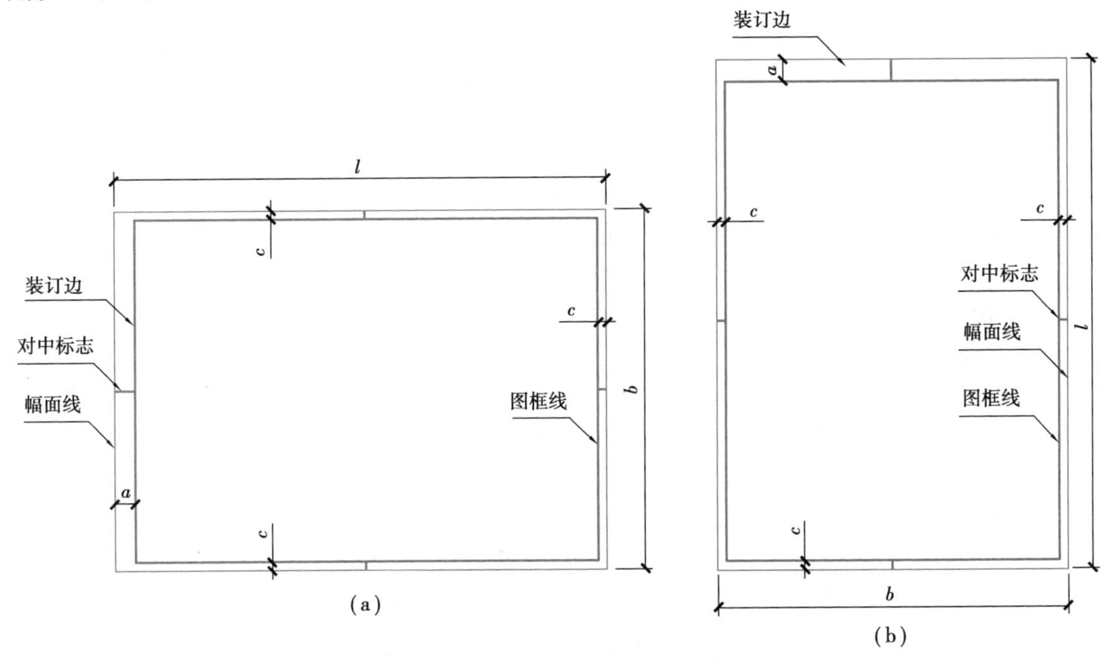

图 1.12　**幅面**

(a)A0—A3 横式图幅;(b)A0—A3 立式图幅

需要微缩复制的图纸,其一边上应附有一段准确米制尺度,四个边上均应附有对中标志,米制尺度的总长应为 100 mm,分格应为 10 mm,对中标志应画在图纸各边长的中点处,线宽为 0.35 mm,伸入框内为 5 mm。

一些风景园林的图纸,包括风景名胜区、城市绿地系统、城市大型绿地、带状绿地的规划设计方案彩图,常常因为面积过大和比例尺的要求,规划设计范围超出了图纸标准的最大规格,尤其是一些展示图版,常常要求大比例尺制作。为了保证图纸的规范性、统一性,也考虑到展示的美观,要求整套图在保证图纸的短边对齐的情况下可以对标准图幅进行适当的加长,或者用几幅标准图进行拼接。图纸加长方式及规格如图 1.13 所示。

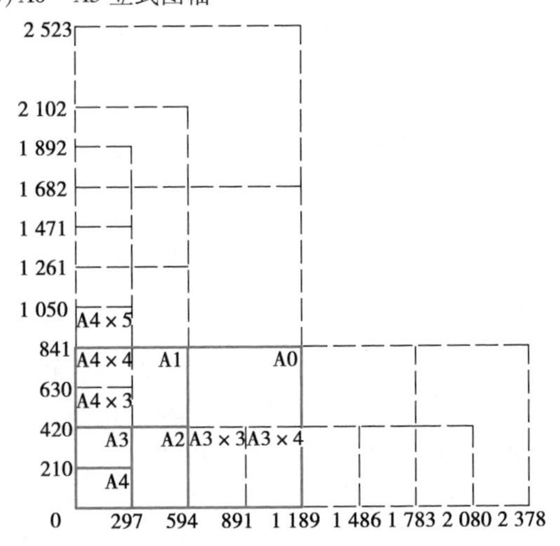

图 1.13　**图纸的基本幅面和加长幅面**

注:有特殊需要的图纸,可采用 $b \times l$ 为 841 mm ×891 mm 与 1 189 mm ×1 261 mm 的幅面。

2)规划设计图框

规划图纸版式应在图纸固定位置标注图题,并绘制图标栏和图签栏。图题宜横写,位置宜选在图纸的上方,图题不应遮盖图中现状或规划的实质内容。图题(图 1.14)内容应包括:项目

名称（主标题）、图纸名称（副标题）、图纸编号或项目编号。项目名称（主标题）、图纸名称（副标题）是规划图纸最基本的信息内容，图纸编号是表示图纸出现先后逻辑关系的必要标识，并应与相关说明书和文本内容顺序一致。对于风景名胜区总体规划和城市绿地系统规划的规划期限的标注，国家相关城市规划编制办法、风景名胜区规划规范、部门管理文件中也有明确规定。

图标栏设置的目的是将一些图面信息（如指北针、图例、说明）统一在图纸固定的区域内。图签栏是报审图纸的重要区域，代表该图纸已经规划单位的确认。在这个区域一般标注规划单位名称、委托单位名称、编制的时间。图标栏一般可以与图签栏统一设置，也可以独立设置，因为图纸横版、竖版的不同可以灵活掌握，各规划单位也有不同的规定。用于讲解、宣传、展示的规划图纸一般不是报审文件图纸，所以可不设图标栏或图签栏。

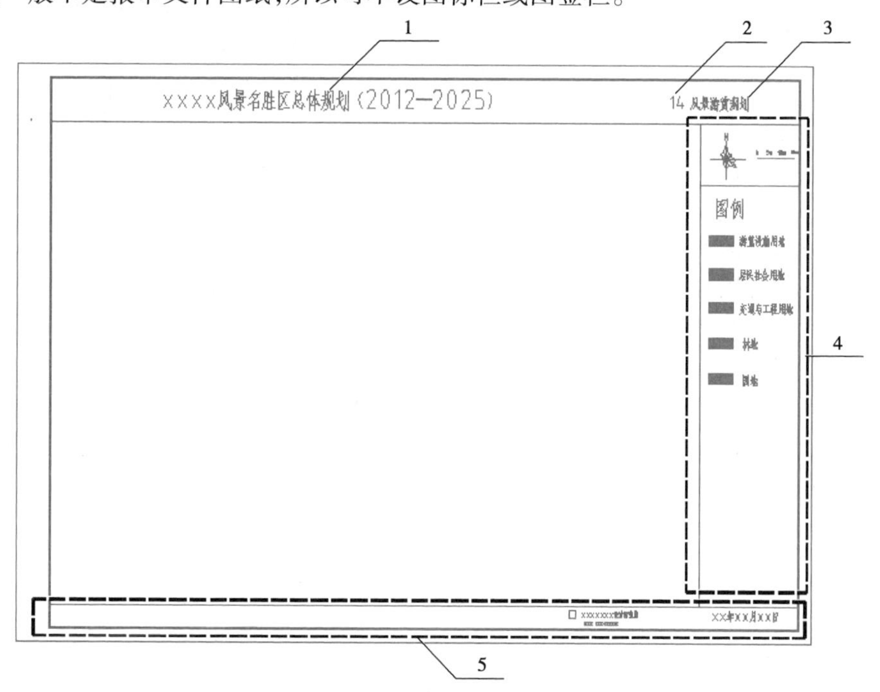

图 1.14　规划图纸版式示例

1—项目名称（主标题）；2—图纸编号；3—图纸名称（副标题）；4—图标栏；5—图签栏

3）初步设计和施工图设计图框

初步设计和施工图设计的图纸应绘制图签栏，图签栏是报审图纸的重要区域，代表该图纸已经设计单位的确认。在这个区域一般标注项目名称、图纸名称、图纸编号或项目编号、规划单位名称、委托单位名称、编制的时间，还必须有图纸设计、校核、审核、审定等会签、审查程序的确认签字区域。其中，项目名称、图纸名称是设计图纸最基本的信息内容，图纸编号是表示图纸出现先后逻辑关系的必要标识，并与相关说明书和文本内容顺序一致。风景园林设计图纸一般要求同时标注比例或比例尺、图例及文字说明。初步设计和施工图设计一般只标注比例，不标注比例尺，图例和文字说明根据实际要求标注。

初步设计和施工图设计图纸的图签栏宜采用右侧图签栏或下侧图签栏，可按图 1.15 或图 1.16 布局图签栏内容。

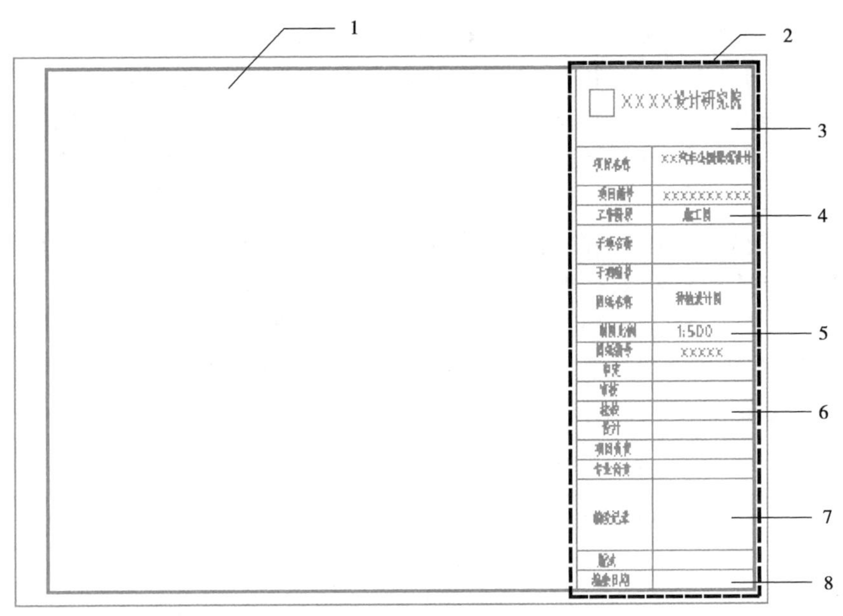

图 1.15　右侧图签栏

1—绘图区;2—图签栏;3—设计单位正式全称及资质等级;4—项目名称、项目编号、工作阶段;5—图纸名称、图纸编号、制图比例;6—技术责任;7—修改记录;8—编绘日期

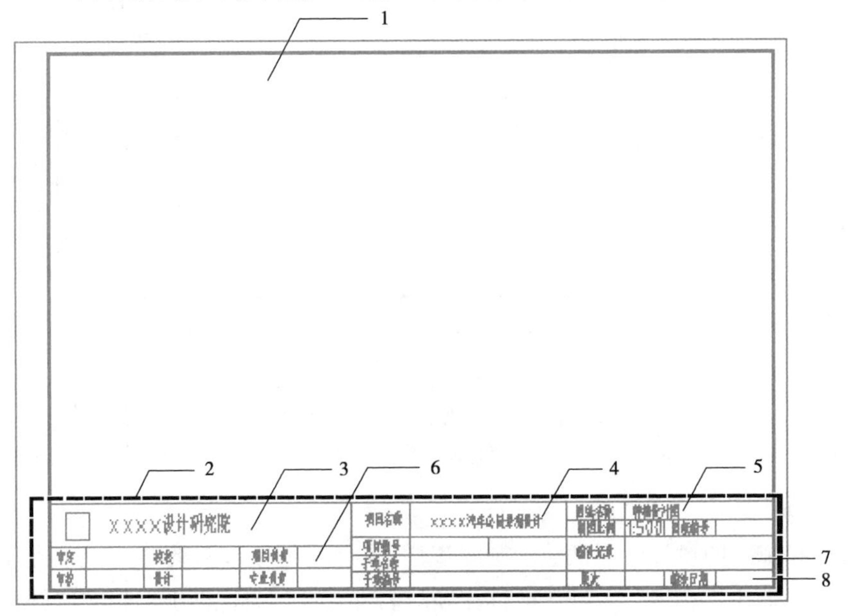

图 1.16　下侧图签栏

1—绘图区;2—图签栏;3—设计单位正式全称及资质等级;4—项目名称、项目编号、工作阶段;5—图纸名称、图纸编号、制图比例;6—技术责任;7—修改记录;8—编绘日期

1.2.2　文　字

制图中所用的字体应统一,同一图纸中文字字体种类不宜超过两种。应使用中文标准简化汉字。需加注外文的项目,可在中文下方加注外文,外文应使用印刷体或书写体等。规划或设计图纸中的字体要保证图纸内容的严肃性、正规性、准确性和清晰度,所以繁体和美术字体不应

出现在规划设计文件中。数字应使用阿拉伯数字的标准体或书写体。图纸上的各种字体必须书写端正、排列整齐、笔画清晰、间隔均匀,标点符号要清楚正确。

字体的大小用号数表示,分为20、14、10、7、5、3.5共6种。汉字字体的号数就是字体的高度(单位:mm),长仿宋体汉字字宽约等于字高的2/3,而且某号字的宽度即为小一号字的高度,如表1.2所示。

如需书写更大的字,其高度应按$\sqrt{2}$的倍数递增。

表1.2　字号及使用范围　　单位:mm

<table>
<tr><td>字号(即字高)</td><td>20</td><td>14</td><td>10</td><td>7</td><td>5</td><td>3.5</td></tr>
<tr><td>字　宽</td><td>14</td><td>10</td><td>7</td><td>5</td><td>3.5</td><td>2.5</td></tr>
<tr><td rowspan="2">适用范围</td><td rowspan="2">20号、14号
大标题或封面标题</td><td rowspan="2">10号、7号各种图的标题</td><td colspan="4">5号、3.5号
1. 详图的数字标题
2. 标题的比例数字
3. 剖面代号
4. 图标中部分文字
5. 一般文字说明</td></tr>
<tr><td colspan="2">7号、5号
1. 表格的名称
2. 详图及附注的标题</td><td colspan="2">3.5号
尺寸、标高及其他数字</td></tr>
</table>

注:如需要书写更大的字,其高度应按比值递增。

汉字的字高应不小于3.5 mm,字宽一般为$h/\sqrt{2}$;字母和数字的字高应不小于2.5 mm。在同一图样上,只允许选用一种形式的字体。

1.2.3　比　例

图形与实物相对应的线性尺寸之比称为比例。工程制图中,为了满足各种图样表达的需要,有些需缩小绘制在图纸上,有些又需要放大绘制在图纸上。因此,必须对缩小和放大的比例做出规定。

比例的大小,即指其比值的大小,如1∶50大于1∶100。

比例的符号为"∶",比例用阿拉伯数字表示,例如,原值比例1∶1,缩小比例1∶6,放大比例6∶1,等等。比例宜注写在图名的右侧,字的基准线应取平,其字高应比图名字高小一号或二号(图1.17)。

平面图　1:100

1:100

图1.17　比例的注写

绘图所用的比例应根据图样的用途与被绘物体的复杂程度确定,须确保表达物体的图样精确和清晰,便于绘图,利于读图。一般情况下,一个图样应选用一种比例。根据专业制图需要,同一图样可选用两种比例,允许同一图样中的铅垂和水平方向选用不同的比例。特殊情况下也可自选比例,这时除应注出绘图比例外,还必须在适当位置绘制出相应的比例尺。

1.2.4 图 线

1)风景园林规划图图线

城市绿地系统规划中的图线主要为城市绿线。风景名胜区总体规划中图线主要有规划边界、用地边界、道路、市政管线等内容。图线中需要警示的和法定的边界(指要求有经纬度坐标的)应用红色作为警示。当出现边界重叠,边界与其他图线、色块混淆等影响到图面表达清晰性的情况时,可将部分或全部边界调整为灰色(表1.3、彩色表见文前)。

表1.3 风景园林规划图纸图线的线型、线宽、颜色及主要用途

名 称	线 型	线 宽	颜 色	主要用途
实线		0.10*b*	C=67 Y=100	城市绿线
		0.30*b*~0.40*b*	C=22 M=78 Y=57 K=6	宽度小于8 m的风景名胜区车行道路
		0.20*b*~0.30*b*	C=27 M=46 Y=89	风景名胜区步行道路
		0.10*b*	K=80	各类用地边线
双实线		0.10*b*	C=31 M=93 Y=100 K=42	宽度大于8 m的风景名胜区道路
点画线	或	0.40*b*~0.60*b*	C=3 M=98 Y=100 或K=80	风景名胜区核心景区界
	或	0.60*b*	C=3 M=98 Y=100 或K=80	规划边界和用地红线
双点画线	或	*b*	C=3 M=98 Y=100 或K=80	风景名胜区界
虚线	或	0.40*b*	C=3 M=98 Y=100 或K=80	外围控制区(地带)界
		0.20*b*~0.30*b*	K=80	风景名胜区景区界、功能区界、保护分区界
		0.10*b*	K=80	地下构筑物或特殊地质区域界

注:①*b*为图线宽度,视图幅以及规划区域的大小而定。

②风景名胜区界、风景名胜区核心景区界、外围控制区(地带)界、规划边界和用地红线应用红色,当使用红色边界不利于突出图纸主体内容时,可用灰色。

③图形颜色由C(青色)、M(洋红色)、Y(黄色)、K(黑色)4种印刷油墨的色彩浓度确定;图形颜色中字母对应的数值为色彩浓度百分值,表中缺省的油墨类型的色彩浓度百分值一律为0。

2)初步设计和施工图图线

园林工程图和施工图的图形是用各种不同粗细和形式的图线画成的(表1.4)。绘图时应根据图形大小和复杂程度以及图的复制等条件,在0.35 mm、0.5 mm、0.7 mm、1.0 mm、1.4 mm、2.0 mm线宽中选定粗实线的宽度 b,其他图线的粗细应根据所用粗实线宽度 b 为标准来确定,b 通常取1.0 mm。在同一张图样上按同一比例或不同比例所绘各种图形,同类图线的粗细应基本保持一致,虚线、单点长画线及双点长画线的线段长短和间距大小也应各自大致相等。

表1.4 初步设计和施工图图线的线型、线宽、颜色及主要用途

名称		线型	线宽	用途
实线	极粗		$2b$	地面剖断线
	粗		b	①总平面图中建筑外轮廓线、水体驳岸线、假山外轮廓线; ②平、立、剖面图的剖切符号
	中		$0.5b$	①构筑物、道路、边坡、围墙、挡土墙的可见轮廓线; ②立面图的轮廓线; ③剖面图未剖切到的可见轮廓线; ④道路铺装、水池、挡墙、花池、座凳、台阶、山石等高差变化较大的线; ⑤尺寸的起止符号
	细		$0.25b$	①道路铺装、挡墙、花池等高差变化较小的线; ②放线网格线、尺寸线、尺寸界线、图例线、索线符号、标高符号、详图材料做法引出线等; ③说明文字、标注文字等
虚线	粗		b	新建建筑物和构筑物的地下轮廓线,建筑物、构筑物不可见轮廓线
	中		$0.5b$	①局部详图外引范围线; ②计划预留扩建的建筑物、构筑物、铁路、道路、运输设施、管线的预留用地线; ③分幅线
	细		$0.25b$	①设计等高线; ②各专业制图标准中规定的线型
单点长画线	粗		b	①露天矿开采界限; ②结构图中的支撑线; ③各专业制图标准中规定的线型
	中		$0.5b$	①分水线、中心线、对称线、定位轴线; ②各专业制图标准中规定的线型
	细		$0.25b$	分水线、中心线、对称线、定位轴线
双点长画线	粗		b	总平面图中用地范围,用红色,也称“红线”
	中		$0.5b$	地下开采区塌落界限
	细		$0.25b$	建筑红线

续表

名　称	线　型	线　宽	用　途
折断线		0.25b	断开线
波浪线		0.25b	

注：虚线每线段长度4～6 mm，线段与线段之间间隔1.5 mm；单点长画线每线段长度15～20 mm，线段与线段之间间隔（含点在内）约3 mm；双点长画线每段线段长度15～20 mm，线段与线段之间间隔（含点在内）约5 mm。

在画图时应该注意单点长画线或双点长画线中的点是长约1 mm的一根短线，不必特意画成圆点，而线的首末两端应该是线段，不得为点。线段长短和间距靠目测控制。在同一张图纸内，相同比例的各图样，应选用相同的线宽组。图线不宜与文字、数字或符号重叠、混淆，不可避免时，应先保证文字等的清晰。

3）图线交接的画法（表1.5）

表1.5　图线交接画法正误对比

画法说明	图　例	
	正　确	错　误
点画线相交时，应以长画线段相交，点画线的起始与终了应为线段		
虚线与虚线或与其他线垂直相交时，在垂足处不应留有空隙		
虚线为粗实线的延长线时不得以短划相接，要留有空隙以表示两种图线的分界		
圆心应以中心线的线段交点表示。中心线应超出圆周约5 mm；当圆直径小于12 mm时，中心线可用细实线画出，超出圆周约3 mm	3 5	
圆与圆或与其他图线相切时，在切点处的图线应正好是单根图线的宽度		

1.2.5 尺寸标注

工程图样中,除了按比例画出工程实物和造园素材的形状外,还必须按照国标的规定,正确、详尽、清晰地标注尺寸,施工的依据即是工程图上完整、正确的尺寸。如果尺寸标注有错,不完整或不合理,将给施工带来困难。

制图中的计量单位应使用国家法定计量单位。各种图样标注的尺寸,除标高及总面图以 m 为单位外,其余均以 mm 为单位。因此,图样中按此规定标注的尺寸数字不用注写度量单位。如采用其他单位时,必须注明单位的代号或名称。

图样上尺寸的标注应整齐划一,数字应写得工整、端正、清晰,以方便看图。

1)尺寸组成的基本要素

图样上标注的尺寸由尺寸界线、尺寸线、尺寸起止符号和尺寸数字 4 个基本要素组成,如图 1.18 所示。

(1)尺寸界线　表示图形尺寸范围的界限线称为尺寸界线。尺寸界线应用细实线绘制,从图形轮廓线、中心线或轴线引出,一般应与被注长度垂直,其一端应离开图样轮廓线不小于 2 ~ 3 mm,如图 1.19 所示。图样轮廓线、中心线可用作尺寸界线。

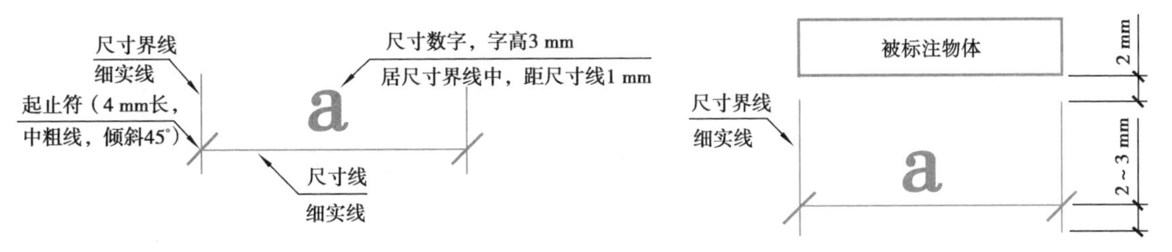

图 1.18　尺寸组成要素　　图 1.19　尺寸界线

(2)尺寸线　表示图形尺寸设置方向的线称为尺寸线。尺寸线应用细实线绘制,应与图样上被注轮廓图线平行,图样本身的任何图线、中心线等均不得用作尺寸线,也不能画在其他图线的延长线上。距轮廓图线最近的一道尺寸线,不能画在其他图线的延长线上,并且其与轮廓线的间距不宜小于 10 mm。互相平行的两尺寸线间距一般为 7 ~ 10 mm。同一张图纸或同一图形上的尺寸线与尺寸线的间距大小应当一致。尺寸线与尺寸线之间、尺寸线与尺寸界线之间应尽量避免相交。因此,在标注尺寸时,应将小尺寸放在里面,大尺寸放在外面,如图 1.20 所示。

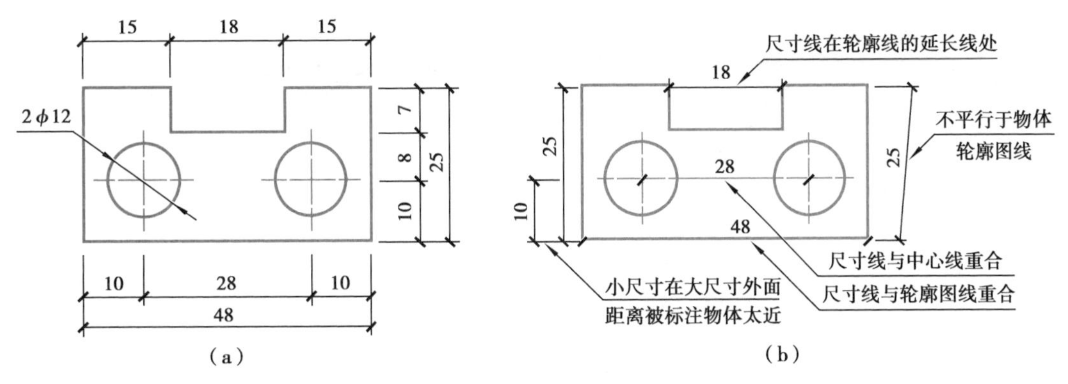

图 1.20　尺寸线的画法
(a)正确标注;(b)错误标注

(3)尺寸起止符号　尺寸起止符号表示尺寸范围的起止。尺寸线与尺寸界线的交点为尺寸的起止点,尺寸起止符号应画在起止点上。

尺寸起止符号一般用中粗斜短线绘制,其倾斜方向应与尺寸界线呈顺时针45°角,长度宜为2~3 mm。半径、直径、角度与弧长的尺寸起止符号用箭头表示,如图1.21所示。

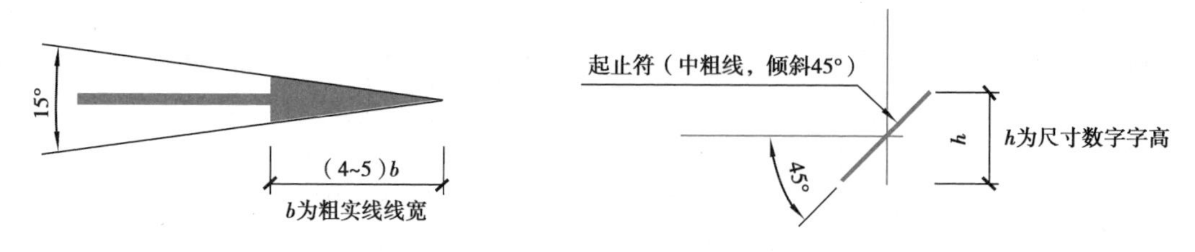

图1.21　尺寸箭头及起止符号的画法

(4)尺寸数字　尺寸数字表示尺寸的大小。

图样上的尺寸应以尺寸数字为准,不得从图上直接量取。图样上的尺寸单位,除标高及总平面图以米为单位外,其他必须以毫米为标准尺寸单位,但"毫米"或"mm"字样不注出。

尺寸数字应尽可能注写在靠近尺寸线的上方中部,如没有足够的注写位置,最外边的数字可注写在尺寸界线的外侧,中间相邻的尺寸数字可错开注写,也可引出注写,如图1.22所示。

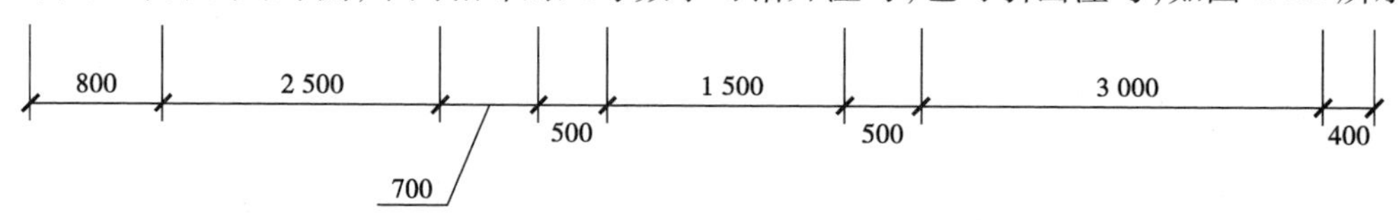

图1.22　尺寸数字的注写位置

尺寸数字的方向应按图1.23(a)的规定注写。如果尺寸数字在30°斜区内,则应按图1.23(b)的形式注写。

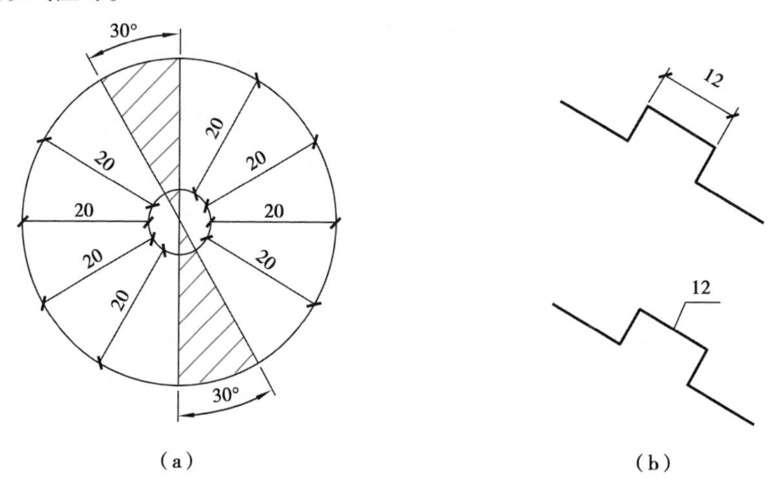

图1.23　尺寸数字注写方向

(a)尺寸数字注写方向;(b)数字在30°斜区内的标注

2)常用尺寸标注法

(1)半径、直径、球的尺寸标注　标注半径、直径、球的尺寸起止符号宜用箭头表示,如图1.24所示。

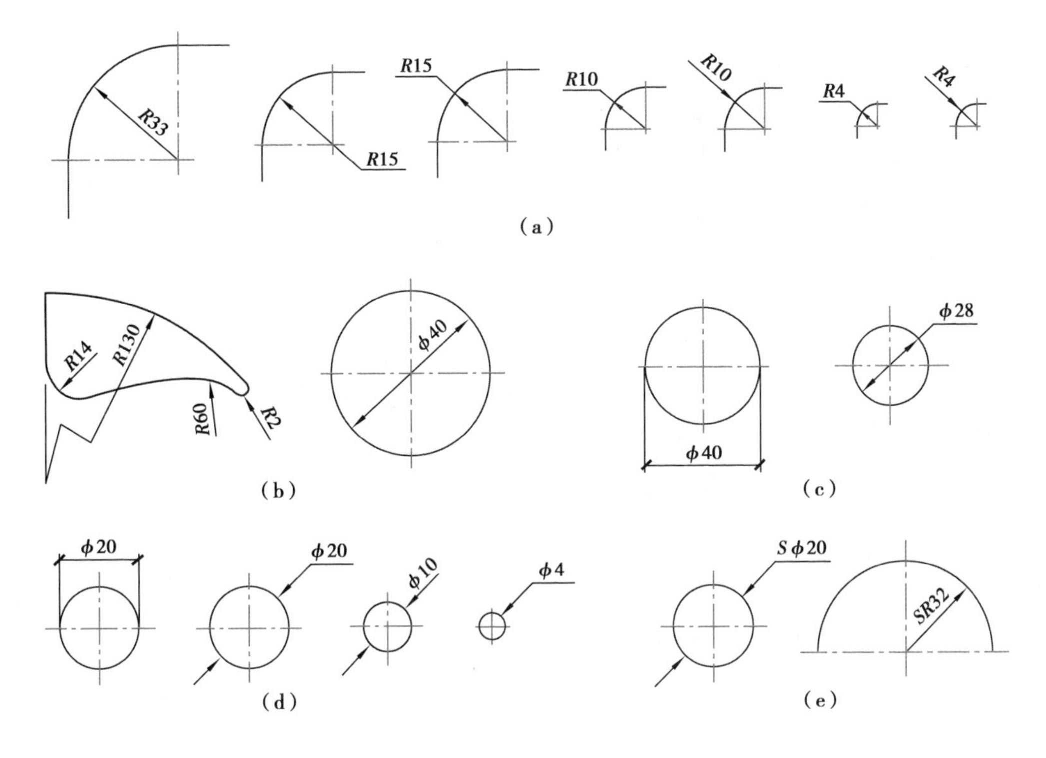

图 1.24　半径、直径、球的尺寸标注

①半径：一般情况下，对于半圆或小于半圆的圆弧应标注其半径。

半径的尺寸线应一端从圆心开始，另一端画箭头指向圆弧，半径数字前加注半径符号"*R*"［图 1.24(a)，(b)］。对较小圆弧的半径，可按图 1.24(a)的形式标注。对较大圆弧的半径，可按图 1.24(b)的形式标注。

②直径：一般大于半圆的圆弧应标注直径。

标注圆的直径尺寸时，直径数字前应加直径符号"ϕ"。在圆内标注的尺寸线应通过圆心，两端画箭头指向圆弧［图 1.24(c)］。较小圆的直径尺寸，可标注在圆外［图 1.24(d)］。

③球径：标注球的半径或直径时，需在半(直)径符号前加注球形代号"*S*"，注写方法与圆弧半径和圆直径的尺寸标注方法相同［图 1.24(e)］。

(2)角度、弧长、弦长的标注　角度的尺寸线应以圆弧表示，该圆弧的圆心应是该角的顶点，角的两条边为尺寸界线。起止符号应以箭头表示，如没有足够的位置画箭头，可用圆点代替。角度数字应按水平方向注写，如图 1.25 所示。

标注圆弧的弧长时，尺寸线应以该弧线的同心弧线表示，尺寸界线应垂直于该圆弧的弦，起止符号用箭头表示，弧长数字上方应加注圆弧符号"⌒"(图 1.26)。

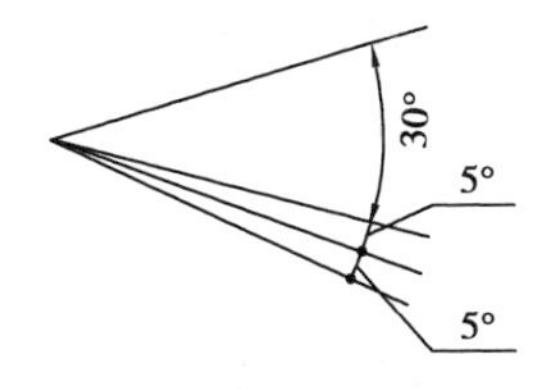

图 1.25　角度标注方法

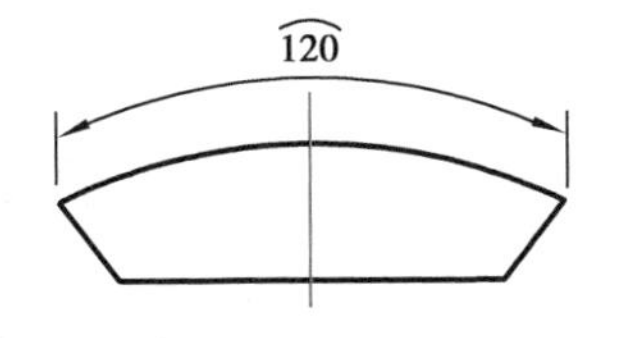

图 1.26　弧长标注方法

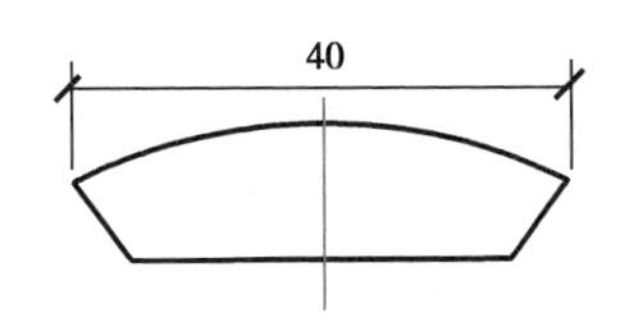

图 1.27　弦长标注方法

标注圆弧的弦长时,尺寸线应以平行于该弦的直线表示,尺寸界线应垂直于该弦,起止符号用中粗斜短线表示,如图 1.27 所示。

(3)桁架结构、钢筋以及管线等的单线图的标注　对桁架简图、钢筋简图、管线图等,可把长度尺寸数字相应地沿杆件或管线的一侧注写,如图 1.28 所示。尺寸数字的方向则仍按前面所述的规定来注写。

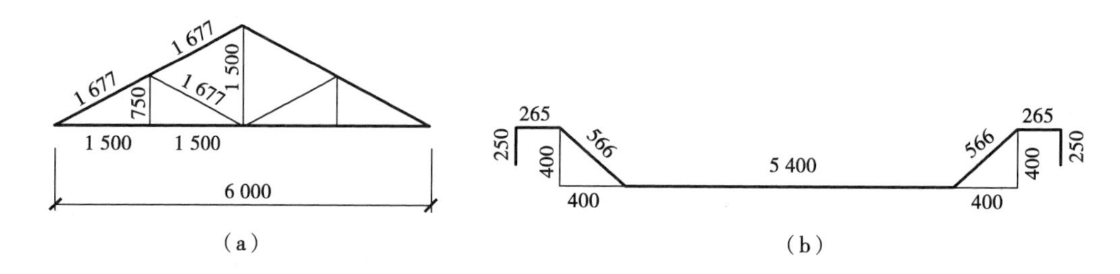

图 1.28　单线图尺寸标注

(4)非圆曲线和复杂图形的尺寸标注

①对非圆曲线轮廓尺寸,可采用坐标式来标注曲线的有关尺寸。当标注曲线轮廓上有关点的坐标时,可将尺寸线或其延长线作为尺寸界线,如图 1.29 所示。

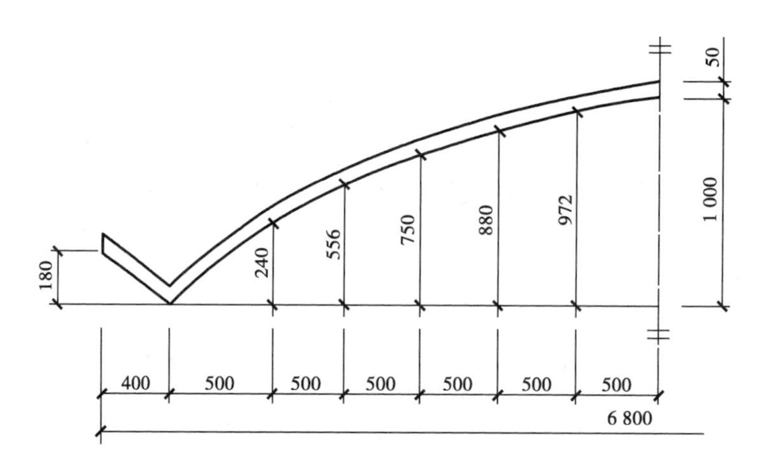

图 1.29　坐标法标注曲线尺寸

②对于复杂的图形,可用网格形式标注尺寸,如图 1.30 所示。

其中,图 1.30(a)采用"格数 × 格宽尺寸 = 总长"的形式标注;图 1.30(b)采用从原点出发,按竖、横方向分别标注,这时原点为基准点,竖、横轴为两相互垂直方向的基准线;图 1.30(c)采用分段标注出各等分段尺寸数字来表示;图 1.30(d)采用比例尺表示,在示意图上多用此种表达形式,因为示意图对具体尺寸要求不高。

(5)坡度的尺寸注法　在工程图中,对倾斜部分的倾斜程度,国标规定用坡度(即斜度)来表示。标注坡度时,应加注坡度符号"⟵——",该符号为单面箭头,箭头应指向下坡方向,如图 1.31(a),(b)所示。坡度也可用直角三角形形式标注,如图 1.31(c)所示。

(6)尺寸的简化标注　有些尺寸可以采用尺寸的简化标注法标注。

连续排列的等长尺寸,可用"等长尺寸 × 个数 = 总长"的形式标注,如图 1.32 等长尺寸简化标注方法。构件内的构造因素(如铺地、构架等)如相同,可仅标注其中一个要素的尺寸,如

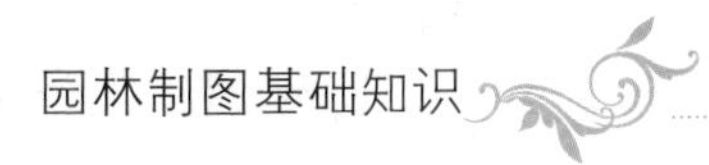

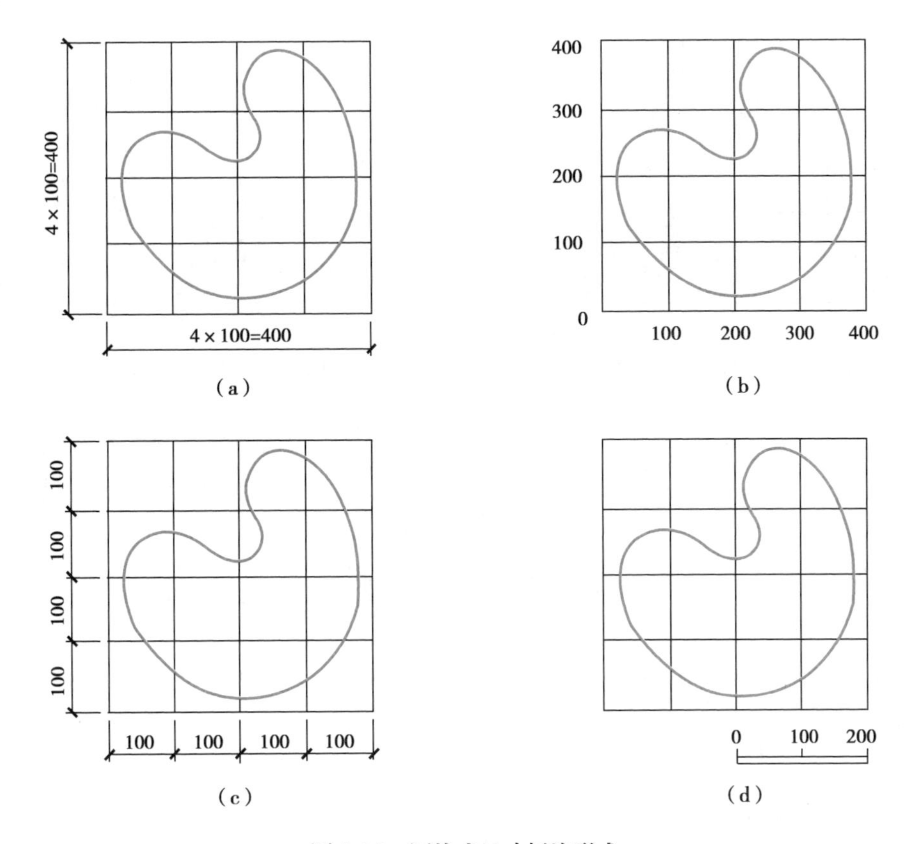

图 1.30 网格式尺寸标注形式

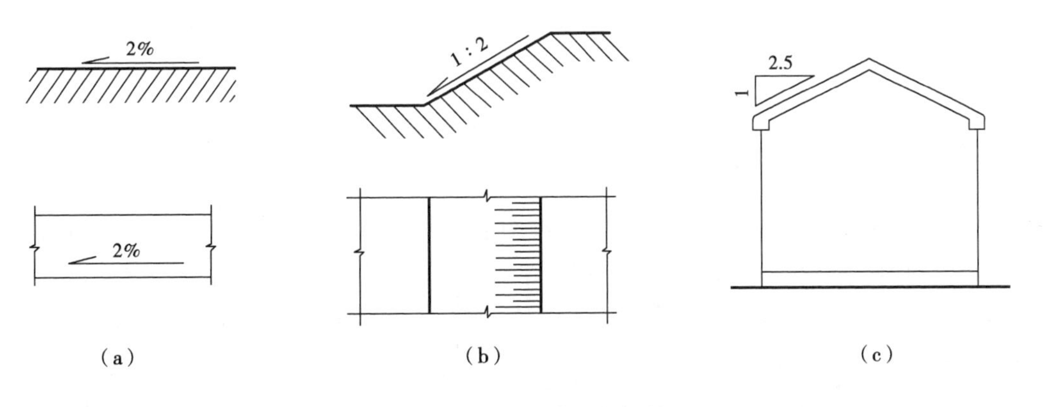

图 1.31 坡度尺寸标注方法

图 1.33 所示。对称构件采用对称省略画法时,该对称构件的尺寸线应略超过对称符号,仅在尺寸线的一端画尺寸起止符号,尺寸数字应按整体全尺寸注写,其注写位置宜与对称符号对齐,如图 1.34 所示。两个构件,如个别尺寸数字不同,可在同一图样中将其中一个构件的不同尺寸数字注写在括号内,该构件的名称也应注写在相应的括号内,如图 1.35 所示为相似构件尺寸标注方法。

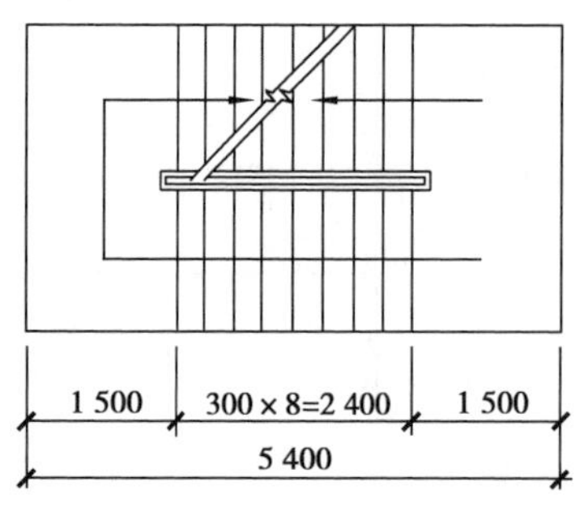

图 1.32　等长尺寸简化标注方法

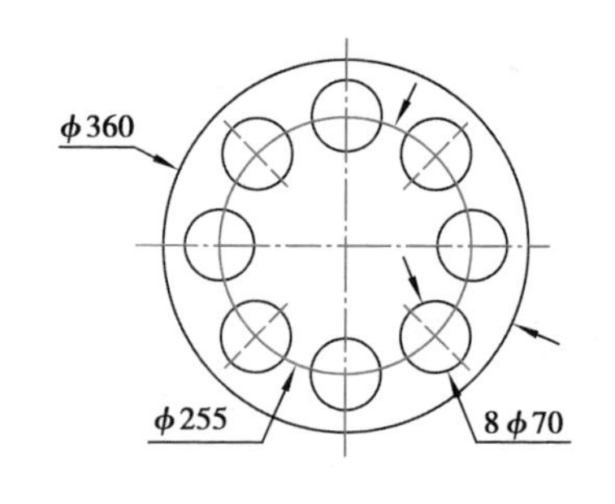

图 1.33　相同要素尺寸标注方法

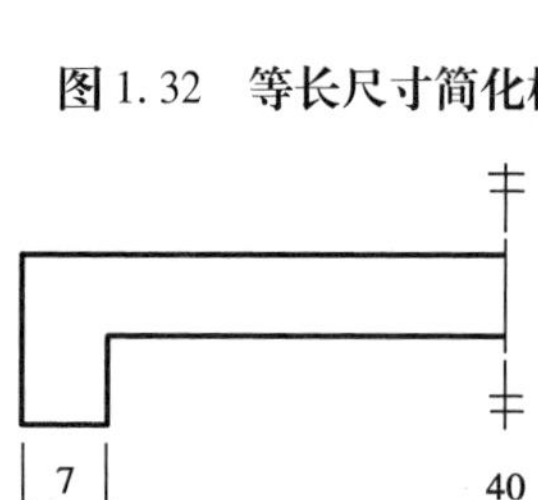

图 1.34　对称构件尺寸标注方法

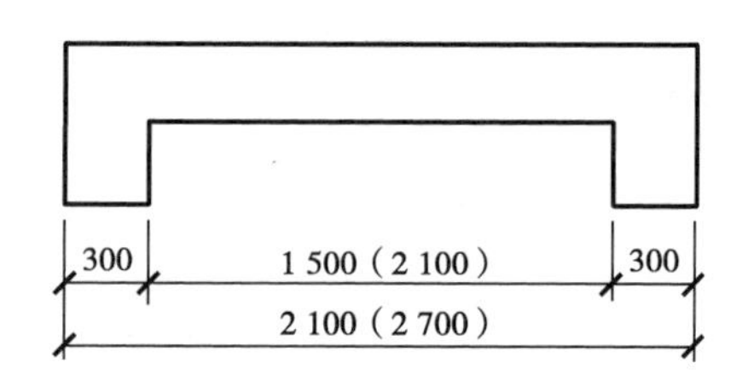

图 1.35　相似构件尺寸标注方法

1.2.6　标注符号

1）索引符号与详图符号

图样中的某一局部或构件，如需要另见详图，应以索引符号索引，如图 1.36(a)所示。索引符号是由直径为 10 mm 的圆和圆内过圆心的水平直线组成，圆及水平直线均应以细实线绘制。索引符号应按下列规定编写：

索引出的详图，如与被索引的详图不在同一张图纸内，应在索引符号的上半圆中用阿拉伯数字注明该详图的编号，在索引符号的下半圆中用阿拉伯数字注明该详图所在图纸的编号，数字较多时，可加文字标注。

索引出的详图如与被索引的详图同在一张图纸内，应在索引符号的上半圆中用阿拉伯数字注明该详图的编号，并在下半圆中间画一段水平细实线，如图 1.36(b)所示。

索引出的详图，如采用标准图，应在索引符号水平直线的外延长线上加注该标准图册的名称、编号，如图 1.36(c)所示。

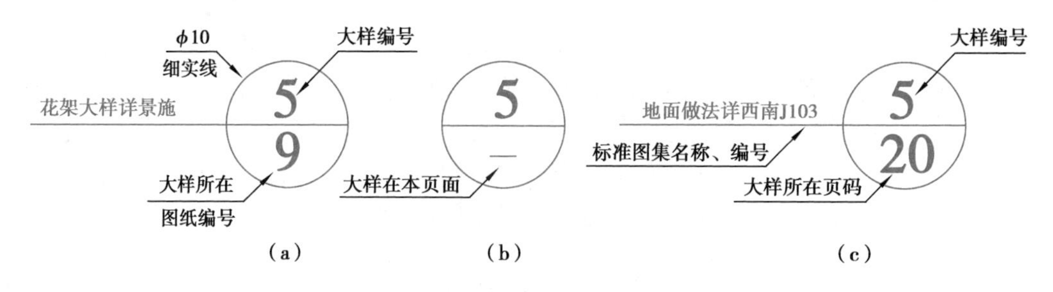

图 1.36　索引符号

索引符号如用于索引剖面图，应在被剖切的部位绘制剖切位置线，并以引出线引出索引符号,引出线所在的一侧应为投射方向。索引符号的编写同前面的规定(图 1.37)。

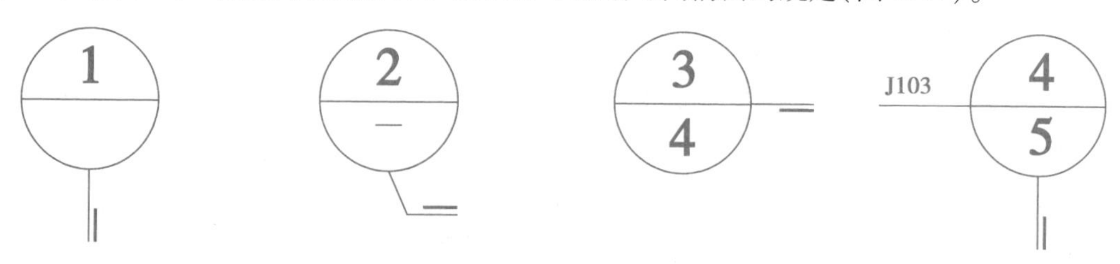

图 1.37　用于索引剖面详图的索引符号

零件、钢筋、杆件、设备等的编号以直径为 4 ~6 mm 的细实线圆表示,其编号应用阿拉伯数字按顺序编写(图 1.38)。

详图的位置和编号,应以详图符号表示。详图符号的圆应以直径为 14 mm 的粗实线绘制。详图应按下列规定编号:详图与被索引的图样同在一张图纸内时,应在详图符号内用阿拉伯数字注明详图的编号(图 1.39);详图与被索引的图样不在同一张图纸内,应用细实线在详图符号内画一水平直线,在上半圆中注明详图编号,在下半圆中注明被索引的图纸的编号(图 1.40)。

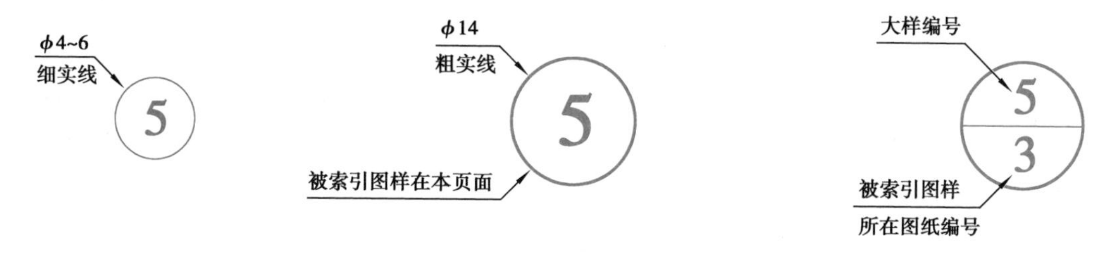

图 1.38　零件、钢筋编号

图 1.39　与索引图样在同一张图内的详图编号

图 1.40　与索引图样不在同一张图内的详图编号

2)引出线

引出线以细实线绘制,宜采用水平直线与水平呈 30°,45°,60°,90°的直线,或经上述角度再折为水平线。文字说明宜注写在水平线的上方[图 1.41(a)];也可注写在水平线的端部[图 1.41(b)]。索引详图的引出线,应与水平直径线相连接[图 1.41(c)]。

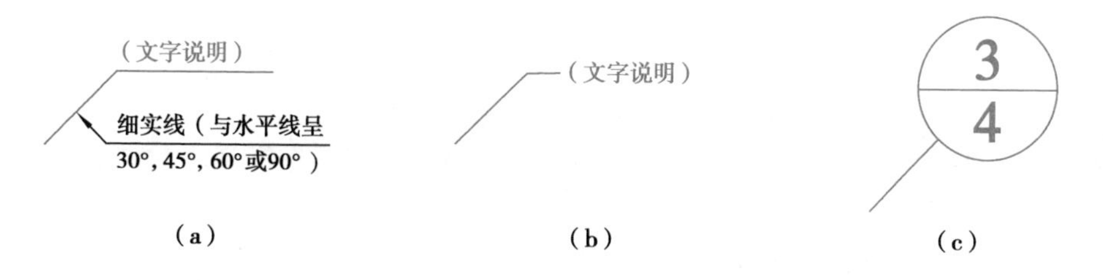

图 1.41　引出线

同时引出几个相同部分的引出线,宜互相平行,如图 1.42(a)所示;也可画成集中于一点的放射线,如图 1.42(b)所示。

多层构造或多层管道共用线应通过被引出线,并且通过被引出线的各层。文字说明宜注写在水平线的上方,或注写在水平线的端部,说明的顺序应由上至下,并与被说明的层次相互一致;如层次为横向排序,则由上至下的说明顺序应与从左至右的层次相互一致(图 1.43)。

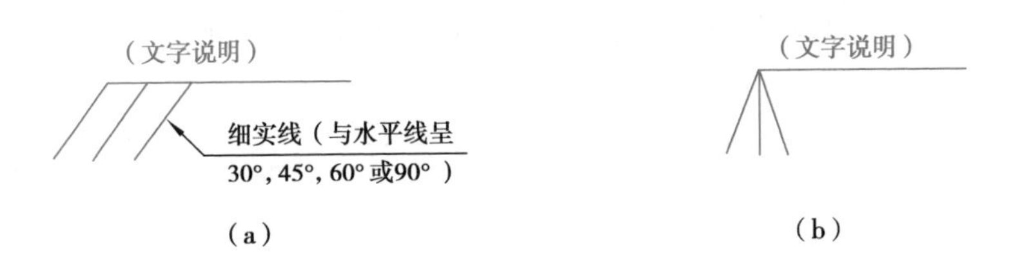

图 1.42　共用引出线

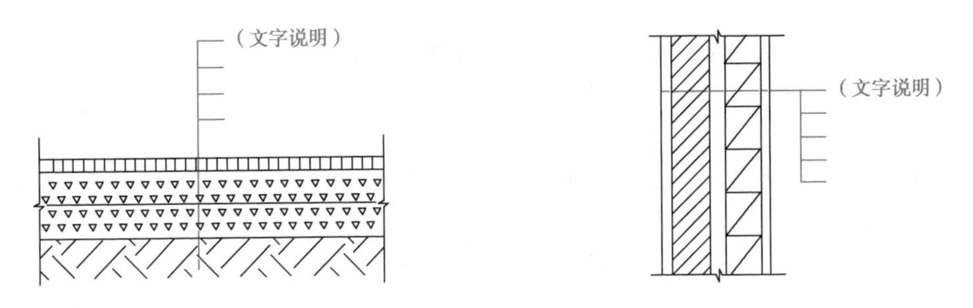

图 1.43　多层构造引出线

3)标高

标高符号以直角等腰三角形表示,按图 1.44(a)所示形式用细实线绘制。如标注位置不够,也可按图 1.44(b)所示形式绘制。总平面图室外地坪标高符号,宜用涂黑的三角形表示,具体画法如图 1.44(c)所示。

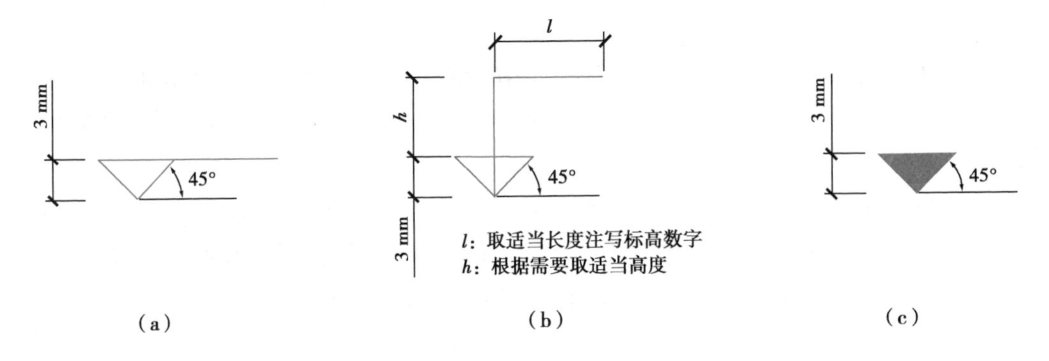

图 1.44　标高符号

标高符号的尖端应指至被标注高度的位置。尖端一般应向下,也可向上。标高数字应注写在标高符号的左侧或右侧[图 1.45(a)]。标高数字以米为单位,注写到小数点后 3 位,在总平面图中注写到小数点后第二位。

图 1.45　标高标注

零点标高应注写成 ±0.000,并应标出其绝对高程值,如 ±0.000 =245.670。正数标高不注“ +”,负数标高应注“ -”,如 3.000, -0.600。

在图样的同一位置需表示几个不同标高时,标高数字可按图 1.45(b)的形式注写。

4)其他符号

定位轴线编号注写在轴线端部的圆内。圆应用细实线绘制,直径为 8 ~ 10 mm。定位轴线圆的圆心,应在定位轴线的延长线上或延长线的折线上。平面图上定位轴线的编号,宜标注在图样的下方与左侧。横向编号用数字,从左至右编写;竖向编号用大写字母,从下至上编写,*I*, *O*, *Z* 近似于 1,0,2,故不能用作轴线编号[图 1.46(a)]。

对称符号由对称线和两端的两对平行线组成。对称线用细点长划线绘制;平行线用细实线绘制,其长度宜为 6 ~ 10 mm,每对的间距为 2 ~ 3 mm;对称线垂直平分于两对平行线,两端超出平行线宜为 2 ~ 3 mm[图 1.46(b)]。

连接符号应以折断线表示需连接的部位。两部分相距过远时,折断线两端靠图样一侧应标注大写拉丁字母表示连接编号。两个被连接的图样必须用相同的字母编号[图 1.46(c)]。

指北针在园林平面图和总图上,可明确表示园林用地的方位。指北针加风玫瑰图,还可说明这地方的常年主导风向。指北针的形状如图 1.46(d)所示,其圆的直径宜为 24 mm,用细实线绘制;指针尾部的宽度宜为 3 mm,指针头部应注"北"或"N"字。需用较大直径绘制指北针时,指针尾部宽度宜为直径的 1/8。

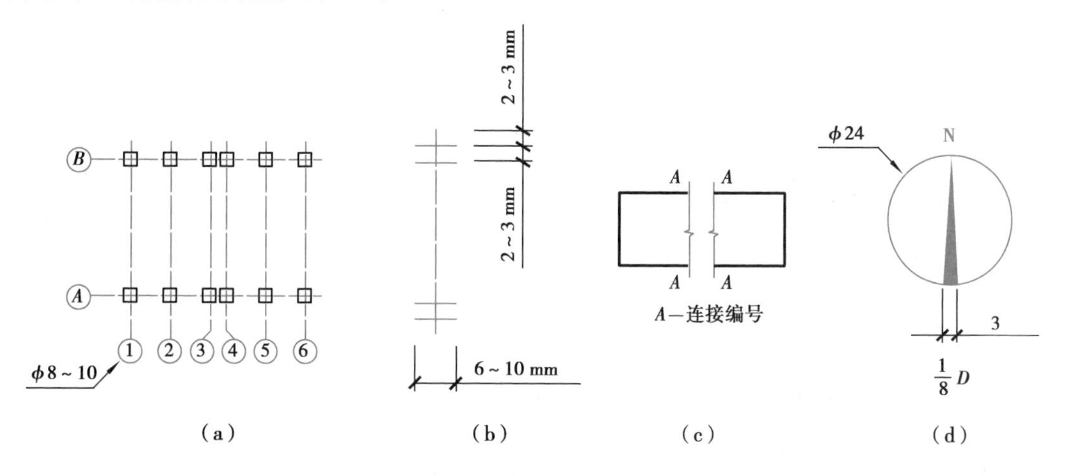

图 1.46 其他常用符号

(a)轴线编号;(b)对称符号;(c)连接符号;(d)指北针

剖视的剖切符号应由剖切位置线及剖视方向线组成,均应以粗实线绘制。剖切位置线的长度宜为 6 ~ 10 mm;剖视方向线应垂直于剖切位置线,长度应短于剖切位置线,宜为 4 ~ 6 mm[图 1.47(a)],也可采用国际统一和常用的剖视方法[图 1.47(b)]。剖切符号的编号宜采用粗阿拉伯数字,按剖切顺序由左至右、由下向上连续编排,并应注写在剖视方向线的端部或一侧,编号所在的一侧应为该剖切或断面的剖视方向;需要转折的剖切位置线,应在转角的外侧加注与该符号相同的编号。断面图符号为 6 ~ 10 mm 粗实线,编号所在的位置为剖视方向[图 1.47(c)]。当剖面图或断面图与被剖切图样不在同一张图时,应在剖切位置线的另一侧注明其所在图纸的编号,也可以在图上集中说明。

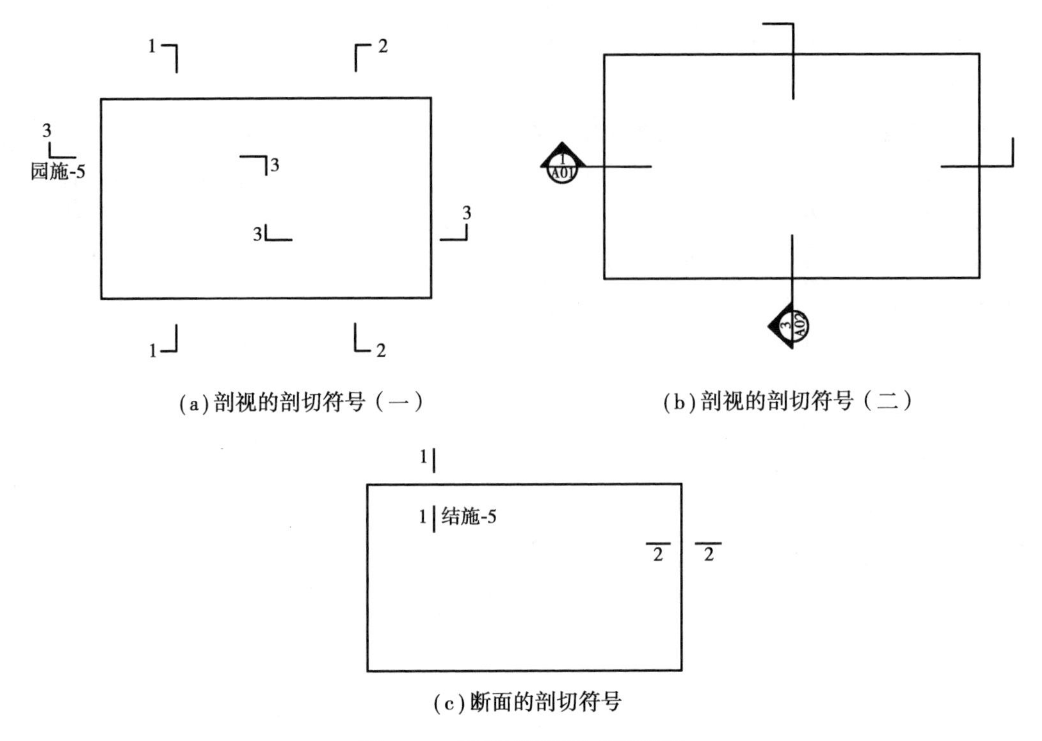

(a)剖视的剖切符号（一）

(b)剖视的剖切符号（二）

(c)断面的剖切符号

图1.47　剖视及断面的剖切符号

1.3　绘图步骤和方法

1.3.1　工具线条图绘图步骤

用尺、规和曲线板等绘图工具绘制的，以线条特征为主的工整图样称为工具线条图。工具线条图的绘制是园林设计制图最基本的技能。绘制工具线条图应熟悉和掌握各种制图工具的用法、线条的类型、等级、所代表的意义及线条的交换。

工具线条应粗细均匀、光滑整洁、边缘挺括、交接清楚。作墨线工具线条时只考虑线条的等级变化；作铅笔线工具线条时除了考虑线条的等级变化外还应考虑铅芯的浓淡，使图面线条对比分明。通常剖断线最粗最浓，形体外轮廓线次之；主要特征的线条较粗较浓，次要内容的线条较细较淡。

良好的作图习惯和绘图方法是绘图质量的重要保证。

1)准备

①做好准备工作，将铅笔按照绘制不同线型的要求削好；将圆规的铅芯磨好，并调整好铅芯与针尖的高低，使针尖略长于铅芯；用干净软布把丁字尺、三角板、图板擦干净；将各种绘图用具按顺序放在固定位置，洗净双手。

②分析要绘制图样的对象，收集参阅有关资料，做到对所绘图的内容心中有数。

③根据所画图纸的要求，选定图纸幅面和比例。在选取时，必须遵守国家标准的有关规定。

④将大小合适的图纸用胶带(或绘图钉)固定在图板上。固定时，应使丁字尺的工作边与图纸的水平边大致平行。最好使图纸的下边与图板下边保持大于一个丁字尺宽度的

距离。

2)用铅笔绘制底稿

①按照图纸幅面的规定绘制图框,并在图纸上按规定位置绘出标题栏。

②合理布置图面,综合考虑标注尺寸和文字说明的位置,定出图形的中心线或外框线,避免在一张图纸上出现太空或太挤的现象,使图面匀称美观。

③画图形的定位轴线,然后再画主要轮廓线,最后画细部。画草图时最好用较硬的铅笔,落笔尽可能轻、细,以便修改。

④画尺寸线、尺寸界线和其他符号。

⑤仔细检查,擦去多余线条,完成全图底稿。

3)加深图线、上墨或描图

(1)加深图线　铅笔线宜用较软的铅笔 B~3B 加深或加粗,然后用较硬的铅笔 H~B 将线边修齐。线条的加深与加粗见表 1.6。

表 1.6　线条的加深与加粗

	正　确	错　误
粗线与稿线的关系		
稿线为粗线的中心线		
两稿线距离较近时,可沿稿线向外加粗		
粗线的接头		

绘图应遵循下列步骤:

①先画上方,后画下方;先画左方,后画右方;先画细线,后画粗线;先画曲线,后画直线;先画水平方向的线段,后画垂直及倾斜方向的线段。

②同类型、同规格、同方向的图线可集中画出。

③画起止符号,填写尺寸数字、标题栏和其他说明。

④仔细核对、检查并修改已完成的图纸。

(2)上墨　上墨是在绘制完成的底稿上用墨线加深图线,步骤与用铅笔加深基本一致,一般使用绘图墨水笔。墨线的加粗,可先画边线,再逐笔填实,如图 1.48 所示。如一笔就画粗线,由于下水过多,容易在起笔处胀大,纸面也容易起皱。

图 1.48　墨线加粗方法

(3)描图　在工程施工过程中往往需要多份图纸,这些图纸通常采用描图和晒图的方法进行。描图是用透明的描图纸覆盖在铅笔图上用墨线描绘,描图后得到的底图再通过晒图就可得到所需份数的复制图样(俗称蓝图)。

描图时应注意以下几点:

①将原图用丁字尺校正位置后粘贴在图板上,再将描图纸平整地覆盖在原图上,用胶带纸把两者固定在一起。

②描图时应先描圆或圆弧,从小圆或小弧开始,然后再描直线。

③描图时一定要耐心、细致,切忌急躁和粗心。图板要放平,墨水瓶千万不可放在图板上,以免翻倒沾污图纸。手和用具一定要保持清洁干净。

④描图时若画错或有墨污,一定要等墨迹干后再修改。修改时可用刀片轻轻地将画错的线或墨污刮掉。刮时底下可垫三角板,力量要轻而均匀,切勿刮破描图纸。刮过的地方要用砂橡皮擦除痕迹,最后用软橡皮擦净并压平后重描。重描时注墨不要太多。

(4)注意事项

①画底图时线条宜轻而细,只要能看清楚就行。

②铅笔选用的硬度:加深时粗线宜选用HB或B;细实线宜用2H或3H;写字宜用H或HB。加深圆或圆弧时所用的铅芯,应比同类型画直线的铅笔软一号。

③加深或描绘粗实线时应保证图线位置的准确,防止图线移位,影响图面质量。

④使用橡皮擦拭多余线条时,应尽量缩小擦拭面,擦拭方向应与线条方向一致。

1.3.2　钢笔徒手线条图画法

园林设计者必须具备徒手绘制线条图的能力。因为园林图中的地形、植物和水体等需徒手绘制,且在收集素材、探讨构思、推敲方案时也需借助于徒手线条图。

绘制徒手线条图的工具很多,用不同的工具所绘制的线条的特征和图面效果虽然有些差别,但都具有线条图的共同特点。下面主要介绍钢笔徒手线条图的画法技巧和表现方法。

学画钢笔徒手线条图可从简单的直线练习开始。在练习中应注意运笔速度、方向和支撑点以及用笔力量。运笔速度应保持均匀,宜慢不宜快,停顿干脆。用笔力量应适中,保持平稳。基本运笔方向为从左至右、从上至下,且左上方的直线(倾角45°~225°)应尽量按向圆心的方向运笔,相应的右下方直线运笔方向正好与其相反。运笔中的支撑点有两种情况:一为以手掌一侧或小指关节与纸面接触部分为支撑点,适合于作较短的线条,若线条较长需分段作,每段之间可断开,以免搭接处变粗;二为以肘关节作为支撑点,靠小臂和手腕运动,并辅以小指关节轻触纸面作更长的线条,如图1.49(a)所示。

在画水平线和垂直线时,宜以纸边为基线,画线时视点距图面略放远些,以放宽视面,并随时以基线来校准。

若画等距平行线,应先目测出每格的间距,如图1.49(b)所示。

凡对称图形都应先画对称轴线,如画左图山墙立面时,先画中轴线,再画山墙矩形,然后在中轴线上点出山墙尖高度,画出坡度线,最后加深各线,如图1.49(c)所示。

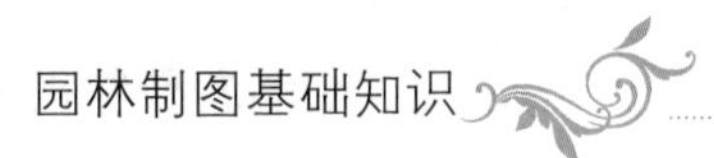

画垂直线应自上至下，与用仪器画恰恰相反

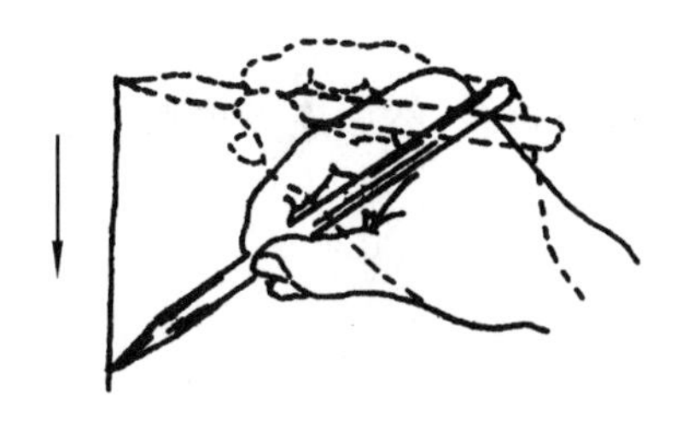

徒手画水平线应自左至右

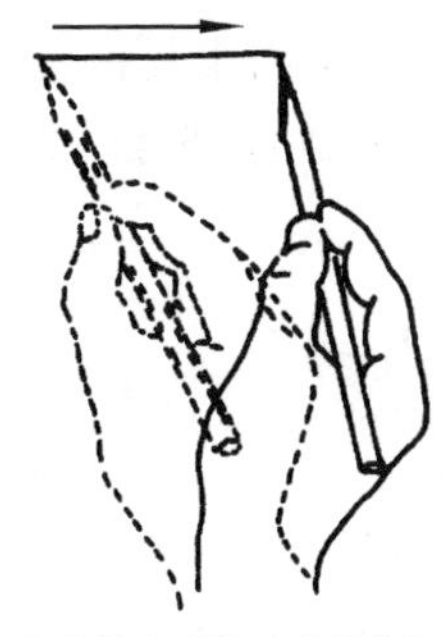

画垂直线的支转点

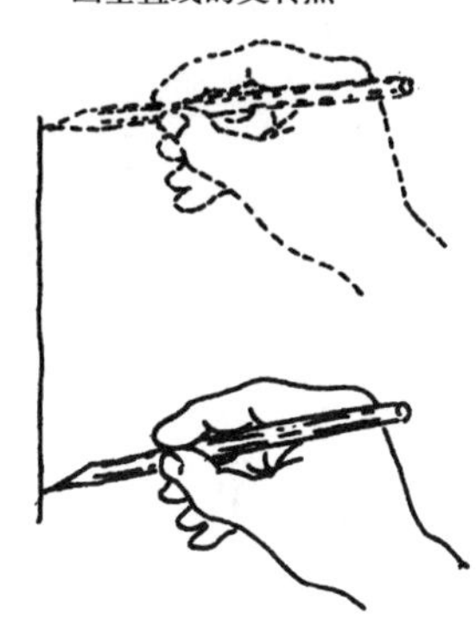

画水平线的支转点（转动腕关节）

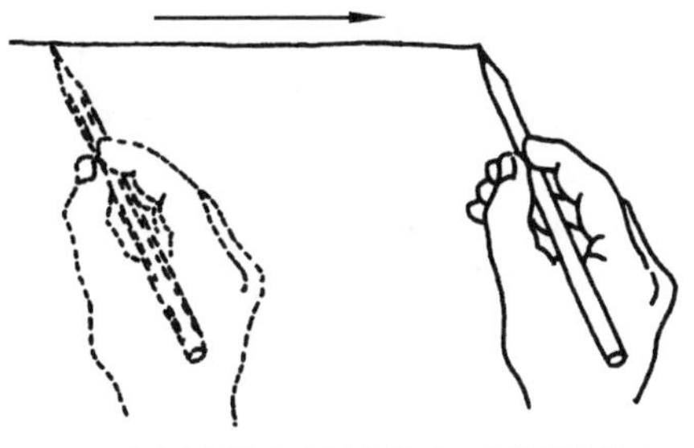

画垂直长线和水平长线时，小指指尖靠在图纸上轻轻滑动，手腕关节不宜转动

（a）

画直线

短线一次完成

长线可接画，接线处宁可稍留空隙而不宜重叠

切不可用短笔画来回画

画垂直线

以纸边为基线

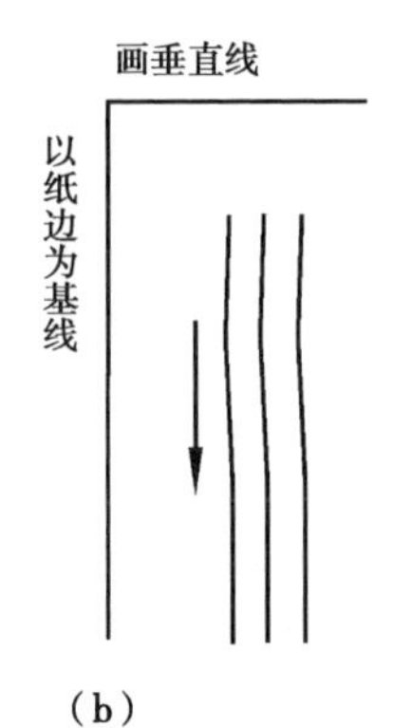

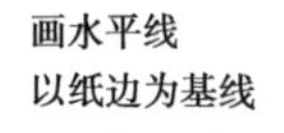

画水平线

以纸边为基线

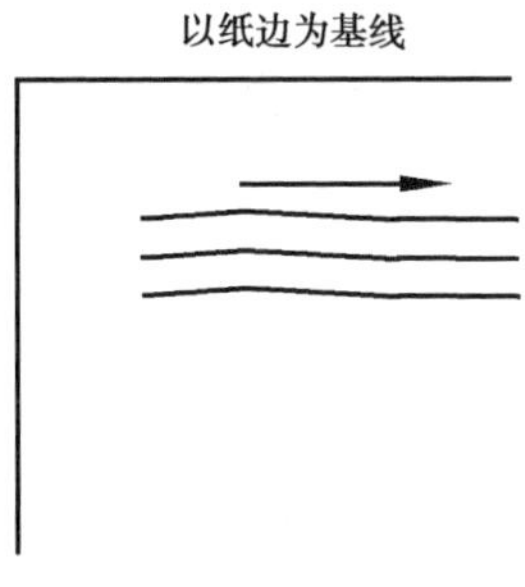

（b）

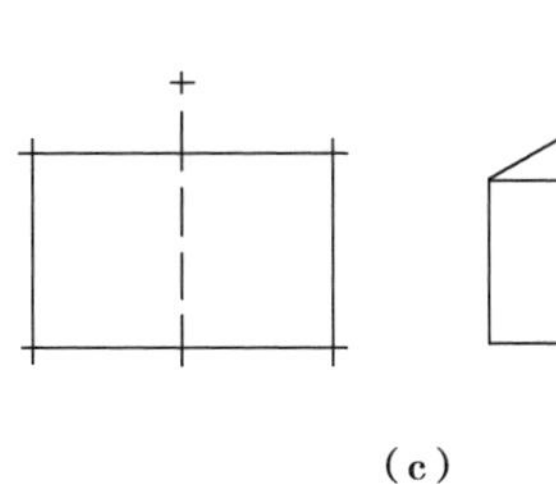

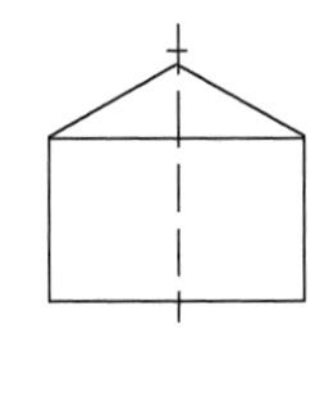

（c）

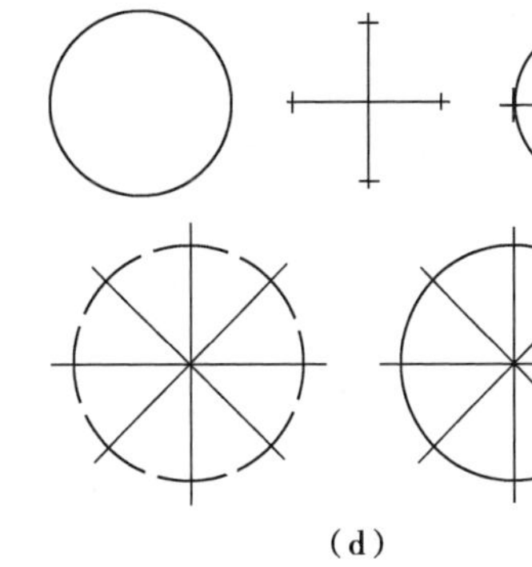

（d）

图 1.49　徒手线条画法

（a）运笔方向；（b）画线条；（c）画对称图形；（d）画圆

画圆可先用笔在纸上顺一定方向轻轻兜圆圈,然后按正确的圆加深。

画小圆时,先作十字线,定出半径位置,然后按四点画圆。

画大圆时除十字线外还要加45°线,定出半径位置,作短弧线,然后连各短弧线成圆,如图1.49(d)所示。

2 园林素材表现

[本章导读]植物、山石、水体、人物等都是园林构成要素，是园林设计表现中最基本的元素。本章作为入门训练，介绍了园林植物、山石、水体、人物、交通工具的常规绘制方法。本章强调徒手铅笔或钢笔绘画，学习本章内容时应加强平时练习，多收集素材，多临摹优秀作品，做到线条流畅、定型准确。练习过程中还要注意比例尺度的把握。学习这些园林构成要素的表现方法，将为绘制园林设计图、园林效果图等打下良好基础。

2.1 植物的表现

园林植物是园林设计中应用最多，也是最重要的造园要素。园林植物的分类方法较多，根据各自特征，将其分为乔木、灌木、攀援植物、竹类、花卉、绿篱和草地 7 大类。这些园林植物由于它们的种类不同，形态各异，因此画法也不同。

2.1.1 植物的平面画法

1)树木的平面表示方法

园林植物平面图是指园林植物的水平投形图。一般采用图例表示，其方法为：先以树干位置为圆心，树冠平均半径为半径作圆，然后再依据不同树木的特性加以表现(图 2.1)。

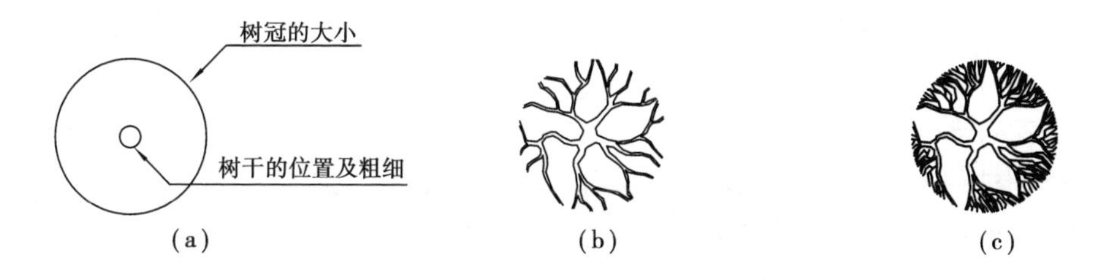

图 2.1 植物平面图图例的表示方法

(a)定树干和树冠位置、大小；(b)画主枝；(c)画细枝和树叶

在具体绘制时，还应注意以下几个问题：

①图中树冠的大小应根据成龄树冠的大小按比例绘制，成龄树冠大小可参考表 2.1。

②不同的植物种类，常以不同的树冠线型来表示。针叶树常以带有针刺状的树冠来表示，若为常绿的针叶树，则在树冠线内加画平行的斜线(图 2.2)。阔叶树的树冠线一般为圆弧线或波浪线，落叶的阔叶树多用枯枝表现。常绿的阔叶树多表现为浓密的叶子，或在树冠内加画平

行斜线(图2.3)。

表2.1　成龄树的树冠冠径

单位:m

树　种	孤植树	高大乔木	中小乔木	常绿乔木	花灌木	绿　篱
冠　径	10~15	5~10	3~7	4~8	1~3	单行:0.5~1.0 双行:1.0~1.5

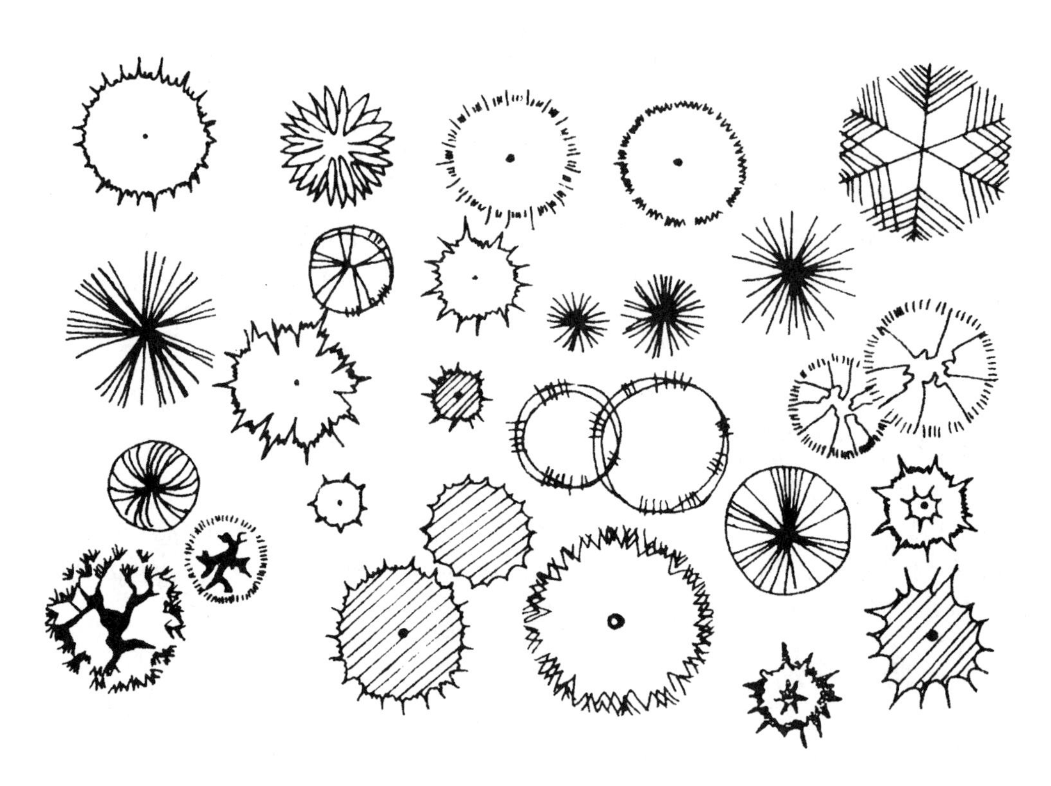

图2.2　针叶树平面图画法

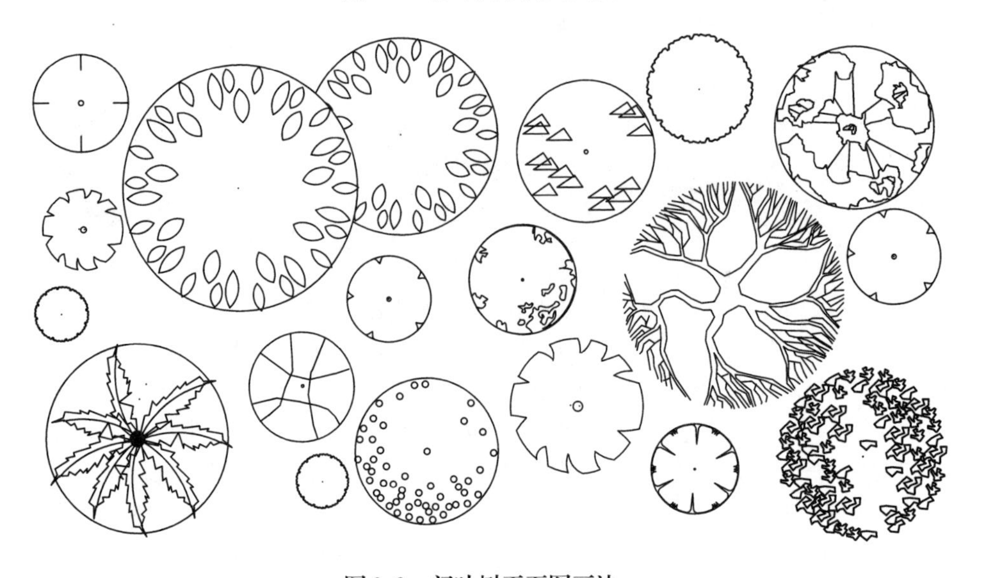

图2.3　阔叶树平面图画法

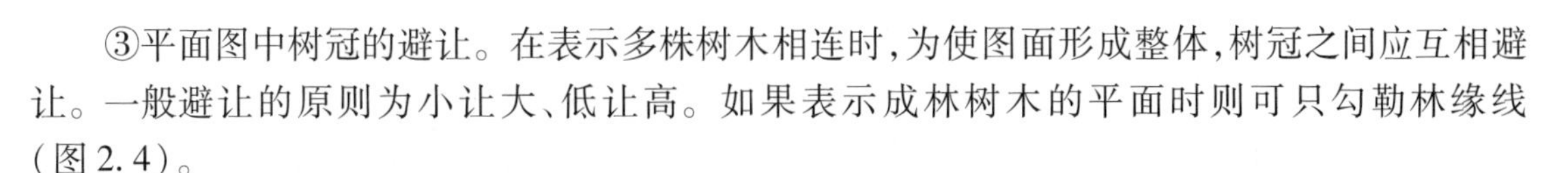

③平面图中树冠的避让。在表示多株树木相连时，为使图面形成整体，树冠之间应互相避让。一般避让的原则为小让大、低让高。如果表示成林树木的平面时则可只勾勒林缘线(图2.4)。

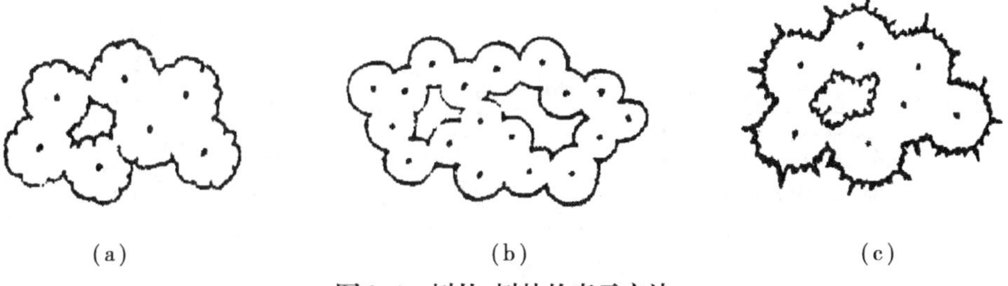

(a)　　(b)　　(c)

图2.4　树丛、树林的表示方法

(a)阔叶乔木树丛；(b)疏林；(c)针叶乔木树丛

④在设计图中，当树冠下有花台、花坛、花径或水面、石块和竹丛等较低矮的设计内容时，树木平面不应过于复杂，要注意避让，不要挡住下面的内容。

2)灌木和地被植物的平面表现方法

灌木是无明显主干的木本植物，与乔木不同，灌木植物矮小，近地面处枝干丛生，具有体形小、变化多、株植少、片植多等特点。因此，灌木的描绘和乔木既有相似之处，但也有自己的特点。在平面图上表示时，株植灌木的表示方法与乔木相同，即有一定变化的线条绘出象征性的圆圈作为树冠线平面符号，并在树冠中心位置画出黑点，表示种植位置；对片植的灌木，则用一定变化的线条表示灌木的冠幅边(图2.5)。绘图时，利用粗实线绘出灌木边缘的轮廓，再用细实线与黑点表示个体树木的位置。

图2.5　片植灌木的表示方法

地被植物如草地等一般用小圆点、小圆圈、线点等符号来表示。在表示时，符号应绘得有疏有密。凡在草地、树冠线、建筑物等边缘外应密，然后逐渐稀疏(图2.6)。

3)绿篱的平面图画法

绿篱有常绿绿篱和落叶绿篱两种。常绿绿篱又分为修剪与不修剪两种情况。修剪绿篱外轮廓线修剪得较整齐平直，所以一般用带有折口的直线绘出。不修剪绿篱由于外轮廓线不整齐，因此，用自然曲线绘出(图2.7)。

4)草坪和草地的表示方法

(1)打点法　打点法是较简单的一种表示方法。用打点法画草坪时所打的点的大小应基本一致。在距建筑、树木较近的地方，以及沿道路边缘、草坪边缘位置，点应相对密些，而距建筑、树木较远的地方，以及草坪中间位置，点应相对稀疏一些，使图纸看起来有层次感。但无论疏密，点都要打得相对均匀[图2.8、图2.9(a)]。

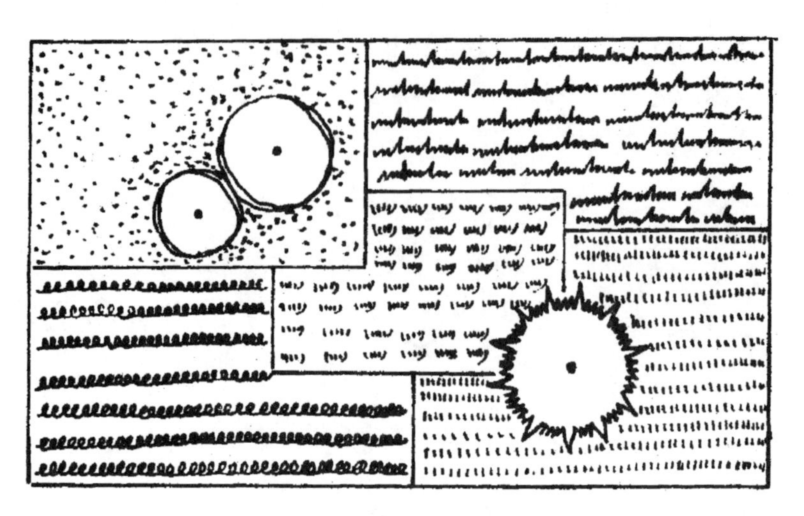

图2.6　地被植物的表示方法

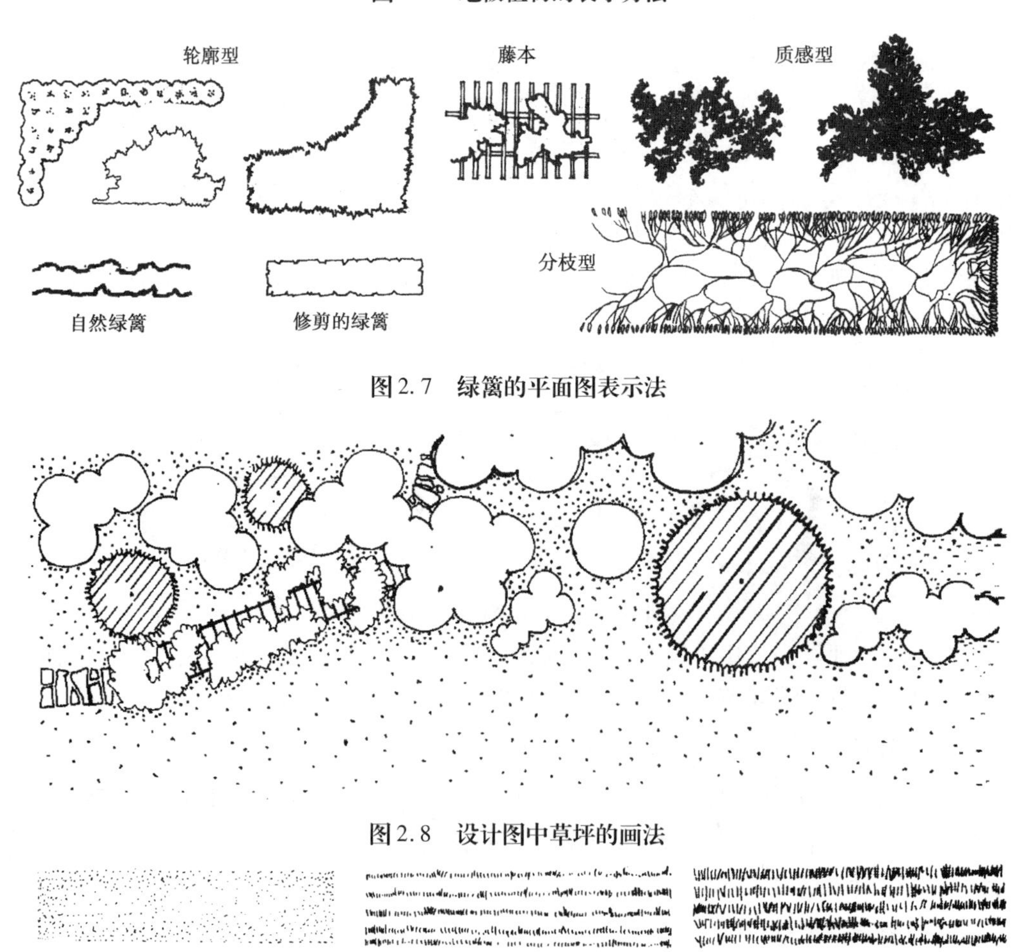

图2.7　绿篱的平面图表示法

图2.8　设计图中草坪的画法

(a)　(b)　(c)

图2.9　草坪的表示方法

(a)打点法;(b)小短线法;(c)线段排列法

(2)小短线法　将小短线排列成行,每行之间的间距相近排列整齐,可用来表示草坪,排列不规整的可用来表示草地或管理粗放的草坪[图2.9(b)]。

(3)线段排列法　线段排列法是最常用的方法,要求线段排列整齐,行间有断断续续的重叠,也可稍许留些空白或行间留白。另外,也可用斜线排列表示草坪,排列方式可规则,也可随意[图2.9(c)]。

5)丛植植物的表示方法

灌木、竹类、花卉多以丛植为主,其平面画法多用曲线较自由地勾画出其种植范围,并在曲线内画出能反映其形状特征的叶子或花的图案加以装饰(图2.10)。

图2.10　丛植植物的表示方法

2.1.2　植物的立面画法

1)树木的立面图绘制

树木种类繁多,形状也千差万别,但每株树都是由枝、干、根、叶构成,它们的生长规律是:主干粗、枝干细,枝干越分越细。因此,学画树应从单株画起,了解了一株树的结构及其画法,则易触类旁通,千株万树不难从笔下表现出来。绘制的方法总的来说有两种:一是西式画法,即以光影来表现树的体积、形态(图2.11);二是中国画中以线造型为主的形式来表达树的姿态、神韵(图2.12)。光影画法真实,而国画画法生动。

图2.11　西式画法

图2.12　中国画画法

树木立面图的绘制可分以下几个步骤：

①绘出中心线和主干。立干以取势，一株树的姿势有正有斜，有直有曲，皆决定于主干的基本倾向。画者下笔前，对这个基本形态要胸有成竹，然后从上向下乘势落笔，把它定下来。

画干运笔要加强顿挫转折，才能矫健多姿，富有生气。画成之后，在背阴处略加阴影，树的精神就出来了。

各类树干的形态和表皮纹理组织是不一样的。其基本形态是下部直径大于上部，下连根部上接枝干。由于生长地域、土壤、气候差异，造就了树种差异，使各种树具有独特的外形特征和表皮特征。描绘时不能忽视树干表皮质感的表现(图 2.13)。

图 2.13　树干画法

②从主干出发绘出大枝，再从大枝出发绘出小枝。古人有“树分四枝”之说。“四枝”亦称“四歧”，即画树枝时要从左、右、前、后四面出枝，才能表现出一株树的立体感和空间感(图 2.14)。

由于树木的种类不同，各种树枝的生长规律和形态也多种多样，树干和树枝的相互位置和长度决定着树木的整体形状。树冠的形状按树枝偏离树干的倾角而有所不同。杨树的树枝垂直向上，罗汉松则平展，柳树下垂。古人通过长期的观察、提炼，把它概括为两种基本形态，即“鹿角法”与“蟹爪法”(图 2.15)。“鹿角法”枝条上挺如鹿角状，两枝交接处的内角多为锐角，也有成钝角的；但不宜取直角，直角太呆板。“蟹爪法”枝条下屈，如蟹爪(也称雀爪、鹰爪)，枣、柿、盘槐大体属于这一类。当然，在自然界中，各种树木的枝条，无论是上挺的还是下屈的，其中又有千差万别。

画树枝较困难的是交叉穿插，既要变化丰富，又要活而不乱。树枝的穿插也离不开上面讲过的构图规律：一要充分运用“不等边三角形原则”。树枝交叉的最小单位是 3 根枝条，这 3 条枝构成的状态以不等边三角形最美。落笔时从主枝上生出小枝，小枝上又生出小枝，层层生发开去，自可收到“齐而不齐，乱而不乱”的效果。二要掌握“疏处可走马，密处不透风”的原则，一株树也要有疏有密，有收有放，才有风致。

③从小枝出发绘出叶片，并铺排组合成树冠外轮廓。虽然自然界树木种类繁多，体态各异，

图2.14　树分四枝

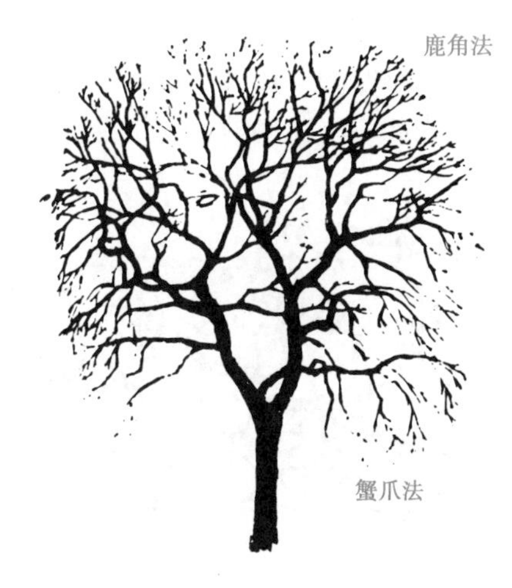

图2.15　“鹿角法”与“蟹爪法”

但我们细致分析后就会发现树形中蕴藏着各自特有的几何形体，把复杂的几何形体先概括为最简单的几何形体，然后逐渐入细还原的方法是树的体积感最好、最有效的方法。有了这一整体的观察方法，就可以把树冠看成具有正面、侧面、顶面及背面并占有空间体积的物体(图2.16)。

图2.16　树的几何形体

有了形体，再进行树叶的表达。大体上讲树叶有阔叶和针叶之分，在生长方向上有对生、互生、丛生3种，因此在大小形状以及与枝干的结合方式上有所不同。表现树叶特征应重点刻画外形边缘和明暗交界处及前景受光部的叶子（图2.17）。

（a）　　（b）

图2.17　枝叶表现

（a）亮部枝叶；（b）暗部枝叶

每种植物的叶片形式都具有其独特的外貌特征，这正是我们表达树种的关键。需要用简单的笔法表现出叶片的形状和动势，是表达的难点（图2.18）。

图2.18　树叶画法

④根据光影效果，表示出亮、暗、最暗的空间层次，加强树的立体感和远近树的空间距离。一般把明暗控制在3个色阶：受光部、中间灰面和暗部。

近景的树木形体结构、明暗变化细致而强烈；中景树木距离稍远，形体结构比较模糊，在与近景树对比下层次略少，明暗对比弱一些；远景树距离远，只有轮廓特征，形成一片，树与树之间无界线（图2.19）。

2）灌木的立面图绘制

在绘制灌木的立面图时，一般只用有一定变化的线、点或简单图形描绘灌木（丛）冠的轮廓线，再在轮廓线内按花叶的排列方向，根据光影效果画出有一定变化的线、点或简单图形，表示出花叶，分出空间层次表示空间感（图2.20）。

3）绿篱的立面图绘制

绿篱的立面图可用图案法绘出。绘图时，可根据不同的花卉形状，用线、点、自由曲线、圆形

图 2.19 **植物远近层次**

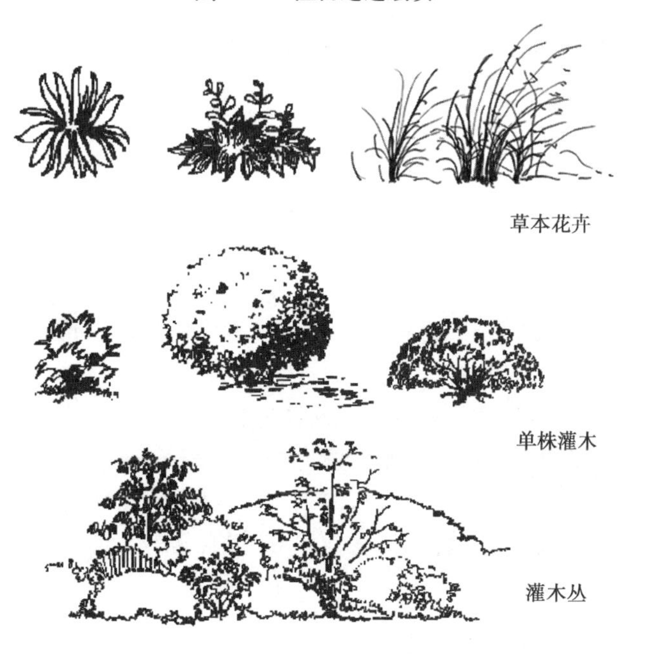

图 2.20 **灌木的立面图绘制**

曲线等绘出外轮廓线,然后在外轮廓线内,用上述几种要素和线条描绘出明暗效果。也可用竖线条或竖向交叉线来表示(图 2.21)。

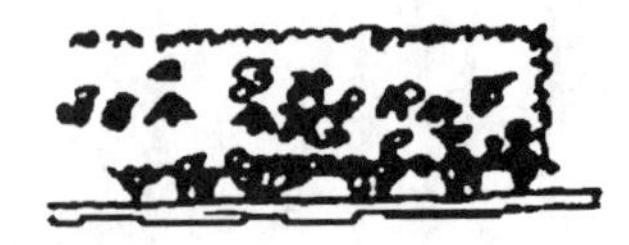

图2.21 绿篱的立面图绘制

2.2 山 石

古人画石起手有“石分三面”之说。所谓“三面”，无非是说画石开始勾勒轮廓，就要分出它的阴阳向背、凹深凸浅的基本形态，即是要表现出它的体积来。石的体积，不仅依靠它的纹理去表现，尚依赖于笔线的运用，即使只有一笔也要表示出它是立体的东西，即受光的阳面的轮廓线可细些轻些，背光的阴面要粗些重些。

画石不仅要具有形似，更重要的是要表现出石质和骨气。因此，用笔宜重，运腕要活，从笔线的顿挫转折中，不仅要表现其坚硬之质，而且要画出石的“磊落雄壮，苍硬顽涩”（《山水纯》）的气概。

画石可根据不同石质，选用种种皴法。但皴笔宜下部多，上部少。因下部为阴暗处，皴多则暗；上部为受光处，皴少则亮。

画群石亦如画树，须穿插有致。树木的穿插在于枝柯交错，石的穿插在于大小高低。画群石必须大间小，小间大，高低参差，聚散得宜，或间以土坡，或立于水上，变化多姿，在形式上才具有美感。

2.2.1 山石的平面画法

山石的平面图，是在水平投影上表示出根据俯视方向所得山石形状结构的图样，主要表现山石在平面方向的外形、大小及纹理。其绘制方法为：

①根据山石形状特点，用细实线绘出其几何体形状。

②用细实线切割或累叠出山石的基本轮廓。

③依据不同山石材料的质地、纹理特征，用细实线画出其石块面、纹理等细部特征。

④根据山石的形状特点、阴阳背向，依次描深各线条，其中外轮廓线用粗实线，石块面、纹理线用细实线绘制（图2.22）。

2.2.2 山石的立面画法

山石立面图的画法与平面图基本一致。轮廓线要粗，石块面、纹理可用较细较浅的线条稍加勾绘，以体现石块的体积感。不同的石块应采用不同的笔触和线条表现其纹理（图2.23）。

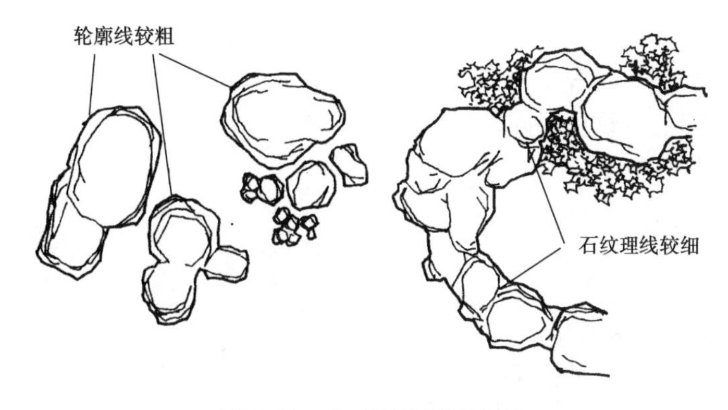

图2.22 山石平面图的绘制

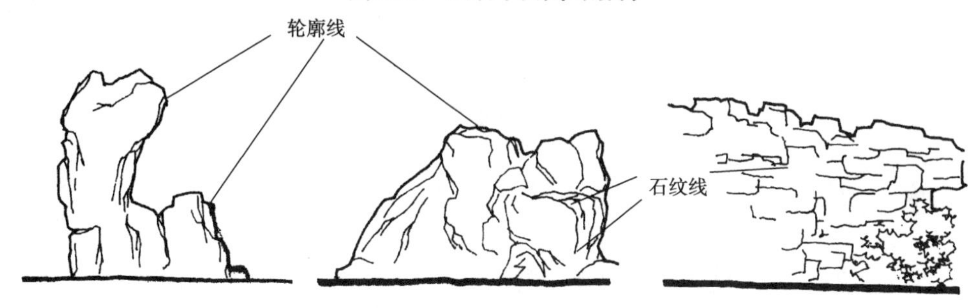

图2.23 山石立面图的绘制

假山和置石中,常用的石材有湖石、黄石、青石、石笋、卵石等。由于不同山石材料的形状、质地、纹理不同,在绘制时所用的笔触和线条不同。湖石多用曲线表现其外形的自然曲折,并刻画其内部纹理的起伏变化及洞穴。黄石为细砂岩受气候风化逐渐分裂而成,故其体形敦厚、棱角分明、纹理平直,因此画时多用直线和折线表现其外轮廓,内部纹理应以平直为主。青石是青灰色片状的细砂岩,其纹理多为相互交叉的斜纹。画时多用直线和折线表现。石笋为外形修长如竹笋的一类山石。画时应以表现其垂直纹理为主,可用直线,也可用曲线。卵石体态圆润,表面光滑。画时多以曲线表现其外轮廓,再在其内部用少量曲线稍加修饰即可。叠石常常是大石和小石穿插,以大石间小石或以小石间大石以表现层次,线条的转折要流畅有力(图2.24)。

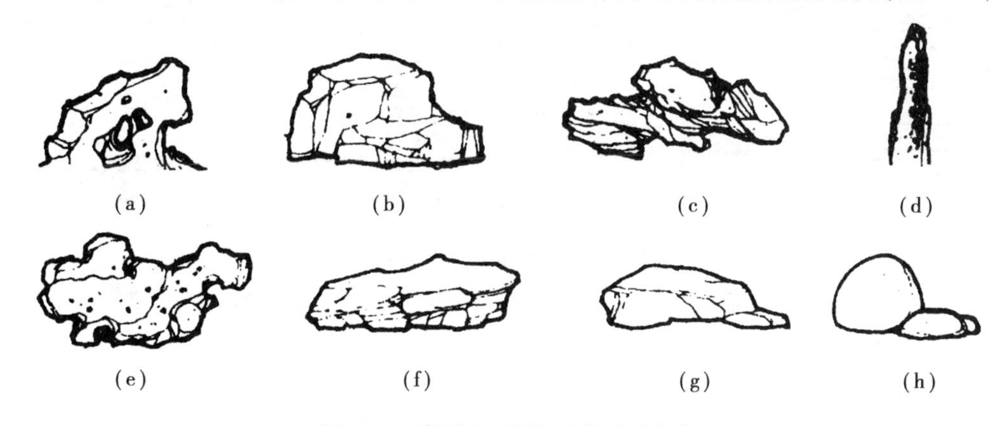

图2.24 常用山石材料的特点及绘制

(a)太湖石;(b)黄石;(c)英石;(d)石笋;
(e)房山石;(f)青石;(g)黄蜡石;(h)石蛋

平、立面图中的石块通常只用线条勾勒轮廓即可，很少采用光线、质感的表现方法，以免失之零乱。用线条勾勒时，轮廓线要粗，石块面、纹理可用较细较浅的线条稍加勾绘，以体现石块的体积感。不同的石块，其纹理不同，有的圆浑，有的棱角分明，在表现时应采用不同的笔触和线条，图2.25为几种常见山石小品的画法表现。

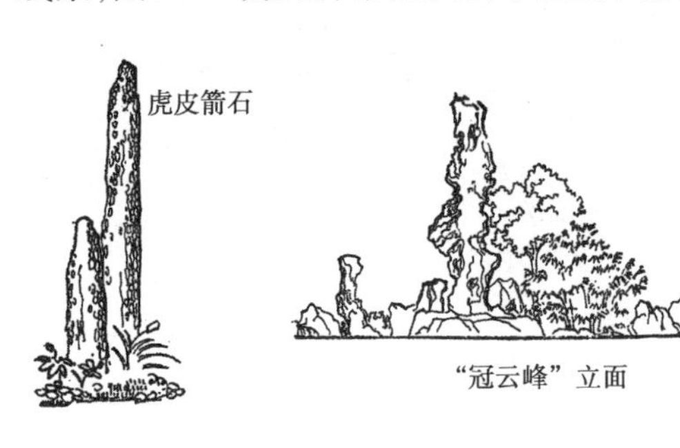

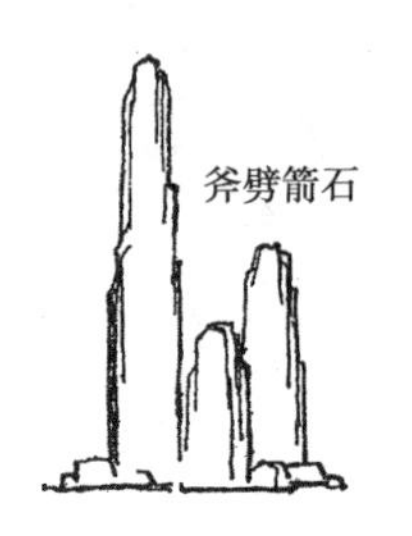

图2.25　山石小品画法

2.3　水　体

水的种类虽多，但概言之不过是要表现出缓、急、浅、深等性态而已。只要掌握其基本特点，相应地采用不同的运笔节奏，如缓者以徐笔出之，急者以迅笔勾画，自能表现出水的生动意态。

2.3.1　静态水体

静态水体指宁静或有微波的水面，能反映倒影，如水池、湖泊、池潭等。静水面多用平行排列的直线、曲线或小波纹线表示。水面表示可采用线条法、等深线法、平涂法和添景物法。

(1)线条法　用工具或徒手排列的平行线条表示水面的方法称线条法。线条可采用波纹线、水纹线、直线或曲线。静态水面线条不可太实，局部留白表现波光粼粼的水面，体现水透明、反光的特性(图2.26)。

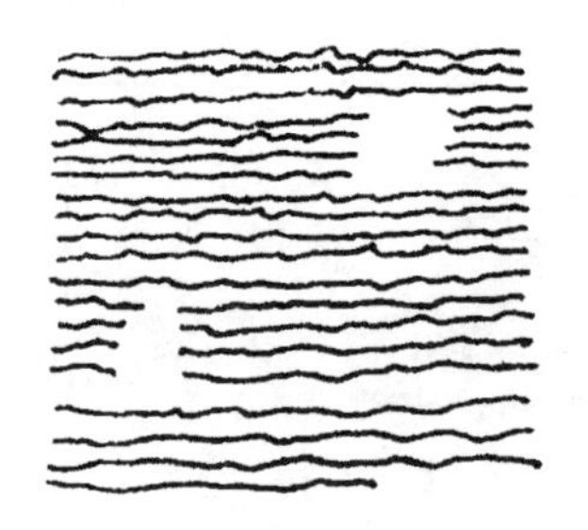

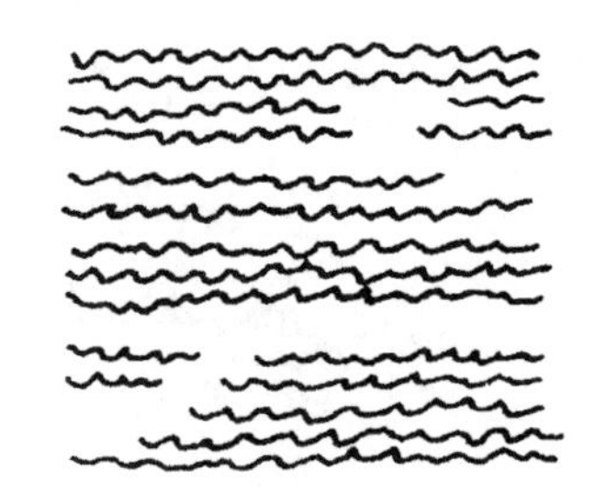

图2.26　静水水面的线条画法

(2)等深线法　在靠近岸线的水面中，依岸线的曲折作二三根曲线，这种类似等高线的闭合曲线称为等深线。通常形状不规则的水面用等深线表示(图2.27)。

(3)平涂法　用水彩或墨水平涂表示水面的方法称平涂法。用水彩平涂时，可将水面渲染成类似等深线的效果。先用淡铅作等深线稿线，等深线之间的间距应比等深线法大些，然后再一层层地渲染，使离岸较远的水面颜色较深(图2.28)。

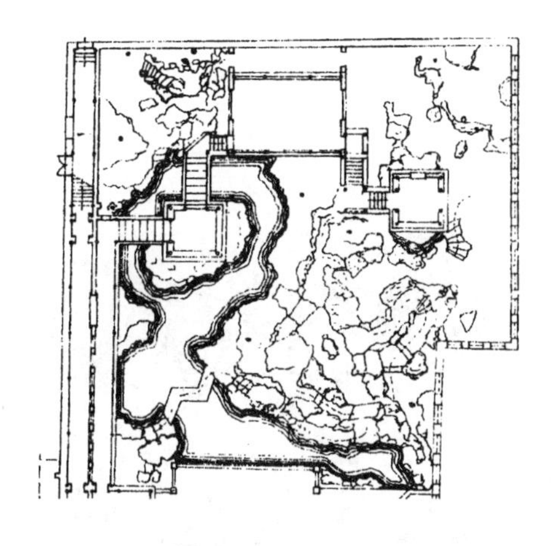

图 2.27 等深线法

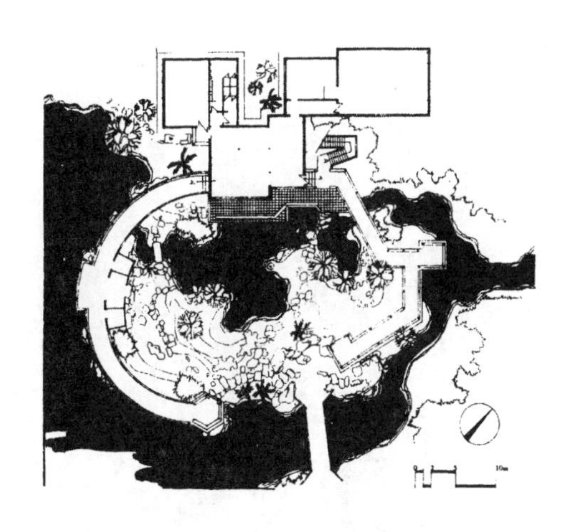

图 2.28 平涂法

(4)添景物法 添景物法是利用与水面有关的一些内容表示水面的一种方法。与水面有关的内容包括一些水生植物(如荷花、睡莲)、水上活动工具(湖中的船只、游艇)、码头和驳岸、露出水面的石块及其周围的水纹线、石块落入湖中产生的水圈等(图 2.29)。

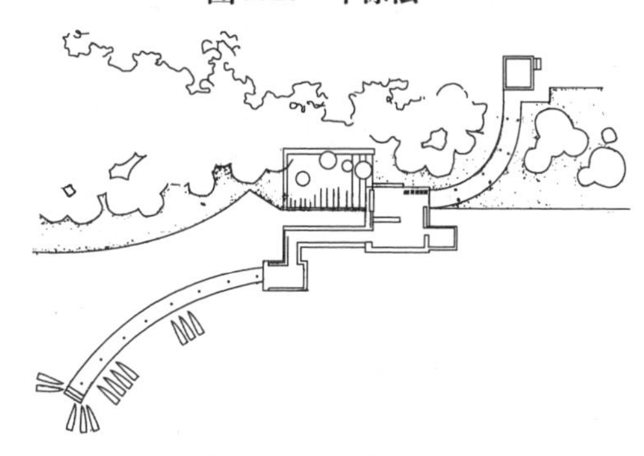

图 2.29 添景物法

2.3.2 动态水体

动态水体是指溪流、河流、跌水、叠泉、瀑布等,流水在速度或落差不同时产生的视觉效果各有千秋,在表现时可采用线条法、留白法、光影法等。

(1)线条法 表达动态水面多用大波浪线、鱼鳞纹线等活泼动态的线型表现(图 2.30)。线条法在工程设计图中使用得最多。用线条法作图时应注意:

①线条方向与水体流动的方向保持一致。

②水体造型清晰,但要避免外轮廓线过于呆板生硬。

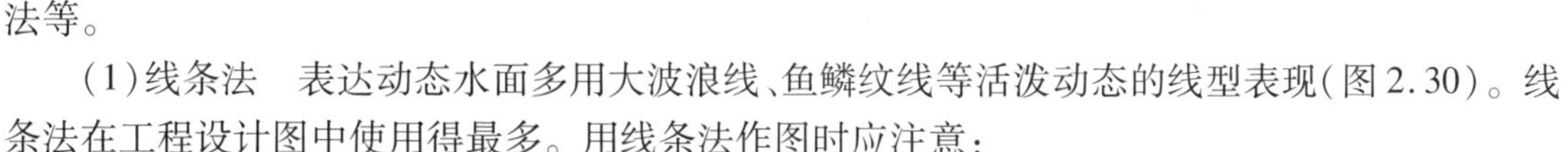

图 2.30 动水水面的线条画法

跌水、叠泉、瀑布等水体的表现方法一般也用线条法,尤其在立面图上更是常见,它简洁而准确地表达了水体与山石、水池等硬质景观之间的相互关系(图 2.31)。泉与瀑都是自上垂直泻下的水流,水势则瀑大而泉小,瀑猛而泉弱。在画法上二者大体相似,主要表示水流的冲击力量。故水头的笔线要圆劲爽利,才能显出水的势头,水脚笔线渐次隐没,点以水珠,表现冲击中水沫飞溅的瀑布，别有情趣。

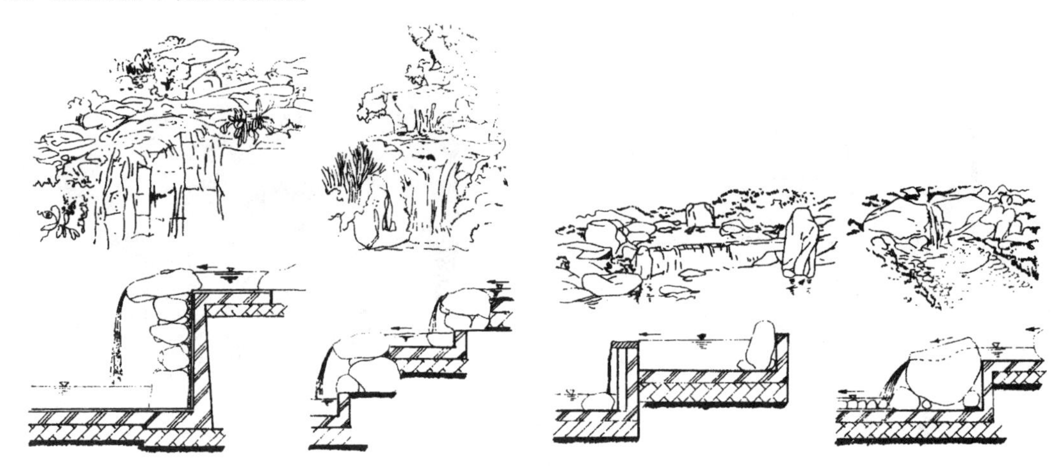

图2.31　线条法表现立面跌水、叠泉、瀑布

画泉瀑，一要注意水源，必须考虑上面的山巅是否能有此水流泻下。源头深远者，流量大；源头浅者，流量小。切忌水头直抵山顶而悬泉百尺，那是不合情理的。

二要注意水口分泉。泉瀑坠落处名水口。水口处常有乱石散置，水流分开，从石中激漱泻下，形态极为多样。因此，画水口要注意变化，层次的高低、水流的宽窄、笔线的繁倚，都不能雷同，必须“乱而不乱，齐而不齐”，方为得宜。

三要注意泉瀑的造型须有变化。过长的，中间常用云或石、树遮断，以破除呆板，古人称为“流云断泉法”“垂石断泉法”。几条水流同时泻下的泉瀑，或有几个层次的叠泉，长短、阔狭不能相同，避免刻板。

(2)留白法　留白法就是将水体的背景或配景画暗，从而衬托出水体造型的表现手法。留白法常用于表现所处环境复杂的水体，也可用于表现水体的洁白与光亮(图2.32)。

图2.32　留白法

(3)光影法　用线条和色块(黑色或深蓝色)综合表现水体的轮廓和阴影的方法称为水体的光影表现法(图2.33)。

图 2.33　光影法

2.4　人　物

景观设计师不仅应该知道人体的比例,而且还应该具有绘画和正确摹仿它的才能。因为在景观设计图中,通常人物是环境的主体,恰当的人物点缀可以传递环境的隐含信息,如所设计的景观环境的功能、外围环境(学校、工厂……),使人感到一定的氛围,他还起到决定面积和空间的比例以及充实画面、平衡构图等作用,如图 2.34 所示。

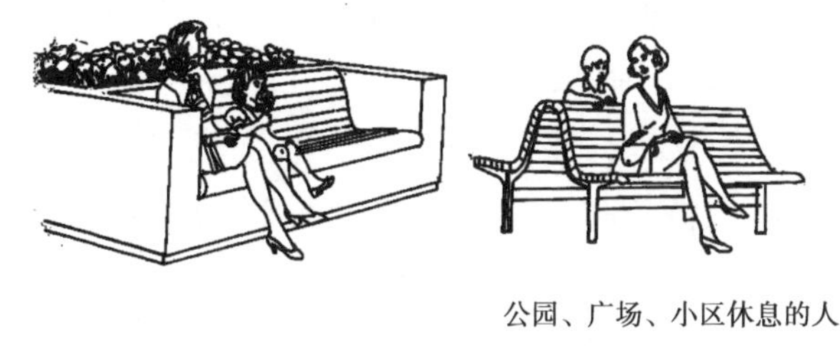

公园、广场、小区休息的人

送宝宝去幼儿园

家人出游

海滩上　　路上行人

图 2.34　人物与环境功能

人物表现要点如下：

①人物透视的比例、运用是否准确。

②人物造型与设计环境是否配合。

③人物动态表现与情节描绘对画面的影响，人物在画面中不可过大，以免影响主题表达。

④画面上的人物的多少，以画面的构图和情景相一致，分布有聚有散。画人群时，常省略人物的大部分细部，只保留外轮廓，三五成群，彼此呼应，效果更佳。

2.4.1 立面人物

1) 人体比例

在刻画人物时，需要表现得较为精确与逼真，人体的比例、尺度及形状是表现的关键。人体比例，常以头为单位，人一般身高为7个半头高。绘图表现时为了美观，把人画为8倍头高。而9倍、10倍头高的理想化人体比例，在时装画中比较常见。

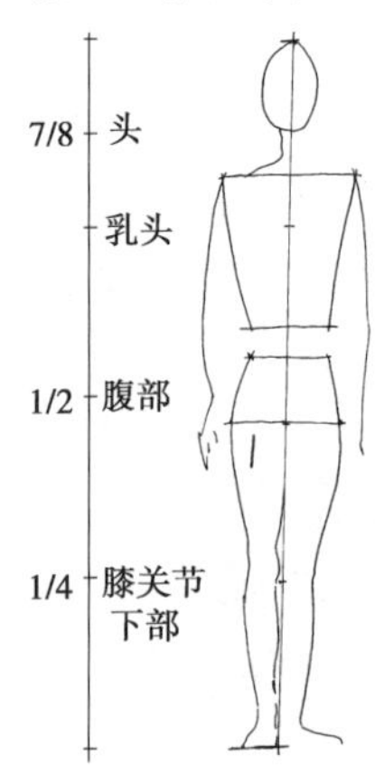

图2.35 人体比例

人物通常画为8倍头高，为了在画人时定出比例点，一般定出顶点、底点，然后2等分，再4等分。中点为胯部，4等分点在乳头及膝关节上，上部1/4处再平分，就定出了头部的位置(图2.35)。画儿童时，比例与年龄有关。大致是：1~2岁身高为4倍头高，脸宽且圆，肩窄，几乎不见脖子，身体中心于肚脐处。随着年龄的增长，头的比例变小。5~6岁身高为5倍头高；9~10岁身高为6倍头高；成年后身高为7倍头高。颈部和肩部随着年龄而发育。面部变长，不再为圆形。

2) 性别特征

男性胸宽臀小，显得有棱角；女性相反，较圆润，臀大胸窄。表现时应注意：男性肩扁而宽，肌肉较发达，腰部不可画得太高太细(图2.36)；女性则全身稍修长，腰高且细，肩斜，颈长些，身材较有弧度(图2.37)。

图2.36 男性人物

3) 年龄特征

小青年穿衣前卫，用笔要硬朗些，上衣比例要短，适用场景较多。少女，体态修长，腰高腿长，马尾轻摆，长裙飘逸。成功男士，年近中年，体态较丰，西装与皮包，用于办公楼、学校、街景中，季节不限。中年妇女穿衣保守传统，挎个大包，两腿稍粗，间距稍大。老年妇人，身宽体胖，两腿间距更大些，再带个小丫头。拐棍、驼背、大棉裤是标准的老年人特征，尤其再跟个小孙子。用于小区内景点较宜，如果是大热天注意衣服要画为宽松的短袖、短裤(图2.38)。

图 2.37 女性人物

图 2.38 不同年龄阶段的人物

4) 动态人物

动态人物是景点人物的精髓所在，动态表现的目的是避免人物僵硬、呆板。

人物的运动重心是动态的关键，运动中的人物是处于一种动态平衡之中(图 2.39)。画运动不大的人物，可借助一些辅助线把握人物的动态基本形，如利用垂直线、水平线、倾斜线等来确定形体动态，基本形应把握大形态、大特征和动态线。

图 2.39 动态人物

着衣人的实线与虚线的处理随着人的动作、衣物有贴身和不贴身之分。贴身部分称“实”,不贴身部分称“虚”,实的部分能体现人物的体态,因此画实线时必须准确、肯定。

5)草图人物

草图人物注重比例效果及“象征式”,人物形态可以放松随意,通常程式化表达。

草图人物作为程式化的人物表现,画出姿态比描述精细更为重要。常用的表现方法有:点状的人;头部游离的人;头部方形、手总插在衣袋里的人(图2.40)。

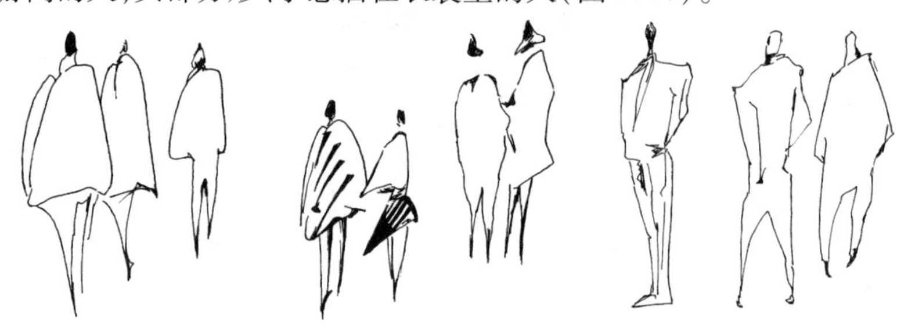

图2.40 草图人物

2.4.2 平面人物

在平面图中,为了体现步行街道、入口、花架等的尺度,往往可以用人物充当比例尺,因为普通成人的肩宽约为45 cm,单股人流宽度为50~60 cm。

成片的铺地、草坪、空旷的广场上往往也需要人物作为构图点缀(图2.41)。

图2.41 平面人物

2.5 交通工具

交通工具在园林景观设计表现中也是重要的配景,主要有汽车、船、氢气球、飞机等。配置交通工具时应与环境功能、用途相符合并与环境空间尺度一致。例如,在车站广场可多画些公共汽车、的士,在住宅小区停车场应画轿车,厂区、码头可画些货车。巧妙配置汽车位置、动静、方向、疏密的排列,可平衡画面构图,烘托环境气氛,增强画面动感,强化视觉中心,暗示道路交通关系。

2.5.1 汽车画法

我们的街道、公路和停车场充斥着各种牌号的汽车。虽然汽车种类很多,不同的车有不同

的车型,但大多数汽车平视时都大同小异,只是因为产地和车型不同,而在长宽尺寸上有着微小变化。然而在这样的框架下,它们的细部有很大不同。

画汽车的方法是将复杂形体概括为最基本的几何形体,逐渐入细还原的方法(图2.42)。例如,轿车的车体可以概括为两个不同大小的长方体组合,车轮是圆柱体。准确画出它们之间比例透视关系就能真实地表现轿车造型。汽车作为配景时应表现得简略些,以免喧宾夺主。

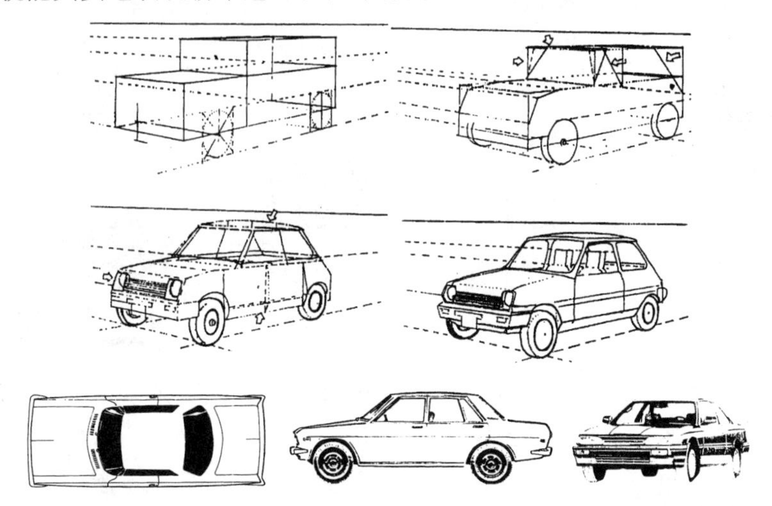

图2.42 汽车画法

2.5.2 游船画法

水上活动是一种特殊的人类运动,出现在每一个港口、河流、湖泊中。游船与汽车一样有衬托环境的作用。在描绘港口、游船码头、湖泊时,通过精心设计,巧妙安排,使画面充满生活休闲气息或码头繁忙景象(图2.43)。描绘游船的方法与汽车相似。

图2.43 游船画法

2.6 环 境

每一个环境设计,无论是室内还是室外,都适用于特定的功能环境,而这些功能是通过一系列或大或小的要素所组成。通过选择正确的要素,可以极大地丰富画面,并且创造出更多趣味。这些要素包括固定设施、旗帜、飞鸟、云彩以及组成特定环境的所有随机因素。在一个设计方案的最后,这些要素的准确选择和添加,对画面的成功是至关重要的,因为它们为画面增添了趣味和尺度感。

2.6.1 固定设施和小品

园林小品是指园林中的小型建筑设施，具有体型小、数量多、分布广的特点。由于其体型小、构造简单，因此画法也较简单(图2.44)。

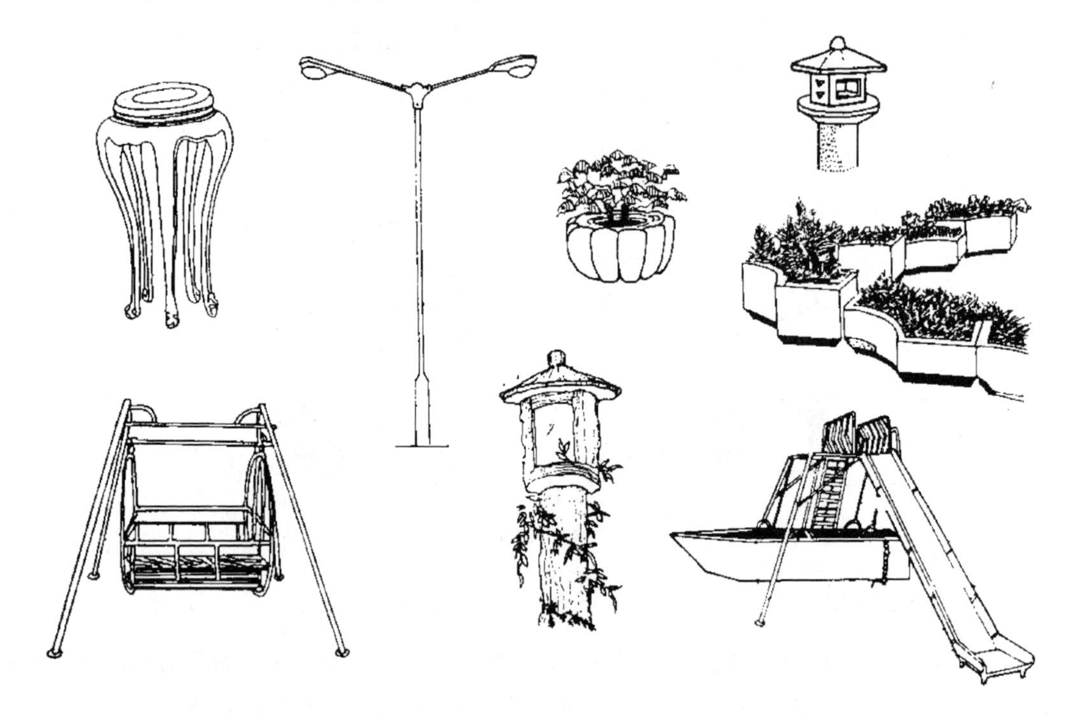

图2.44 固定设施和小品

2.6.2 天空、飞鸟

在环境设计图中，特别是立面图中，最常用的和最不能避开的配景之一是天空。大多数情况下，天空的处理要重点考虑。环境设计图中，为了避免天空过重，产生压抑感，往往不需要对天空作过多描绘。用飞鸟填补天空空白，活泼画面、均衡构图、丰富环境是不错的选择(图2.45)。

图2.45 飞鸟

2.7 综合实训1 绘制庭院景观平面图

步骤1 设计植物平面图例

步骤2 绘制平面设计图中的植物

步骤3 绘制平面图中的山石、水体和铺装

步骤4 绘制平面设计图中的绿篱和草坪

步骤5 绘制平面阴影

2.8 综合实训2 绘制庭院景观立面图

园林立面图的绘制

3 投影原理

［本章导读］本章是园林制图与识图的基础理论部分，是工程语言的“语法”。本章重点是平行投影的性质，特别是各种特殊位置直线、平面的投影性质及它们平行、相交、垂直问题，基本平面体和基本曲面体的投影以及表面取点作图方法和读图规律，回转面（圆柱、圆锥、球）的投影特性。通过本章的学习，为园林识图、绘图打下基础。学习本章一定要在建立空间思维的基础上理解掌握，多做练习以帮助理解。

3.1 投影的基本知识

3.1.1 投影的概念

如图3.1(a)所示，三角板在灯光的照射下在桌面上产生影子，可以看出，影子与物体本身的形状有一定的几何关系，人们将这种自然现象加以科学的抽象得出投影法。如图3.1(b)所示，将光源抽象为一点S，称为投影中心，投影中心与物体上各点(A,B,C)的投影连线称为投射线，接受投影的面称为投影面。过物体上各点(A,B,C)的投射线与投影面的交点(a,b,c)称为这些点的投影。

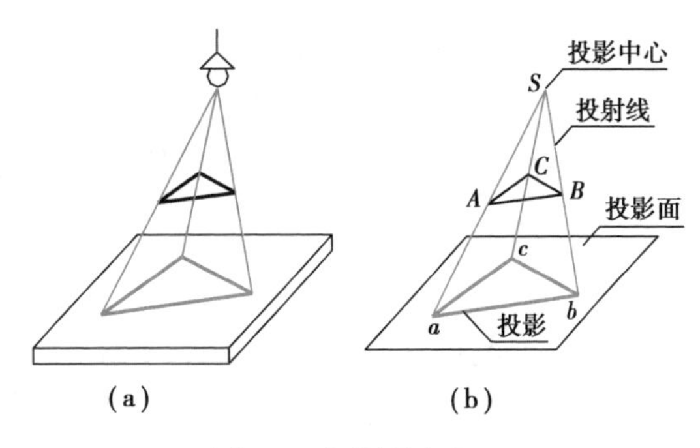

图3.1 投影的产生

3.1.2 投影法的种类

投影分为中心投影和平行投影两大类。

1) 中心投影法

投射线都从投影中心出发，在投影面上作出物体图形的方法称为中心投影法，如图3.1(b)所示。

2) 平行投影法

若将投射中心移至无穷远处，则所有的投射线就相互平行。用相互平行的投射线，在投影面上作出物体图形的方法称为平行投影法，如图3.2所示。

在平行投影法中，根据投射线是否垂直于投影面又分为两种。

(1)斜投影　投射线倾斜于投影面，如图3.2(a)所示。

(2)正投影　投射线垂直于投影面,如图3.2(b)所示。

正投影法能准确地表达出物体的形状结构,而且度量性好,因而在工程上广泛应用。但它的缺点是立体感差,一般要用3个或3个以上的图形才能把物体的形状表达清楚。

园林设计图主要是用正投影法绘制的,所以正投影法是本章的主要内容。在此章中,除有特别说明外,我们提到的投影均指正投影。

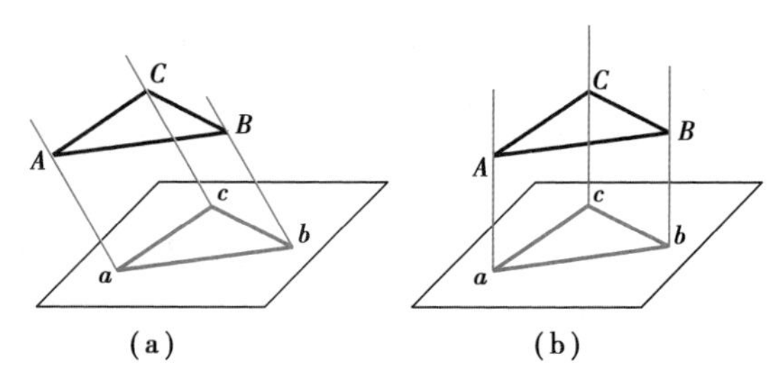

图3.2　平行投影
(a)斜投影;(b)正投影

3.1.3　正投影的性质

1)真实性

当直线段平行于投影面时,直线段与它的投影及过两端点的投射线组成一矩形,因此直线的投影反映直线的实长。当平面图形平行于投影面时,不难得出,平面图形与它的投影为全等图形,即反映平面图形的实形。由此我们可得出:平行于投影面的直线或平面图形,在该投影面上的投影反映线段的实长或平面图形的实形,这种投影特性称为真实性[图3.3(a)]。

2)积聚性

当直线垂直于投影面时,过直线上所有点的投射线都与直线本身重合,因此与投影面只有一个交点,即直线的投影积聚成一点。当平面图形垂直于投影面时,过平面上所有点的投影线均与平面本身重合,与投影面交于一条直线,即投影为直线。由此可得出:当直线或平面图形垂直于投影面时,它们在该投影面上的投影积聚成一点或一直线,这种投影特性称为积聚性[图3.3(b)]。

3)类似性

如图3.3(c)所示,当直线倾斜于投影面时,直线的投影仍为直线,不反映实长;当平面图形倾斜于投影面时,在该投影面上的投影为原图形的类似形。注意:类似形并不是相似形,它和原图形只是边数相同、形状类似,不存在几何等比性,如图中圆的投影为椭圆。

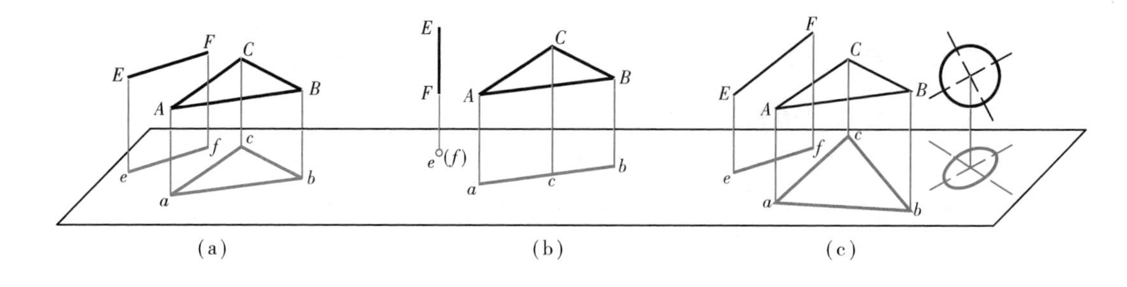

图3.3　正投影的性质
(a)真实性;(b)积聚性;(c)类似性

3.1.4 三面投影体系

1)三面投影体系的建立

因为物体具有三维性,即有长、宽、高3个方向的尺寸,而一个投影仅能反映两个向度,所以仅凭物体的一个投影不能确切、完整地表达物体的形状。而在工程设计时,使用的投影图必须能够确切地表达物体的形状,为此,必须采用增加投影面的数量得到一组投影图,来完全确定物体的形状。

确定物体的空间形状,常常需要3个投影,因此我们采用3个投影面。为便于使用,采用3个互相垂直的投影面,即三投影面体系。

这3个互相垂直的投影面,称为三面投影体系,其中:

正立投影面,简称正立面,用“V”标记;

侧立投影面,简称侧立面,用“W”标记;

水平投影面,简称水平面,用“H”标记。

3个投影面之间的交线,称为投影轴,分别用 Ox,Oy,Oz 表示,3根轴的交点 O 称为原点,如图3.4(a)所示。

2)三视图

将物体放在三面投影体系中,并尽可能使物体的各主要表面平行或垂直于其中一个投影面,保持物体不动,将物体分别向3个投影面作投影,就得到物体的三视图。根据正投影原理,用人的视线代替投射线,将物体向3个投影面作投影,即从3个方向去观看。从前向后看,即得 V 面上的投影,称为正视图;从左向右看,即得在 W 面上的投影,称为侧视图或左视图;从上向下看,即得在 H 面上的投影,称为俯视图。

为使三视图位于同一平面内,需将3个互相垂直的投影面摊平。方法是:V 面不动,将 H 面绕 Ox 轴向下旋转90°,W 面绕 Oz 轴向右旋转90°,如图3.4(b),(c)所示。

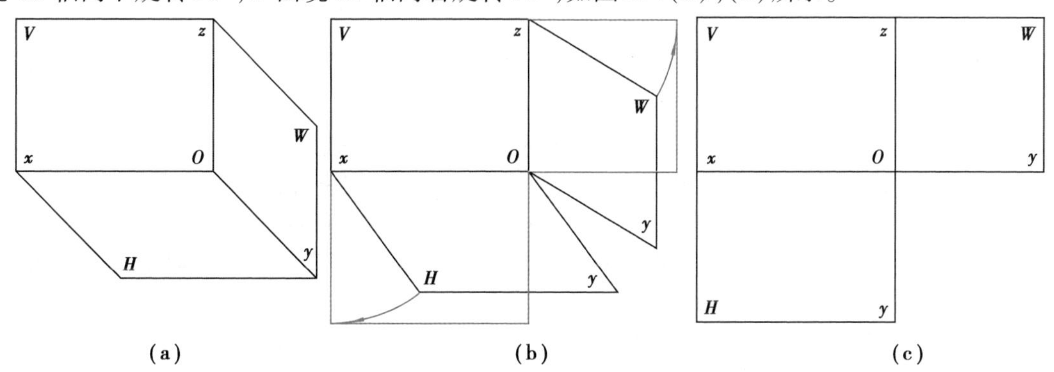

图3.4 三面投影体系的建立

【例3.1】 用正投影法表达三棱柱体,如图3.5所示。

3)三视图的投影关系

由三视图可以看出,俯视图反映物体的长和宽,正视图反映它的长和高,左视图反映它的宽和高。因此,物体的三视图之间具有如下的对应关系(图3.6):

正视图与俯视图的长度相等,且相互对正,即“长对正”;

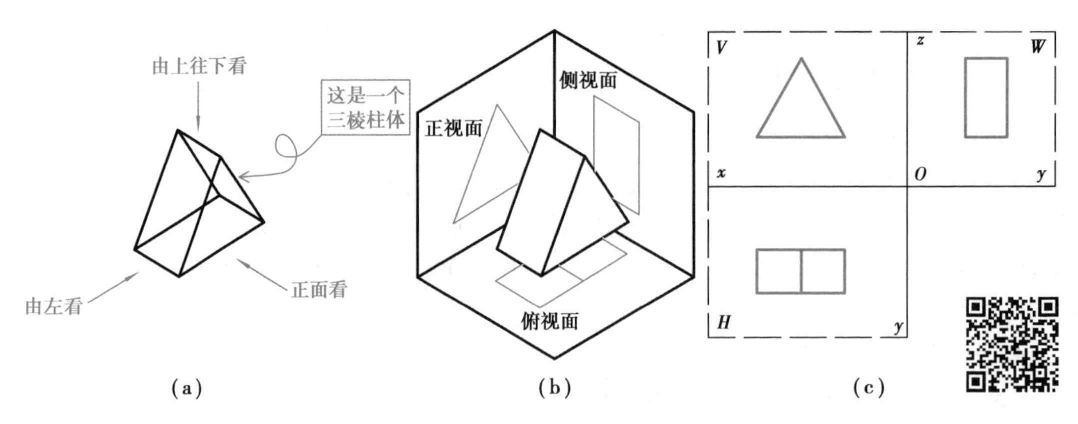

图 3.5　例 3.1 图解

(a)步骤 1 确定视线方向;(b)步骤 2 建立三面投影体系;(c)步骤 3 展开 3 个投影面

正视图与左视图的高度相等,且相互平齐,即"高平齐";

俯视图与左视图的宽度相等,即"宽相等"。

在三视图中,无论是物体的总长、总宽、总高,还是局部的长、宽、高(如上面的棱柱),都必须符合"长对正""高平齐""宽相等"的对应关系。因此,这"九字令"是绘制和阅读三视图必须遵循的原则。

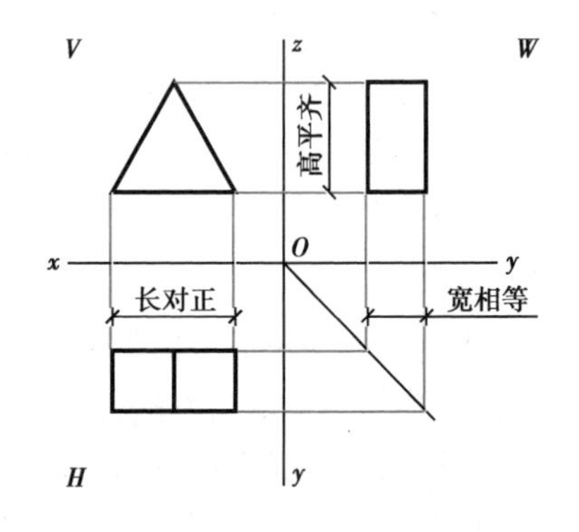

图 3.6　三投影的对应关系

3.2　点、线、面的三面投影

3.2.1　点的投影

1)点在三投影面体系中的投影

无论物体具有怎样的特定构形,从几何观点看,它总是由基本的几何元素点、线、面,依据一定的几何关系组合而成的。为了提高对物体视图的分析和表达能力,我们从构成物体表面的最基本要素点、直线、平面来研究。首先我们来研究一下点的投影。

将空间点 A 置于三投影面体系中,由 A 分别向 V,H,W 3 个投影面作正投影,即分别过点 A 作 3 个投影面的垂线,与 3 个投影面的交点为 A 点的 3 个投影[图 3.7(a)]。在水平投影面(H 面)上的投影用相应的小写字母标注(a);在正投影面上(V 面)上的投影用相应的小写字母加

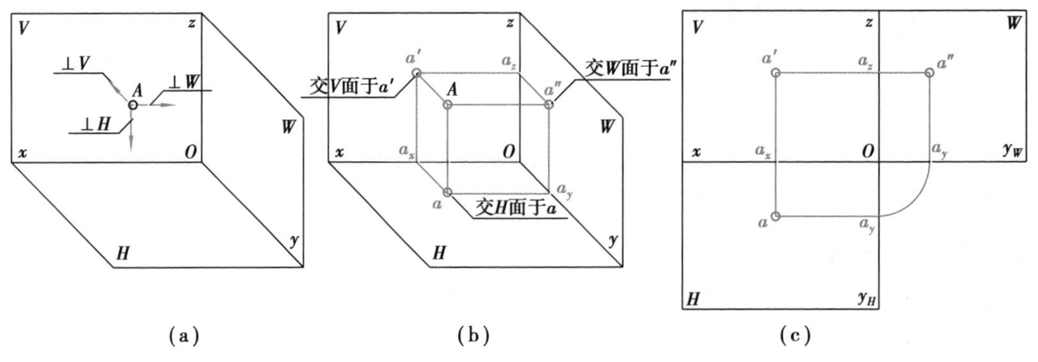

图 3.7　点的投影

一撇标记(a');在侧立投影面(W 面)上的投影用相应的小写字母加两撇标记(a'')[图3.7(b)]。将三投影面展开,即可得点 A 的三视图[图3.7(c)]。

【例3.2】 已知点 $A(20,10,5)$、点 $B(0,15,10)$、点 $C(5,0,0)$,请绘出三点的三面投影,并说明它们在空间中的位置(图3.8)。

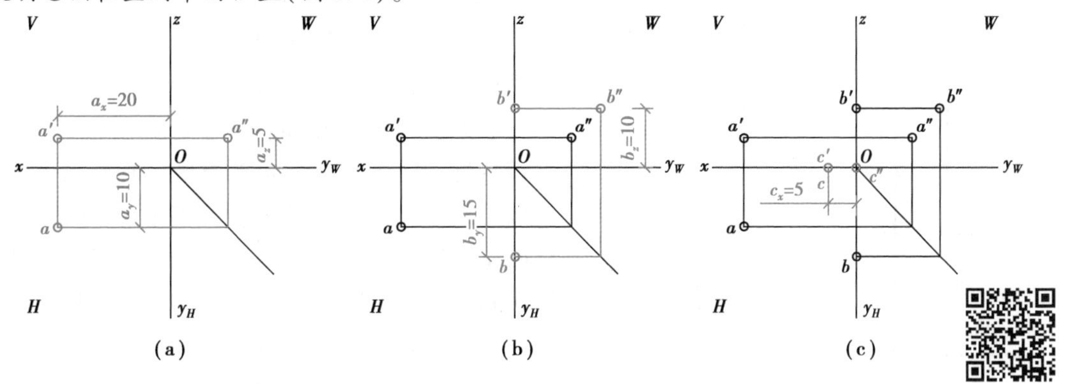

图3.8 例3.2图解

(a)A 点投影;(b)B 点投影;(c)C 点投影

括号中的值依序表示点的 x,y,z 坐标。过 $x=20$ 作直线 $\perp Ox$,过 $y_H=10$ 作直线 $\perp Oy_H$,两线交点即为 A 点在 H 面上的投影 a;过 $x=20$ 作直线 $\perp Ox$,过 $z=5$ 作直线 $\perp Oz$,两线交点即为 A 点在 V 面上的投影 a';过 $z=5$ 作直线 $\perp Oz$,过 $y_W=10$ 作直线 $\perp Oy_W$,两线交点即为 A 点在 W 面上的投影 a''[图3.8(a)]。同法可以求得点 B 和点 C 的三面投影[图3.8(b),(c)]。A 点为一般位置的点,B 点在 W 面上,C 点在 Ox 轴上[图3.8(c)]。

结论:当点的 x,y,z 值中,任何一值为0时,点在 H,V 或 W 面上;当点的 x 值为0时,此点在 W 面上;当点的 y 值为0时,此点在 V 面上;当点的 z 值为0时,此点在 H 面上。当点的 x,y,z 三值中,任两值为0时,点在 Ox,Oy 或 Oz 轴上:当 x,y 值为0时,此点在 Oz 轴上;当点的 y,z 值为0时,此点在 Ox 轴上;当点的 x,z 值为0时,此点在 Oy 轴上。

点的正面投影由点的 x 坐标和 z 坐标确定,点的水平投影由点的 x 坐标和 y 坐标确定,点的侧面投影由点的 y 坐标和 z 坐标确定。由此,我们可看出:点的一个投影由两个坐标决定,点的两个投影包含3个坐标,即点的两个投影可确定点的空间位置。如果给出某点的两个投影,根据"九字令"原则,就能求出第三个投影。

【例3.3】 已知 A 点的两个投影 a 和 a',求 a''[图3.9(a)]。

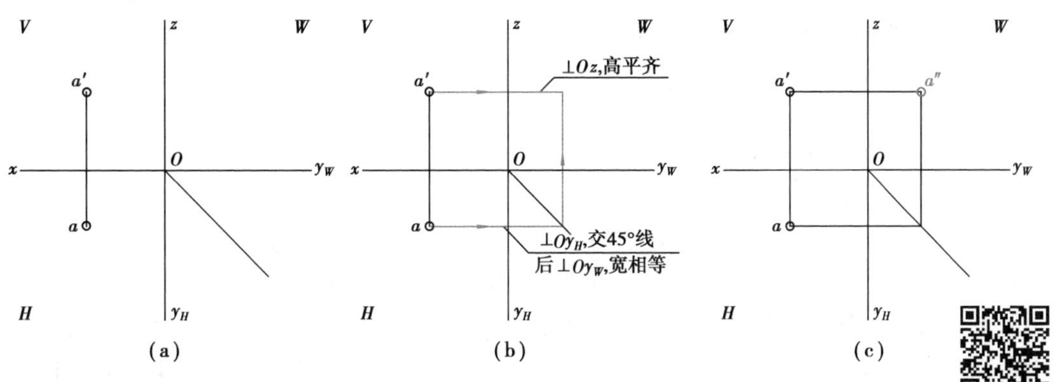

图3.9 例3.3图解

点的 2 个投影反映该点的 3 个坐标，即能确定该点的空间位置。根据点的投影规律：正面投影与侧面投影连线垂直于 Oz 轴，因此过 a' 作直线 $\perp Oz$，侧面投影一定在这条线上[图 3.9(b)]。再根据点的水平投影到 Ox 轴的距离等于该点的侧面投影到 Oz 轴的距离，即可得出点的侧面投影。为保证这种相等关系，过 O 作 45°斜线，过 a 作直线 $\perp Oy_H$ 与 45°斜线相交，并由交点向上引直线 $\perp Oy_W$[图3.9(b)]，与过 a' 作 Oz 的垂线交点即为 a''[图3.9(c)]。

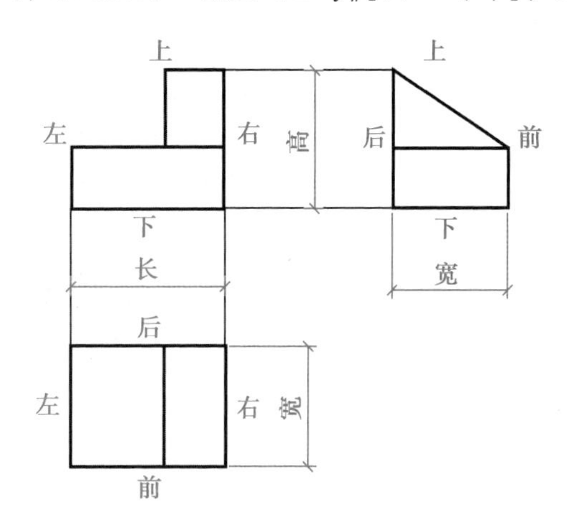

图 3.10　三视图的方位关系

2) 点的相对位置

如果把 3 个投影面视为 3 个坐标面，那么 3 个投影轴 Ox, Oy, Oz 即为 3 个坐标轴。由图 3.7 可以看出，点的 x 坐标反映点到 W 面的距离，反映点的左右位置；点的 z 坐标反映点到 H 面的距离，反映点的上下位置；点的 y 坐标反映点到 V 面的距离，反映点的前后位置。

当物体与投影面的相对位置确定之后，就有上下、左右和前后 6 个确定的方向，由图 3.10 可看出物体的三视图与 6 个方向的关系：

正视图反映物体的左右、上下关系；

俯视图反映物体的左右、前后关系；

左视图反映物体的上下、前后关系。

【例 3.4】　已知点 A, B 的三面投影，判断两点的相对位置(图 3.11)。

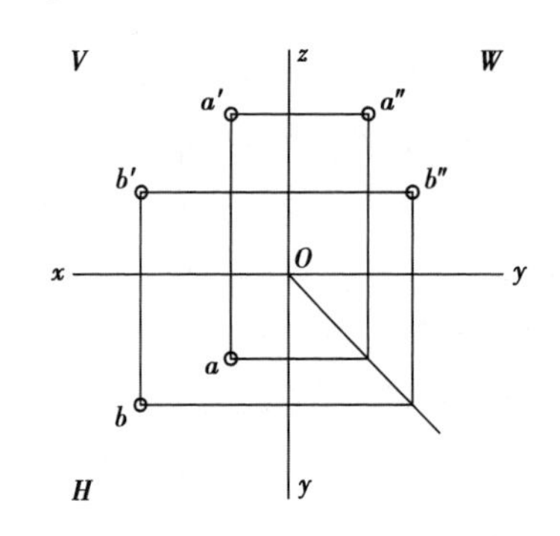

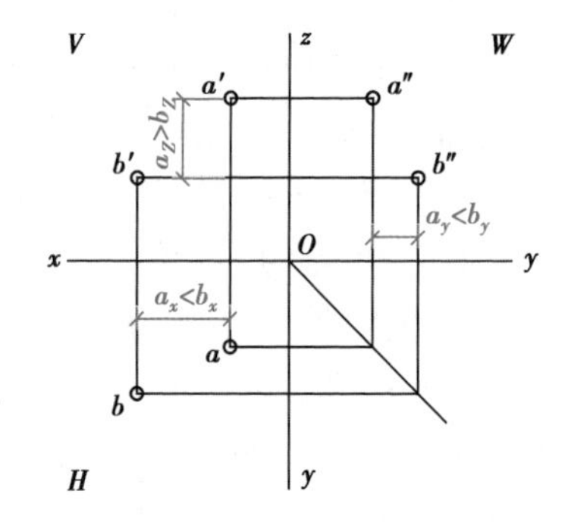

图 3.11　例 3.4 图解

分析：判断两点的相对位置，主要依据两点的 x, y, z 坐标。

图中：$A_x < B_x$　点 A 在点 B 的右方；

$A_y < B_y$　点 A 在点 B 的后方；

$A_z > B_z$　点 A 在点 B 的上方。

所以：点 A 在点 B 的右、后、上方。

如图 3.12 所示，空间 A, B 两点在 H 面的同一条投影线上，它们的水平投影重合，A, B 两点称为对 H 面的重影点；C, D 两点位于 V 面的同一投影线上，它们的正面投影重合，称为对 V 面的重影点；同理，B, D 两点在 W 面上的投影重合，称为对 W 面的重影点。当空间两点为同一投影面的重影点时，必有一点遮住另一点，即一个可见，一个不可见，离观察者近的，离投影面远的可见，相反则不可见。

正面投影——前遮后

水平投影——上遮下

侧面投影——左遮右

既然重影点在某一投影面上的投影重合，那么 3 个坐标中必有 2 个坐标值相等，第三个坐标不等。比较不相等的第三个坐标，坐标大的可见，小的不可见，如图 3.12 所示。A,B 两点的 x,y 坐标相等，z 坐标不等，A 的 z 坐标大于 B 的 z 坐标，所以 a 可见，b 不可见，可见点写在前，不可见的点写在后并加括号表示。

图 3.12 重影点

【例 3.5】 已知点 B 距离点 A 为 5，点 C 与点 A 是对 V 面投影的重影点，点 D 在 A 的正下方 10，补全诸点的三面投影，并表明可见性[图 3.13(a)]。

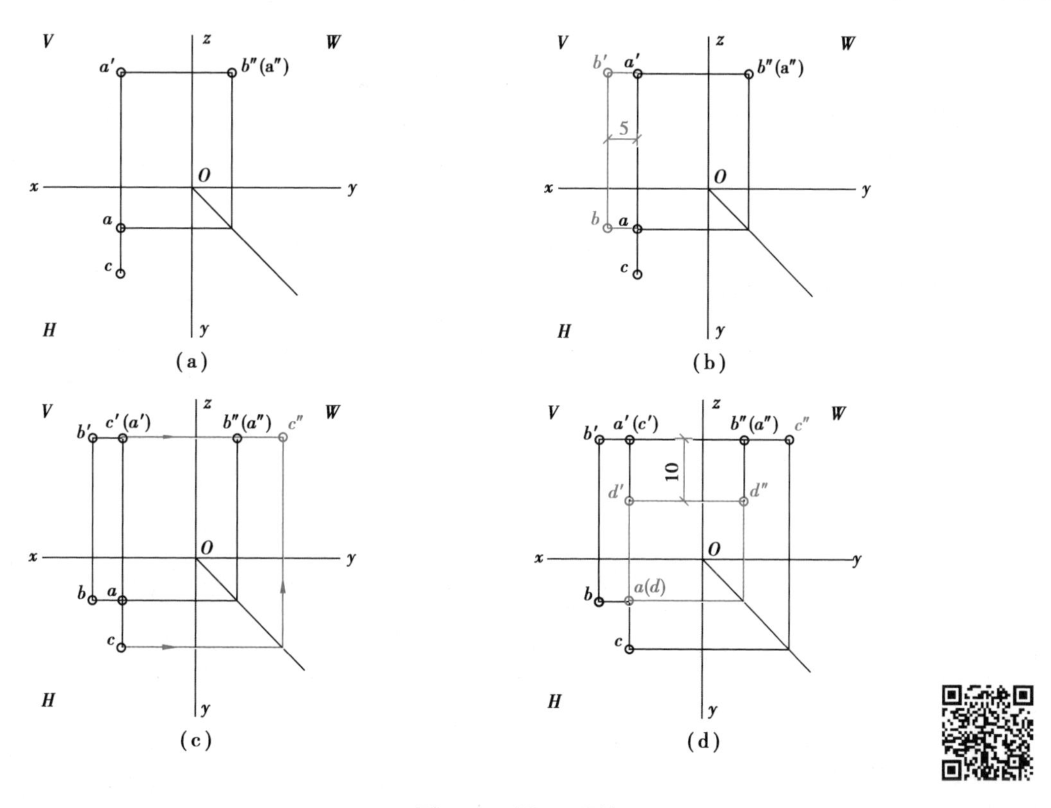

图 3.13 例 3.5 图解

(a)题目；(b)步骤 1 求点 B 投影；(c)步骤 2 求点 C 投影；(d)步骤 3 求点 D 投影

3.2.2 线的投影

1) 各种位置的直线及投影特性

直线的投影一般仍为直线，特殊情况下为一点。因为"两点确定一条直线"，所以只要将直线上任意两点的同面投影连接，即为直线的投影。

根据直线对投影面的相对位置的不同，直线分为三类：投影面平行线、投影面垂直线、一般位置直线，下面分别讨论它们的投影特性。

(1)一般位置直线　如果直线既不平行也不垂直于任何一个投影面,即对 3 个投影面都处于倾斜位置,那么这条直线称为一般位置直线。一般位置直线的 3 个投影都倾斜于投影轴,各投影均不反映其实长(图 3.14)。

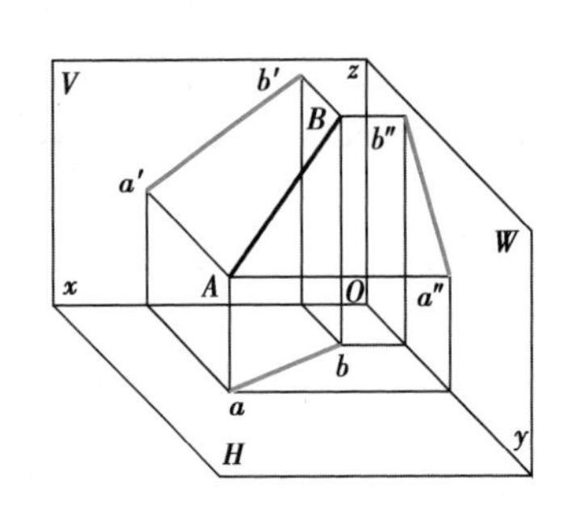

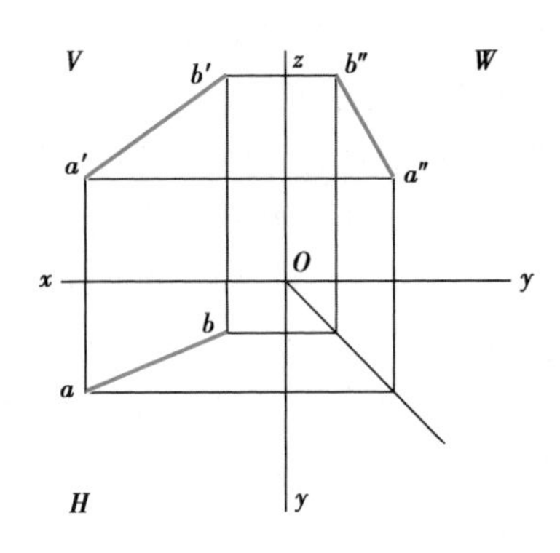

图 3.14　一般位置直线

(2)投影面平行线　平行于一个投影面、倾斜于另外两个投影面的直线,称为投影面平行线。平行于 H 面的直线称为水平线,平行于 V 面的直线称为正平线,平行于 W 面的直线称为侧平线(表 3.1)。

(3)投影面垂直线　垂直于投影面的直线称为投影面垂直线,垂直于 H 面的直线称为铅垂线,垂直于 V 面的直线称为正垂线,垂直于 W 面的直线称为侧垂线(表 3.1)。

表 3.1　特殊位置直线

	正平线	水平线	侧平线
投影面平行线	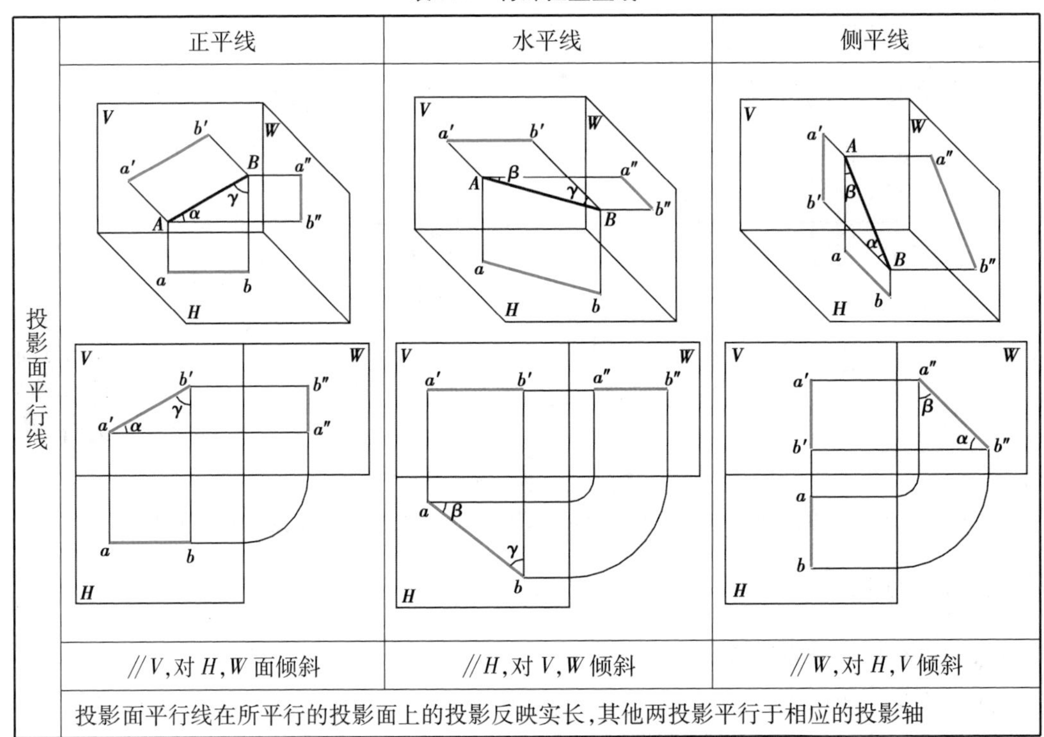		
	$//V$,对 H,W 面倾斜	$//H$,对 V,W 倾斜	$//W$,对 H,V 倾斜
	投影面平行线在所平行的投影面上的投影反映实长,其他两投影平行于相应的投影轴		

续表

	正垂线	铅垂线	侧垂线
投影面垂直线	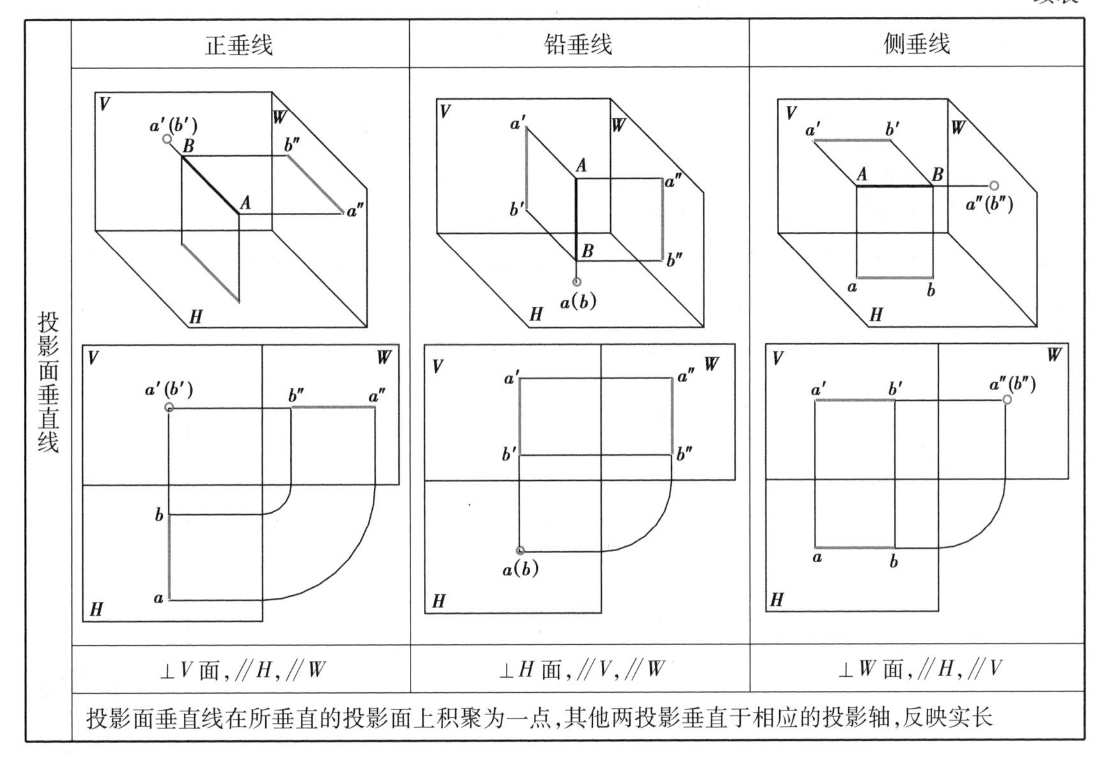		
	⊥V 面,∥H,∥W	⊥H 面,∥V,∥W	⊥W 面,∥H,∥V
	投影面垂直线在所垂直的投影面上积聚为一点,其他两投影垂直于相应的投影轴,反映实长		

【例 3.6】 找出 AB,CD,DE 直线的第三投影,判断空间位置[图 3.15(a)]。

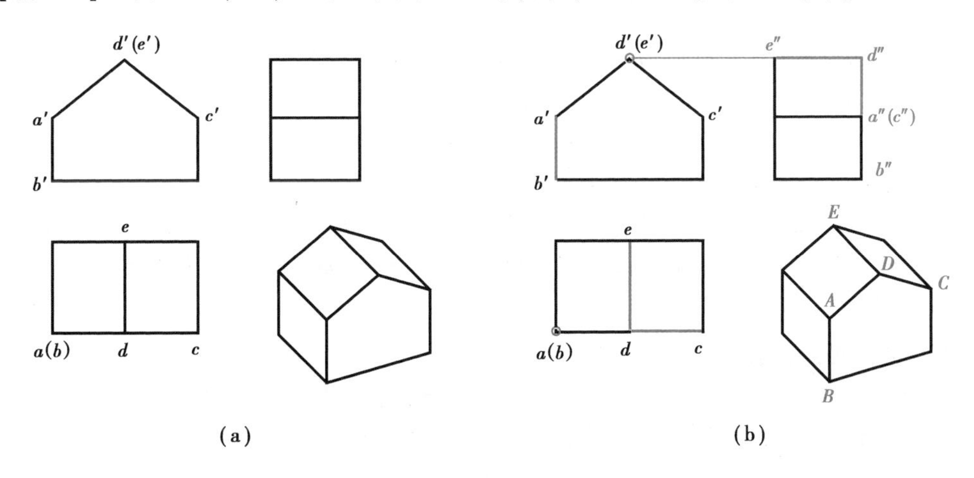

图 3.15 例 3.6 图解

先看 AB 直线,AB 的水平投影重合为一点,说明 AB 为铅垂线,由水平投影可知,AB 在物体的左前方,再根据高平齐,可找出 AB 的侧面投影。然后看 CD 直线,CD 的正面投影为一倾斜直线,水平投影平行于 Ox 轴,说明 CD 为正平线,根据水平投影可知,CD 在物体的前端面,再根据高平齐,可找出 CD 的侧面投影。注意:A 点和 C 点的侧面投影重合,为侧立面的重影点,因为 A 点离侧立面远,所以 A 点可见,C 点不可见。最后看 DE 直线,DE 的正面投影重合为一点,说明为正垂线,由正面投影可知,DE 在物体的中间最高处,D 在物体的前端面,E 在物体的后端面,再根据高平齐,可找出 DE 的侧面投影[图 3.15(b)]。

2)直线上点的投影特性

直线上的点具有两个特性:

(1)从属性　点在直线上,点的投影在直线的同面投影上。

(2)定比性　点分线段之比等于点的投影分线段的投影之比。

【例 3.7】　判断点 M 是否在 CD 直线上[图 3.16(a)]。

因为 CD 的正面投影和侧面投影都垂直于 Ox 轴,说明 CD 直线上所有点的 x 坐标都相等,即直线上所有点到侧立面即 W 面的距离都相等,所以 CD 为侧平线。虽然 M 点的正面投影和侧面投影都在 CD 的同面投影上,但 M 点不一定在 CD 直线上。

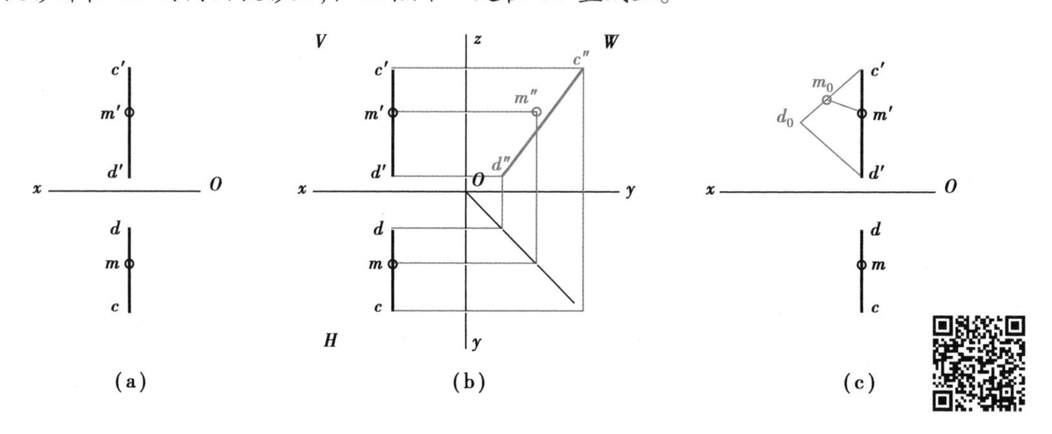

图 3.16　例 3.7 图解

(a)题目;(b)解法 1;(c)解法 2

解法 1:分别作出 CD 直线和 M 点的侧面投影。若 M 点的侧面投影在 CD 直线的侧面投影上,说明 M 点在 CD 直线上,否则 M 点不在 CD 直线上[图 3.16(b)]。

先画出 CD 直线的侧面投影和 M 点的侧面投影。由点和直线的侧面投影可以看出,m''不在 $c''d''$上,因此可判定 M 点不在直线 CD 上。

解法 2:利用定比性作图。M 点若在 CD 上,应有 $c'm'/d'm' = cm/dm$,过 c' 作辅助线,在其上截取 $c'd_0 = cd$,再截取 $c'm_0 = cm$,由图可看出,$c'm'/d'm' \neq cm/dm$,由此可判定 M 点不在直线 CD 上[图 3.16(c)]。

3)空间两直线的相对位置

空间两直线的相对位置
- 同面直线
  - 平行[图 3.17(a)]
  - 相交[图 3.17(b)]
- 异面直线　交叉[图 3.17(c)]

(1)判断两直线是否平行

①如果两直线都不平行于投影轴,则有两个投影面投影平行则可以认为直线平行;

②如果两直线都平行于某投影轴,则必须根据第三投影或比例关系判断。

(2)判断两直线是否相交

①投影上交点连线垂直于投影轴;

②相交直线可能成为某一投影面的重影线;

③既不符合平行两直线的投影特性,又不符合相交两直线的投影特性,即为交叉直线。交

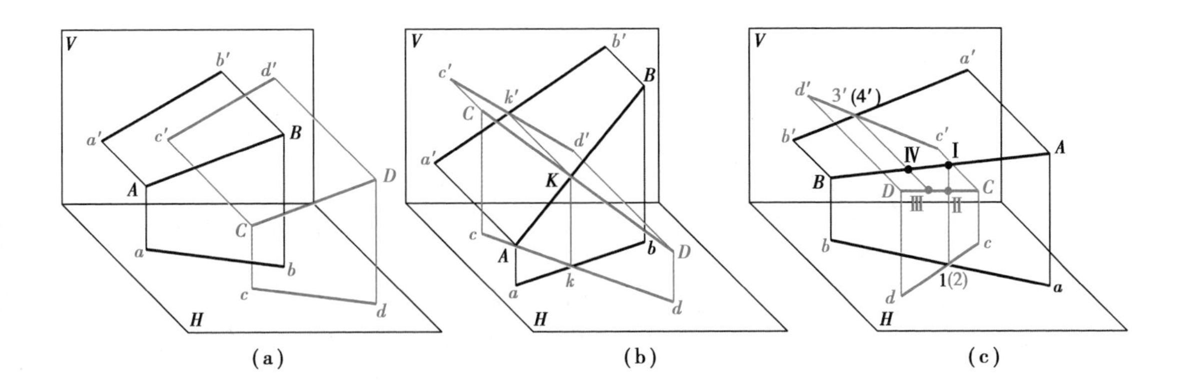

图 3.17 空间两直线的相对位置

(a)两直线平行;(b)两直线相交;(c)两直线交叉

叉直线的同面投影若相交,其交点并非一个点的投影,而是两条直线上的两个点的重影。其重影点的可见性应根据两个点的相对位置来判别。

(3)直角投影定理 如果两直线在空间上垂直(垂直相交或垂直交叉),当其中一条直线平行于某一投影面时,则两直线在该投影面上的投影垂直。

利用直角投影定理,可完成过点作投影面平行线的垂线,或与其相关的求点到直线距离,求直角三角形、等腰三角形等平面图形投影的作图问题。

【例 3.8】 已知 CD 与 AB 垂直相交,试补全 CD 投影(图 3.18)。

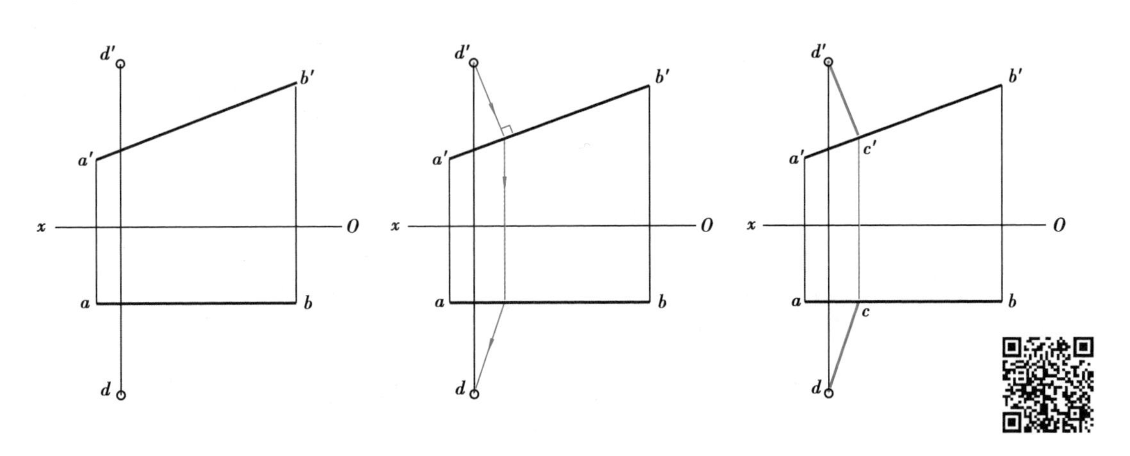

图 3.18 例 3.8 图解

分析:AB 为正平线,根据直角投影定理,AB 与 CD 在 V 面上的投影应相互垂直。所以,过 d' 作 $a'b'$ 垂线,垂足即为 c'。从 c' 作 $\perp ox$ 辅助线,交 ab 于 c。

4)曲线投影

(1)曲线的形成和分类 曲线可看作是一个点在运动过程中连续改变其运动方向所形成的轨迹[图 3.19(a)],也可看作是两曲面相交或平面与曲面相交所形成的交线[图 3.19(b)],还可以是一条线(直线或曲线)运动过程中的包络线[图 3.19(c),(d)]。同一曲线可以由几种不同的方法形成。如二次平面曲线(椭圆、双曲线、抛物线)既可看成是点运动的轨迹,又可看成是平面和圆锥面的交线。

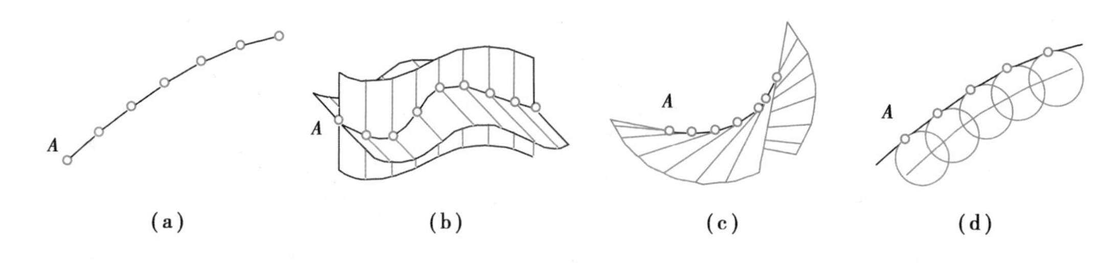

图 3.19 曲线的形成

按点的运动有无规律,曲线可分为规则曲线和不规则曲线。通常研究的是规则曲线。

按曲线上各点的相对位置,曲线可分为:

平面曲线——曲线上所有的点都在同一平面上。

空间曲线——曲线上任意连续 4 个点不在同一平面上。

(2)曲线的投影及其投影特性　一般情况下,曲线至少需要两个投影才能确定出它在空间的形状和位置。按照曲线形成的方法,依次求出曲线上一系列点的各面投影,然后把各点的同面投影顺次光滑连接即得该曲线的投影。为了提高作图准确性,应尽可能作出曲线上特殊点(如极限位置点、分界点等)的投影,最好把这些特殊点以及重影点用字母标注出来。图 3.20 中 A,C,D,G 均为特殊点,B 和 F 为对 H 面的重影点,E 为一般点。曲线 A 与直线 N 相切于 C,投影后仍相切,且切点 C 不变,故具有切点性质的拐点、尖点及两重点投影后仍为拐点、尖点及两重点。

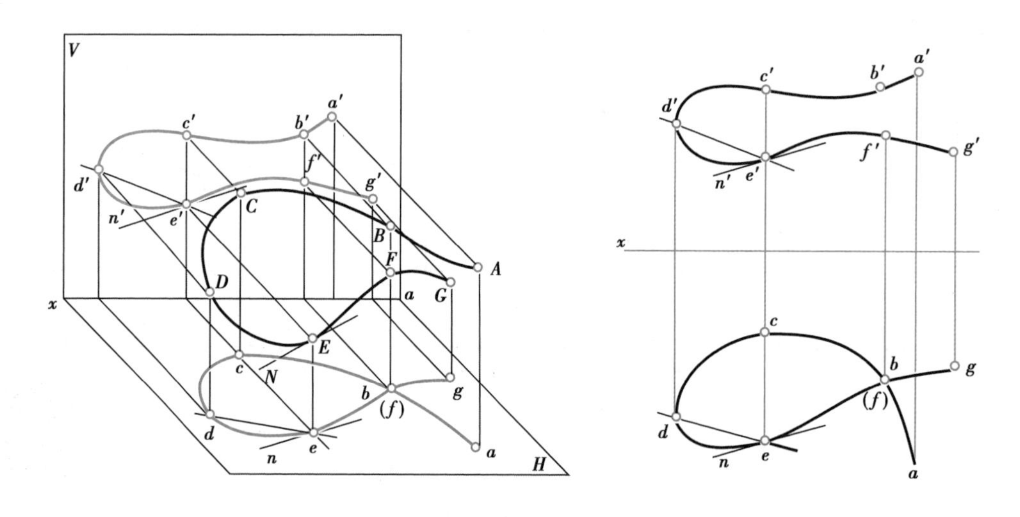

图 3.20 曲线上的特殊点

由此可以看出曲线的投影特性:

①曲线的投影一般仍为曲线,只有当平面曲线所在平面平行于投射线时,投影为直线;

②属于曲线的点,其投影属于曲线的投影,即点与曲线的从属关系为曲线投影的不变性;

③代数曲线的投影,其次数不变。如二次曲线的投影仍为二次曲线。

(3)常见曲线的投影

①圆的投影:圆是最简单的平面曲线,根据圆所在平面相对于投影面的位置不同,其正投影有如下 3 种情况(这里仅讨论其 V 和 H 两面投影)。

- 当圆所在平面为投影面平行面时,圆在所平行的投影面上的投影反映该圆的实形。在另一投影面上的投影为直线,线段的长度等于圆的直径(图 3.21)。

● 当圆所在的平面为投影面垂直面时,圆在所垂直的投影面上的投影为直线,线段的长度等于其直径。在另一投影面上的投影则为椭圆(图 3.22)。

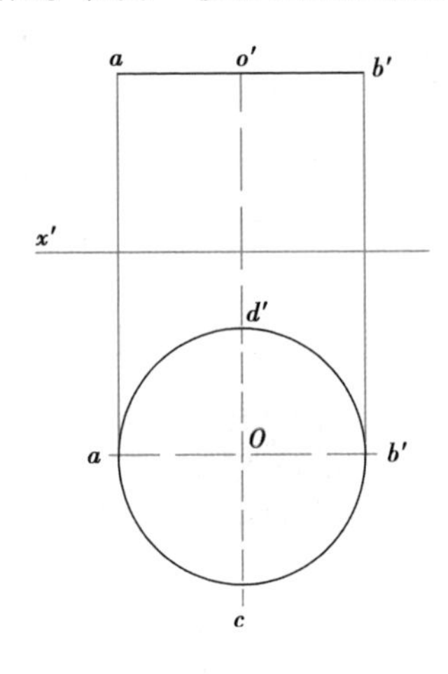

图 3.21 圆所在平面为投影面平行面

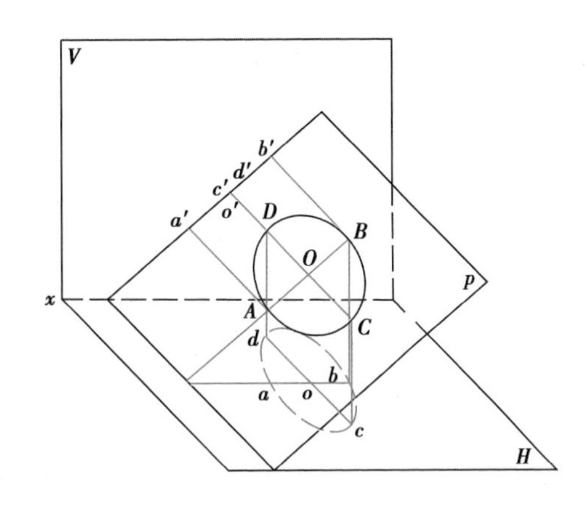

图 3.22 圆所在平面为投影面垂直面

● 当圆所在平面为一般位置平面时,圆的两个投影均为椭圆,但两个椭圆的长、短轴是不同的,必须分别求解。椭圆的长轴应为平行于该投影面的直径的投影。短轴应为对该投影面成为最大斜度线的直径的投影,可以利用平面上投影面平行线及最大斜度线,确定长、短轴的方向与大小(图 3.22)。

②圆柱螺旋线的投影:一动点在正圆柱表面上绕其轴线作等速回转运动,同时沿圆柱的轴线方向作等速直线运动,则动点在圆柱表面上的轨迹称为圆柱螺旋线。常见实例为螺旋楼梯、弧形楼梯。

圆柱螺旋线的三要素(图 3.23):

● 圆柱的直径 d;

● 导程 P_h:当动点所在直母线旋转一周时,点沿该母线移动的距离称为螺旋线的导程;

● 旋向:分为右旋、左旋两种(图 3.24)。

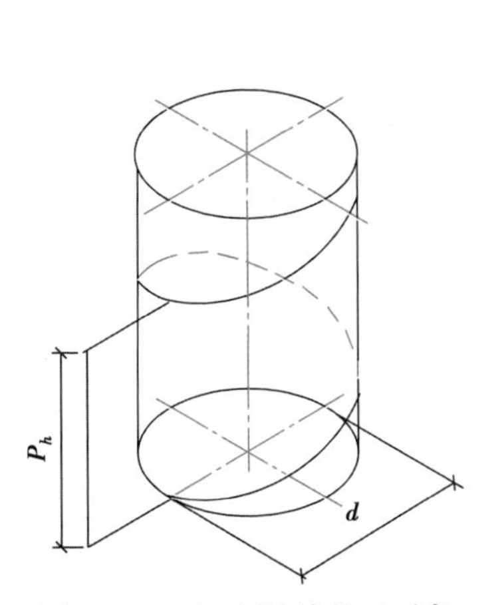

图 3.23 圆柱螺旋线的三要素

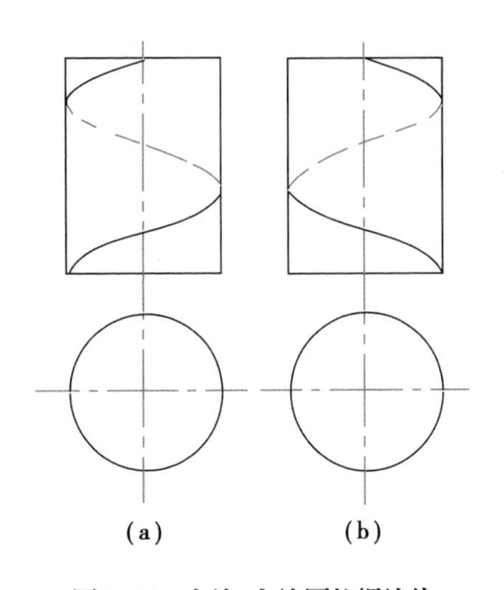

图 3.24 右旋、左旋圆柱螺旋线

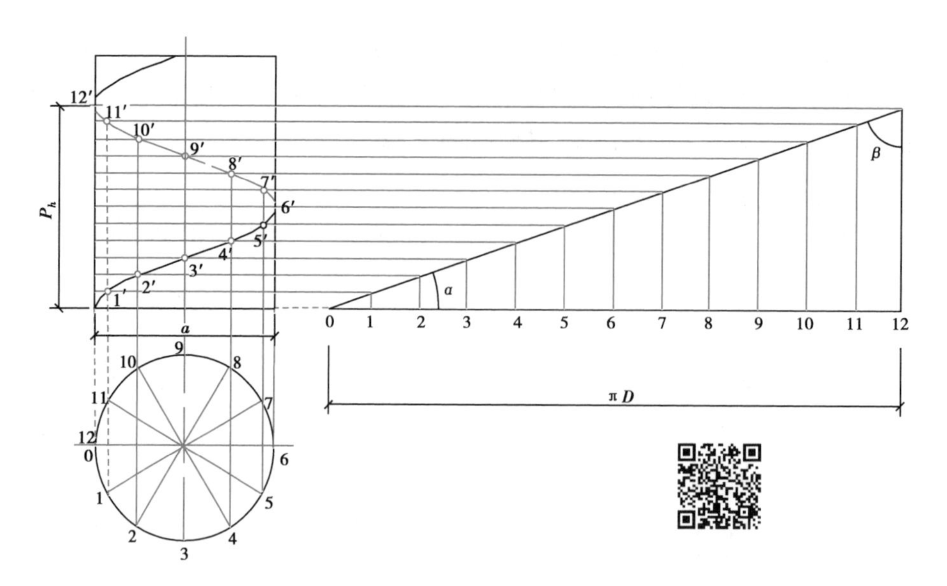

图 3.25 右旋圆柱螺旋线求作步骤

圆柱螺旋线求作步骤(图 3.25):

a. 根据已知圆柱螺旋线的半径和导程绘制出圆柱螺旋线导圆柱的 H 面和 V 面投影,其中圆柱的高就是圆柱螺旋线的导程;

b. 将圆柱的 H 面投影等分为若干等份(图 3.25 中以 12 等分为例,等分份数越多,作图越精确,曲线也越圆滑),同时在 V 面投影中将导程等分成相同份数,经过等分点作水平线,并进行标识,注意点的排列顺序应与圆柱螺旋线的旋转方向一致。

c. 经过圆周 H 面投影上的各等分点向上作铅垂线,与对应标号的水平线相交,得到圆柱螺旋线上各点的 H 面投影。将各交点用圆滑曲线相连,即得圆柱螺旋线。

d. 判别投影可见性。

3.2.3 面的投影

1)几何元素表示平面

- 不在同一直线上的三点[图 3.26(a)];

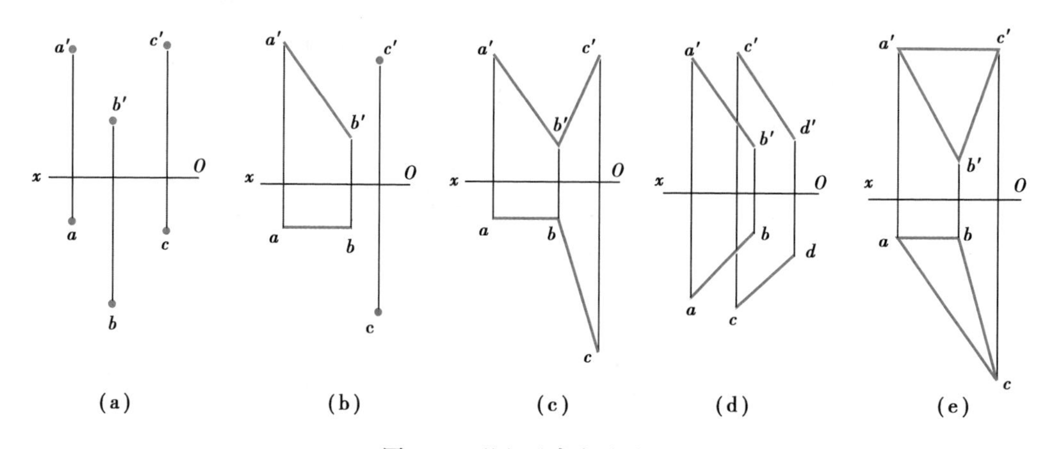

图 3.26 几何元素表示平面

- 一直线和直线外一点[图 3.26(b)];
- 相交两直线[图 3.26(c)];
- 平行两直线[图 3.26(d)];
- 平面图形[图 3.26(e)]。

2)各种位置的平面及投影特性

平面对投影面的相对位置有 3 种:投影面平行面、投影面垂直面、一般位置平面。

平行于一个投影面的平面,称为投影面平行面;垂直于一个投影面,倾斜于另外两个投影面的平面称为投影面垂直面;倾斜于 3 个投影面的平面称为一般位置平面。

下面分别讨论这 3 种位置平面的投影特性:

(1)一般位置平面　对 V,H,W 面都倾斜,不在同一直线上的 3 点构成的平面为一般位置平面。一般位置平面的投影特性:三面投影仍为平面图形,且面积缩小。其投影为与原来形状类似的图形(类似性)(图 3.27)。

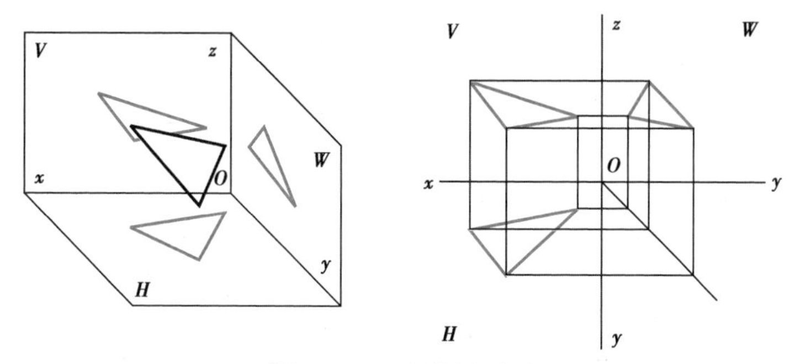

图 3.27　一般位置平面

(2)投影面平行面　表 3.2 中,平面 P 平行于一个投影面,垂直于另两个投影面,这样的面称为投影面平行面。

表 3.2　特殊位置平面

	正平面	水平面	侧平面
投影面平行面			
	$//V,\perp H,\perp W$	$//H,\perp V,\perp W$	$//W,\perp H,\perp V$
	• 平面所平行的投影面上的投影反映实形(实形性) • 平面在另外两个投影面上的投影均积聚成直线,且平行于相应的投影轴(积聚性)		

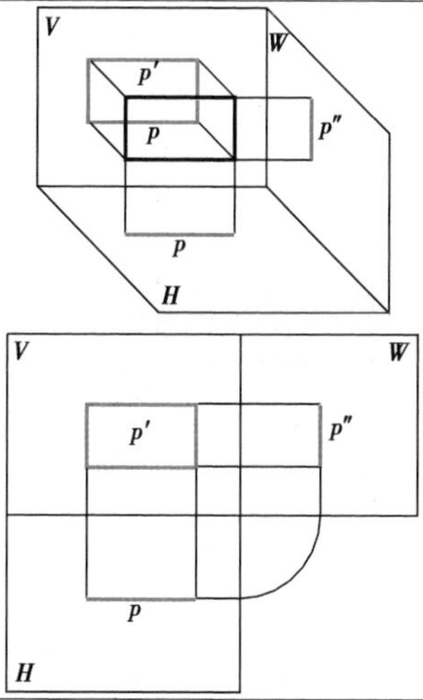

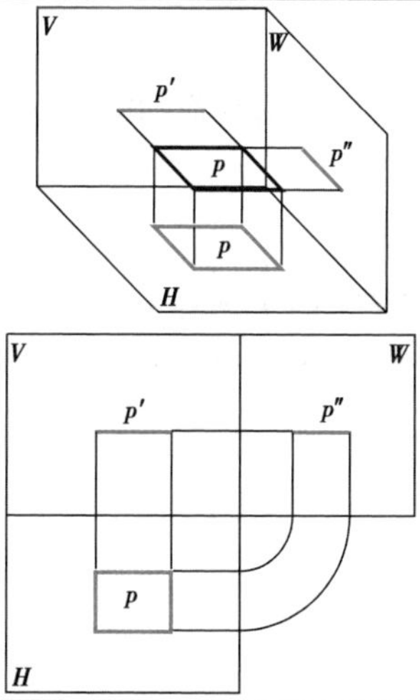

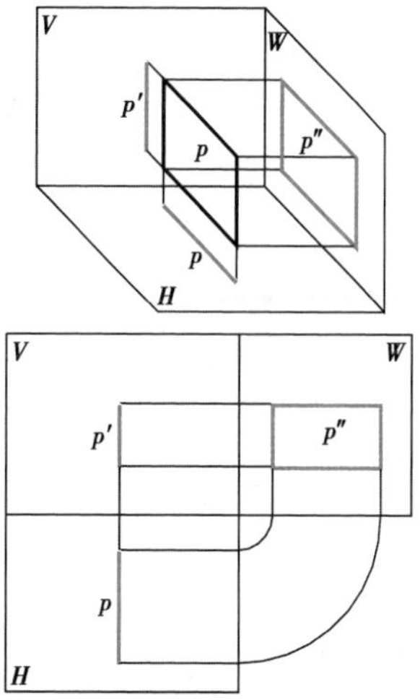

续表

	正垂面	铅垂面	侧垂面
投影面垂直面	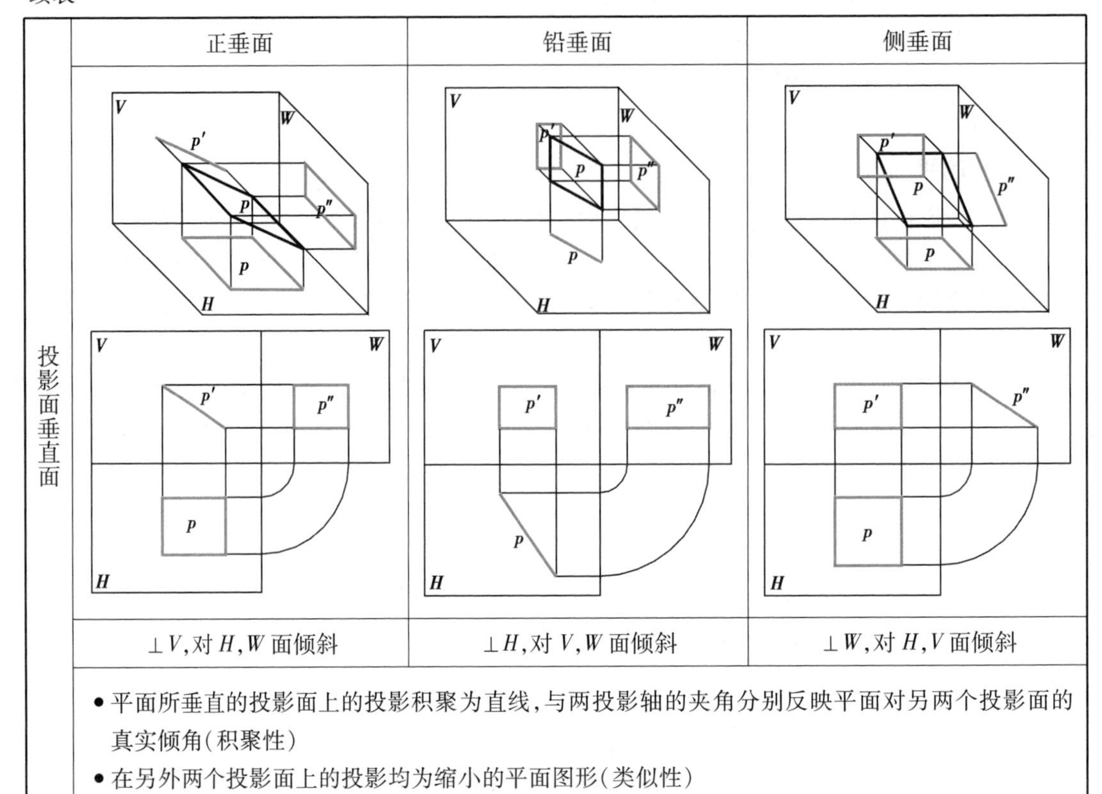		
	⊥V,对 H,W 面倾斜	⊥H,对 V,W 面倾斜	⊥W,对 H,V 面倾斜
	• 平面所垂直的投影面上的投影积聚为直线,与两投影轴的夹角分别反映平面对另两个投影面的真实倾角(积聚性) • 在另外两个投影面上的投影均为缩小的平面图形(类似性)		

(3)投影面垂直面　垂直于一个投影面、倾斜于另外两投影面的平面称为投影面垂直面。因为它垂直于一个投影面,所以它在所垂直的投影面上的投影积聚为一条直线,它倾斜于另外两个投影面,在另外两个投影面上的投影应该为平面图形的类似形(表 3.2)。

平面的 3 个投影中,必然有一个是封闭线框。一般情况下投影图上的一个封闭线框表示空间一个面的投影。

【例 3.9】　已知平面的两投影,求第三投影[图 3.28(a)]。

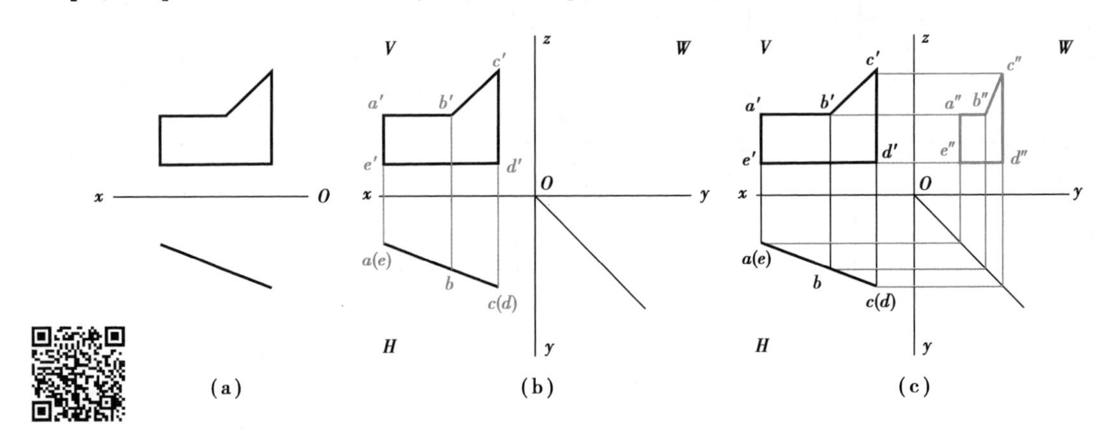

图 3.28　例 3.9 图解

分析：该面水平投影为一倾斜直线，所以该面为铅垂面，正面投影和侧面投影都应是平面图形的类似形。正面投影已给出，为五边形，侧面投影应为五边形。故只要分别求出平面图形上各顶点的侧面投影，连线即可。

步骤：在正面投影各顶点处标记点的符号 a'，b'，c'，d'，e'，根据点的投影规律，找出各点的水平投影 a，b，c，d，e[图 3.28(b)]，作 45°线，根据各点的正面投影和水平投影求出侧面投影[图 3.28(c)]。

3）平面内的点和直线

点在平面内的几何条件：如果点在已知平面内的一条直线上，则该点必在平面上，因此要在平面内取点，应该在属于该平面内的已知直线上取。

直线在平面内的几何条件：如果直线通过已知平面内的两点，则该直线必在已知平面内；如果直线通过已知平面内一点，且平行于已知平面内一直线，则该直线也在平面内。

上述几何条件，是解决有关平面上点和直线的作图和判别等习题的依据。可以解决三类问题：判别已知点、线是否属于平面；完成已知平面上的点和直线的投影；完成多边形的投影。

【例 3.10】　判断 *ABCD* 是否在同一平面内[图 3.29(a)]。

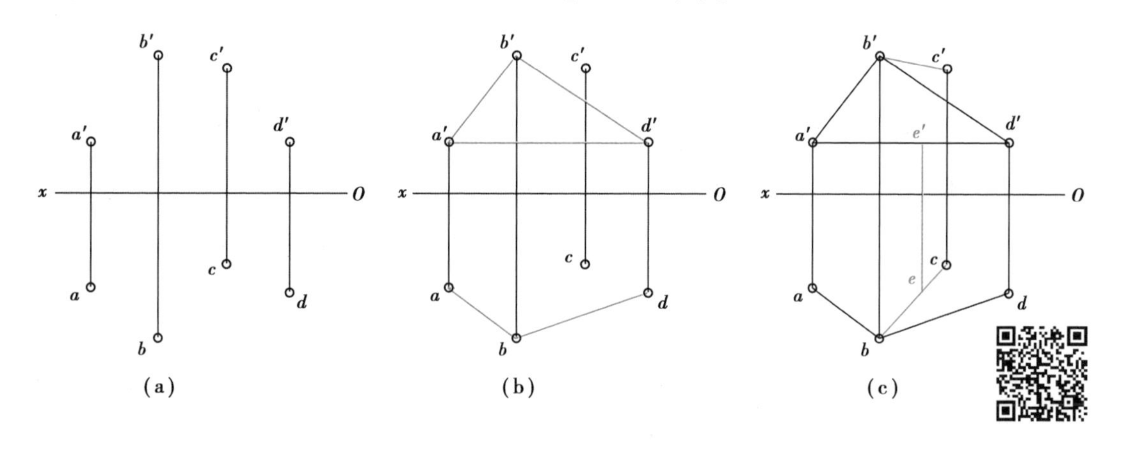

图 3.29　例 3.10 图解

分析：不在同一直线上的三点确定一个平面，所以，连接 A，B，C，D 任三点即确定了一个平面，只要判断剩下一点是否在平面上即可获解。

步骤：连接 *ABD* 的投影，确定△*ABD* 平面[图 3.29(b)]；连接 bc 交 ad 于 e，如果点 C 在平面内，点 E 为 BC，AD 的交点[图 3.29(c)]；过 e 做垂线交 $a'd'$ 于 e'，e' 不在 $b'c'$ 上，点 E 不是 BC，AD 的交点，故 C 点不在△*ABD* 平面上，*ABCD* 不在同一平面内。

【例 3.11】　在平面内作一条距 H 面为 15 mm 的水平线[图 3.30(a)]。

分析：平面内的水平线，既应满足水平线的投影特点，又应在已知平面内。要满足水平线的投影特点，正面投影应平行于 Ox 轴，由已知条件，它和 Ox 轴的距离应为 15 mm。水平投影为一条倾斜于 Ox 轴的线，在正面投影中这条水平线的正面投影与 AB，BC 的正面投影分别交于 1′，2′[图 3.30(b)]，1 在 AB 上，水平投影在 AB 的水平投影上，2 在 BC 上，水平投影在 BC 的水平投影上，因此 1，2 的水平投影容易求出。由正面投影作投影连线，即得 1，2 的水平投影[图 3.30(c)]。

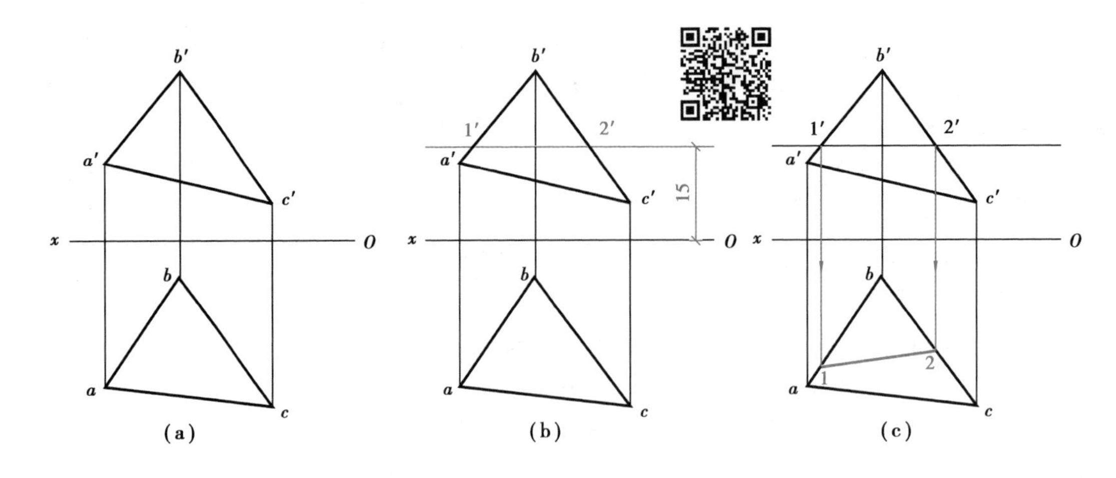

图 3.30　例 3.11 图解

【例 3.12】　已知平面四边形 $ABCD$ 的水平投影 $abcd$ 和正面投影 $a'b'd'$，试完成四边形的正面投影[图 3.31(a)]。

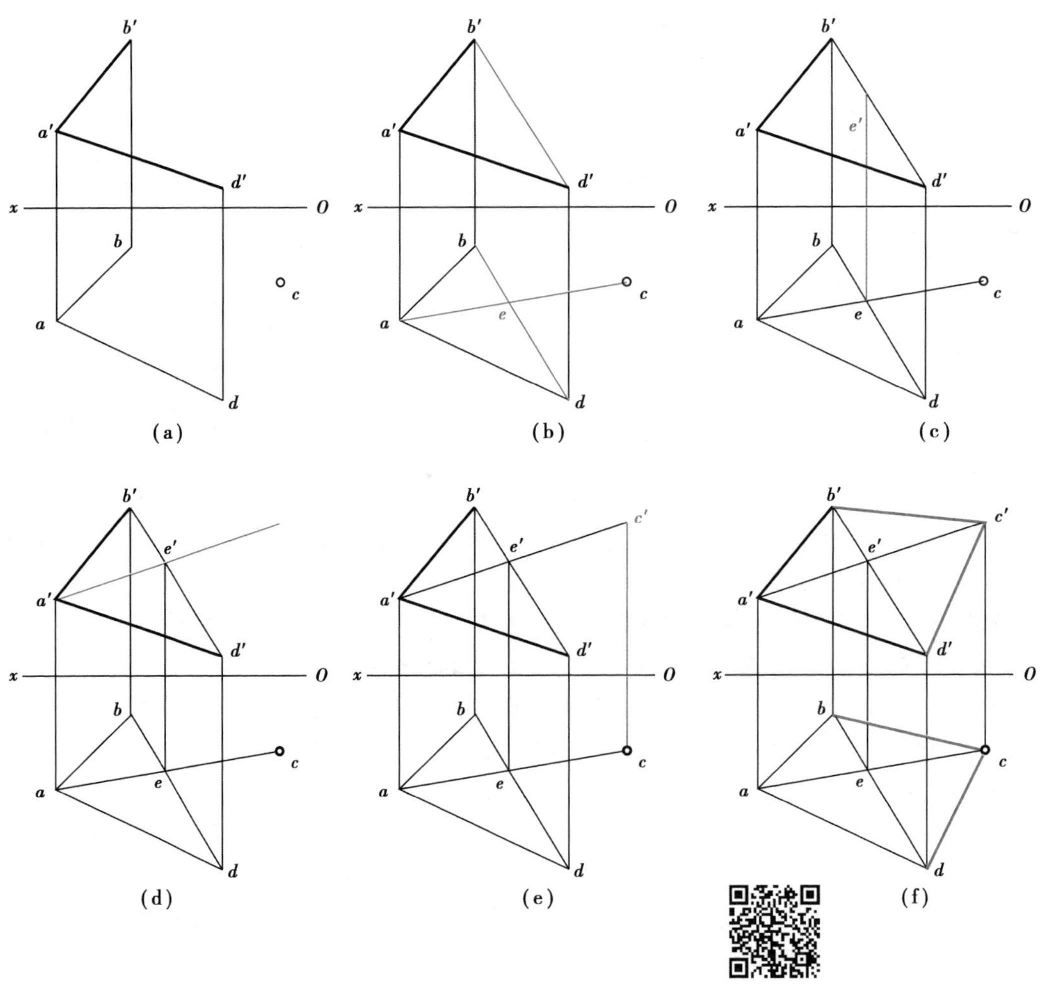

图 3.31　例 3.12 图解

分析:要完成四边形 $ABCD$ 的正面投影,只要找出 C 点的正面投影连线即可。四边形 $ABCD$ 为平面图形,所以 C 点一定在 A,B,D 三点所确定的平面内,要求 C 点的正面投影,就要找出平面 ABD 上的一条过 C 点的直线。不妨连接 ac,若能定出 AC 的正面投影,即可得出 C 点的正面投影。现在 A 点是已知平面内的一点,只要再找出一个既在已知平面上,又在直线 AC 上的点就可以了。

步骤:连接 BD 的水平投影,bd 和 ac 的交点设为 e[图 3.31(b)]。因为 E 点在 BD 上,所以连接 BD 的正面投影,由 e 点向上作投影连线,和 $b'd'$ 的交点为 e'[图 3.31(c)]。因为 C 点在 AE 上,C 点的正面投影在 AE 的正面投影上,连 $a'e'$ 并延长[图 3.31(d)],由 c 作 Ox 轴的垂线与 $a'e'$ 相交,即得 c'[图 3.31(e)],连接 bc,cd,$b'c'$,$c'd'$,得平面 $ABCD$ 投影[图 3.31(f)]。

4)直线与平面、平面与平面的相对位置

(1)平行　直线与平面平行的几何条件:

- 若直线平行于平面上任意直线,则线、面平行;
- 若线、面平行,则过平面内任一点必能在平面内作一直线平行于已知直线。

直线与平面平行作图问题:

- 判别已知线面是否平行;
- 作直线与已知平面平行;
- 包含已知直线作平面与另一已知直线平行。

【例 3.13】 判断直线 AB 是否平行于△CDE 平面(图 3.32)。

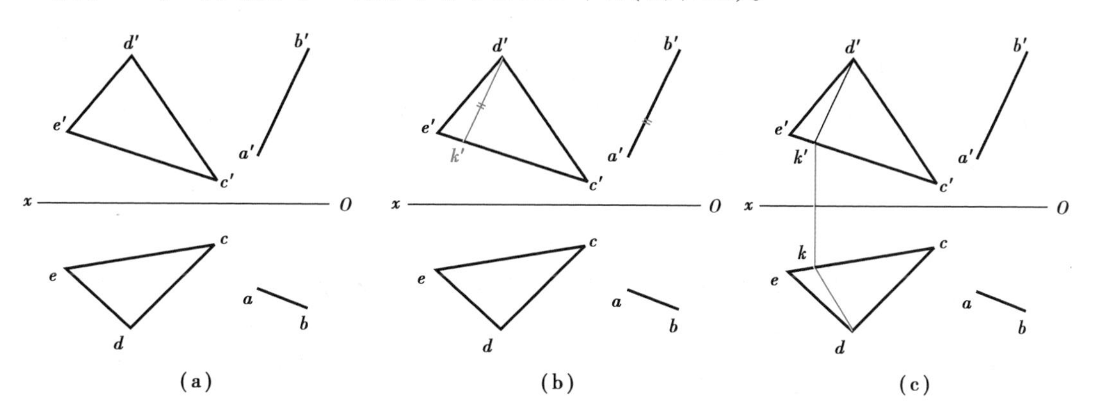

图 3.32　例 3.13 图解

步骤:过 d' 作 $d'k' /\!/ a'b'$,交 $c'e'$ 于 k',过 k' 作垂线交 ec 于 k,可见 kd 与 ab 不平行,所以 AB 不平行于△CDE 平面。

平面与平面平行的几何条件:两平面内各有一对相交直线分别对应平行。

【例 3.14】 过 K 点作平面平行于△CDE(图 3.33)。

步骤:过 K 点的两条相交直线分别平行于△CDE 的任意两条边,则这两条相交直线所构成的面平行于△CDE。过 k' 作 $k'1' /\!/ e'd'$,$k'2' /\!/ e'c'$,过 k 作 $k1 /\!/ ed$,$k2 /\!/ ec$,KⅠⅡ /\!/ △CDE。

(2)相交　直线与平面相交于一点,该点称为交点,交点既是直线与平面的公有点,又是可见与不可见的分界点(图 3.34)。

两平面相交于一条直线,该直线称为交线。平面的交线是两平面所公有的直线,一般可求出交线上两点来连得交线;如能先定出交线的方向,则只要求出一点后,利用方向来定出交线的

位置，可以简化作图。

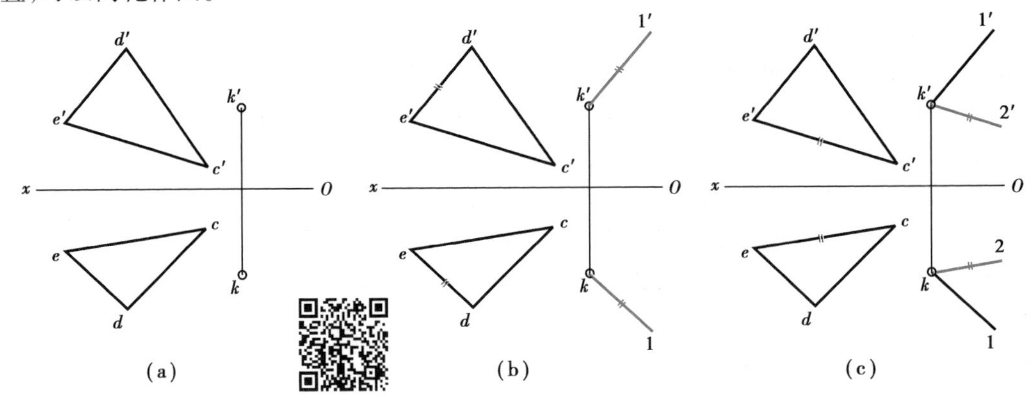

图3.33　例3.14图解

图3.34　直线与平面相交

直线与平面、平面与平面的相交问题，主要是求交点和求交线的问题。即已知直线、平面的投影，求交点和交线的投影；此外，还要判别直线与平面或平面与平面的重影部分的可见性。

直线和平面的交点、两平面的交线的求法有下列3种：

- 积聚投影法：当直线或平面有积聚投影时，可利用积聚投影来求交点或交线。
- 辅助平面法：当直线或平面无积聚投影时，则利用辅助平面来求交点或交线。
- 辅助直线法：利用交点位于平面内一直线上作图，此线称为辅助线。

①积聚投影法：利用平面或直线的积聚投影与直线或平面的同名投影的交点，直接求出交点的其余投影。

【例3.15】　求直线 AB 与 H 面垂直面 P 的交点 K 的投影（图3.35）。

分析：因 K 为 AB 和 P 共有，故 K 的 H 面投影 k 在 AB 的 H 面投影 ab 上，也应在 P 的 H 面积聚投影 p 上，即 k 是 p 与 ab 的交点。

步骤：已知直线 AB 的投影 ab，$a'b'$ 及平面 P 的积聚投影 p，可先求出 ab 与 p 的交点 k，由此作连系线，再与 $a'b'$ 交得 k'。

判别投影图中直线与平面重影部分的可见性时，认为平面是不透明的。这时，重影部分的直线以交点为界，当一段被平面遮住而不可见时，其投影用虚线表示。在 V 面投影中，p' 范围以外的直线段 $a'c'$，$b'd'$，当空间由前向后观看时，由于线段 AC，BD 未被 P 面遮住而均为可见，故 $a'b'$，$b'd'$ 画成实线。在 p' 范围内的直线段 $c'd'$，即重影部分，其对应的线段 CD，以 K 为界，一段可见，一段不可见。其判别方法有二：

- 直接观察法：因 P 面的 H 面投影有积聚性，故由 H 面投影可以判别可见性。
- 重影点法：可由直线与 P 面边线的重影点的可见性来决定。如图中，利用直线 AB 上 C 点和平面右方边线上 E 点的重影点 $c'e'$ 来判别。

【例3.16】　如图3.36(a)所示，求作 H 面垂直线 EF 与△ABC 的交点 K。

由于直线的积聚投影也是交点的投影，故成为已知平面上一点的一个投影，而求另外的投影问题。因直线 EF 的 H 面投影积聚成一点，由于交点 K 在 EF 上，故 k 与 ef 重合。又因 K 在

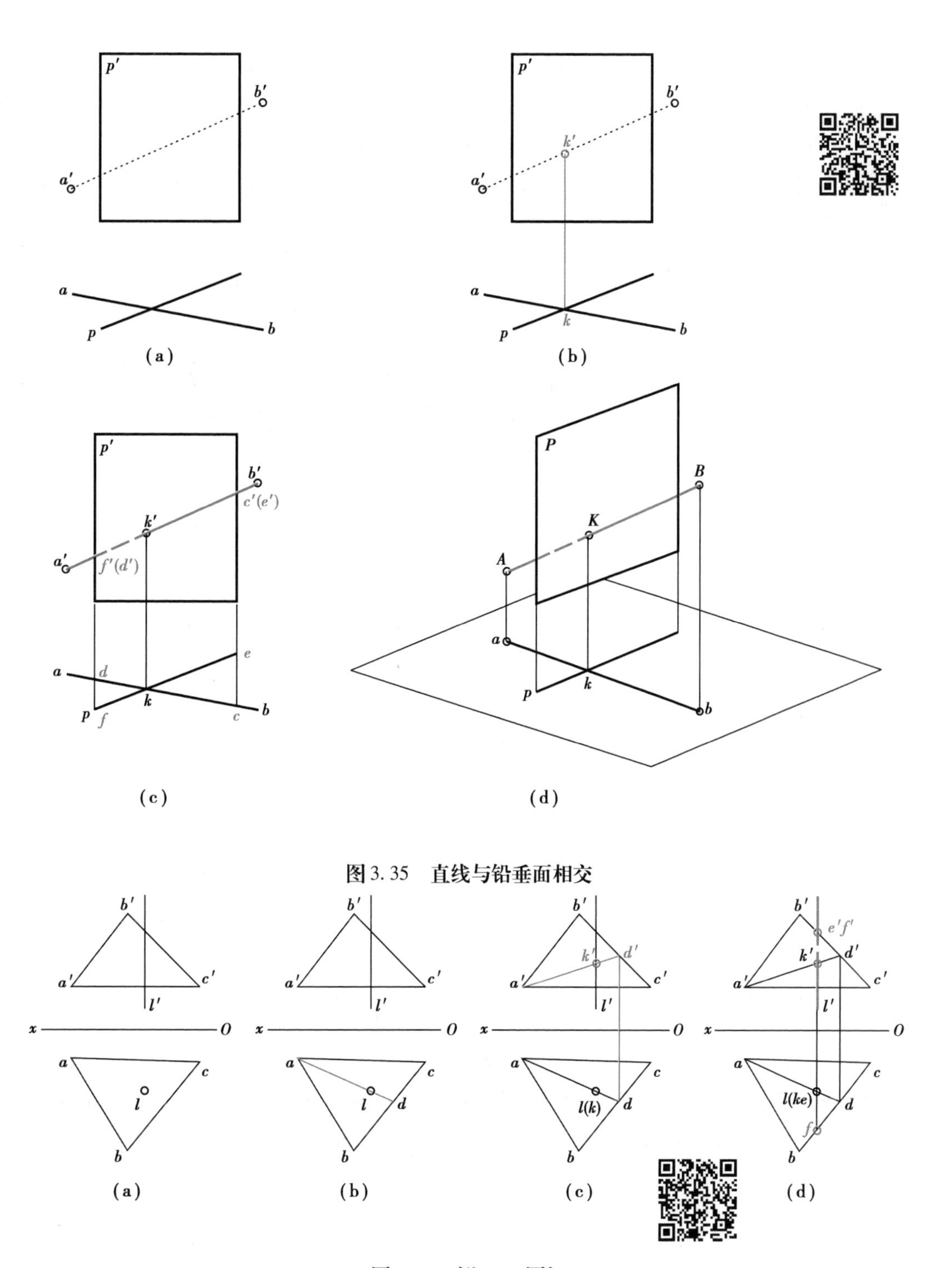

图 3.35　直线与铅垂面相交

图 3.36　例 3.16 图解

$\triangle ABC$ 上,故求 K 的 V 面投影 k'时,可设想在$\triangle ABC$ 上过 K 点作一辅助直线 AL,即在 abc 内过 k 作辅助线 al,再求出 $a'l'$,即可与 $e'f'$交得 k'。

V 面投影中直线和平面的重影部分可见性的判别:设利用直线 EF 上 E 点和$\triangle ABC$ 的一边 BC 上 F 点的重影点 $e'f'$。先定 e 和 f,因 e 位于 f 前方,故空间由前向后朝 V 面观看时,E 点不可见，即 L 上一段 EK 不可见，因而 $f'k'$ 画成实线，k' 点上方一段画成虚线。

②辅助平面法：应用辅助平行面作图，可取具有积聚性投影的平面，一般取两个投影面平行面为辅助平面，分别求出它们与两个已知平面的辅助交线，每个辅助平面上两条辅助交线的交点，是所求交线上一点。两个辅助平面共求得两点，它们的连线，即为所求交线。

【例 3.17】 如图 3.37(b)所示，两已知平面分别由平行两直线 A，B 和相交两直线 C，D 所确定，求两平面的交线。

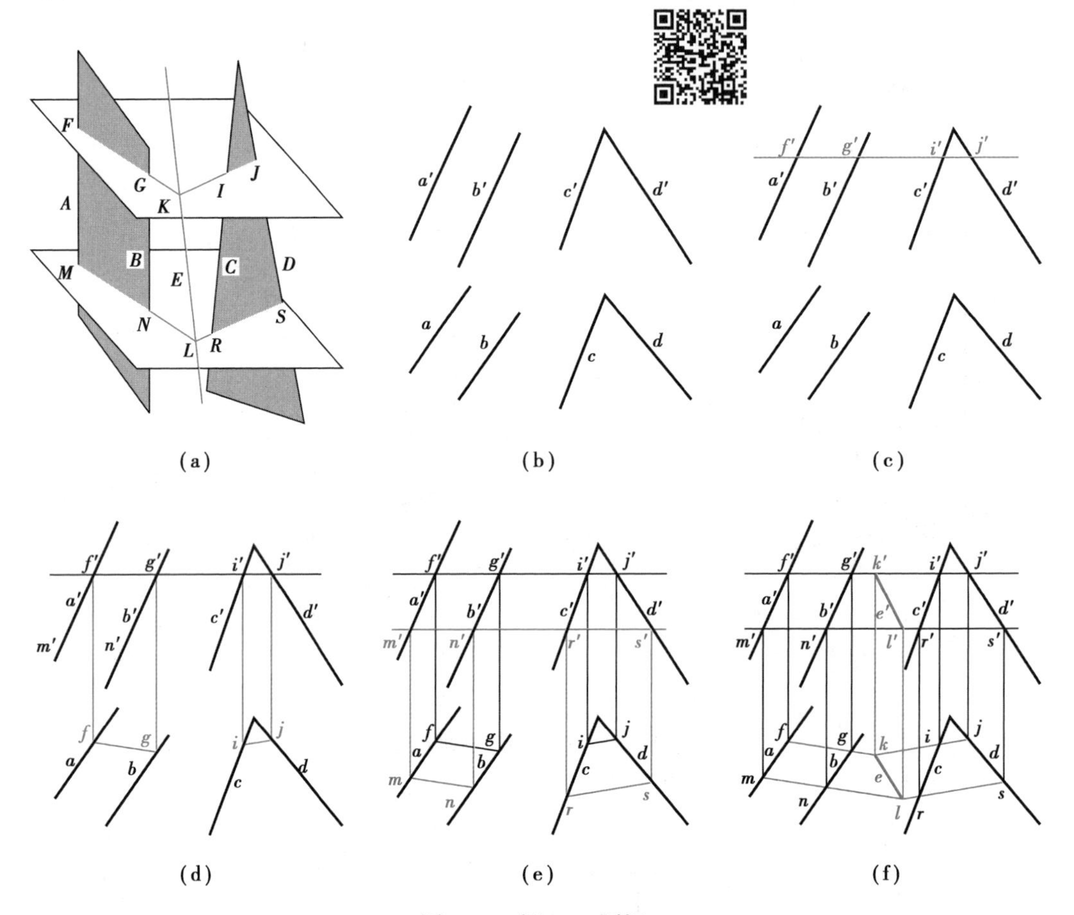

图 3.37 例 3.17 图解

现作一个 H 面的平行线 P 为辅助面[图 3.37(c)]，与已知两平面的辅助交线为 FG 和 IJ[图 3.37(d)]。它们的交点为 K，于是 K 是 3 个相交平面的 3 条相交线 FG，IJ 和 E 的交点，故 K 必位于已知平面的交线 E 上。同样地再作一个 Q 面[图 3.37(e)]，得到另一个交点 L，则连线 KL 即为两个已知平面的交线[图 3.37(f)]。

③辅助直线法。

【例 3.18】 求直线 QE 与△ABC 平面交点，并判断可见性[图 3.38(b)]。

步骤：假设△ABC 上有一辅助直线 KL 通过交点 M，设该线的 H 面投影 kl 重叠于直线 DE 的 H 面投影 de 上，k，l 点应当在 ABC 的 H 面投影△abc 的边线上。于是由 k，l 求出 k'，l'[图 3.38(c)]，连线 $k'l'$ 就与 $q'e'$ 交得 m'，由此作出 m[图 3.38(d)]。

投影图中可见性的判别：可用重影点法。由于两个投影都有重影，故对每个投影均应分别判定。

H 面投影中，如取 de 与对角线一边（如 ab）的交点作为重影点 s,k，由此作出 s',k'，因 s' 高于 k'，故空间由上向下朝 H 面观看时，S 为可见点，K 为不可见点[图 3.38(e)]。

V 面投影中，如取 $a'b'$ 与 $q'e'$ 的交点 i',j' 为重影点。由此定出 i,j，因 j 位于后方，故空间由前向后朝 V 面观看时，J 点为不可见[图 3.38(e)]。

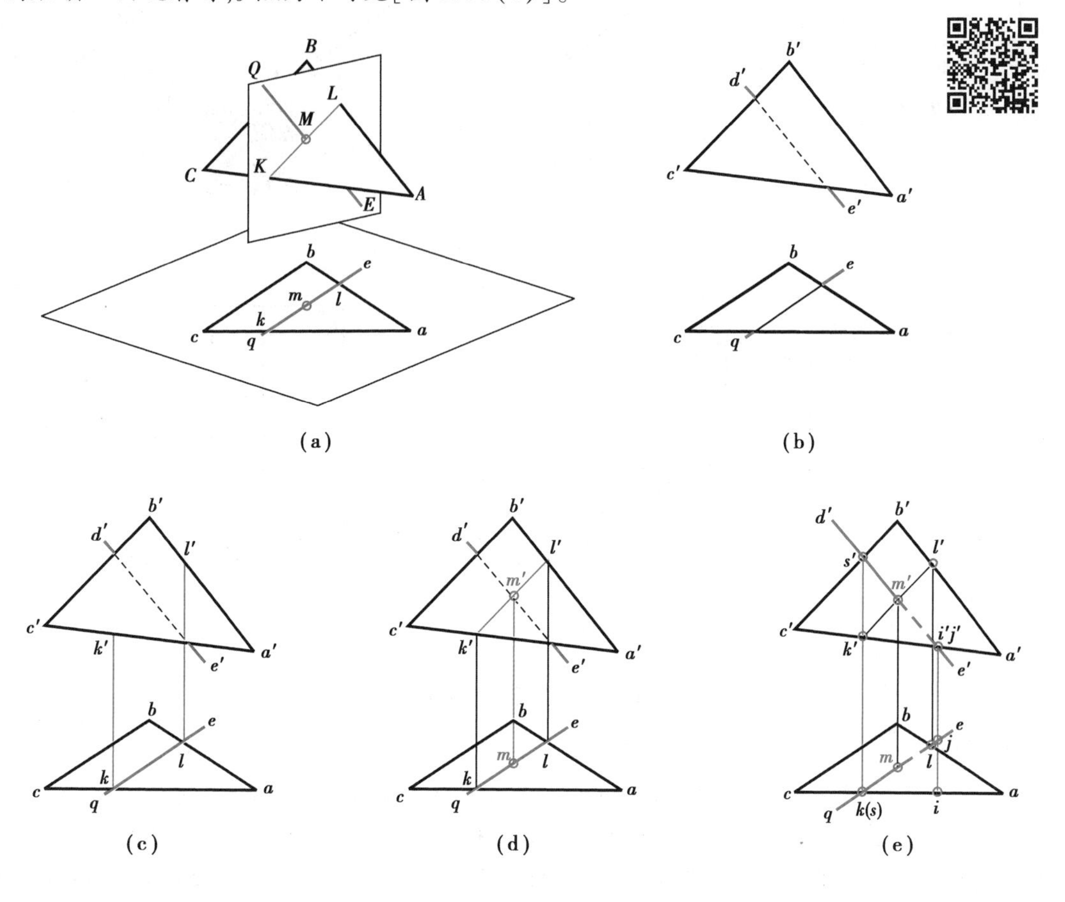

图 3.38　例 3.18 图解

(3)垂直

①直线与平面垂直

几何条件：如果直线 L 垂直于 P 平面内的一对相交直线，则直线 L 垂直于 P 平面。

空间分析：如果直线 L 垂直于平面 P，则直线 L 必垂直于 P 面内的一切直线，直线 L 称为平面 P 的垂线或法线。

投影分析：根据直角投影定理，直线 L 的正面投影与 PV 成直角，直线 L 的水平投影与 PH 成直角。

【例 3.19】　过点 A 作正平线 $AB \perp P$ 平面[图 3.39(a)]。

步骤：过 a 作 ab 垂直于 p，交 p 于 b[图 3.39(b)]，由 b 求得 b'[图 3.39(c)]。

②平面与平面垂直

几何条件：如果一直线垂直于一平面，则包含此直线的所有平面都垂直于该平面。

两特殊位置平面互相垂直时，它们具有积聚性的同面投影互相垂直（图 3.40）。

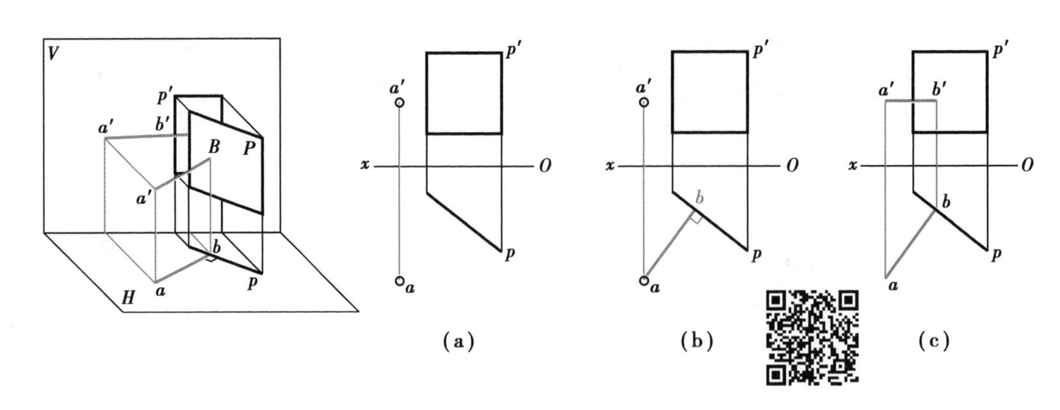

图 3.39　例 3.19 图解

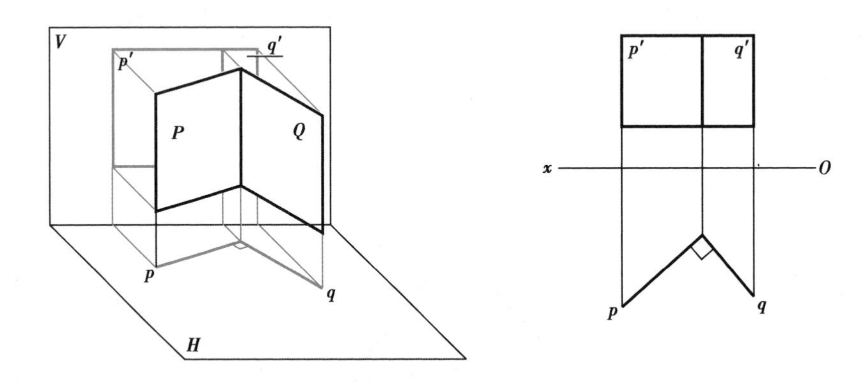

图 3.40　平面与平面垂直

5) 曲面投影

曲面可以看作是一条线(直线或曲线)在空间做有规律或无规律的连续运动所形成的轨迹,或者说曲面是运动线所有位置的集合。如图 3.41 所示曲面,是由 AA_1 沿着曲线 ABC 运动且在运动中始终平行于直线 MN 所形成的。AA_1 称为母线,母线形状可以是不变的,也可以是不断变化的。

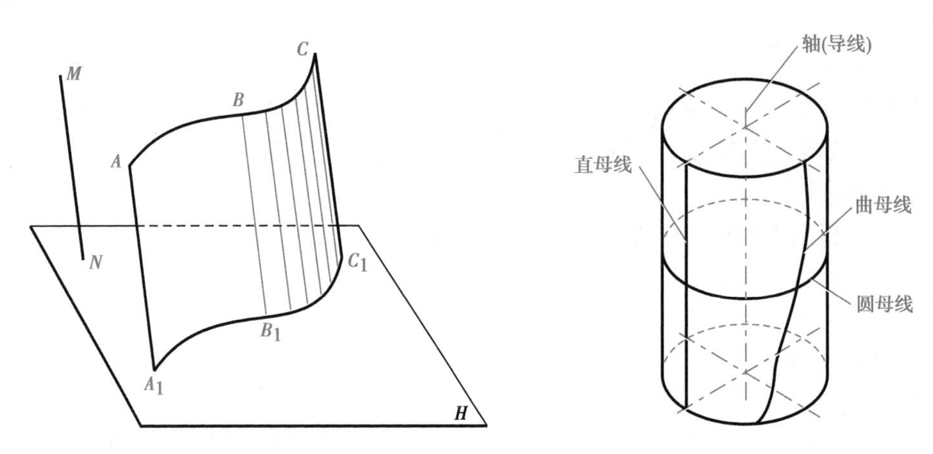

图 3.41　曲面的形成　　　　图 3.42　曲面的基本术语

控制母线运动的点、线和面称为定点、导线和导面,它们统称为导元素,如图 3.42 中的轴。

母线由导元素控制按照一定规律运动所形成的曲面称为规则曲面。母线做不规则运动所形成的曲面称为不规则曲面。同一曲面可以由多种方法形成,一般应采用最简单的母线来描述曲面的形成。只要作出能够确定曲面的几何要素的必要投影,就可确定一个曲面,因为母线和导元素给定后,形成的曲面将唯一确定。

根据不同的分类标准,曲面可以有许多不同的分类方法。如:

- 按母线的形状分类,曲面可分为直线面和曲线面;
- 按母线的运动方式分类,曲面可分为移动面和回转面;
- 按母线在运动中是否变化分类,曲面可分为定母线面和变母线面;
- 按母线运动是否有规律来分类,曲面可分为规则曲面和不规则曲面;
- 按曲面是否能无皱折地摊平在一个平面上来分类,则可分为可展曲面和不可展曲面。

由于曲面分类较复杂,形式较多,下面就园林设计中常见的曲面做讲解。

(1)柱面　一直母线沿曲导线运动且始终平行于另一直导线而形成的曲面称为柱面(图3.43)。

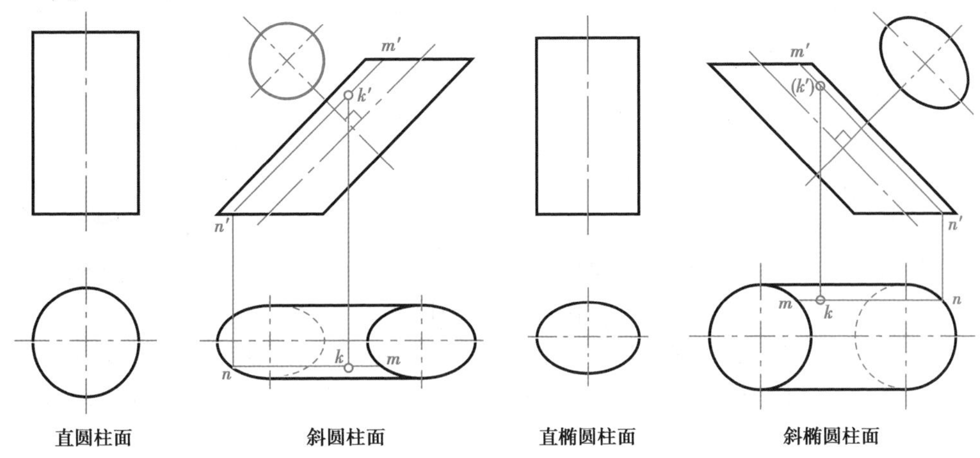

图3.43　柱面

直圆柱面可以认为是一直母线围绕与之平行的轴线做回转运动形成的,它是一般柱面的特殊形式。

【例3.20】　补齐圆柱面上 ABC 的投影(图3.44)。

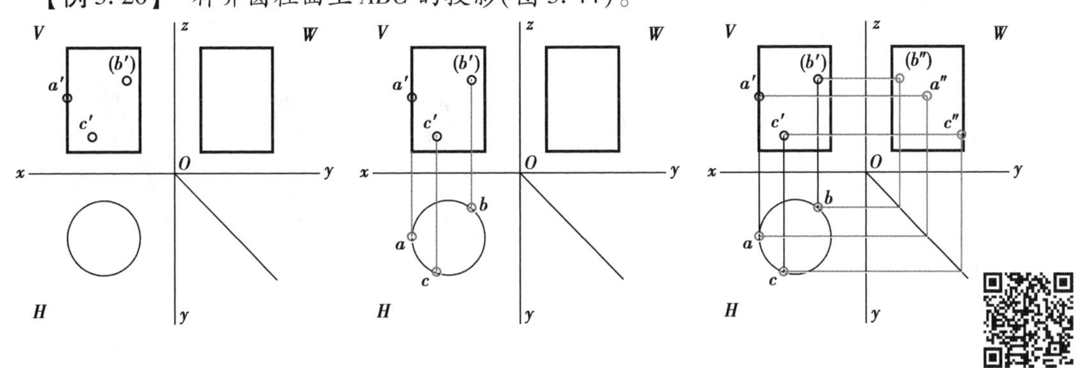

图3.44　例3.20图解

步骤:根据已知条件 a' 在切点上、c' 可见,b' 不可见,可知 C 点在前半个圆柱面上,B 点在后

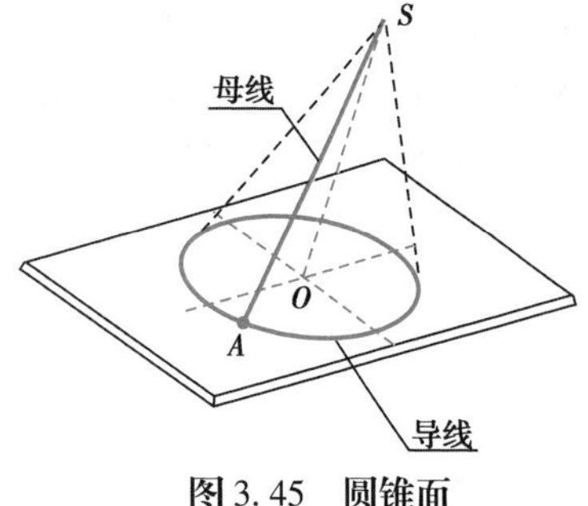

图 3.45　圆锥面

半个圆柱面上。利用圆柱的水平投影有积聚性，可直接找到 a，b，c，然后根据已知二投影求出 a''，b''，c''。由于 A，C 点在左半圆柱面上，所以 a''，c'' 为可见；而 B 点在右半圆柱面上，所以 b'' 为不可见。

（2）圆锥　圆锥面是一直线 SA 绕与其相交的轴线 SO 旋转而成（图 3.45、图 3.46）。旋转时 S 点（即直线与轴线的交点）在轴线上不动，为锥顶，A 点到轴线的距离不变。这里，SA 是母线，它在锥面的任一位置称为素线。

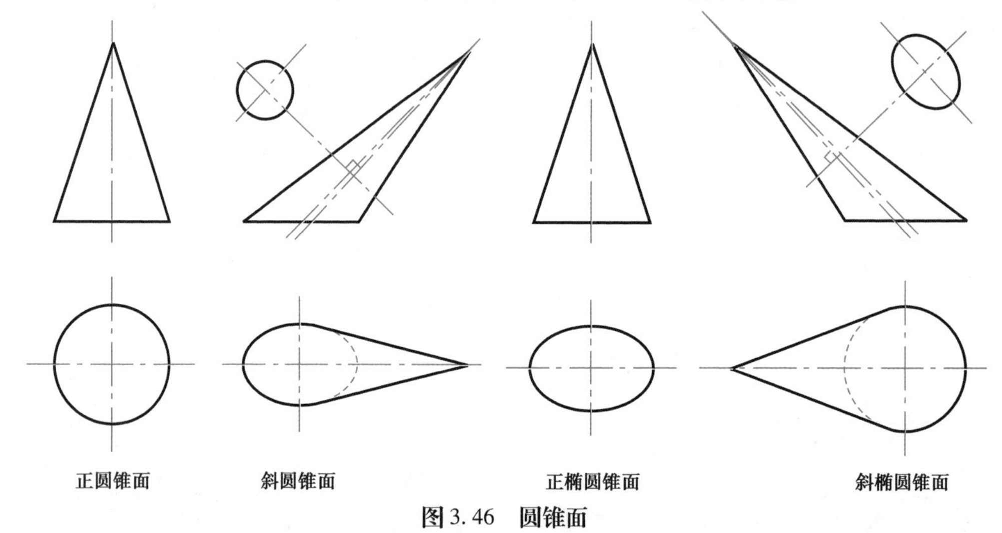

图 3.46　圆锥面

圆锥面的各投影都没有积聚性。当圆锥的轴线为铅垂线时，则锥底为水平面，其水平投影为圆（反映实形），正面投影及侧面投影为水平线，长度等于底圆直径。整个圆锥的正面投影及侧面投影为两个相等大小的等腰三角形。

与圆柱的投影相似，圆锥正面投影中，等腰三角形的两腰是圆锥面上最左、最右两条素线 AA_1 和 CC_1 的投影，它们是圆锥面的正面投影轮廓线，它们的侧面投影与轴线的侧面投影重合，亦不必画出。同时，这两条投影轮廓线还是圆锥面正面投影的可见性分界线。

【例 3.21】　如图 3.47（a）所示，若已知圆锥面上 M 点的正面投影 m'，求作它的水平投影 m 和侧面投影 m''。

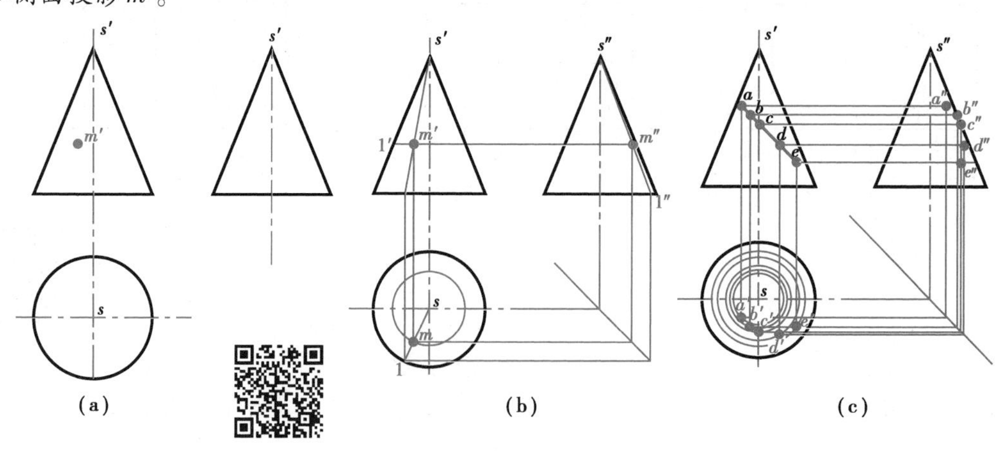

图 3.47　例 3.21 图解

分析：根据已知条件 m' 可见，M 点位于前半个圆锥面上，m 必在水平投影中前半个圆内，且投影为可见；m'' 在侧面投影中靠三角形外侧，投影亦为可见。

方法 1：素线法[图 3.47(b)]：

连 $s'm'$ 并延长，使与底圆的正面投影相交于 $1'$ 点，求出 $s1$ 及 $s''1''$，SI 即为过 M 点且在圆锥面上的素线。

已知 m'，应用直线上取点的作图方法求出 m 及 m''。

方法 2：纬圆法[图 3.47(c)]：

作过 M 点的纬圆。

在正面投影中过 m' 作水平线，与正面投影轮廓线相交(该直线段即纬圆的正面投影)。取此线段的一半长度为半径，在水平投影中画底面轮廓圆的同心圆(此即是该纬圆的水平投影)。

过 m' 向下引投影连线，在纬圆水平投影的前半圆上求出 m，并根据 m' 和 m 求出 m''。

(3)球面　球体的表面是球面。球面是以圆为母线，以该圆直径为轴线旋转而成的(图 3.48)。因通过球心的直线皆可作为旋转轴，故球面的旋转轴可根据解题需要来确定。

球面的 3 个投影都是相同大小的圆。圆的直径与球径均相等，各投影中圆的中心线也可看成是球的轴线，各圆的圆心正好是球心在各投影中的位置。因此，画球的投影步骤：定球心，画出中心线，作圆(图 3.48)。

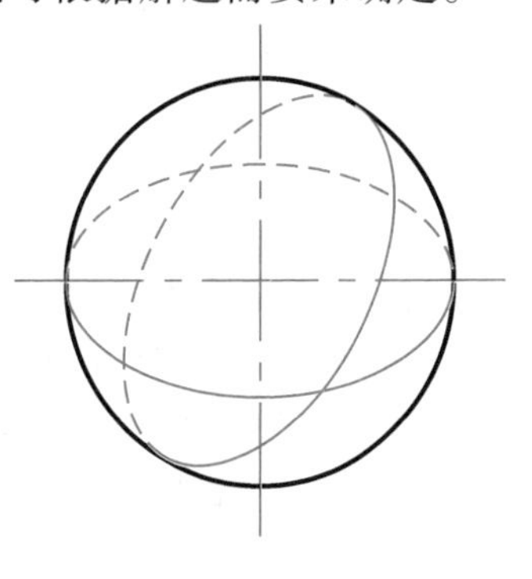

图 3.48　球面

球在 3 个投影面上的投影是 3 个大小相同的圆，是球在 3 个不同方向(分别平行于 V 面、H 面和 W 面)的转向轮廓线的投影。

正面投影的轮廓圆是球体上可见的前半部与不可见的后半部的分界圆(正平圆)的投影。这个圆的水平投影与水平投影轮廓圆的横向中心线重合；它的侧面投影与侧面投影轮廓的竖向中心线重合，皆不必画出。

水平投影的轮廓圆是上、下半球的分界圆(水平圆)的投影。它的正面投影和侧面投影与该两投影面上轮廓圆的横向中心线重合，也不必画出。

欲求属于球面上的点，在球面上任取平行于任一投影面的圆周皆可作为辅助线作图。

【例 3.22】　已知球面上两点 C，D 的正面投影 c'(可见)，d'(不可见)，试求它们的另二投影(图 3.49)。

分析：根据题意点 c' 为可见，因此 C 点位于前半球，而且还在上半球，故其水平投影应为可见；又由于 c' 还在左半球上，其侧面投影也必为可见。

根据题意 d' 为不可见，D 点位于后半球的右侧下半球面，因此，D 点的水平投影及侧面投影都是不可见的。

步骤：

求 C 点的二投影：过 c' 作水平辅助圆，该圆的正面投影为过 c' 且垂直于铅垂轴线的水平线，其两端与正面转向轮廓圆交于 $1'$，$2'$ 两点；以 $1'2'$ 线段的 1/2 长度为半径，以水平投影轮廓圆的中心为圆心画圆，此即为辅助圆的水平投影；由 c' 向下引投影连线与辅助圆的前半圆相交得 c，然后再根据 c' 及 c 求出侧面投影 c''。

求 D 点投影作法同 C 点。

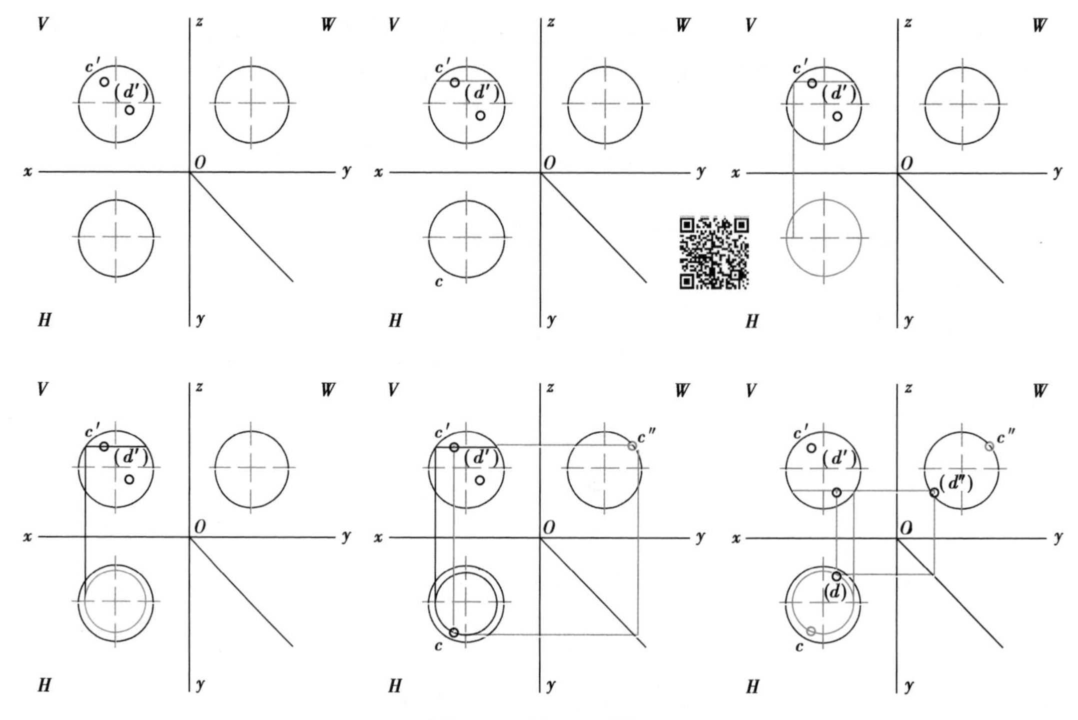

图 3.49　例 3.22 图解

(4)组合回转面　以组合线段(包括曲线和直线)为母线,绕一轴线作回转运动,即形成组合回转面。传统园林中很多园林小品、园林建筑构件都是组合回转面构成的,如亭的宝顶(图 3.50)、圆桌的桌脚、圆形须弥座、栏杆柱头等。

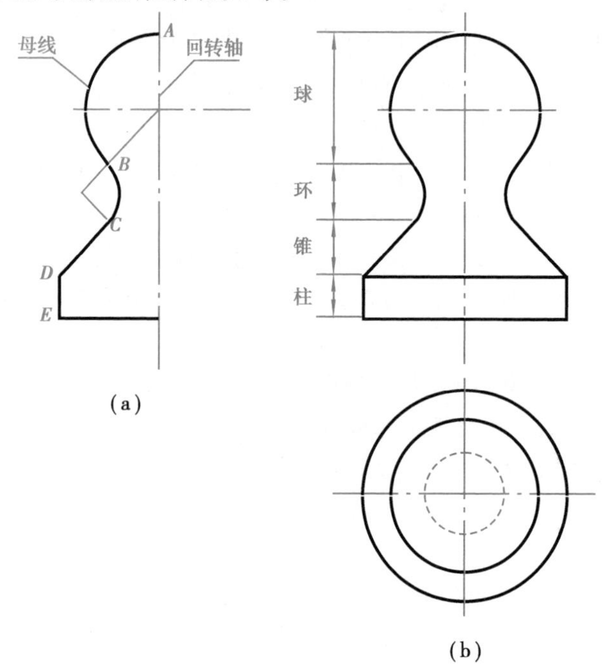

图 3.50　宝顶投影

3.3 体的投影

3.3.1 基本几何体投影

1)平面立体

表面都是由平面围成的立体,称为平面立体。平面立体上相邻两面的交线称为棱线。平面立体主要有棱柱和棱锥两种。

由于平面立体的各表面都是平面图形,而平面图形是由直线段围成的,直线段又由其两端点所确定。因此,绘制平面立体的投影,实际上是画出各平面间的交线和各顶点的投影。

(1)棱柱　棱柱分直棱柱(侧棱与底面垂直)和斜棱柱(侧棱与底面倾斜)。棱柱上、下端面是两个形状相同且互相平等的多边形,各侧面都是矩形或平行四边形。上、下端面是正多边形的直棱柱,称为正棱柱。

图 3.51(a)所示为正六棱柱,其上、下端面为全等且平行的正六边形,6 个侧面为全等的矩形,6 条侧棱互相平行且与端面垂直。

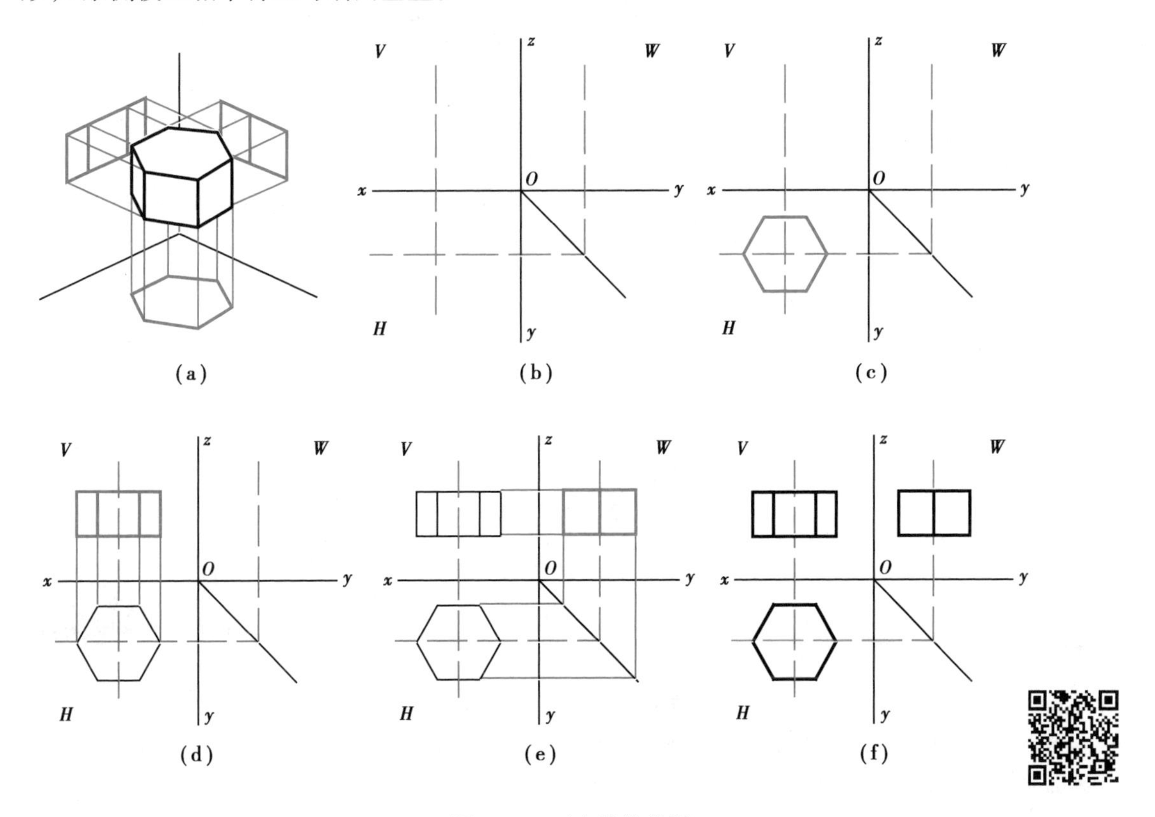

图 3.51　正六棱柱投影

①棱柱的投影:以正六棱柱为例讲解投影图的作图步骤。为作图方便,将正六棱柱的上、下端面平行于 H 面放置,并使其前后两个侧面平行于 V 面[图 3.51(a)]。

作图步骤:

- 布置图面,画中心线、对称线等作图基准线[图 3.51(b)];

• 画水平投影,即反映上、下端面实形的正六边形[图 3.51(c)];

• 根据正六棱柱的高,按投影关系画正面投影[图 3.51(d)];

• 根据正面投影和水平投影按投影关系画侧面投影[图 3.51(e)];

• 检查并描深图线,完成作图[图 3.51(f)]。

棱柱投影的特性分析(以图 3.51 的六棱柱为例):

• 棱柱的顶面和底面均为水平面,其水平投影反映实形,在正面及侧面投影积聚成一直线;

• 前后棱面为正平面,它们的正面投影反映实形,水平投影及侧面投影积聚为一直线;

• 棱柱的其他 4 个侧棱面均为铅垂面,水平投影积聚为直线,正面投影和侧面投影均为类似形;

• 棱线为铅垂线,水平投影积聚为一点,正面投影和侧面投影均反映实长;

• 棱柱的边为侧垂线或水平线,侧面投影积聚为一点或是类似形,水平投影均反映实长,侧垂线正面投影亦反映实长。

②棱柱表面上点的投影:在棱柱表面上取点,其作图原理和方法与在平面上取点相同。但在平面立体表面上取点,必须首先确定该点位于立体哪一个表面上,然后进行作图。

由于直棱柱的表面都处在特殊位置,因此求直棱柱表面上点的投影可利用平面投影的积聚性来作图。

判断棱柱表面上点的可见性的原则是:凡位于可见表面上的点,其投影为可见,反之为不可见。在平面积聚性投影上的点的投影,可以不判断其可见性。

【例 3.23】 如图 3.52(a)所示,已知正六棱柱表面上 K 点的正面投影 k',求其余两面投影。

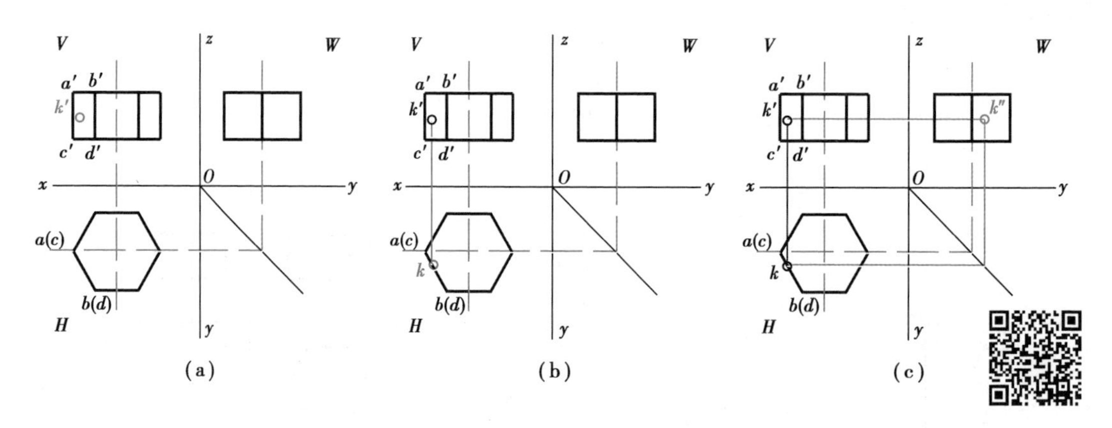

图 3.52 例 3.23 图解

分析:由于 k' 为可见,并根据 k' 的位置,可判定点 K 在左、前侧面 $ABCD$ 上。因侧面 $ABCD$ 为铅垂面,其水平投影积聚成一直线,所以点 K 的水平投影 k 必在 $abcd$ 上。

步骤:过 k' 作垂线,交 ab 于 k,根据 k' 和 k 即可求得 k''。

判断可见性:由于 K 点所在的 $ABCD$ 面的侧面投影为可见,所以 k'' 可见。因 $ABCD$ 面的水平投影有积聚性,所以 k 点的可见性不需判断。

(2)棱锥 棱锥的底面为多边形,各侧面为若干具有公共顶点的三角形。当棱锥的底面是正多边形,各侧面是全等的等腰三角形时,称为正棱锥。

如图 3.53(a)所示的棱锥为正三棱锥。该三棱锥的底面为等边三角形,3 个侧面为全等的等腰三角形。

①棱锥的投影:以正三棱锥为例讲解投影图的作图步骤。为作图方便,将正三棱锥的底面平行于 H 面放置,则可得图 3.53(a)所示的三棱锥的三面投影图。

作图步骤:

- 布置图面,画中心线、对称线等作图基准线[图 3.53(b)];
- 画水平投影[图 3.53(c)];
- 根据三棱锥的高,按投影关系画正面投影[图 3.53(d)];
- 根据正面投影和水平投影按投影关系画侧面投影[图 3.53(e)];
- 检查描深图线,完成作图[图 3.53(f)]。

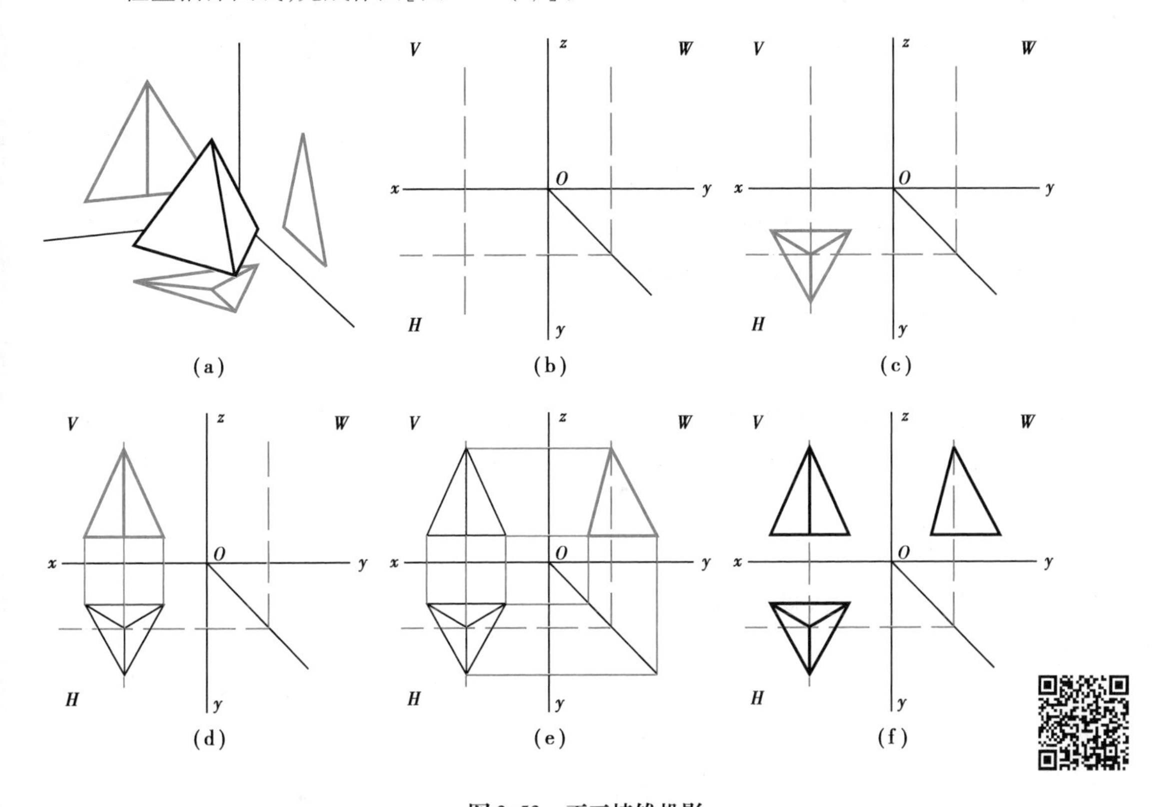

图 3.53 正三棱锥投影

棱锥投影的特性分析(以图 3.53 的三棱锥为例):

- 棱锥的底面平行于水平面,其水平投影反映实形,在正面及侧面投影积聚成一直线;
- 因有一底边为侧垂线,所以其后侧面在左视图上积聚成直线,另两个底边为水平线;
- 另外两个棱面是倾斜面,它们的各个投影为类似形,其交线棱线为侧平线,另两棱线为一般位置直线。

②棱锥表面上点的投影:在棱锥表面上取点时,首先分析点所在平面的空间位置。特殊位置表面上的点,可利用平面投影的积聚性直接作图,一般位置表面上的点,则可用辅助线法求点的投影。判断棱锥表面上点的可见性的原则与棱柱相同。

【例 3.24】 如图 3.54(a)所示,已知正三棱锥表面上点 K 的正面投影 k',求其余两面投影

k,k''。

分析:根据k'的位置及可见性,可判定K点位于棱锥的SAC侧面内,由于SAC是一般位置平面,因此需用辅助线法求K点的其余投影。SAC的3个投影均可见,故K点的3个投影都可见。

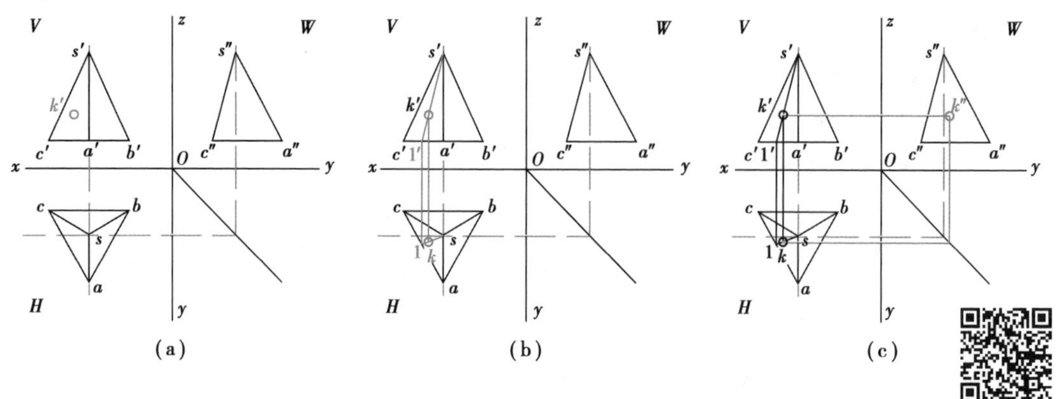

图3.54　例3.24图解

步骤:过锥顶S和K点作辅助线。连接$s'k'$与底边$a'c'$相交于$1'$,求出I点的水平投影1,连$s1$,则k必然在$s1$上[图3.54(b)],再根据k'和k求出k''[图3.54(c)]。

请思考另一种求解方法。

2)回转体

表面由曲面或曲面和平面围成的立体,称为曲面立体。若曲面立体的曲面是回转曲面则称为回转体。常见的回转体有圆柱、圆锥、圆球等。回转体绘图步骤、方法、表面取点的投影方法与曲面投影基本一致。

(1)圆柱　圆柱是由圆柱面和上、下底面所组成。将圆柱的轴线垂直于H面放置(图3.55),则得到圆柱的三面投影图[图3.56(c)]。

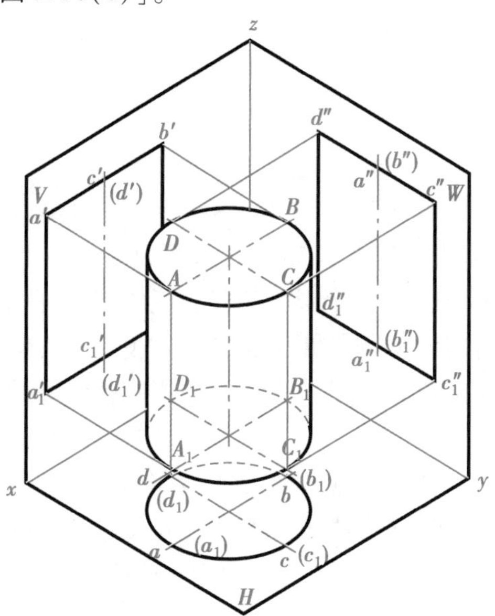

图3.55　圆柱

①圆柱投影特性分析：

• 圆柱面是由一条直母线，绕与它平行的轴线旋转形成。圆柱面上任意位置的母线称为素线。

• 直立圆柱的上顶、下底是水平面，V 面和 W 面投影积聚为一直线，由于圆柱的轴线垂直于 H 面，圆柱面的所有素线都垂直于 H 面，故其 H 投影成圆，具有积聚性。

• 柱面的 V，W 投影为同样大小的矩形线框。V 面投影 $a'b'e'f'$ 分别为最左、最右两条轮廓线 AE 和BF的投影，左视图矩形线框的两侧边分别为圆柱面的最前、最后两条转向轮廓线的投影，它们的 V 面投影与轴线重合。

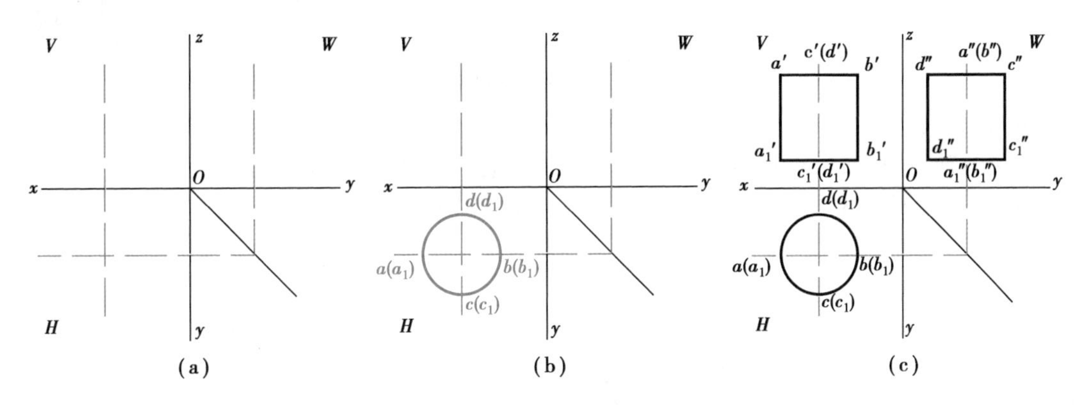

图 3.56　圆柱投影图作图步骤

②圆柱投影图的作图步骤（图 3.56）：

• 画中心线和轴线[图 3.56(a)]；

• 画投影为圆的投影[图 3.56(b)]；

• 按照投影关系画出圆柱其余两个投影[图 3.56(c)]。

应注意，在正面投影上不画出最前和最后两条素线的投影，在侧面投影上不画出最左和最右两条素线的投影，它们的位置分别与圆柱正面投影、侧面投影的轴线重合。

③圆柱表面上点的投影：在圆柱表面上取点的方法及可见性的判断与平面立体相同。若圆柱轴线垂直于投影面，则可利用投影的积聚性直接求出点的其余投影。

【例 3.25】　如图 3.57(a)所示，已知圆柱表面上 A 点的正面投影 a'及 B 点的水平投影 b，求作 A，B 两点的其余投影。

分析：由于 A 点的正面投影 a'为可见，同时在圆柱轴线的右边，可判定 A 点位于右、前部分圆柱面上。故 A 点的水平投影 a 位于圆柱面的积聚性的水平投影圆周上。由于 B 点的水平投影为不可见，可判定 B 点在圆柱的下端面后、左圆上，而端面的正面投影有积聚性。

步骤：由 a'作垂线在圆周上直接求出 a，再由 a'和 a 按投影关系求出 a''[图 3.57(b)]。由 b 作投影连线直接求出 b'，再由 b'和 b 求出 b''[图 3.57(c)]。

可见性：圆柱面右半部的侧面投影为不可见，因此 A 点的侧面投影 a''不可见。圆柱面后半部的正面投影为不可见，因此 B 点的正面投影 b'不可见，侧面投影 b''可见。

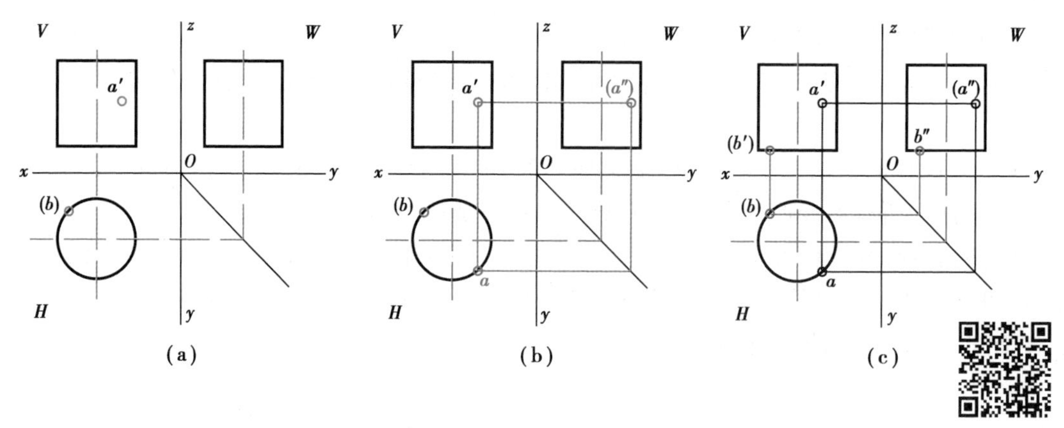

图 3.57　例 3.25 图解

(2)圆锥　圆锥是由圆锥面和与其轴线垂直的底面所组成。圆锥面是由一直母线 SA 绕着与它相交的轴线 SO 旋转而形成的曲面。圆锥面上任一位置的母线称为素线。将圆锥的轴线垂直于 H 面放置[图 3.58(a)],则得到圆锥的三面投影图[图 3.58(b)]。

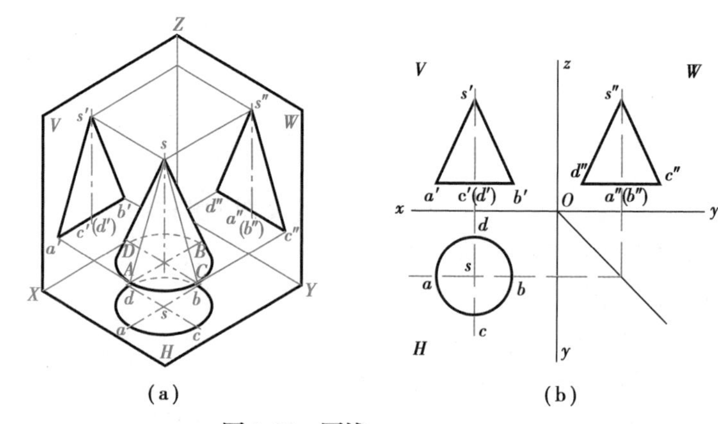

图 3.58　圆锥

①圆锥投影特性分析:

- 它的 V 和 W 投影为同样大小的等腰三角形线框。
- 下底面为水平面,其 H 投影反映实形。
- V 面投影 $s'a'b'$ 分别为最左、最右两条轮廓线 SA 和 SB 的投影。左视图 $s''c''$ 和 $s''d''$ 分别为圆锥面的最前、最后两条转向轮廓线 SC 和 SD 的投影,它们的 V 面投影与轴线重合。

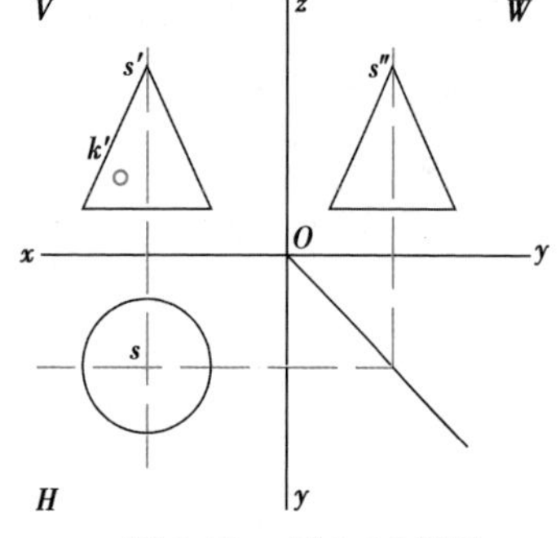

图 3.59　例 3.26 题目

圆锥投影图的作图步骤和圆柱投影图的作图步骤相同。

②圆锥表面上点的投影:由于圆锥面的各个投影都没有积聚性,因此要在圆锥表面上取点,必须用辅助线法作图。

如果点所在的表面,其投影可见,则点的相应投影也可见,反之不可见。

【例 3.26】　如图 3.59 所示,已知圆锥面上 K 点正面投影 k',求作其余两面投影 k 和 k''。

分析:根据 k' 的位置及可见性,可判定 K 点位于圆锥面的左、前部分上,可利用辅助线法、辅助圆法求其投影。

辅助素线法：

如图3.60(a)所示，过锥顶 S 和锥面上 K 点作一直线 SA，作出其水平投影 sa，就可求出 K 点的水平投影 k［图3.60(b)］，再根据 k' 和 k 求得 k''［图3.60(c)］。

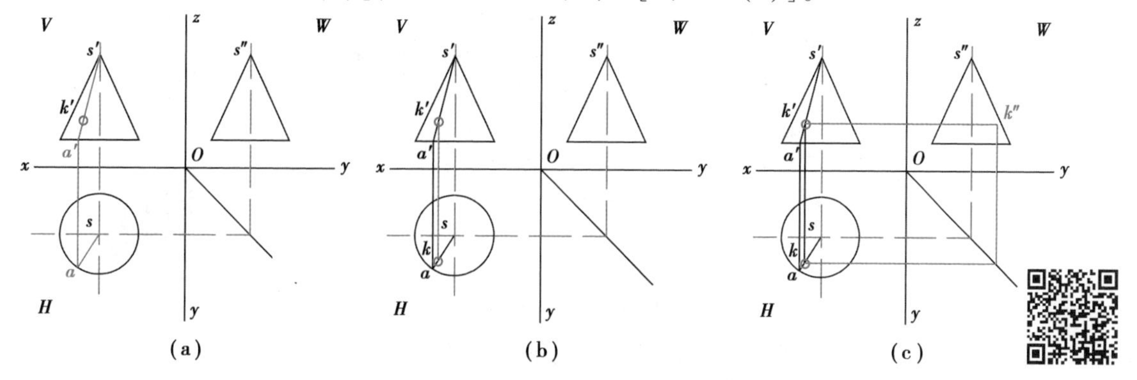

图3.60　例3.26辅助素线法图解

由于圆锥面的水平投影均是可见的，故 k 点也是可见的。因 K 点位于圆锥面左半部上，而左半部圆锥面的侧面投影是可见的，所以，k'' 点也是可见的。

辅助圆法：

在圆锥面上过 K 点作垂直于轴线的圆［图3.61(a)］，则 K 点的各个投影必在此圆的相应投影上，利用点和圆的从属关系，其作图过程见图3.61(b)，即可求出 k，k''［图3.61(c)］。

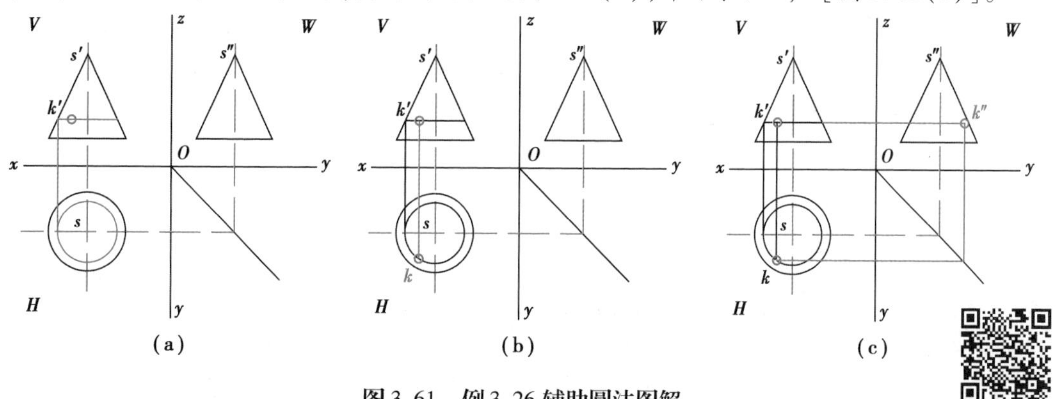

图3.61　例3.26辅助圆法图解

(3)圆球　圆球面是由一圆母线，以它的直径为回转轴旋转形成的。圆球的3个视图分别为3个和圆球直径相等的圆，它是圆球3个方向转向轮廓线(即3个不同方向的最大圆)的投影。圆球在平行于 H，V，W 3个方向的最大圆分别把球面分为上、下，前、后，左、右两部分。

①圆球投影特性分析：水平最大圆在 H 面投影为圆 M，在 V，W 面投影积聚为一直线，并与水平对称中心线重合。V 面最大圆在 V 面投影为圆，在 H，W 面投影积聚为一直线，并平行于 x 轴和平行于 z 轴，W 面最大圆也有类似的情况。

在正视图中，前半球为可见，后半球为不可见；在俯视图中，上半球为可见，下半球为不可见；在左视图中，左半球为可见，右半球为不可见。

②投影图的作图步骤：首先画中心线［图3.62(a)］，再画出3个与圆球直径相等的圆［图3.62(b)］。

③圆球表面上点的投影：由于圆球的三面投影都没有积聚性，且球表面上不能作出直线，所

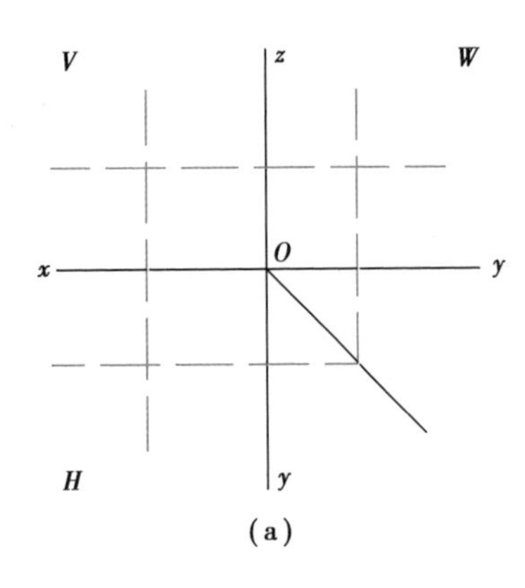

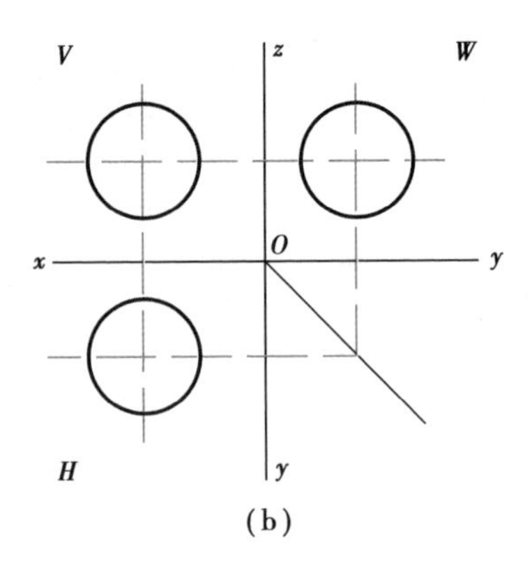

图 3.62　圆球体投影

以在球面上取点时就采用平行于投影面的圆作为辅助圆的方法求解。

球面上点的可见性判断,与圆锥相同。

【例 3.27】　如图 3.63(a)所示,已知球面上 K 点的正面投影 k',求作其水平投影 k 和侧面投影 k''。

分析:根据 k' 的位置和可见性,可判定 K 点在前半球面的右上部。过 K 点在球面上作平行 H 面或 W 面的辅助圆,即可在此辅助圆的各个投影上求出 K 点的相应投影。

步骤:

- 在 V 面上过 k' 作水平辅助圆的积聚性投影 $1'2'$,在 H 面上作辅助圆的水平投影,即以 O 为圆心,$1'2'$ 为直径画圆。由 k' 作 x 轴垂线,在辅助圆的 H 面投影上求得 k[图 3.63(b)]。
- 由 k' 和 k 即可求得 k''[图 3.63(c)]。

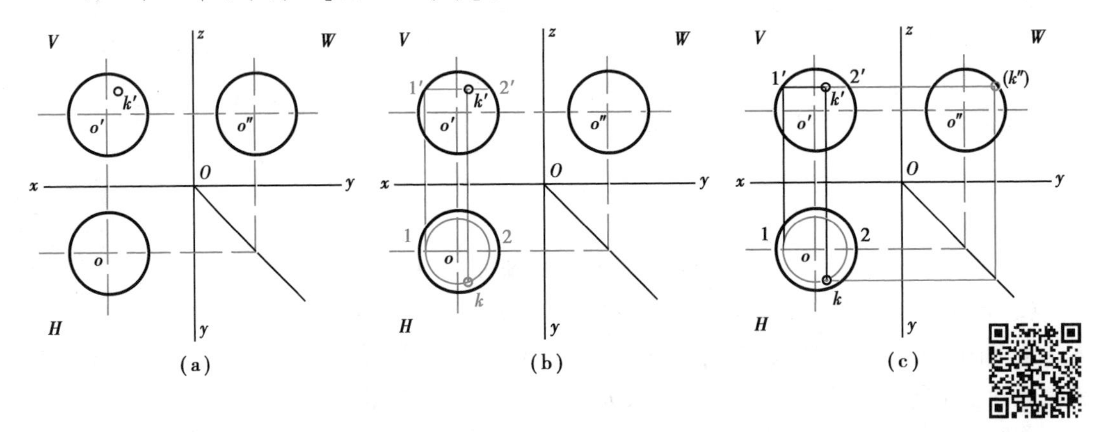

图 3.63　例 3.27 图解

判断可见性:因 K 点位于球面右、上、前部,故其水平投影 k 可见,侧面投影 k'' 不可见。

本题也可用辅助圆法,在球面上作平行于 W 面的辅助圆,先求 k'',再由 k' 和 k'' 求出 k。

3.3.2　组合体投影

1)组合体的构成分析

工程上的形状一般都较为复杂,通常将那些结构、形状较为复杂的形体称为组合体。由于组合体的形状、结构较为复杂,在画图、读图和尺寸标注时,主要应采用形体分析法。

不管多复杂的形体都可以看成是基本形体,如棱柱、棱锥、圆柱、圆锥等经切割或叠加组合而成的。因此,在解决组合体的画图、读图和尺寸标注问题时,可将复杂的组合体分解成一些简单的基本体,从而可将解决组合体的画图、读图和尺寸标注问题转化成解决各个简单基本体的相应问题,这样,就可以化繁为简、化难为易了。这种人为分解形体的分析方法称为形体分析法。

图3.64是一个四方亭,运用形体分析法可假想将其分解成如图所示四部分:亭顶、顶板、柱、基座。亭顶是四棱锥攒尖顶,顶板和基座是长方体,柱是圆柱。这个组合体是通过基本体的叠加形成的,因此也称为叠加式组合体。

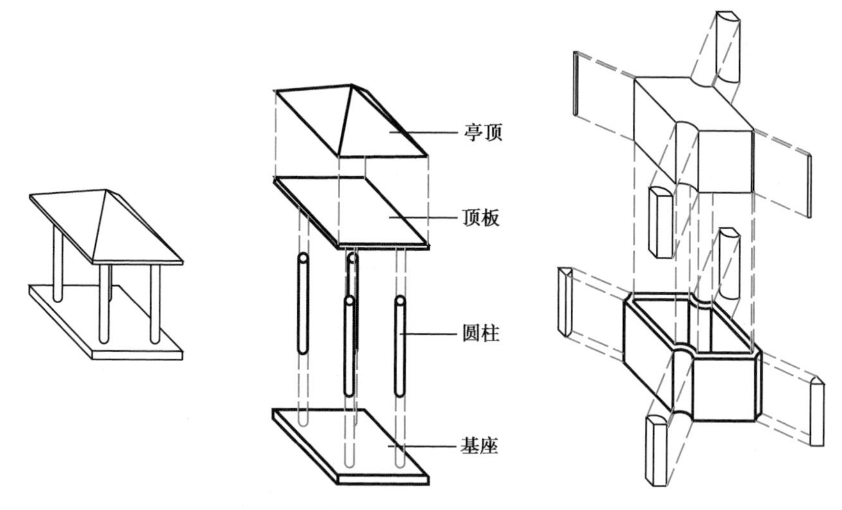

图3.64　叠加式组合体　　　**图3.65　切割式组合体**

还有一种组合体可设想为基本几何体经过若干次切割而成的,图3.65中所示的花池可看成是长方体四角各被切去1/4圆柱,中空部分是被切掉四角的长方体。这种可看成是基本几何体经过若干次切割而成的组合体,称为切割式组合体。

2)组合体的解读

读图的基本方法是形体分析法,对于视图中出现的局部难点,则需用线面分析法。

(1)形体分析法——"分、找、想、合"　用形体分析法读图,其步骤可用4个字概括:"分""找""想""合"(图3.66)。"分"即从特征明显的视图着手,按线框把视图分成几部分,空间意义即是把形体分成几部分;"找"即按照"长对正、高平齐、宽相等"找出各部分的对应投影;"想"即根据各部分的投影想象各部分的形状;"合"即根据各部分的相对位置想象出整体形状。

①"分":按照形体分析法从一个视图着手分离线框,一般对所给的视图对比,选择线框大而少,最能体现组合体形状特征的视图作为分离线框的入手视图。

②"找":按"长对正",找出上下两部分形体在俯视图中所对应的封闭线框。

③"想":根据每个基本体的两视图想物体的形状。可知下面的形体是长方体用正垂面切去左上角形成的五棱柱(下部立体图出现)。上面的形体由俯视图可知是两个形状、大小完全一致,前后对称的梯形棱柱,只研究一个即可。由正面投影可知,底面一部分为水平面,一部分为正垂面,因为与下面的形体顶面重合,成为一体,所以水平投影中并不出现虚线。

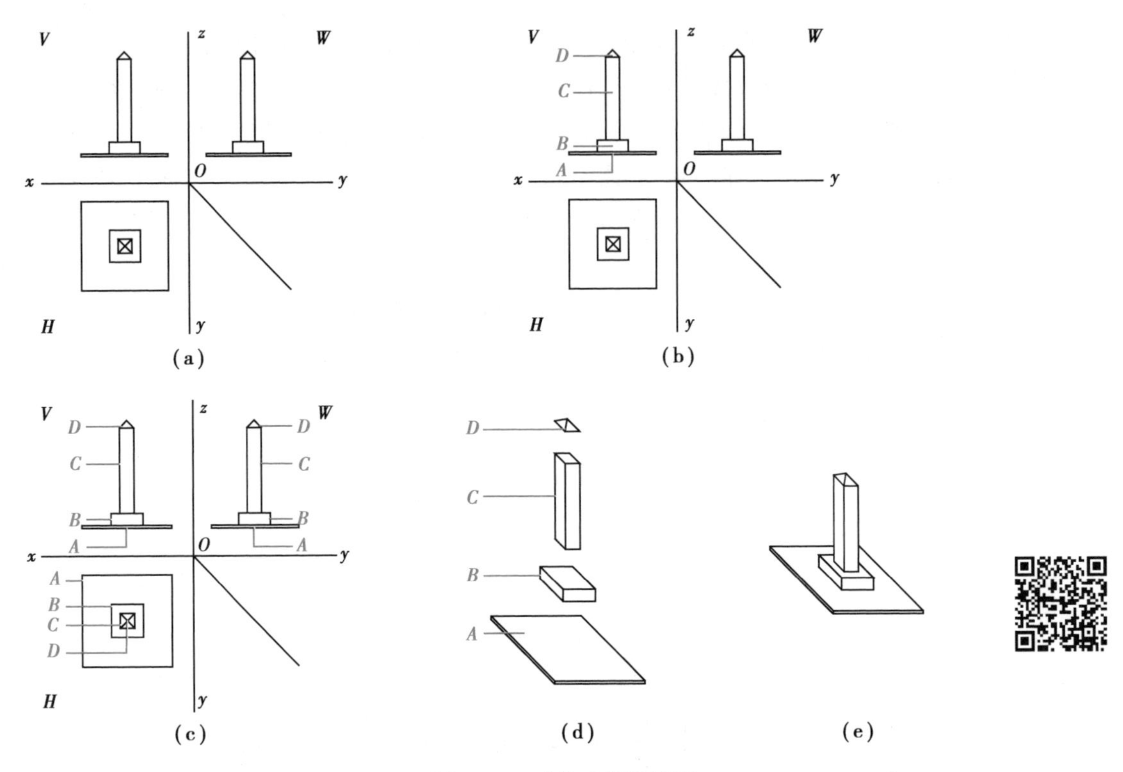

图 3.66　形体分析法读图

(a)纪念碑投影图;(b)“分”;(c)“找”;(d)“想”;(e)“合”

④“合”:根据上下两部分的相对位置,可以想象出整体形状来。

(2)线面分析法　根据视图上的图线及线框,找出它们的对应投影,从而分析出形体上相应面的形状和位置。

当有些形体带有斜面,或某些细部结构比较复杂,不宜用形体分析法看懂时,可采用线面分析法。形体分析法是将基本体作为读图的基本单元,线面分析法将组成体的几何元素(主要是平面)作为读图的基本单元,通过分析组成体的各平面的位置和形状想象体的形状。由于平面在视图上一般反映为图线或线框,所以线面分析法是:根据视图上的图线及线框,找出它们的对应投影,从而分析出形体上相应线面的形状和位置。

视图中的一条线可能表示:形体上投影有积聚性的一个面,也可能表示两个面的交线或曲面的外形轮廓线。视图中的一个线框可能表示:一个平面或一个曲面。如果某个线框是平面的一个投影,则这个平面的其他投影要么是类似形,要么积聚为一条直线。若视图中有大线框内套小线框,要考虑线框是凸出来的,还是凹进去的。

识图步骤(图 3.67):

①用形体分析法将复杂组合体分为基本体;

②用“长对正”“宽相等”“高平齐”原理,逐一找到基本体的线、面的对应关系。

3)绘制组合体投影图

为了所画的视图能完整、清晰地表达物体各方面的形状,易于看懂,画组合体视图通常需要以下 3 个步骤:

(1)形体分析　在应用形体分析法研究组合体时,应着重分析以下 3 个内容:

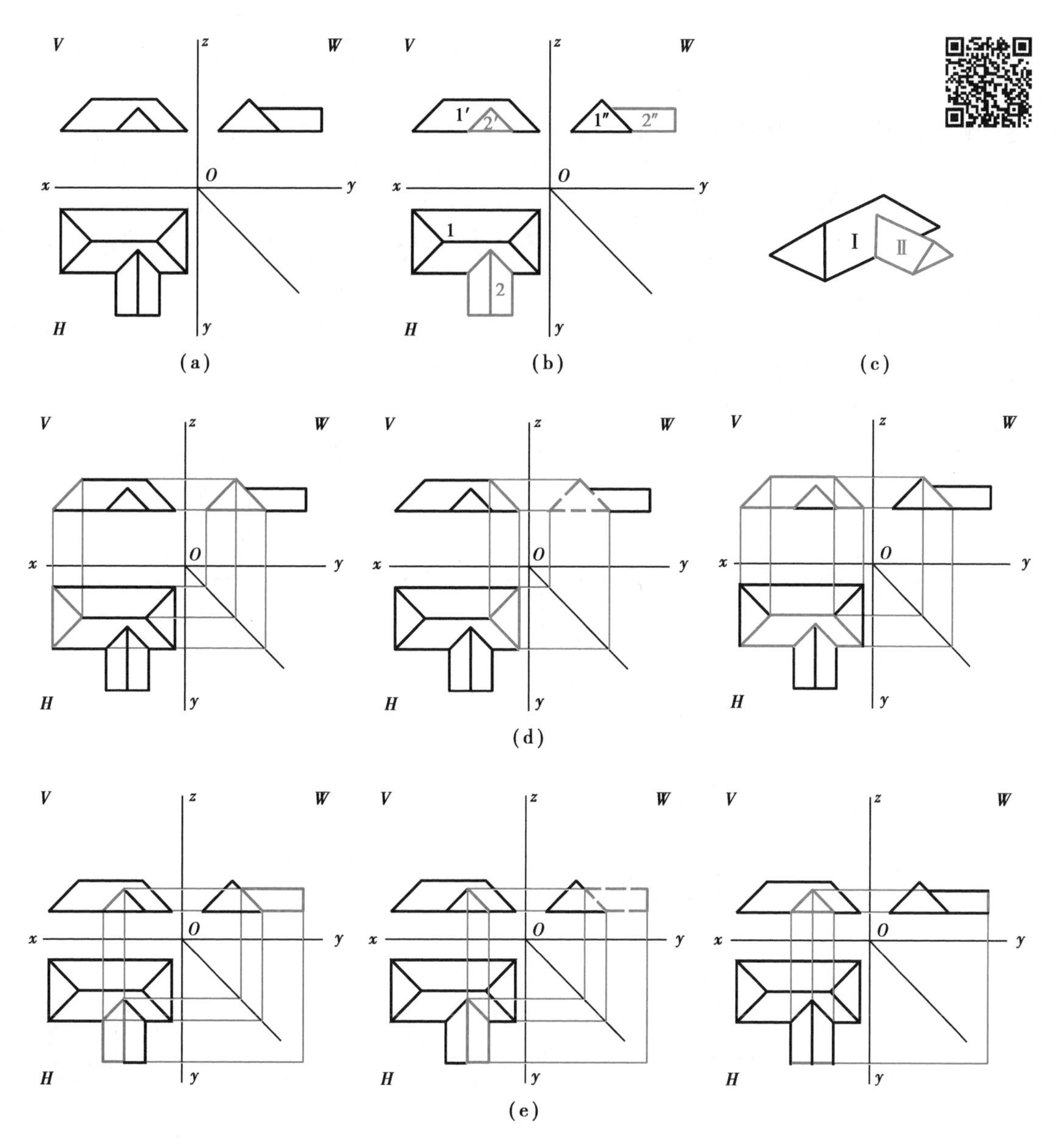

图 3.67 线面分析法读图

(a)坡层顶投影;(b)形体分析法“分”;(c)立体图;

(d)形体Ⅰ线面分析;(e)形体Ⅱ线面分析

①各组成部分的形状;

②各部分之间的相对位置;

③表面连接关系。

(2)视图选择

①确定安放位置:园林设计中应把地面作为 H 面,物体应按正常工作位置或将组合体上较大底板水平放置,并使组合体上尽量多的平面平行于投影面,这样可使视图反映表面实形,且使视图简单易读。不能平行于投影面的平面应尽量垂直于投影面。若是回转体,应使回转体的轴线垂直于投影面,总之是使围成组合体的各表面尽量处于特殊位置。

②选择正视图投影方向:一般来说,正视图也就是正立面图,是 3 个视图中最重要的视图。

正视图如果选定,组合体在三面投影体系中的位置就确定下来了。园林景观设计中,一般把主要景观面作为正视图,园林建筑一般把主入口面作为正立面。

③确定视图数量:园林景观小品或建筑设计一般要求平面图、4 个立面图共 5 个视图。如果园林建筑各立面均相同则只需平面图、1 ~2 个立面图,甚至有时只能画一个立面图,如围墙、栏杆等。所以,视图数量取决于物体的复杂程度,只要不重复累赘,表达详尽即可。

(3)画图　画图前,首先布置图面,布置图面时注意使视图之间及视图与图框之间间隔匀称并留有足够标注尺寸的间隙。

然后按照形体分析的结果和各部分之间的相对位置,逐个画出各基本形体的三视图,并及时处理表面的连接关系及相互间的遮盖关系,形成三视图底稿。

以图 3.68 方亭为例说明画图步骤。

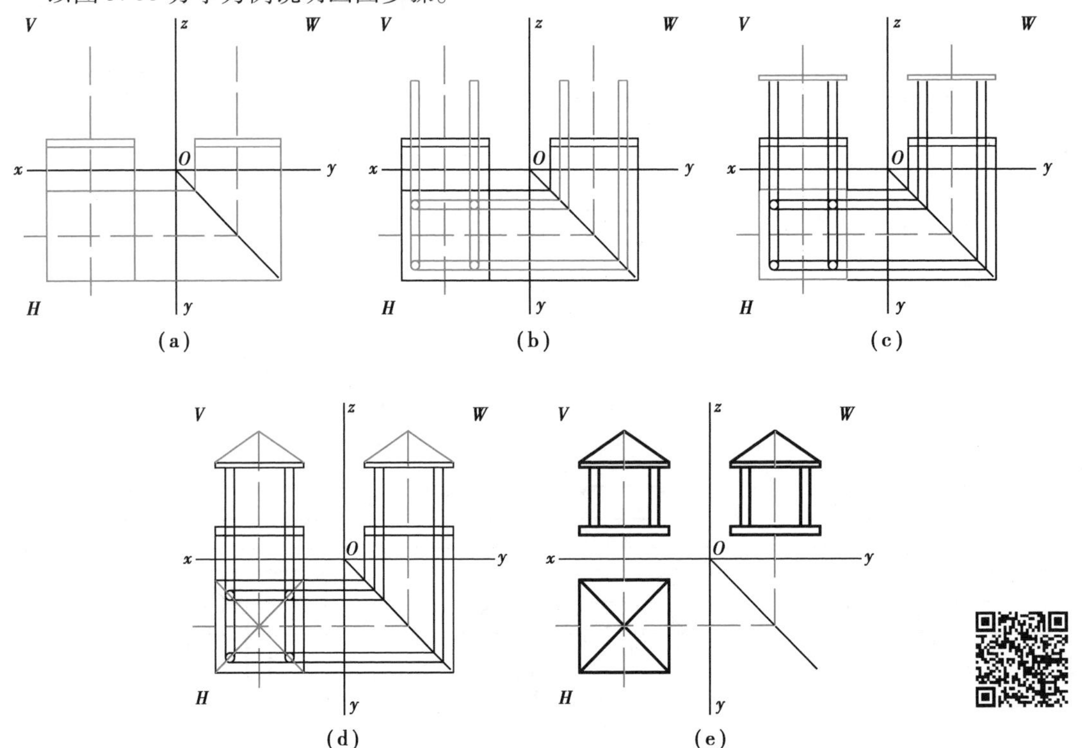

图 3.68　组合体绘制

(a)基座;(b)圆柱;(c)顶板;(d)基座;(e)整理

①画基座。

②画柱。由于后排两根柱被前排遮挡,所以只能有前排圆柱投影。圆柱底面垂直于 V 面,所以 V 面投影为水平线,也就是与底座的交线投影为水平线。

③画顶板。圆柱与顶板的交线同底座,也为水平线。

④画亭顶。

⑤整理。基座与顶板水平面投影重合,柱的水平面投影被亭顶遮挡,为不可见,应擦除或用虚线表示。最后,检查无误后擦除辅助线,加深投影线。

4)组合体尺寸标注

组合体的视图只能反映其形状,不能反映其大小及各部分之间精确的相对位置,因此,必须标注尺寸。

尺寸标注应“正确、详尽、清晰”。

(1)正确　所谓正确,是指尺寸标注应符合第 1 章所述的尺寸标注的基本准则,更重要的是尺寸数字要与物体的实际尺寸吻合,数字错误会给园林工程带来巨大的损失甚至是不可挽回的错误,每个设计人员都要认真、负责、仔细地标注尺寸。

(2)详尽　尺寸详尽,图中每个点都能定位,所有线段均有定位尺寸,并尽量避免重复标注。为了能达到标注详尽,园林设计图中一般有三道尺寸线,分别标注定形尺寸、定位尺寸、总体尺寸。

①定形尺寸,即确定各部分形状大小的尺寸。要在形体分析的基础上,分别标注各部分的定形尺寸。

②定位尺寸,确定组合体各部分相对位置的尺寸。标注定位尺寸时,要选定长、宽、高 3 个方向的定位基准,物体的端面、轴线和对称面均可作为定位基准。

③总体尺寸,确定组合体总长、总宽、总高的尺寸。

(3)清晰　尺寸清晰,为读图方便,所注尺寸应排列整齐,便于查找。标注时应注意以下几个问题:

①尺寸应尽量标注在反映形体形状特征的视图上,而且要靠近被注线段,表示同一结构或形体的尺寸应尽量集中在同一视图上;

②与两视图有关的尺寸,应尽量标注在两视图之间;

③尽量避免在虚线上标注尺寸;

④尺寸线尽可能排列整齐。A 2以上图幅,第一道尺寸线(最近物体的尺寸线)的尺寸界线起点距离物体 2 cm,每道尺寸线间距离 0. 8 cm。

图 3. 69 中,(a)标注缺总体尺寸,排列不整齐;(b)标注排列整齐,但尺寸数字连成行,容易产生歧异;(c)尺寸标注清晰。

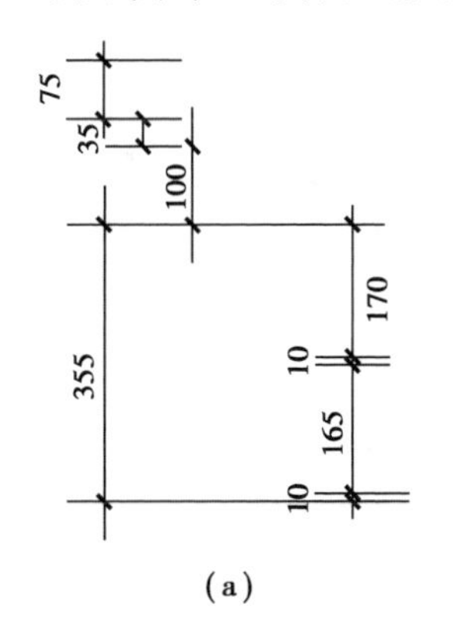

(a)

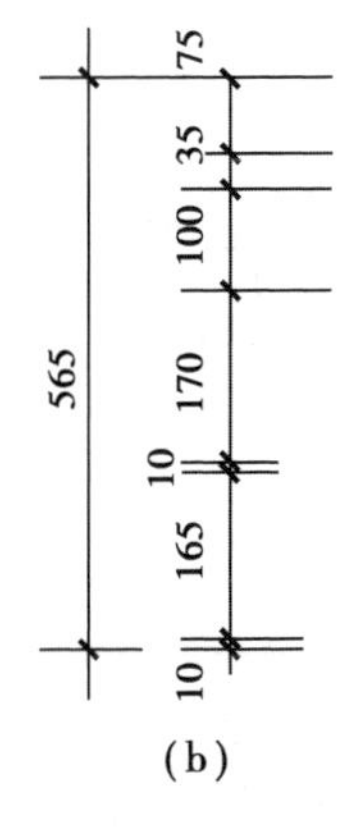

(b)

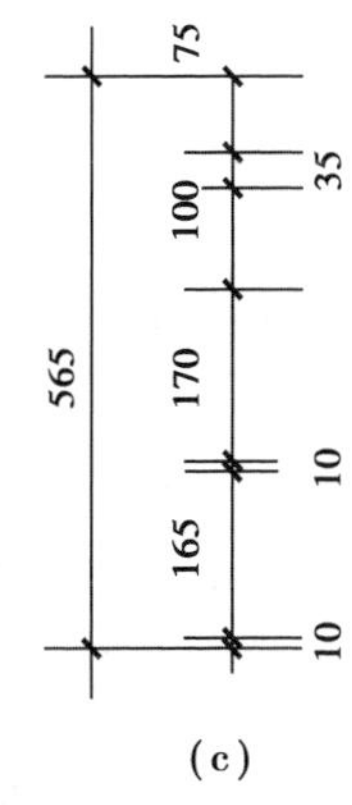

(c)

图 3. 69　尺寸标注

图 3. 70 为一廊架的平、立面,请仔细读阅尺寸标注,注意图面应该标注哪些尺寸,如何标注;哪些尺寸可以省略使图面更简洁,哪些尺寸以尺寸线标注,哪些尺寸引注,哪些需标高标注。

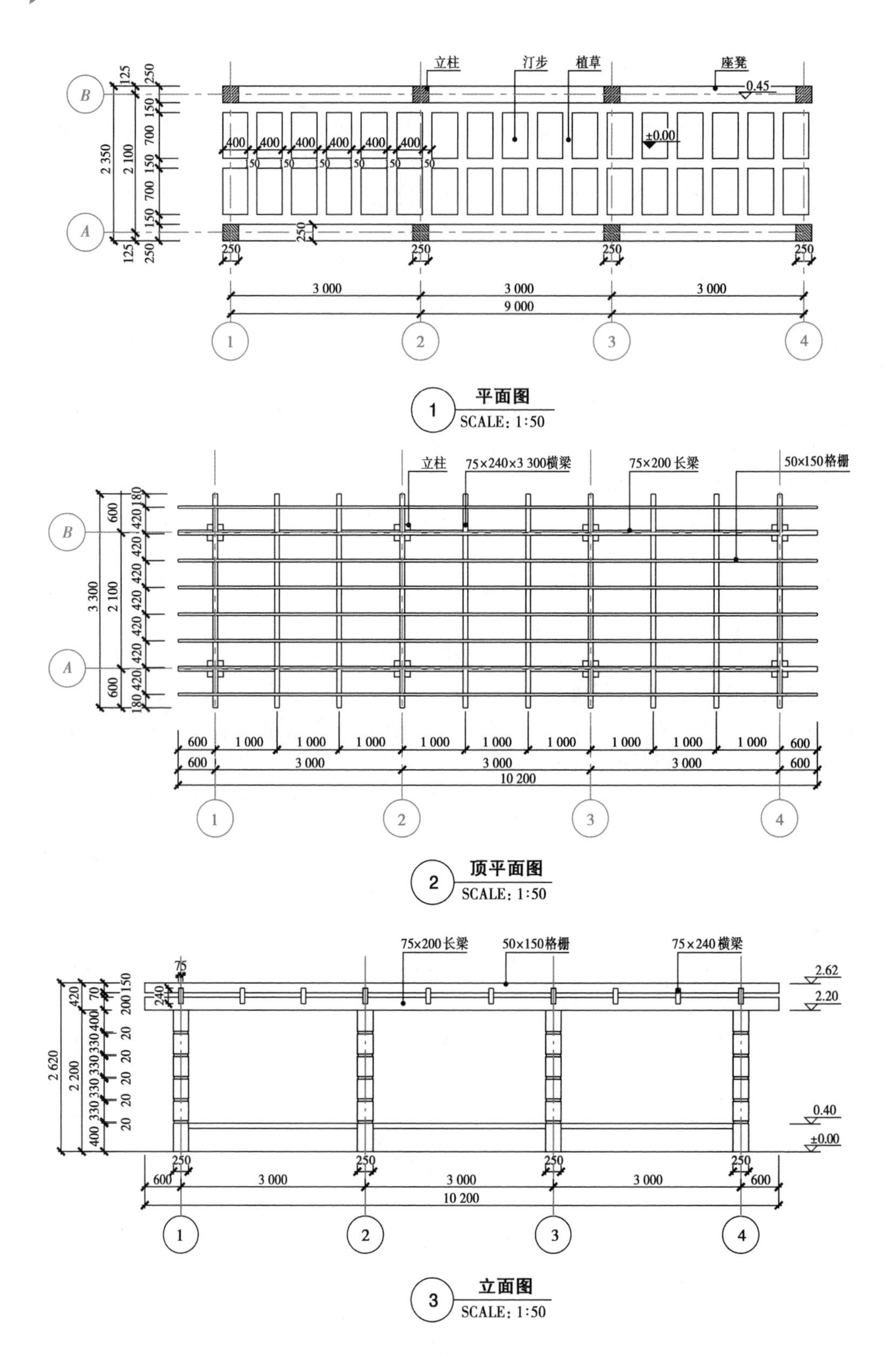

图3.70　廊架的尺寸标注

3.4 剖面图和断面图

在三面投影图中,形体上不可见的轮廓线在视图中需用虚线画出。但如果物体内部比较复杂,则在该图中会出现较多的虚线,形成图面虚实线交错,混淆不清。既不便于标注尺寸,也容易产生错误,给识图和画图带来不便。为了减少和消除投影图中的虚线,在园林设计图中常用剖视的方法解决这一问题。

为了能清晰地表现园林建筑、小品等物体的内部构造或细部特征,假想用一个剖切平面平行于某一个投影面,把物体在某一位置剖开,将观察者和剖切平面之间的部分移去,其余部分向投影面作投影,这种方法称为剖视。

用剖视方法画出的正投影图称为剖视图。剖视图按其表达的内容可分为剖面图和断面图。

3.4.1 剖面图

1)剖面图的种类

作剖面图时,剖切平面的设置、数量和剖切的方法等,应根据物体的形状、需要表达的内容来选择。通常采用的剖面图有全剖面图、阶梯剖面图、展开剖面图、半剖面图、分层剖切剖面图和局部剖面图。

(1)全剖面图　不对称的园林建筑或小品,或虽然对称但外形比较简单,或在另一个投影中已将它的外形表达清楚时,可假想用一个剖切平面将物体全部剖开,然后画出形体的剖面图。这种剖面图称为全剖面图。如图3.71所示的茶室二层平面图,为了表示它的内部布置,假想用一水平的剖切平面,通过门、窗洞将整幢房子剖开,然后画出其整体的剖面图。这种水平剖切的剖面图,在建筑图中称为平面图。

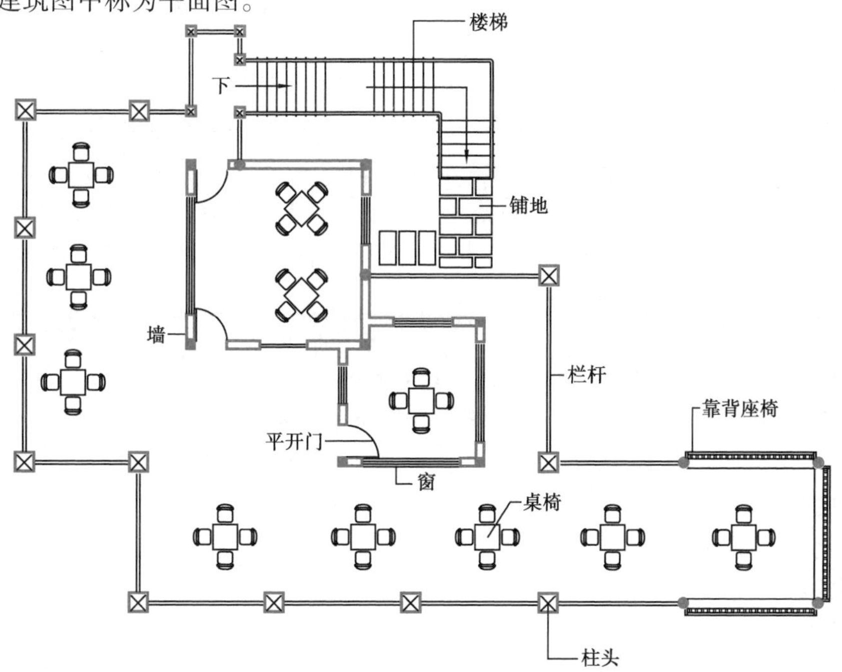

图3.71　全剖面图

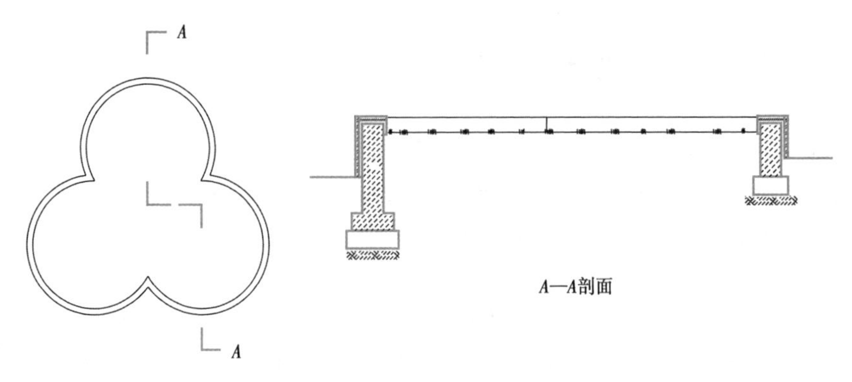

图 3.72 阶梯剖面图

注:A—A 剖面图中蓝色粗线为剖切到的池壁。

(2)阶梯剖面图 一个剖切平面,若不能将形体上需要表达的内部构造一齐表达时,可将剖切平面转折成两个互相平行的平面,将形体沿着需要表达的地方剖开,然后画出剖面图。如图 3.72 所示的圆形花池,如果只用一个平行于 *W* 面的剖切平面,剖切面不能同时垂直于前后池壁,势必有一面池壁厚度不能反映实形。这时可将剖切平面转折一次,即用一个剖切平面剖开上圆池壁,另一个与其平行的平面剖开右下圆池壁,这样就满足了要求。所得的剖面图,称为阶梯剖面图。阶梯形剖切平面的转折处应成直角,在剖面图上规定不画分界线。

(3)局部剖面图 当物体的外形比较复杂,完全剖开后就无法表示清楚它的外形时,可以保留原投影图的大部分,而只将局部地方画成剖面图,图 3.73 所示为基础配筋图。在园林建筑设计中,如果上一层建筑平面和下一层只局部有些不同,可以在下层平面图上引出局部表达上层平面。

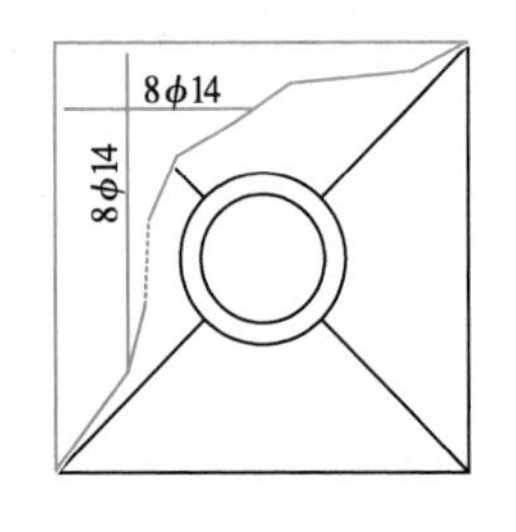

图 3.73 局部剖面图

(4)半剖面图 当物体是左右对称或前后对称,而外形又比较复杂时,可以画出由半个外形正投影图和半个剖面图拼成的图形,以同时表示形体的外形和内部构造,这种剖面称为半剖面。

如图 3.74 所示廊架平面以对称符号平分为左右两部分,左半边是假设剖切平面在高于地面 1.5 m 处把廊架平剖开而成的投影,右半边为廊架俯视投影图。在半剖面图中,剖面图和投影图之间,规定用形体的对称中心线(细点画线)为分界线。当对称中心线是铅垂线时,半剖面画在投影图的右半边;当对称中心线是水平时,半剖面可以画在投影图的下半边。

(5)相交剖切面的剖面图 一个物体可用几个相交的剖切平面剖切,并将倾斜于基本投影面的断面旋转到平行于基本投影面后投射,得到剖面图。

如图 3.75 所示的楼梯剖面,是用两个相交的铅垂剖切平面,沿 *A*—*A* 位置将楼梯上不同高度的梯板剖开,然后使其中半个断面图形,绕两剖切平面的交线(投影面垂直线),旋转到另半个断面图形的平面(一般平行于基本投影面)上,然后一起向所平行的基本投影面投射,所得的投影称为相交剖切面的剖面图。对称形体的相交剖切面的剖面图,实际上是一个由两个不同位置的半剖面并成的全剖面。

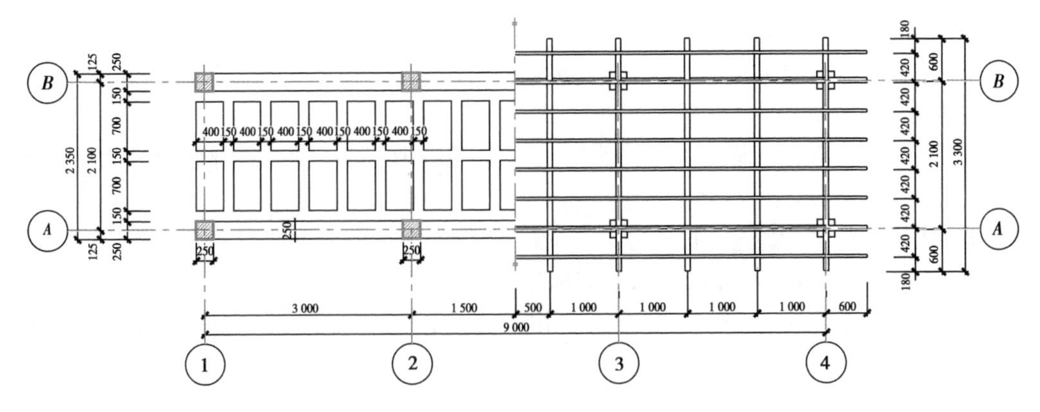

图 3.74 半剖面图

注:图中蓝色粗线为剖切到的柱。

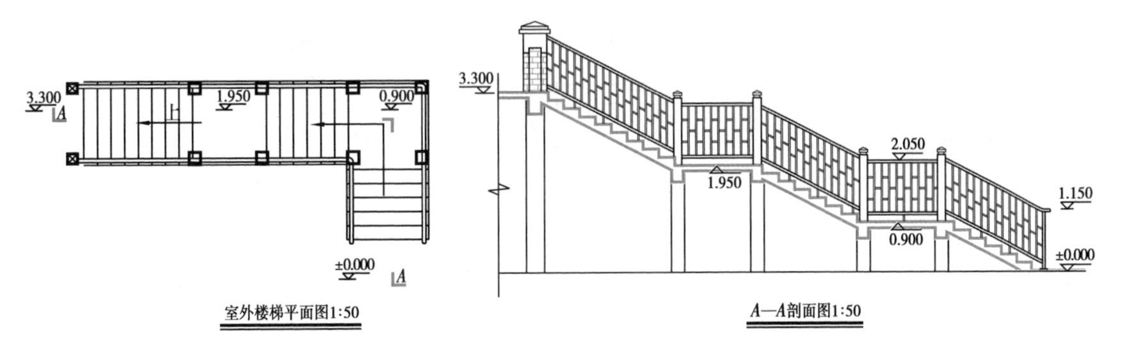

图 3.75 相交剖切面的剖面图

注:A—A 剖面图中蓝色粗线为剖切到的柱、楼梯梁板。

2)剖面图的画法

(1)确定剖切平面位置[图 3.76(a)] 一般选投影面的平行面或垂直面,并尽量与物体的孔、槽等结构的轴线或对称平面重合。再相应地剖切视图中与面接触的实体部分,画出区域剖切面的可见部分的投影,剖切面区域画出剖面符号。当剖切面经过内、薄壁等的对称面时,这些结构在剖视图上不画符号,而且要绘粗实线将其与相邻的部分分开。剖视图一般按视图的投影关系配置,也可根据需要在其他的位置配置,与视图相同。

(2)画剖面图 先按投影图画法画出剖切面投影[图 3.76(a)],然后区分看线与剖切到的线,并把剖切到的线画成粗线[图 3.76(b)]。

(3)画材料图例[图 3.76c)]

(4)剖面图的标注[图 3.76(c)]

箭头:表示投影方向,画在剖面符号的两端。

剖视名称:在剖视图的上方用大写字标出剖视图的名称×—×,并在剖视符号的两端和转折处注上相同字母。

为了读图方便,需要用剖面的剖切符号把所画的剖面图的剖切位置和投射方向在投影图上表示出来,同时,还要给每一个剖面图加上编号,以免产生混乱。对剖面图的标注方法有如下规定:

①剖切后的投射方向用垂直于剖切位置线的短粗线(长度为 4 ~ 6 mm)表示,如画在剖切

位置线的左边表示向左投射。

②剖切符号的编号宜采用阿拉伯数字,按顺序由左至右,由上至下连续编排,并注写在投射方向线的端部。

③剖面图如与被剖切图样不在同一张图纸内,可在剖切位置线的另一侧注明其所在图纸的图纸号。

④对习惯使用的剖切符号(如画房屋平面图时,通过门、窗洞的剖切位置),以及通过构件对称平面的剖切符号,可以不在图上做任何标注。

⑤在剖面图的下方或一侧,写上与该图相对应的剖切符号的编号,作为该图的图名,如"1—1","2—2"…并应在图名下方画上一等长的粗实线。

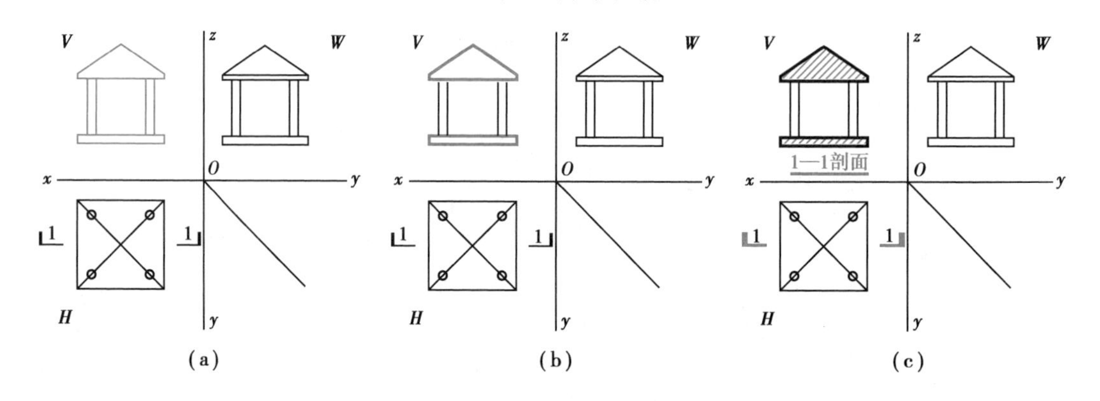

图 3.76　剖面图绘制步骤

3.4.2　断面图

1)断面图的概念

用一个剖切平面将形体剖开之后,形体上的截口,即截交线所围成的平面图形,称为断面。如果只把这个断面投射到与它平行的投影面上所得的投影,表示出断面的实形,称为断面图。与剖面图一样,断面图也是用来表示形体内部形状的。

剖面图与断面图的区别在于:

①断面图只画出形体被剖开后断面的投影,而剖面图要画出形体被剖开后整个余下部分的投影。

②剖面图是被剖开形体的投影,是体的投影,而断面图只是一个截口的投影,是面的投影。被剖开的形体必有一个截口,所以剖面图必然包含断面图在内,而断面图虽属于剖面图的一部分,但一般单独画出。

③剖切符号的标注不同。断面图的剖切符号只画出剖切位置线,不画出投射方向线,且只用编号的注写位置来表示投射方向。编号写在剖切位置线下侧,表示向下投射。注写在左侧,表示向左投射。

④剖面图中的剖切平面可转折,断面图中的剖切平面则不可转折。

2)断面图的画法

(1)移出断面图　位于视图之外的断面图,称为移出断面图。一个形体有多个断面图时,可以整齐地排列在投影图的四周,并且往往用较大的比例画出。如图 3.77 所示,图中有 5 个断面图,分别表示柱各段的断面形状。这种处理方式,适用于断面变化较多的构件。

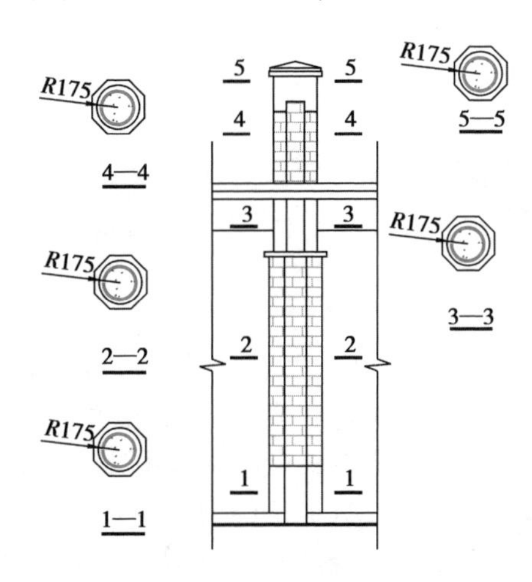

图 3.77　移出断面图

(2)重合断面图　直接画在视图轮廓线内的断面图,称为重合断面图。

如图 3.78 所示,可在基础立面图上加画断面图,比例与立面图一致,用来表示基础柱断面形式和配筋情况。这种断面是假想用一个垂直于基础柱的剖切平面剖开柱,然后把断面旋转,使它与立面图重合后得出来的。这种断面的轮廓线应画得粗些,以便与投影图上的线条有所区别,不致混淆。这种与视图重合在一起的断面,还经常用以表示墙壁立面上装饰花纹的凹凸起伏状况。

(3)中断断面图　直接画在杆件断开处的断面图,称为中断断面图。

如图 3.79 所示,可在杆件的断开地方,画出杆件的断面,以表示型钢的形状及组合情况。这种画法适用于表示较长而只有单一断面的杆件及型钢。这样的断面图也不加任何说明。

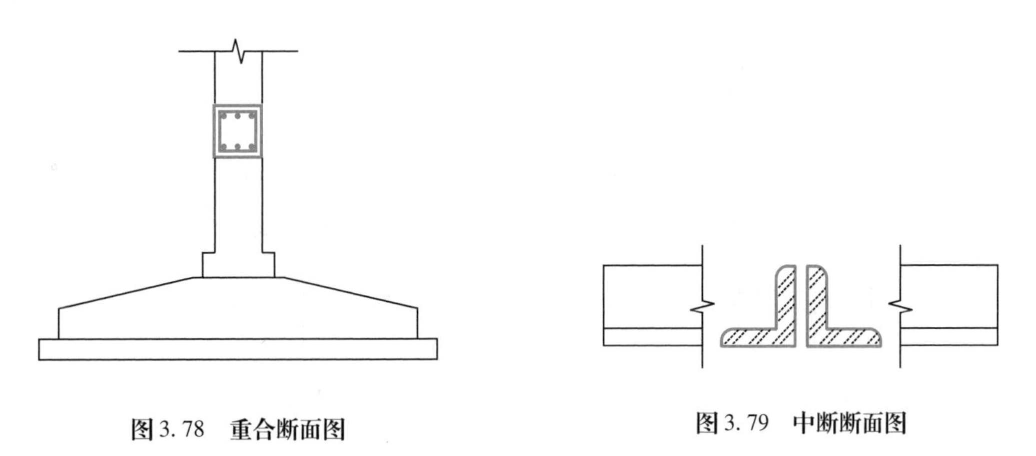

图 3.78　重合断面图

图 3.79　中断断面图

4 轴测图

[本章导读]轴测图是具有立体感的单面投影图，常作为帮助读正投影图的辅助性图样。本章将介绍正轴测投影图、斜轴测投影图及园林设计中常用轴测图画法。阐述了轴测图的形成及选择轴测图的原则，明确了绘制轴测图的方法，目的是使读者掌握一种作图简便、形成视觉形象快、反映景物实际比例关系准确的设计表现方法。

4.1 轴测投影的基本知识

4.1.1 轴测图的形成

正投影图能较完整、准确地表达出形体各部分的形状和大小，而且作图简便，度量性好，所以常作为工程施工的依据。但是由于缺乏立体感，要有一定的读图能力才能看懂。如图 4.1所示，如果只画出它的三面投影，则由于每个投影只反映出形体的长、宽、高 3 个向度中的 2 个，不易看出形体的形状。因此这种投影图具有如下显著特点：能够准确地表达建筑形体一个方向面的形体和大小，但它不能反映形体的空间形象，缺乏立体感。

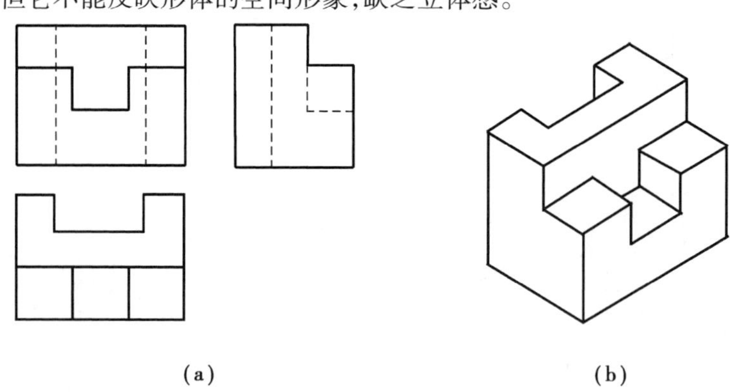

图 4.1 正投影图与轴测图比较

(a)正投影图；(b)轴测图

如果我们改变形体对投影的相对位置，或者改变投影线的方向，则都能得到富有立体感的平行投影。

根据平行投影的原理，把形体连同确定其空间位置的直角坐标 Ox，Oy，Oz 一起，沿着不平行于任一坐标平面的方向 S_1（或 S_2）投影到新的投影面 P 上，所得到的投影称为轴测投影（图

4.2)。将物体3个方向的面及其3个坐标轴都与投影面倾斜,投射线垂直投影面。用这种方法得到的图形称为正轴测投影,简称正轴测图[图4.2(a)]。将物体一个方向的面及其两个坐标轴都与投影面平行,投射线与投影面斜交,用这种方法得到的图形称为斜轴测[图4.2(b)]。改变物体与轴测投影面的相对位置,或改变投影方向,正轴测图和斜轴测图根据轴间角和轴向变化率的不同又可分为若干种,如正等测图、正二测图、斜等测图、斜二测图等。

在轴测投影中,轴测投影所在的平面 P 称为轴测投影面。空间坐标轴 Ox,Oy,Oz 称为轴测投影轴,简称轴测轴。轴测轴之间的夹角 $\angle x_1O_1y_1$,$\angle y_1O_1z_1$,$\angle z_1O_1x_1$ 称为轴间角。轴测轴上某线长度与它的实长之比,称为该轴的轴向变形系数,简称变形系数。x,y,z 轴的变形系数分别为 p,q,r,即 $p=O_1x_1/Ox$,$q=O_1y_1/Oy$,$r=O_1z_1/Oz$。

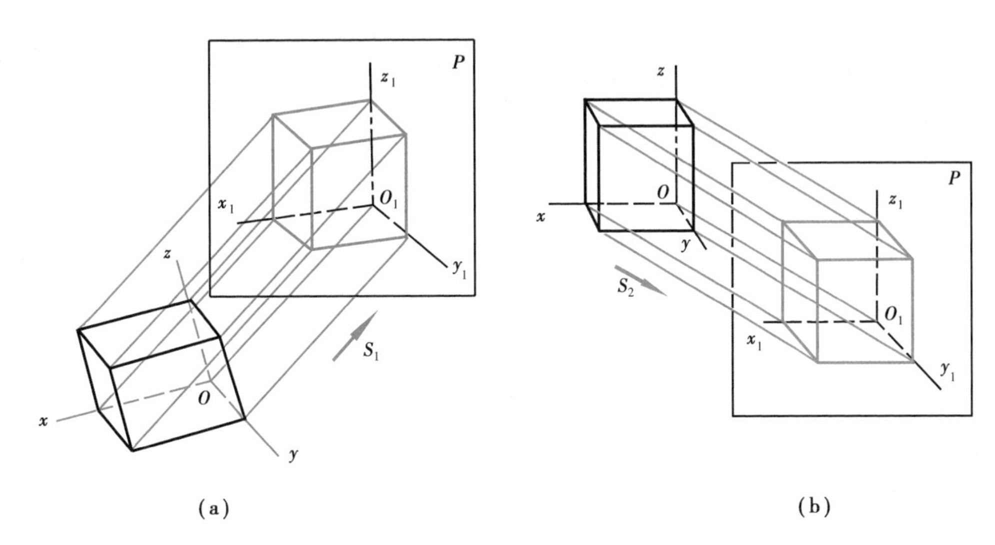

图4.2 轴测投影的形成

(a)正轴测投影;(b)正面斜轴测投影

4.1.2 轴测投影图的特性

由于轴测图采用平行投影法投影,所以物体上互相平行的线段,在轴测图中仍然互相平行。物体上平行于坐标轴的线段,在轴测图中平行于轴测轴。

物体上与坐标轴互相平行的线段,它们与其相应的轴测轴有着相同的轴向变化率。因此,在画轴测图时,只有沿轴测轴方向的线段按其相应的轴向变化率能够直接测量尺寸,凡是不平行于轴测轴的线段都不能直接测量尺寸。沿轴才能进行测量,这就是“轴测”两字的意义。

4.1.3 轴测投影图的绘制步骤

根据形体的正投影图画其轴测投影时,应遵循的一般步骤为:

①读懂正投影图,进行形体分析并确定形体上直角坐标系的位置。

②选择合适的轴测图种类与观察方向,确定轴测轴和轴向变形系数。

③选择合适的作图比例。

④根据形体特征选择作图方法。

⑤绘制轴测图底稿线。

⑥检查底稿是否有误,加深图线,完成轴测图。不可见部分通常给予省略,而不绘虚线。

4.2 正轴测投影

4.2.1 正等测轴测图

当物体上的3根直角坐标轴与轴测投影面的倾角相等时,用正投影法所得到的图形,称为正等测轴测图,简称正等测图。

正等测轴测图中的3个轴间角相等,都是120°,具体画法如图4.3所示,其中Ox轴表示长度,Oy轴表示宽度,Oz轴表示高度,z轴规定画成铅垂方向。物体的长、宽、高三方向度量尺寸在轴测投影中都有变化。由于3个轴间角相等,它们的变形系数也就相等。经科学计算可知:$p=q=r=0.82$。在实际作图时,为方便起见,将轴向变形系数简化为1,这样所绘出的图样为实际物体轴向的1.22倍(1/0.82=1.22)。

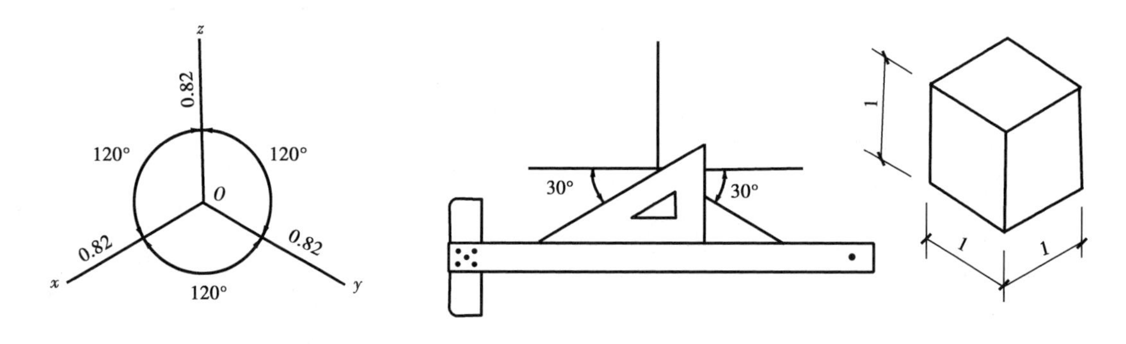

图4.3 正等测轴

1)平面体的正等测轴测图

【例4.1】 已知组合体的投影图,求作正等测轴测图,如图4.4(a)所示。

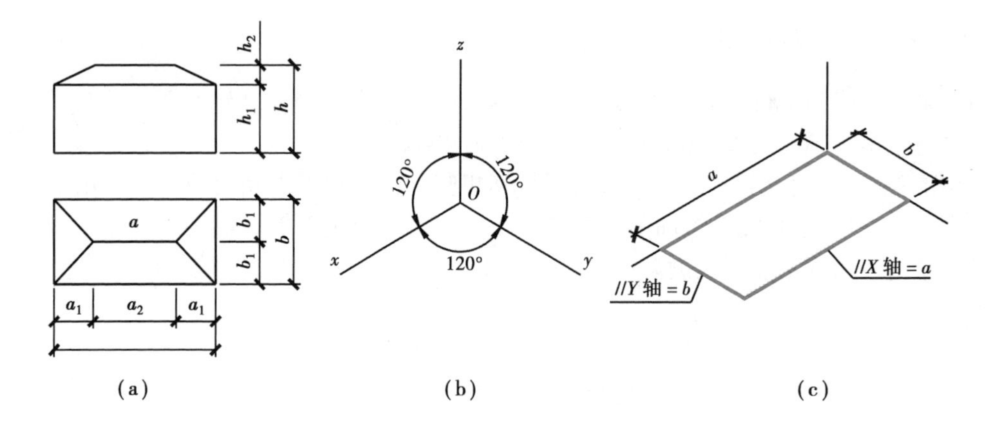

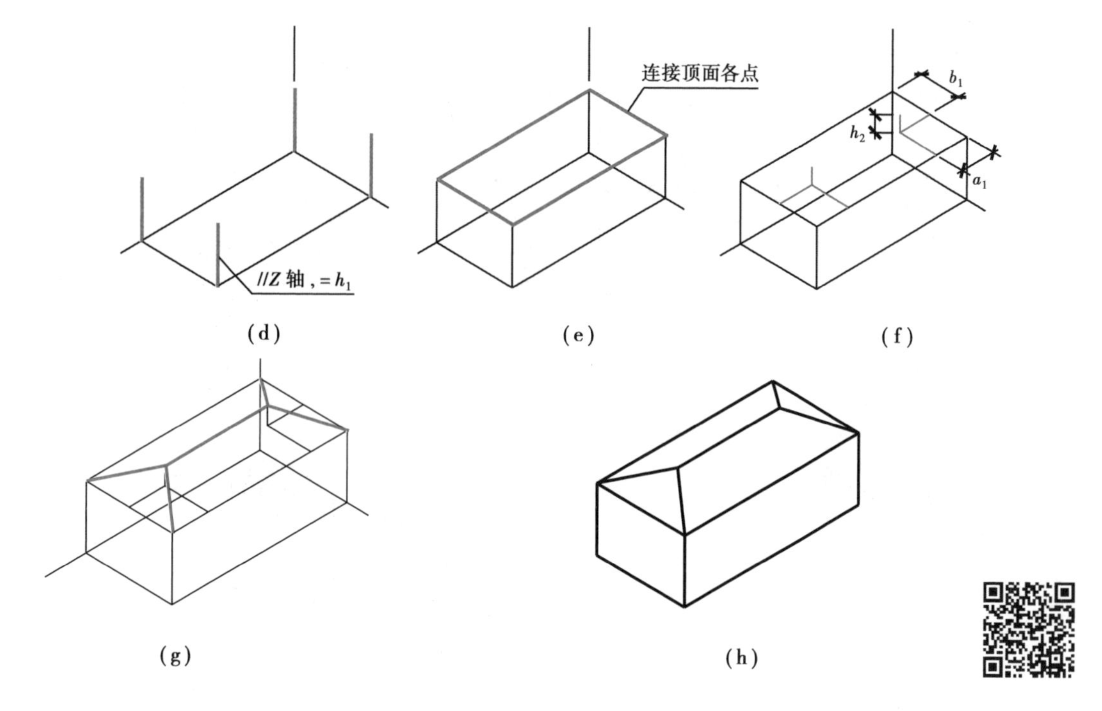

图 4.4 用坐标法画正等测图

(a)投影图;(b)建立正轴测轴;(c)四棱柱底面;

(d)四棱柱的高;(e)四棱柱顶面;(f)求屋顶顶点;

(g)连中央屋脊和四条斜脊线;(h)擦去多余图线,加深线性,完成轴测图

从投影图中可见,该形体为庑殿屋顶的投影图,该投影图可分解为上下两部分,即下部分的四棱柱和上部分具有倾斜表面的屋顶。对于此类形体,常采用坐标法作图。坐标法是绘制轴测图的基本方法。根据立体表面上各顶点的坐标,分别画出它们的轴测投影,然后依次连接成立体表面的轮廓线。

2)曲面、曲面体的正等测轴测图

(1)圆周轴测投影的一般特性

①当圆周平面平行于投影方向时,其轴测投影为一直线。

②当圆周平面平行于投影面时,其轴测投影仍然为一个等大的圆周。

③一般情况下,圆周的轴测投影为一椭圆。其中椭圆心为圆心的轴测投影;椭圆的直径为圆周直径的轴测投影;圆周上任一对互相垂直的直径,其轴测投影为椭圆的一对共轭轴。

(2)圆周的正等测投影(椭圆)的近似画法——四心圆法　当轴测椭圆的一对共轭轴的长度相等时,则所作的外切平行四边形必成为菱形,因而可用四段圆弧近似画椭圆。其作图步骤如图 4.5 所示。

同理,V,W 面上的圆的正等测图(椭圆)的画法分别如图 4.6(a),(b)所示。

(3)圆角的正等测图　圆角的正等测图,也可按上述近似法求作 1/4 椭圆。其作图步骤如图 4.7 所示。

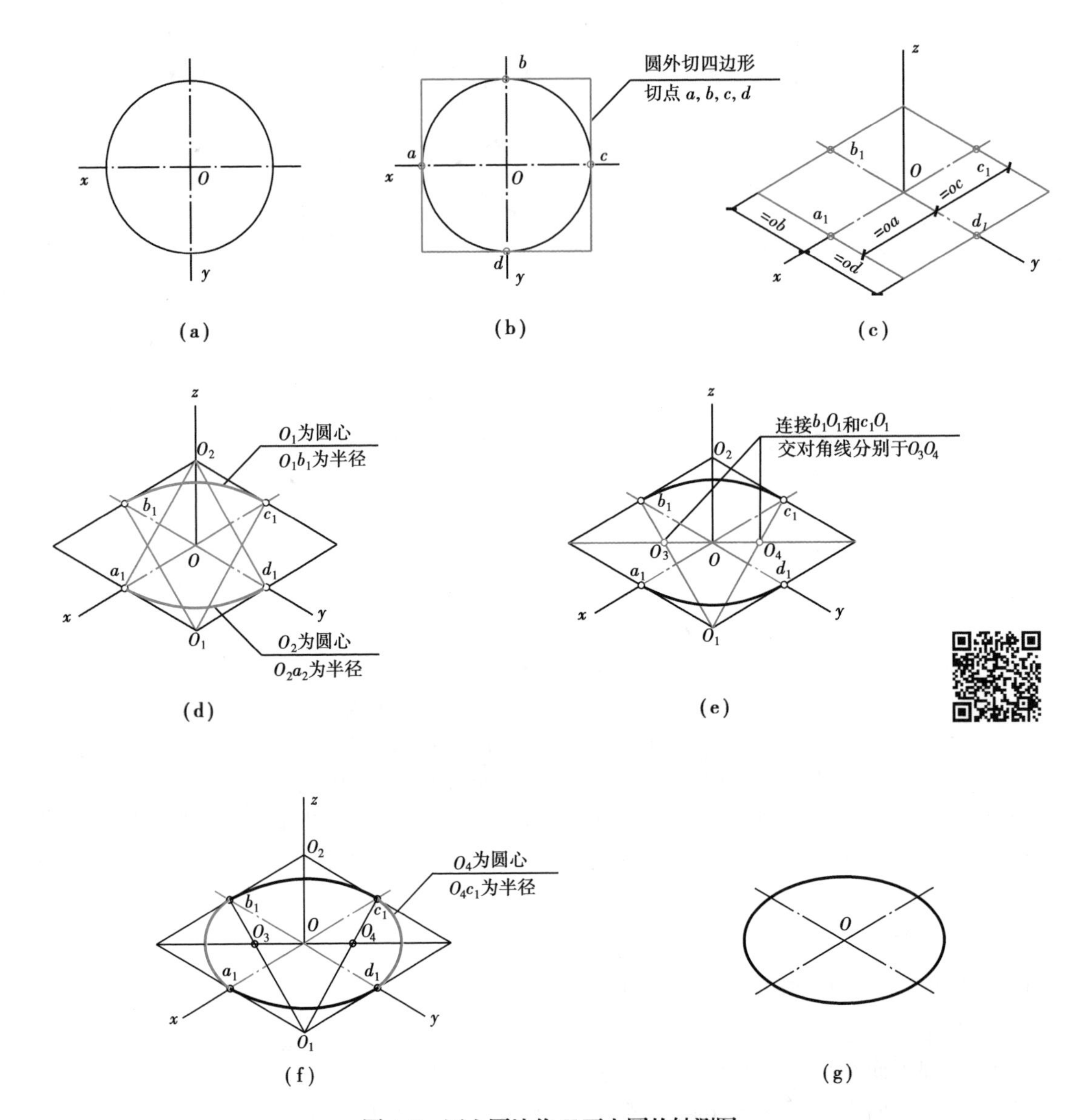

图 4.5 四心圆法作 H 面上圆的轴测图

(a)H 面圆;(b)作圆的外切四边形;(c)作外切四边形正等测;

(d)定 O_1,O_2 圆心,求 b_1c_1,a_1d_1 弧;(e)定 O_3,O_4 圆心;

(f)求 a_1b_1,c_1d_1 弧;(g)整理求得近似椭圆

(4)空间曲线的正等测轴测图　曲线的轴测图,一般情况下仍是曲线,故只要作出曲线上足够数量的点的轴测图,顺次连接起来即可。平面曲线所在平面,若平行于投影方向时,其轴测图为一直线;若平行于轴测投影面时,则其轴测图反映实形。空间曲线的轴测图,可在作出曲线上一系列点的次投影后,逐点求作其轴测图,连接起来即可。

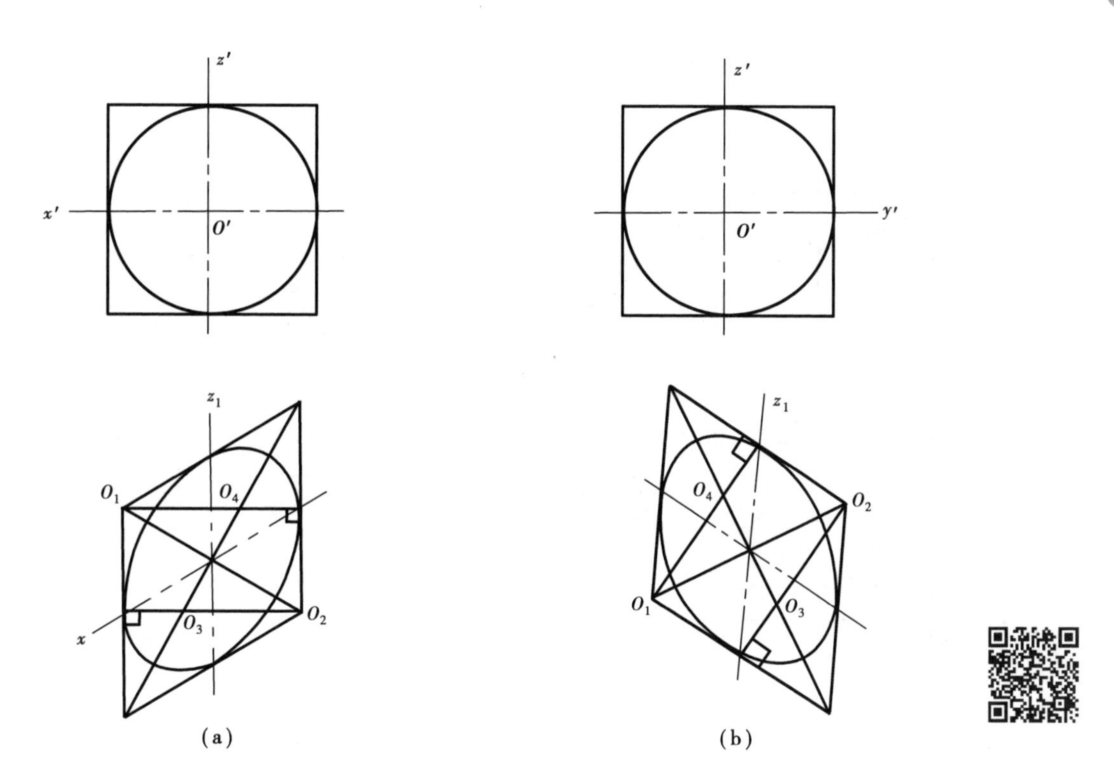

图 4.6 V 面、W 面上圆的正等测图作法

(a) V 面上椭圆画法；(b) W 面上椭圆画法

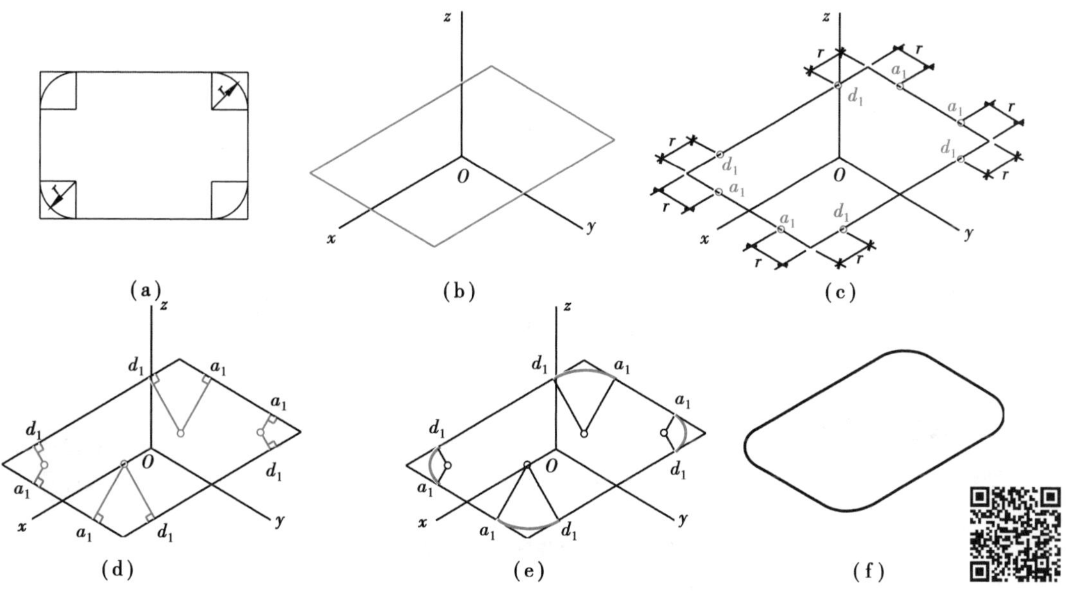

图 4.7 圆角的正等测图

(a)作圆弧外切长方形；(b)长方形正等测；(c)以角顶点为起点量取半径 r；

(d)过 a_1，d_1 作所在边的垂线求得圆心；(e)作圆弧；(f)整理完成圆角的正等测

【例 4.2】 图 4.8(a)为圆柱螺旋线的正投影图,求其正等测图。

作图步骤如图 4.8 所示。

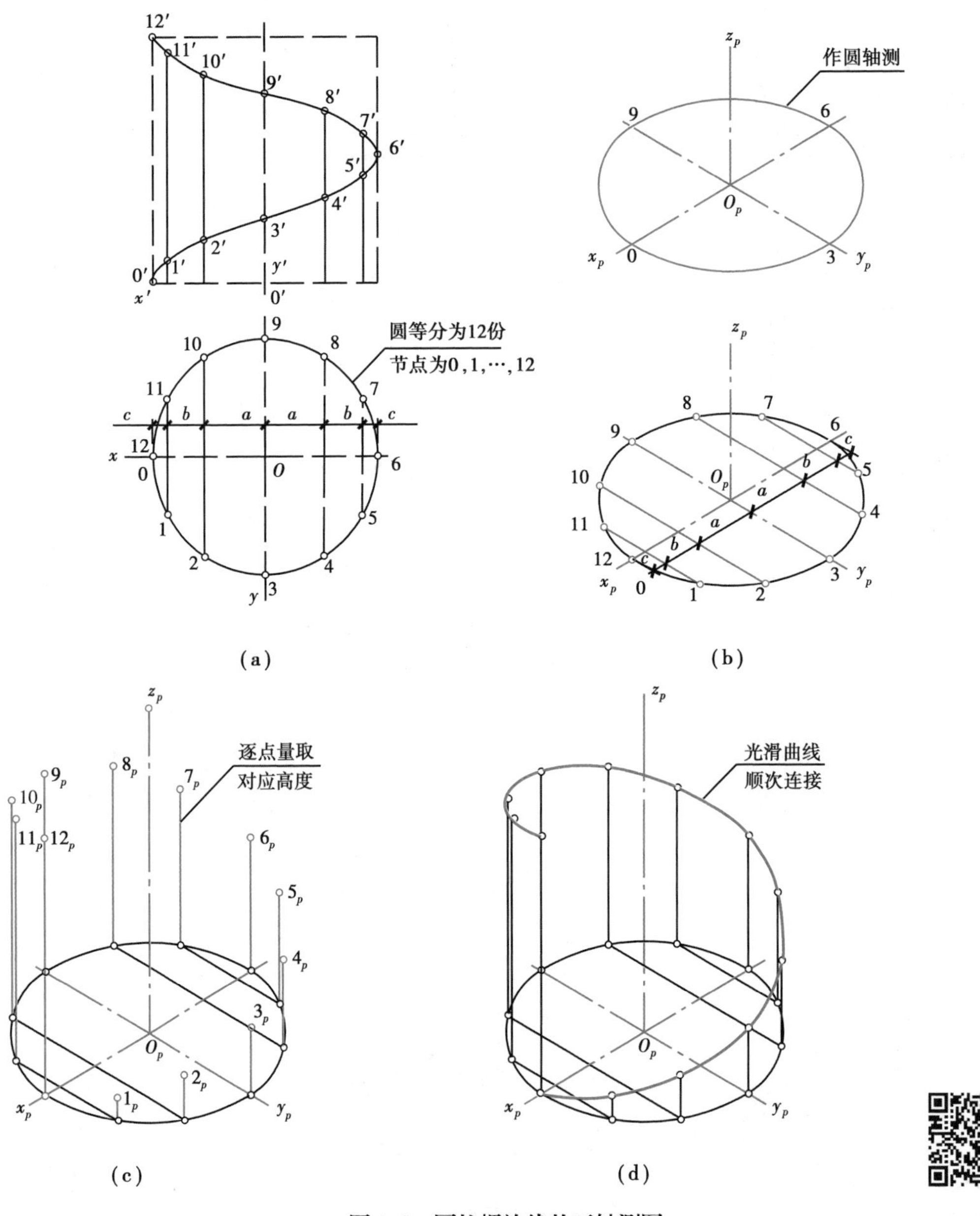

图 4.8 圆柱螺旋线的正轴测图

(a)圆柱螺旋线的正投影图;(b)求圆及圆上各节点轴测投影;

(c)求各节点对应高度;(d)光滑曲线连接各点

(5)曲面立体的正等测轴测图 圆柱、圆锥和其他旋转面的轴测图,都可归结为画圆周的轴测图(图 4.9)。

①圆柱如图 4.9(a)所示,在作出底圆和顶圆的轴测图后,再作两椭圆的公切线(平行于 O_1z_1),即为轴测图中的外形线。

②圆锥如图 4.9(b)所示,其轴测图的外形线为自锥顶的轴测图向底椭圆所作的两条切线。

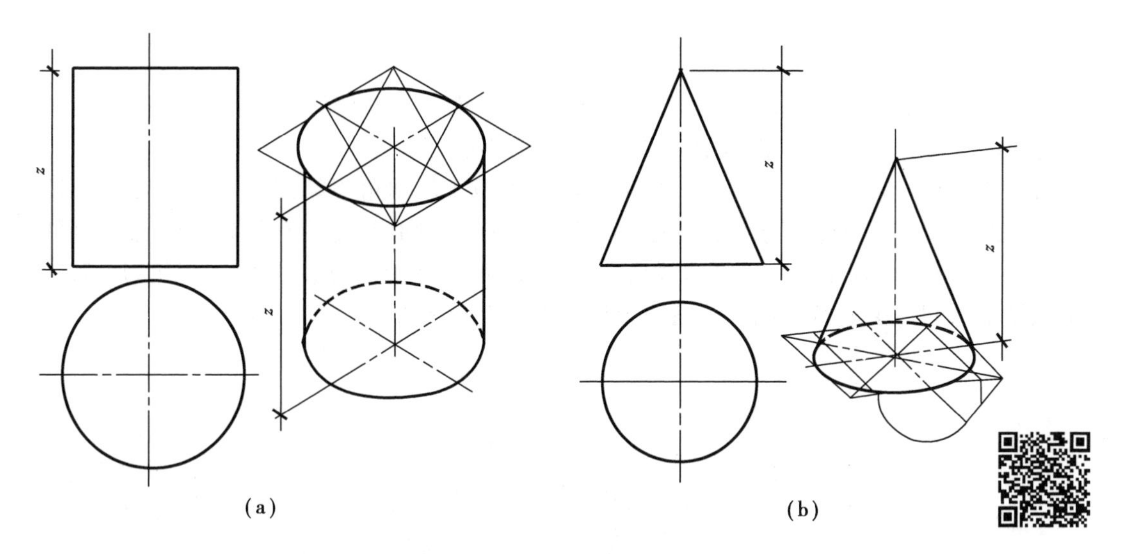

图 4.9　曲面立体轴测投影图

(a)圆柱正等轴测图;(b)圆锥正二测图

【例 4.3】　已知回转面的正投影图[图 4.10(a)],求作正等测图。

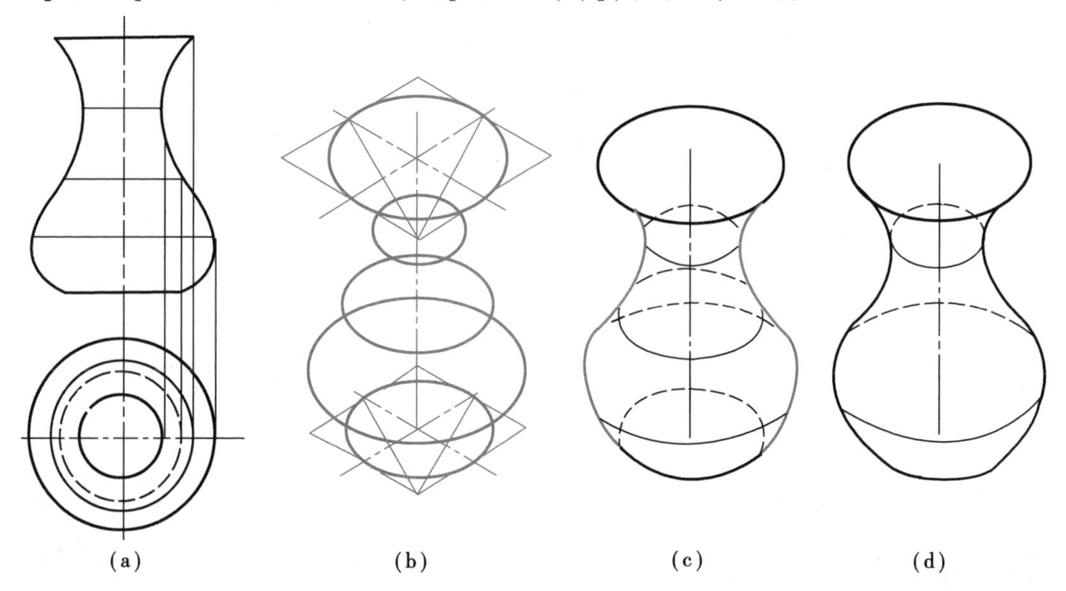

图 4.10　回转体轴测图

(a)正投影图;(b)纬圆的正等测图;(c)包络曲线;(d)整理完成正等测图

分析:以对称轴建立直角坐标轴,并作上下底圆、颈圆、赤道圆及一个一般纬圆,共计 5 个纬圆。用包络线法作此正等测图。一般纬圆越多,求出的正等测图越精确。

步骤:

①用近似法求作 5 个纬圆的正等测图;

②作与各椭圆相切的左右包络曲线;

③由上顶面椭圆、左右两条包络线、下底面部分椭圆构成的轴测图轮廓线,并在其上画出颈圆及赤道圆,完成全图。

4.2.2 正二等测轴测图

当3个坐标轴与轴测投影的倾角只有两个相等，这两个轴向变形系数一样，有两个轴间角相等，这样得到的正轴测投影称为正二等轴测图，简称正二测图。

正二测轴测图的轴测轴如图4.11(a)所示，它有两个轴间角相等，有两个轴向变形系数相等。Oz 轴画成铅垂线，Ox 轴与水平线夹角为7°10′，Oy 轴与水平线夹角为41°25′，轴测轴的近似画法如图4.11(b)所示，轴向变形系数 $p=r=1$，$q=0.47$。为方便起见，将 q 简化为0.5，轴测图画法见图4.11(c)，这样所画出的轴测图是原物体的1.06倍。

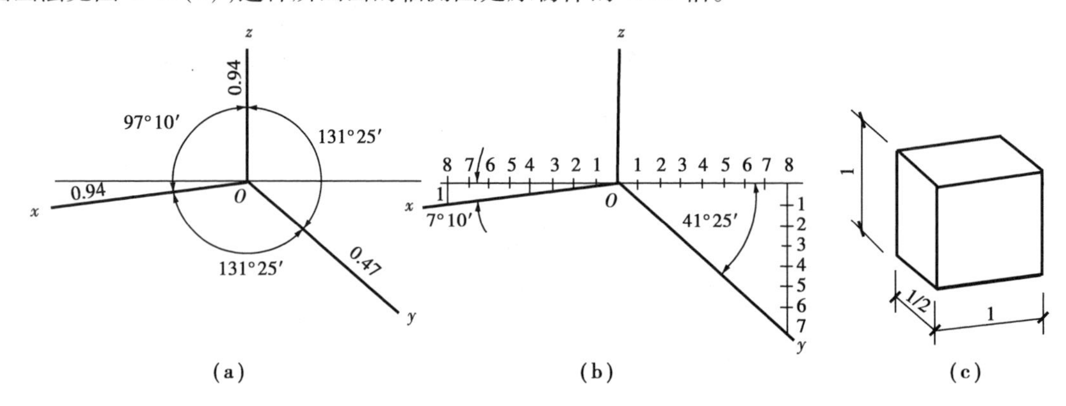

图4.11 正二测投影

(a)正二测轴测轴；(b)正二测轴测轴的画法；(c)$p=r=1$，$q=1/2$

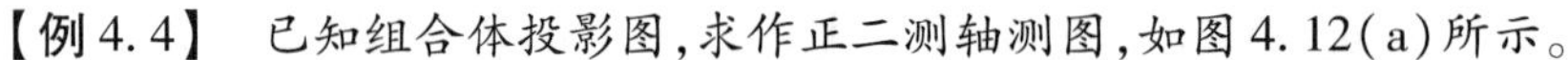
【例4.4】 已知组合体投影图，求作正二测轴测图，如图4.12(a)所示。

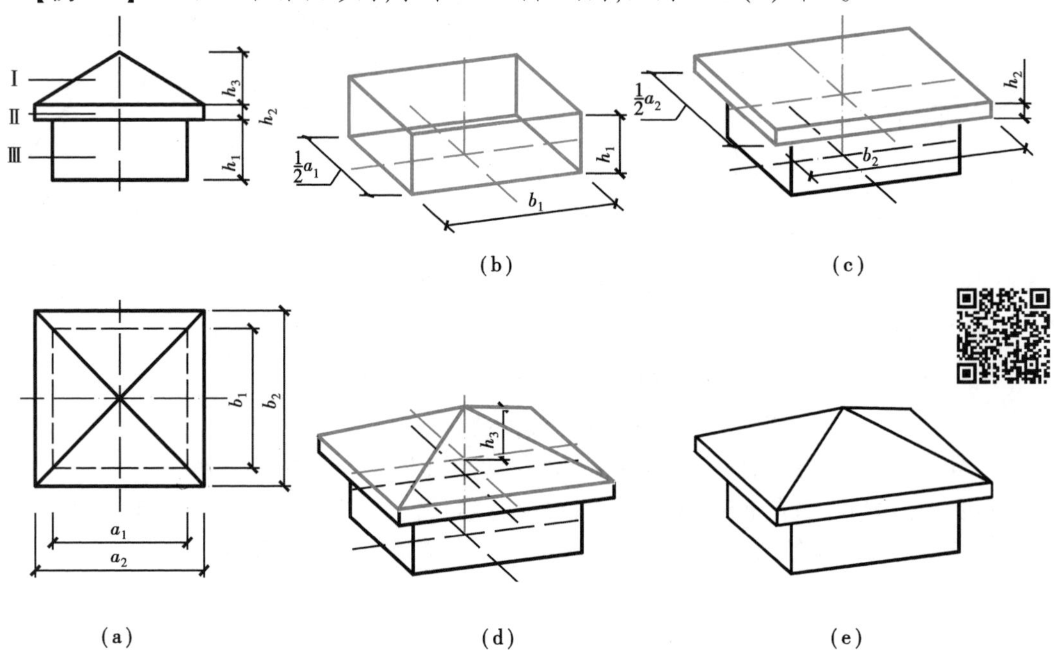

图4.12 叠加法求作组合体的正二测轴测图

(a)投影图；(b)物体Ⅲ的轴测图；(c)物体Ⅱ的轴测图；(d)物体Ⅰ的轴测图；(e)整理完成轴测图

画正二测轴测图时也要先进行形体分析，如该例可看成是由两个四棱柱和一个四棱锥组成，画图可采用叠加法。叠加法适用于叠加而形成的组合体，它依然以坐标法为基础，根据各基本体所在的坐标，分别画出各立体的轴测图。

步骤：

①画轴测轴，分别平行于 x，y 轴，量取 b_1 和 $\frac{1}{2}a_1$。然后画出下表面形状，如图 4.12(b)所示（注意宽度缩短 0.5）。过下表面各角点作垂线，高度等于 h_1，求得上表面各角点，顺次连接，求得物体Ⅲ的正二测轴测图。

②x，y 轴移致物体Ⅲ的上表面，同法可求得物体Ⅱ的正二测轴测图，如图 4.12(c)所示。

③由物体Ⅱ上表面的对称中心，沿轴线向上确定锥顶位置，画出四棱锥，如图 4.12(d)所示。

④擦去不可见轮廓和作图线，完成作图，如图 4.12(e)所示。

【例 4.5】 已知组合体投影图，求作剖去形体 1/4 的正二测图，如图 4.13(a)所示。

这是钢筋混凝土杯形基础的正投影图，由一个杯形基础切去 1/4 形体后所形成的，适合用切割法作图。切割法适用于带切面的平面立体，它以坐标法为基础，先用坐标法画出完整平面立体的轴测图，然后用挖切方法逐步画出各个切口部分。

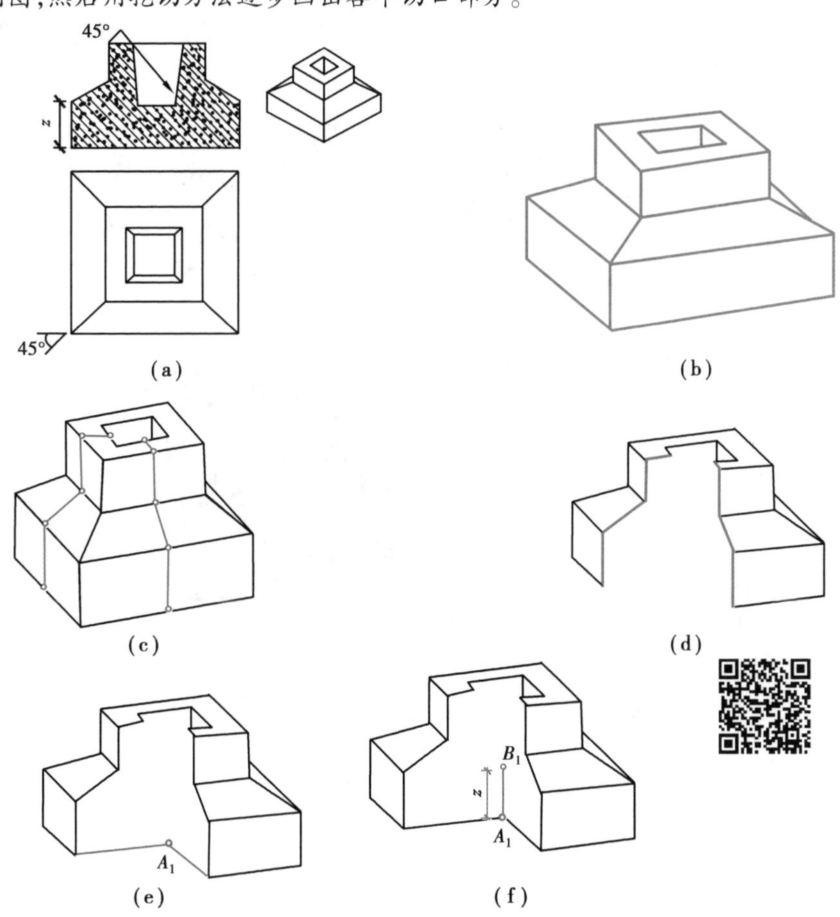

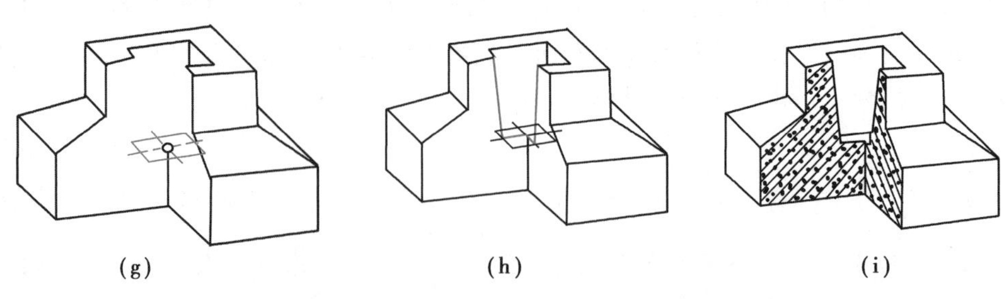

图 4.13 带截面的正二测图作图步骤

(a)投影图;(b)作出未剖切前基础的正二测图;(c)作两剖切平面与基础表面的交线,即为各边中点的连线;(d)擦去被剖切部分;(e)作出基础底面与两剖切平面的交线,它们对应平行 O_1x_1 和 O_1y_1 相交于 A_1;(f)作出两剖切面的交线 A_1B_1,它与 O_1z_1 平行,等于基础底至杯口底的距离 z;(g)以 B_1 为中心,作杯口的底面;(h)连接杯口顶面与底面的对应顶点,又连侧面及与剖切平面的交线;(i)加深图线,完成轴测图

4.2.3 网格法绘制园林正轴测图

园林设计中平面曲线较多,如路、广场铺地、水面等,在轴测图时,可先在平面图中作出方格网;然后画出方格网的轴测图;再在轴测格网中,按照正投影格网中曲线的位置,作出曲线的轴测图。

【例 4.6】 用正等测轴测图表示图 4.14(a)所示的园景。

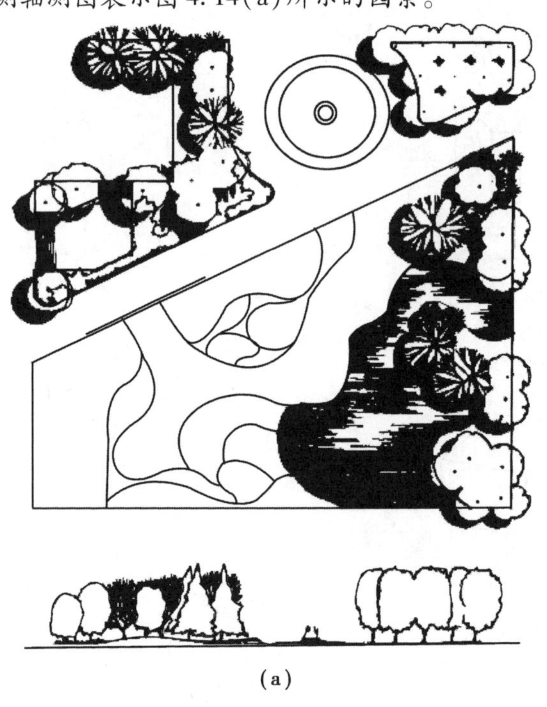

(a)

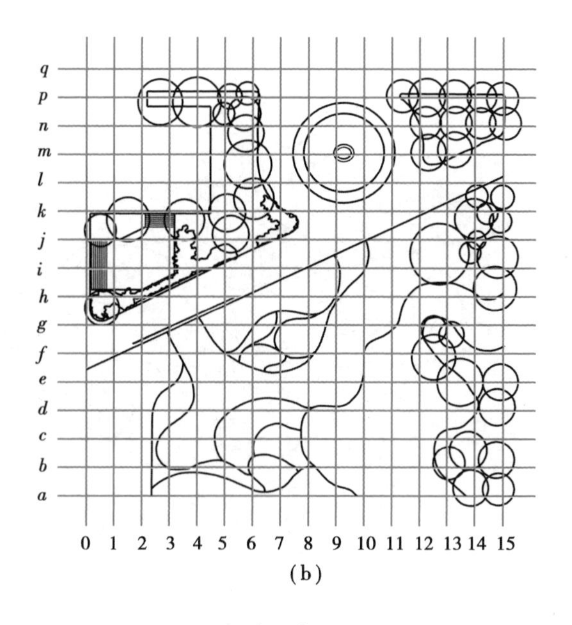
q
p
n
m
l
k
j
i
h
g
f
e
d
c
b
a
0 1 2 3 4 5 6 7 8 9 10 11 12 13 14 15

(b)

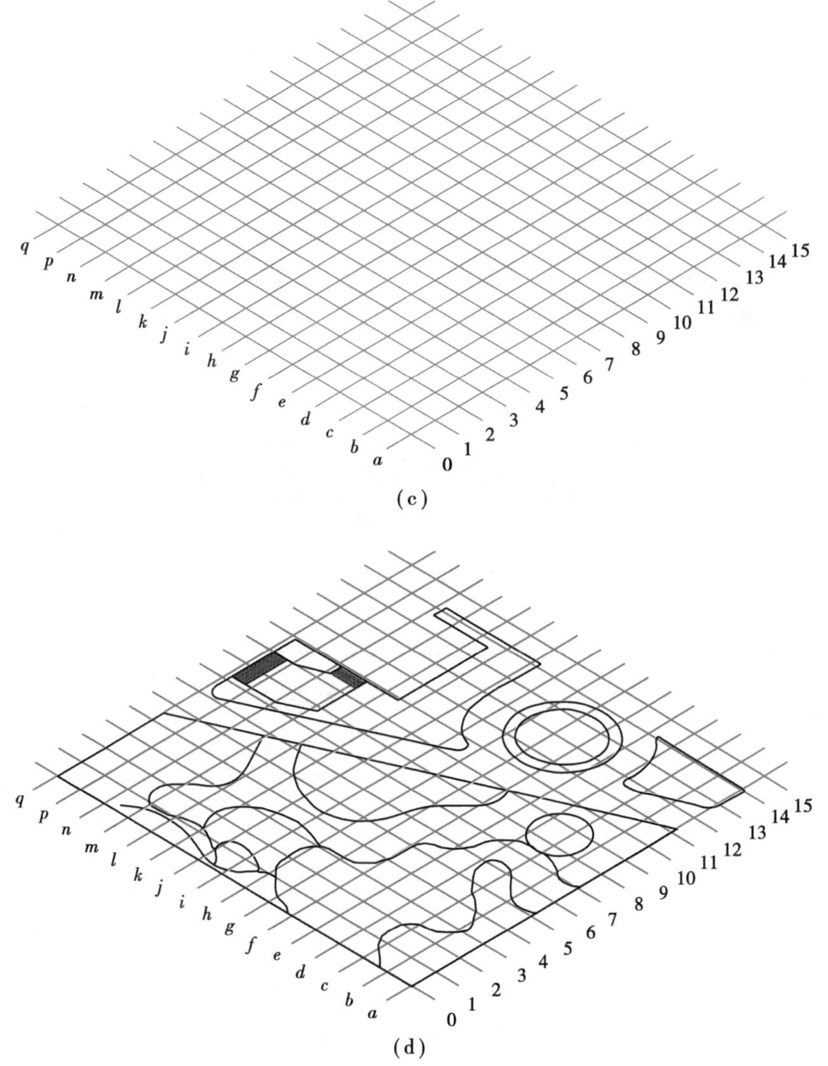
q
p
n
m
l
k
j
i
h
g
f
e
d
c
b
a
0 1 2 3 4 5 6 7 8 9 10 11 12 13 14 15

(c)

(d)

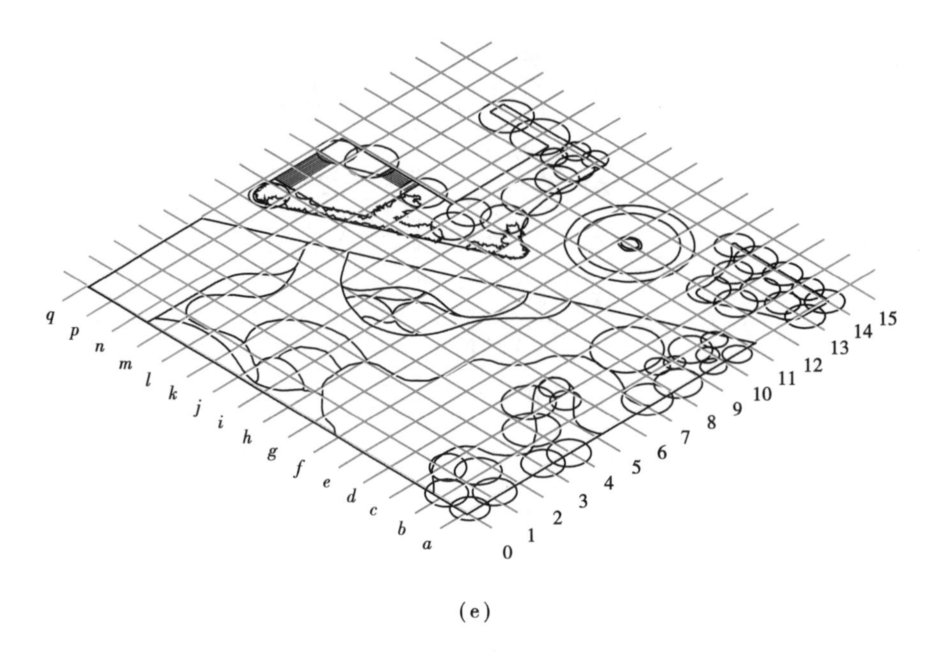

(e)

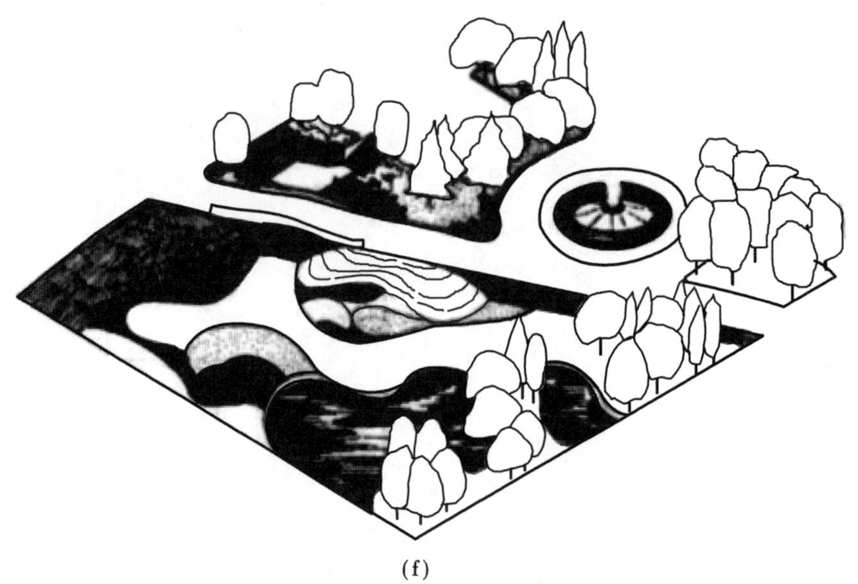

(f)

图 4.14　网格法作园林正等测轴测图

(a)园景平面、立面图;(b)在作图中较复杂的平面曲线之前,可在平面图上先作网格,网格横纵向间距相等,横向网格从左向右依次以数字标识,纵向网格从下向上依次以小写英文字母标识;(c)作网格的轴测图;(d)网格轴测图中描出道路、水体、地形、构筑物与网格的交点,顺次连接各点;(e)作出树、灌木的平面轴测;(f)完成的园景正等测图

4.3 斜轴测投影

空间形体的一个面与轴测投影面平行，而投影方向 S 是与轴测投影面倾斜的，这样的轴测图称为斜轴测投影图。常用的斜轴测投影有两种，即正面斜轴测图和水平面斜轴测图。画斜轴测图与画正轴测图一样，也要先确定轴间角、轴向变形系数以及选择轴测类型和投射方向，下面分别进行介绍。

4.3.1 正面斜测轴测图

当轴测投影面与正立面（V 面）平行或重合时，所得到的斜轴测投影称为正面斜轴测投影，简称正斜轴测。

正面斜轴测既然是斜投影的一种，它必然具有斜投影的特性：

①不管投影方向如何倾斜，平行于轴测投影面的平面图形，它的正面斜轴测图反映实形。

②垂直于投影面的直线，它的轴测投影方向和长度，将随着投影方向 S 的不同而变化。

③互相平行的直线，其正面斜轴测图仍互相平行。

正面斜轴测的轴测轴，如图 4.15（a）所示，Oz 轴画成铅垂线，Oz 轴与 Ox 轴夹角为 90°，Oy 轴与水平线夹角可为 30°，45°，60°。斜等测的轴向变形系数为 $p=q=r=1$，斜二测的轴向变形系数为 $p=r=1$，$q=0.5$。斜二测轴测图的画法如图 4.15（b）所示。由于正面斜轴测图的画法简单，形体的正面不发生变形，所以画正面形状复杂及正面圆较多的形体较方便。

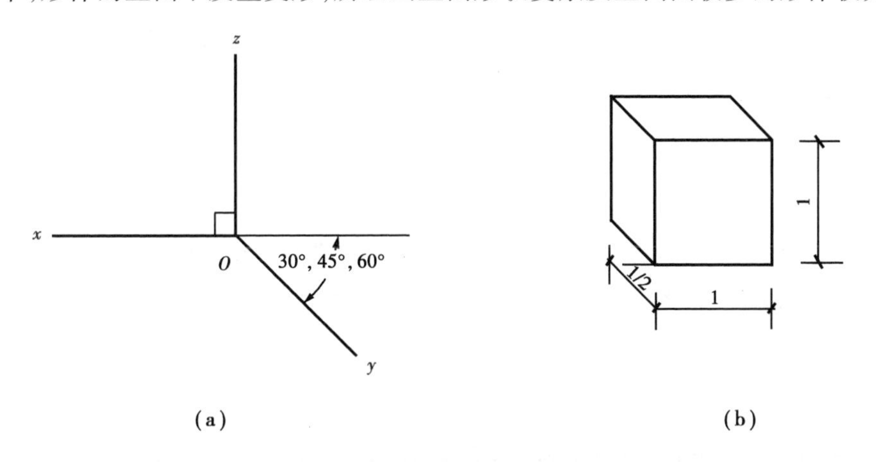

图 4.15 正面斜轴测图轴测轴画法

（a）正面斜轴测的轴测轴；（b）斜等测：$p=q=r=1$，斜二测：$p=r=1$，$q=1/2$

【例 4.7】 已知花窗的正投影图，求作斜二测轴测图，如图 4.16(a) 所示。

4.3.2 水平斜测轴测图

当轴测投影面与水平面（H 面）平行或重合时，所得到的斜轴测投影称为水平面斜轴测投影，简称水平斜轴测。

水平斜轴测图的轴测轴画法如图 4.17（a）所示，Oz 轴仍画成铅垂线，Oy 轴与水平线夹角可为 30°，45°，60°，Ox 轴与 Oy 轴夹角为 90°，轴向变形系数 $p=q=r=1$。水平斜轴测图画法如图 4.17（b）所示。

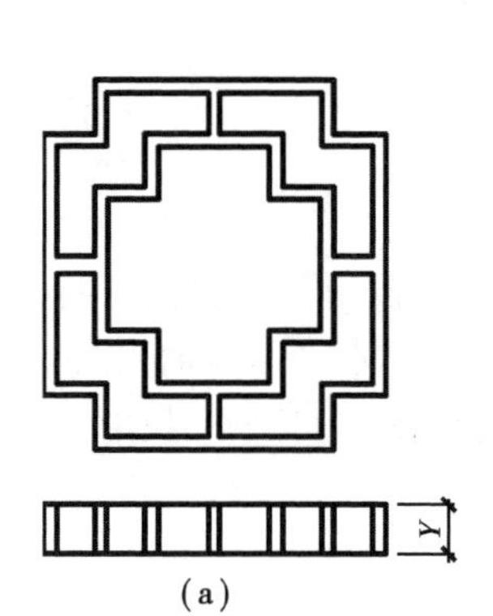

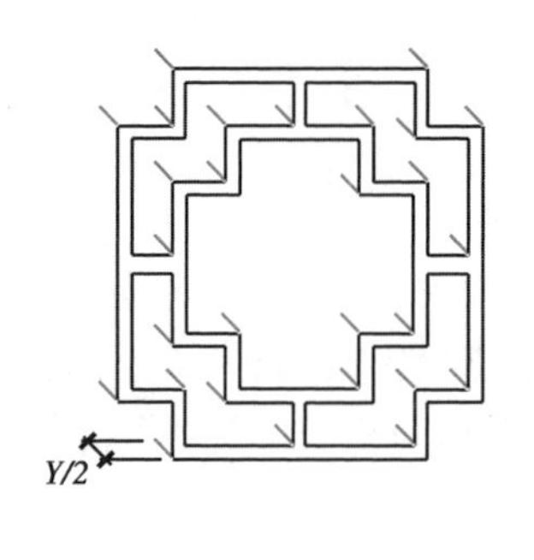

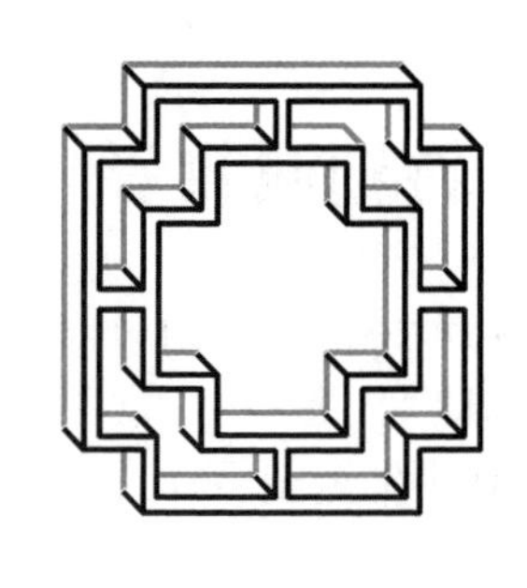

图 4.16　花窗的斜二测轴测图

(a)正投影;(b)过正面投影各角点作 45°线长度 = 1/2Y;

(c)连接各可见点,完图

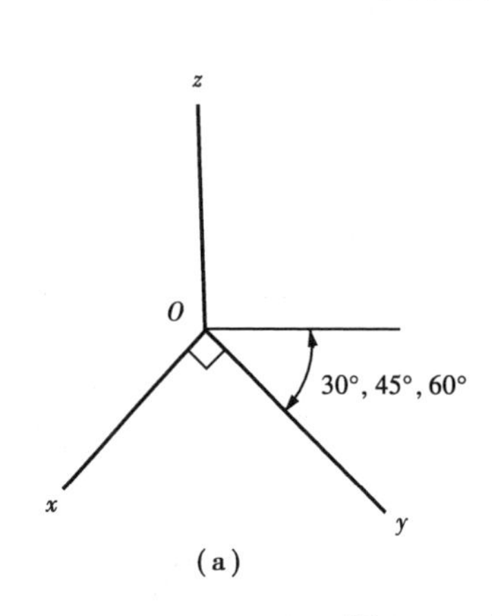

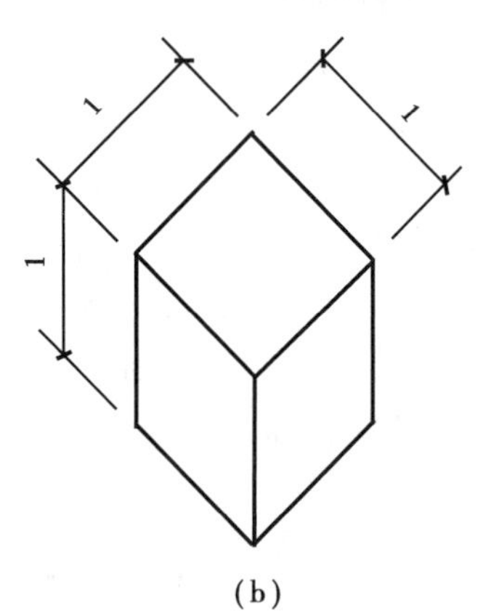

图 4.17　水平斜轴测图轴测轴画法

(a)水平斜轴测的轴测轴;(b)$p = q = r = 1$

由于水平斜轴测图中形体的水平投影不发生变形,故常用于绘园林小区的总体规划图,较用网格法画正轴测图更方便快捷,变形小,更精确。作图时只需将小区总平面图转动一个角度(例如30°),然后在各建筑物平面图的转角处画垂线,并量取高度,即可画出水平斜轴测图。

水平轴测图的一般作图步骤:

①画正面投影的水平画图,并将其逆时针旋转 30°。

②过平面图的各个顶点向下作垂线。

③在各垂线上取空间物体的高度,并连接。

④加深图线,完成轴测图。

【例 4.8】　根据总平面图,作总平面的水平面斜轴测图(即小区规划图),如图 4.18(a)所示。

由于房屋的高度不一,作图时可在总平面图上向上作竖向高度。

【例 4.9】　根据园林生态厕所的平面图和立面图[图 4.19(a)]作带水平截面的水平面斜轴测图。

分析:本例实质上是用水平剖切平面剖切房屋后,将下半截房屋画成水平斜轴测图。

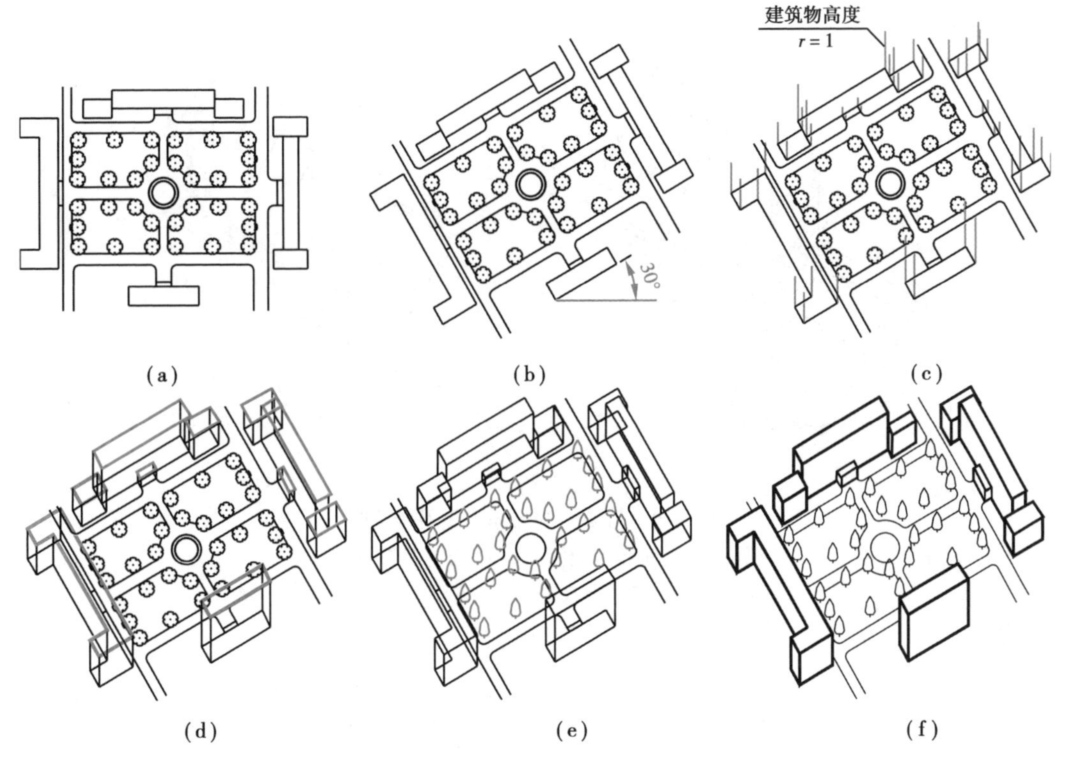

图 4.18 小区组团的水平斜轴测图

(a)组团平面图;(b)组团平面逆时针旋转 30°;(c)量取建筑高度;
(d)画建筑屋顶;(e)画植物;(f)整理完图

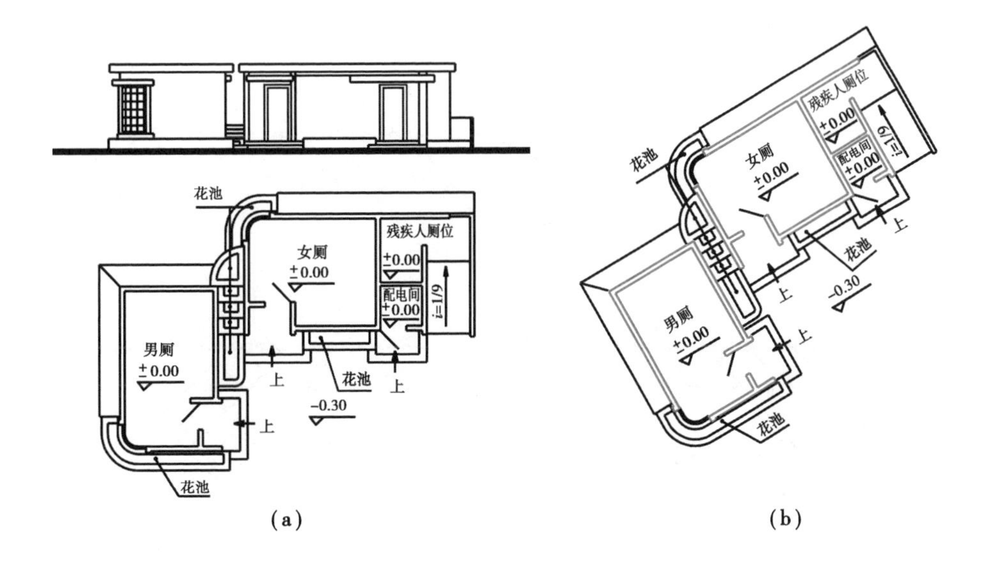

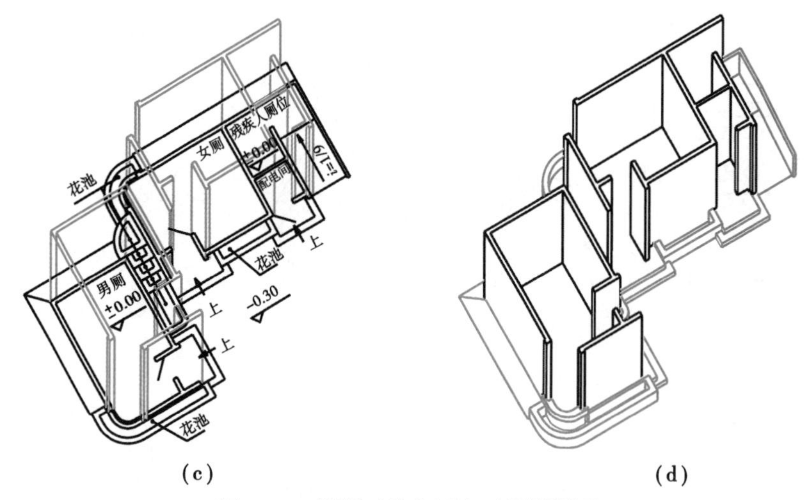

图 4.19 带断面的房屋水平斜轴测图

(a)厕所的立面和平面图;(b)平面逆时针旋转 30°;

(c)墙体升高至剖切高度;(d)画门、窗洞、窗台、花池和台阶

【例 4.10】 用水平斜等测图表示图 4.20(a)所示的园景。

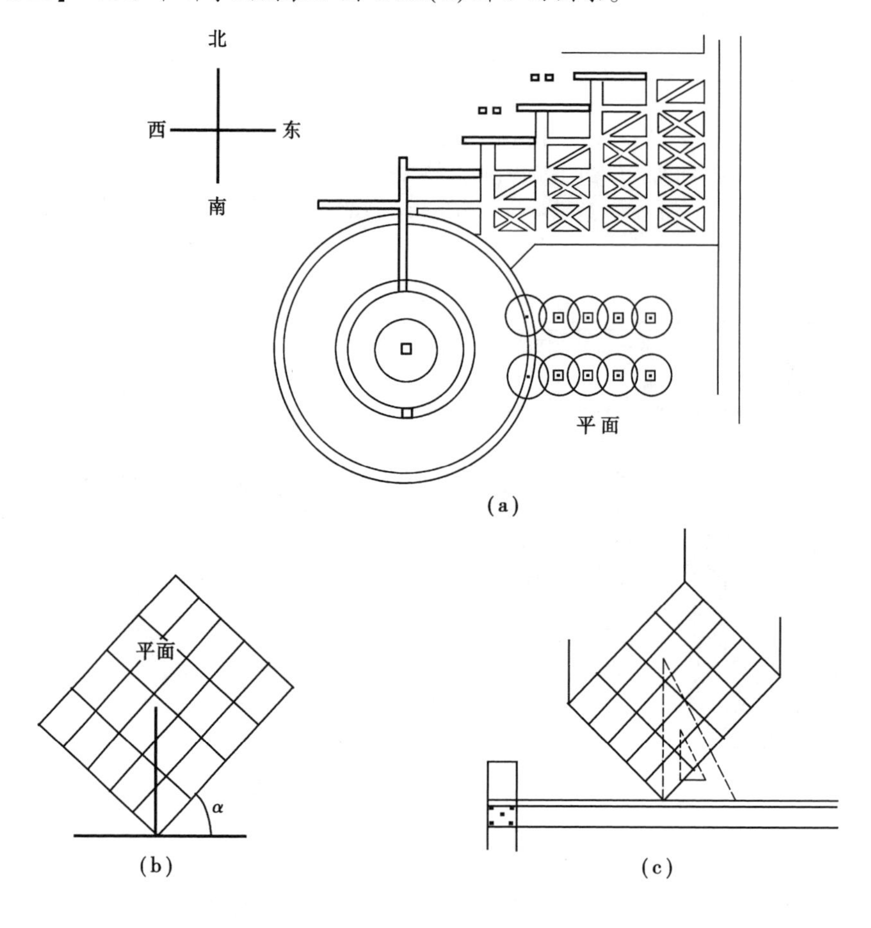

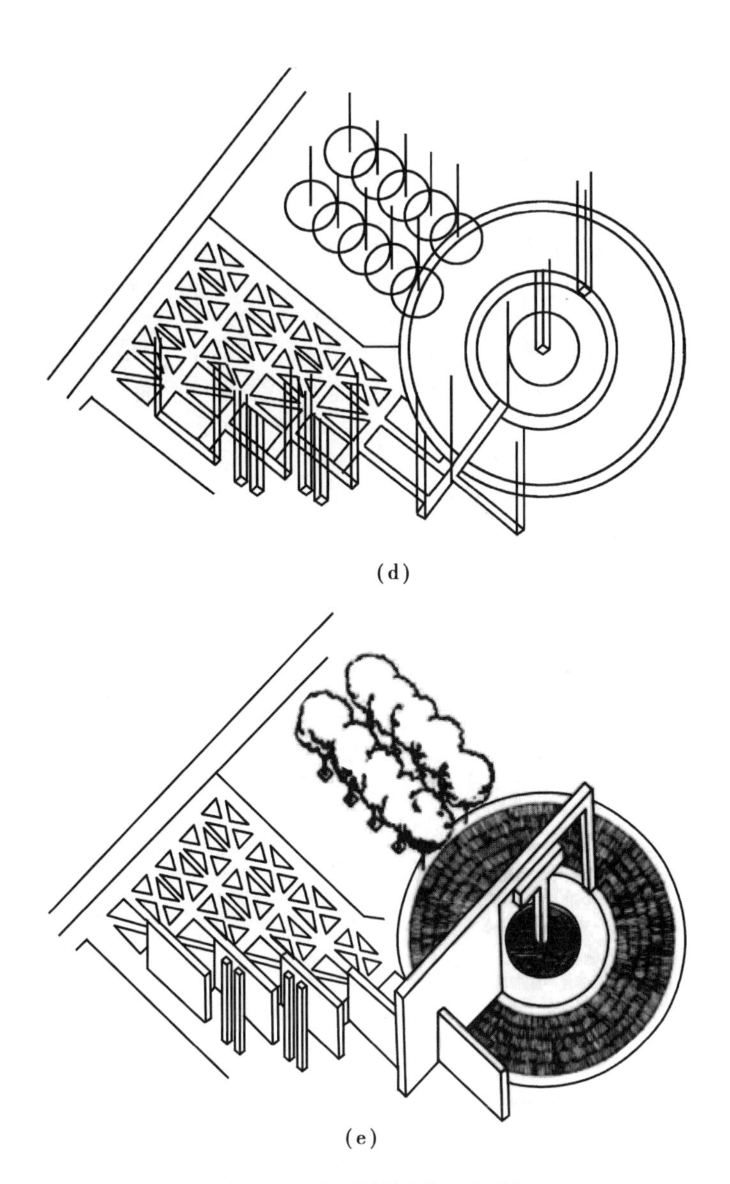

(d)

(e)

图 4.20 水平斜等测图画园景

(a)园景平面图;(b)选定水平角,作平面;(c)借助工具作垂线、定高度;(d)作垂直方向线,并在其上按实际高度定出诸点,然后从这些点引水平轴测轴的平行线完成轮廓的图形;(e)擦去所有被挡住部分的线条,完成的园景水平斜等测图

4.4 轴测图的选择

4.4.1 选择轴测图的原则

轴测图的种类繁多,究竟选择哪种轴测图来表达一个形体最合适,一般应从以下 3 个方面考虑:

①轴测图形要完整、清晰。

②轴测图形直观性好,富有立体感。

③作图简便。

4.4.2 轴测图的直观性分析

影响轴测图直观性的因素主要有两个:一是形体自身的结构;二是轴测投影方向与各直角坐标面的相对位置。

用轴测图形表达一个建筑形体时,为了使其直观性良好,表达清楚,应注意以下几点:

1)避免被遮挡

轴测图中,应尽量地将隐蔽部分(如孔、洞、槽)表达清楚。如图 4.21 所示,该形体中部的孔洞在正等测图中看不到底(被左前侧面遮挡),而在正二测和正面斜轴测图中能看到底,故直观性较好。

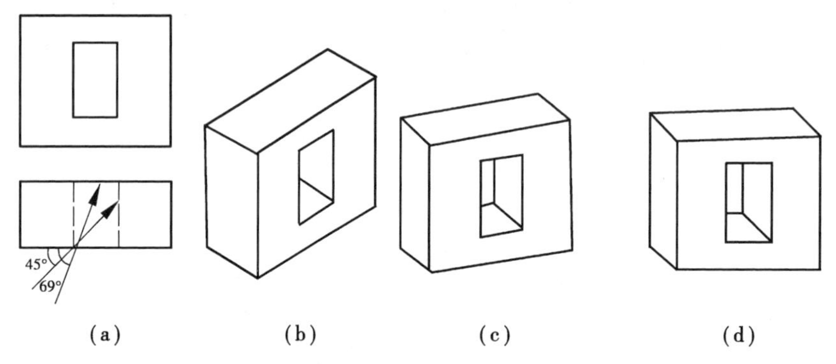

图 4.21 避免被遮挡

(a)正投影图;(b)正等测图;(c)正二测图;(d)正面斜轴测图

2)避免有侧面的投影积聚为直线

如图 4.22(b)所示,由于四棱台的右侧面为正垂面,并与 Ox 轴成 45°位置,这样就与正等侧、正二侧、正面斜轴测的投影方向平行,故右侧面的轴测投影积聚为一直线,不直观[图 4.22(b),(c),(d)]。只有在正三测图中才使此侧面得以表达清楚[图 4.22(e)]。

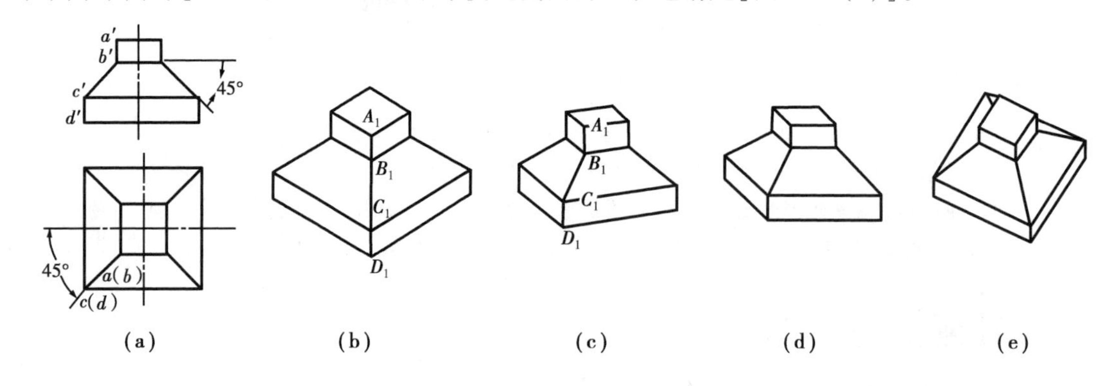

图 4.22 正投影及 4 种轴测图

(a)正投影图;(b)正等测图;(c)正二测图;(d)正面斜轴测图;(e)正三测图

3)避免转角处交线投影成一直线

如图 4.22 所示,在正等测图中,由于形体左前方转角处的交线 AB,BC,CD 均处在与 V 面成 45°的同一平面上,与投影方向平行,必然投影成一直线,故直观性不如图 4.22(c),(d),(e)。

4)避免平面体投影成左右对称的图形

如图 4.22 所示,正等测投影方向恰好与形体的对角线平面平行,故轴测图左右对称。而图 4.22(c),(d),(e)则不是这样,直观性相对较好。

5)合理选择投影方向

如图 4.23 所示,反映出轴测图 4 种不同投影方向及其图示效果。显然,该形体不适合作仰视轴测图[图 4.23(e)],而适合作俯视轴测图[图 4.23(c)]。且图 4.23(b)的表达效果好于图 4.23(c)。究竟从哪个方向投影才能清楚地表达建筑形体,应根据具体情况而选择。

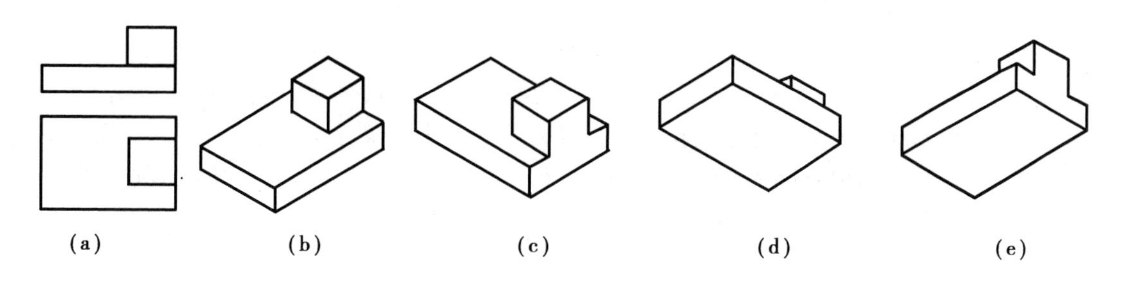

图 4.23 轴测图的 4 种投影方向及图示效果

(a)正投影图;(b)左前上向右后下;(c)右前上向左后下;

(d)左前下向右后上;(e)右前下向左后上

5 阴影透视图

[本章导读]本章通过图例、图示等方法对园林制图当中阴影透视图部分的有关概念、绘图方法进行介绍。重点掌握园林阴影与透视基础,如常用的一点透视、两点透视、平面的落影、形体的落影等的原理和画法。目的是让学生理解并掌握透视与阴影,能针对不同的图形、不同的视角灵活地选择运用相应的图示法表现其设计。学习本章内容后应运用到手绘透视图练习中,加强手绘透视的准确性。

5.1 阴 影

5.1.1 阴影的基本知识

1)阴影的概念

当光线照射到物体上时,物体表面就会有不直接受光的阴暗部分,这部分称为阴面,直接受光部分称为阳面。由于物体遮断部分光线,而自身或其他物体表面所形成的阴暗部分称为影。如图5.1所示,一立方体置于 P 面上,受平行光线 L 照射,其表面形成受光部分(阳)和背光部分(阴),阴阳交界的分界线 $BCDHEFB$ 为阴线。P 面上部分表面因被阻挡而不能直接受光,形成落影。P 面称为承影面。影子的轮廓线(图5.1)中的 $B_0C_0D_0H_0E_0F_0B_0$ 称为影线,影线上的点称为影点。

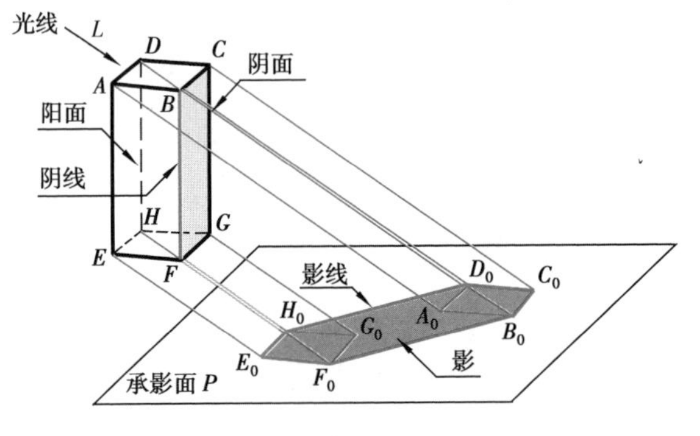

图5.1 阴影的概念

求作物体的阴线,主要是确定阴线和影线。如果把光线所组成的面称为光面,则阴线实质上是光面与物体表面的切线,其影线为通过阴线的光面与承影面的交线。

2)阴影的作用

园林建筑的立面图(正面投影)只表达高度和长度的尺寸,缺乏立体感。如果在立面图上画出该园林建筑在平行光线照射下所产生的阴影,如图5.2所示,则阴影区的形状、大小和园林建筑的体量有着对应关系,就能表现出园林建筑的长、宽、高三维空间体系,反映园林建筑的凹凸、深浅、明暗空间层次,使图面生动逼真、富有立体感,加强并丰富立面图的表现能力,对研究园林建筑造型是否优美、立面是否美观、比例是否恰当有很大的帮助。所以,在园林建筑方案设计中,常在立面图上画出阴影。

3)习用光线

产生阴影的光线有辐射光线(如灯光)和平行光线(如阳光)两种。园林建筑和小品的阴影,主要由太阳光造成。在画园林建筑立面图的阴影时,为了便于画图,习惯采用一种固定方向的平行光线,即以图5.3(a)所示正立方体的对角线方向(其指向是从左前上方到右后下方)作为光线的方向。这时光线对 V,H,W 投影面的倾角,都等于35°15′53″,光线的 V,H,W 面投影与相应投影轴的夹角均为45°,如图5.3(b)所示。平行于这一方向的光线,称为习用光线。选用习用光线,使得在画园林建筑的阴影时可以利用45°的三角板作图,简捷方便。

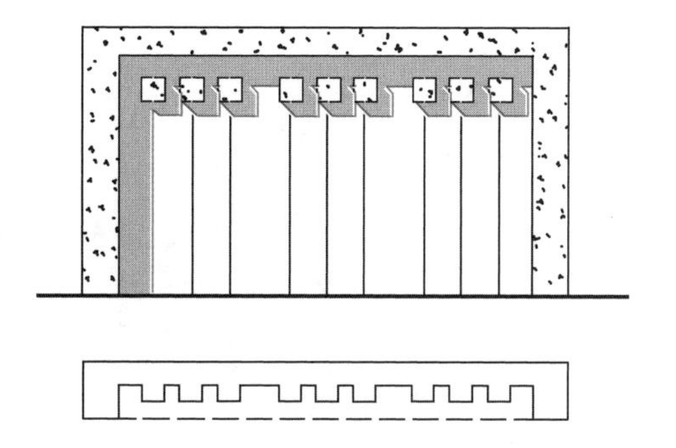

图5.2 景墙的立面阴影

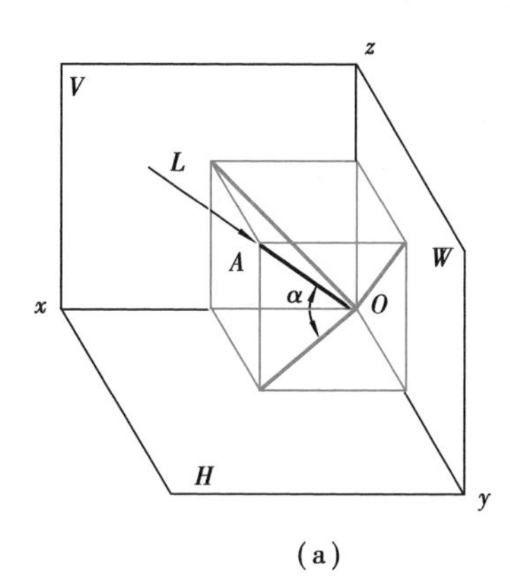

(a)

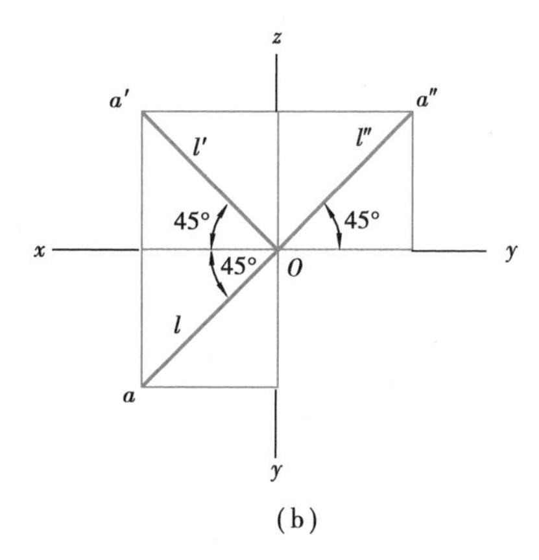

(b)

图5.3 习用光线的指向

5.1.2 点、线、面的落影

1)点的落影

空间点在某承影面上的落影,实际为过该点的光线与承影面的交点。过空间点的光线可看作一条直线,而承影面可以是处于特殊位置或一般位置的平面或曲面。因此,求一空间点的落影,实质上就可归结为求过空间点的直线与平面或曲面相交的问题,其交点即为该空间点在承影面上的落影点。

如图5.4所示,空间一点 A 在光线的照射下,落在承影面 P 上的影为 a_P,换句话说,过点 A 的光线 L 与承影面 P 的交点为 a_P,a_P 即为空间一点 A 的影。显然,求点的落影,在作图上就是求作光线和承影面的交点。

倘若点 B 在 P 面上,可以认为,点 B 的影 b_P 与点 B 本身重合。

(1)点在投影面垂直面上的落影 如图5.5所示,承影面 P 为铅垂面。过 a' 作 l',过 a 作 l,l 与 P_H 的交点 a_P 即为点 A 在 P 面落影的 H 面投影,再过 a_P 向上引铅垂直线与 l' 的交点 a'_P 即为点 A 在 P 面落影的 V 面投影。$A_P(a_P,a'_P)$ 即为点 A 在 P 面的落影。

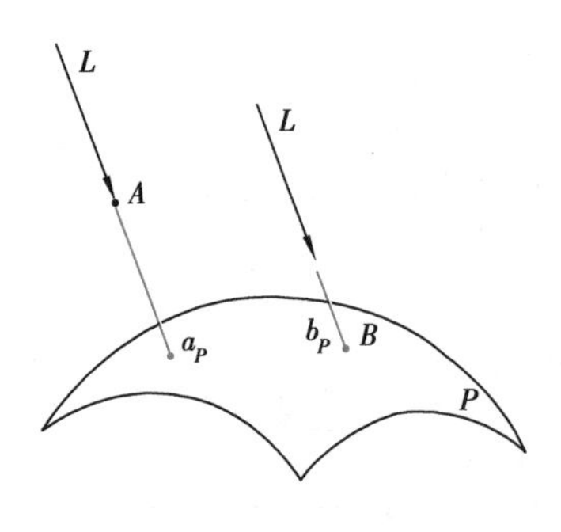

图5.4　点的落影

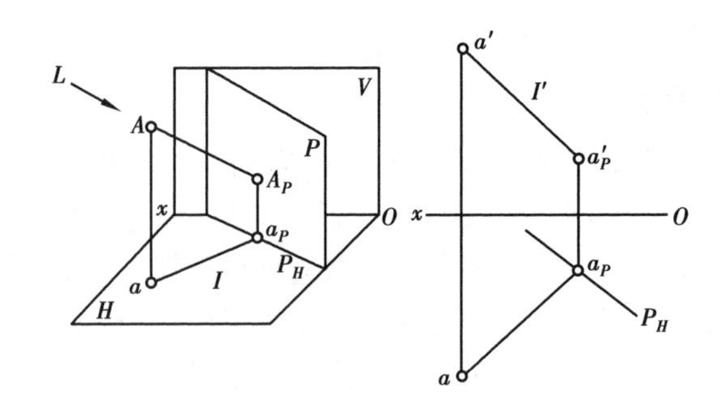

图5.5　点在铅垂面上的落影

(2)点在一般位置平面上的落影　点A在一般位置平面$\triangle ABC$上的落影如图5.6(a)所示，按一般位置直线与一般位置平面相交求交点的3个步骤进行，即：

①包含光线L作辅助平面及垂直于H面；

②求辅助平面R与$\triangle ABC$的交线ⅠⅡ；

③交线ⅠⅡ与L的交点A_P，即为所求。其作图过程如图5.6(b)所示。

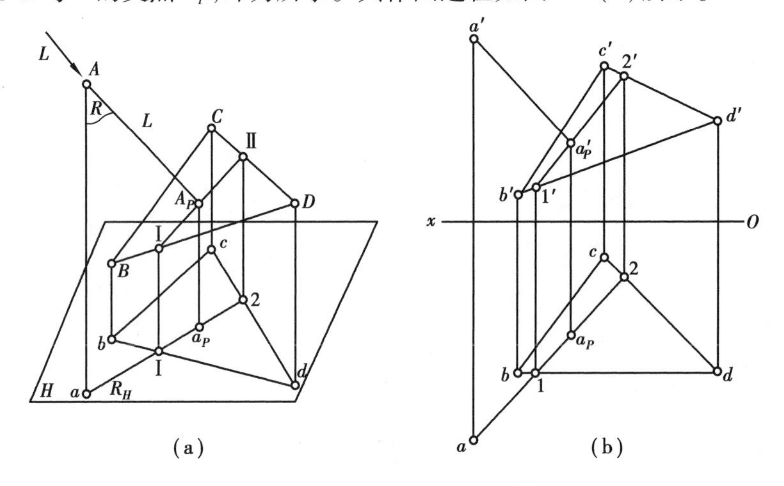

图5.6　点在一般面上的落影

应注意，点在投影面上的落影可只标注一个落影名称，因另一个在轴上不必标注；但点在其他承影面的落影，其两个投影都不在投影轴上，故一般均应标注。

点在投影面或其他承影面的落影，以下均以该点的符号加下标“0”标记。

2)直线的落影

直线的落影，就是由过直线上各点的光线所组成的光线平面与承影面的交线(图5.7)。因此，直线段在某一平面上的影，一般仍是直线段。只有当直线平行于光线时，如图5.7所示的直线CD，它在承影面上的影才积聚为一个点。

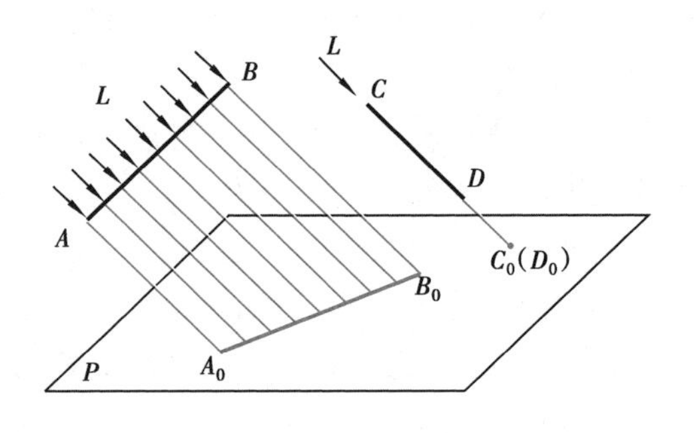

图5.7　直线的落影

在投影面上作直线的落影时，可分别作出直线两端点的落影。若两端点A,B落影在同一投影面上，连接两端点的落影即为该直线的落影。如图5.8所示，AB的落影，其V面投影为$a'_0b'_0$。注意:同面落影才能相连。

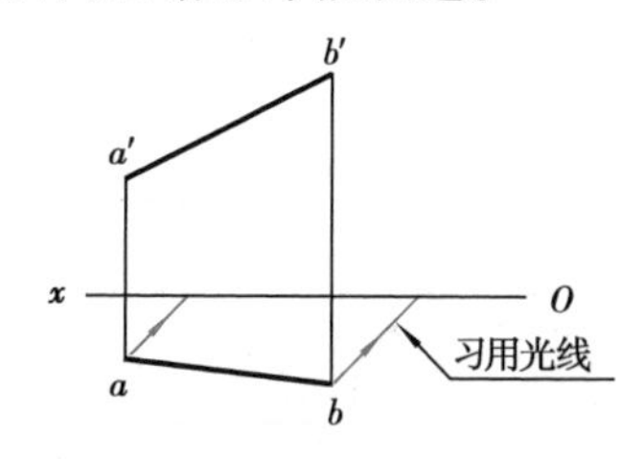

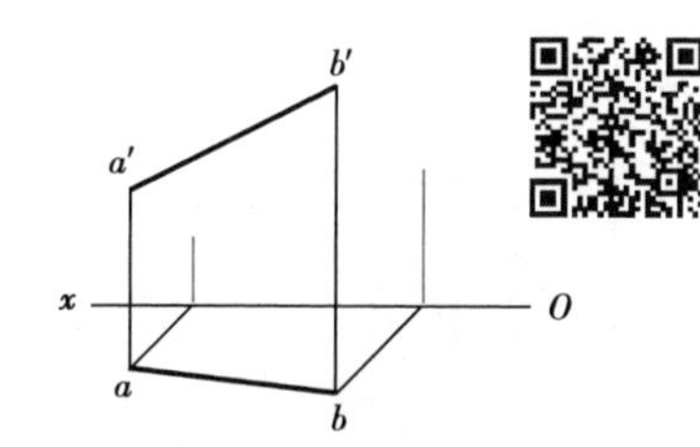

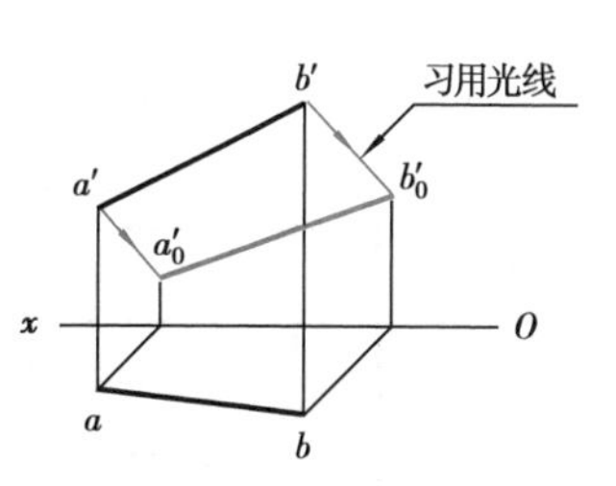

图5.8　直线的落影

如图5.9、图5.10所示,若直线AB落影于两投影面上,作图时,首先确定直线AB两个端点的影子,它们分别落于H面和V面上,可求得影点$A_0(a_0,a'_0)$和$B_0(b_0,b'_0)$。为了求得直线落于V面和H面上的两段影子,这时必须确定折影点M_0(直线两段影交于投影轴线上的点,称为折影点)。折影点M_0可采用虚影作图法、辅助点作图法或反射光线法求得。

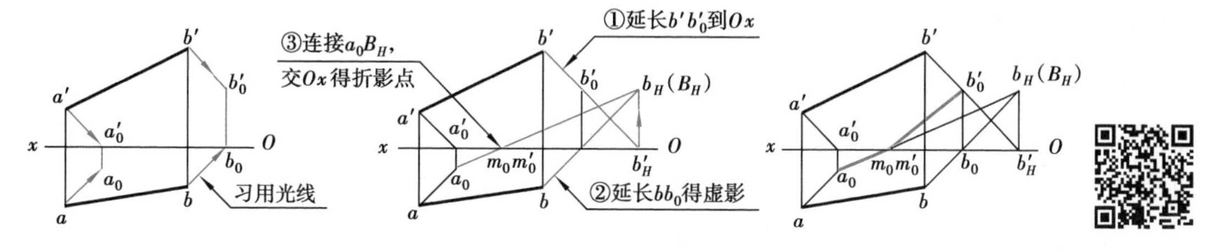

图5.9　虚影法求直线的折影点

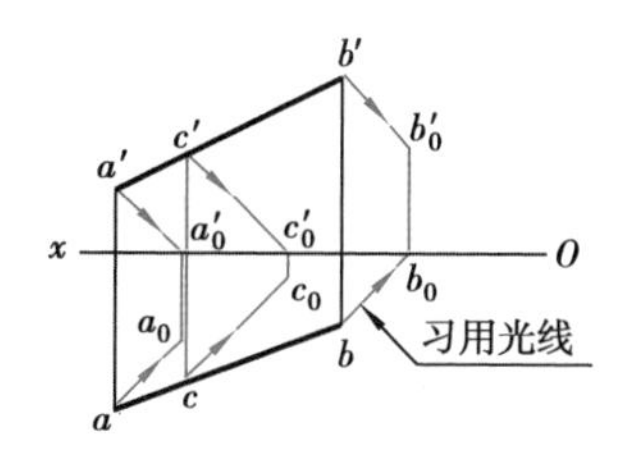

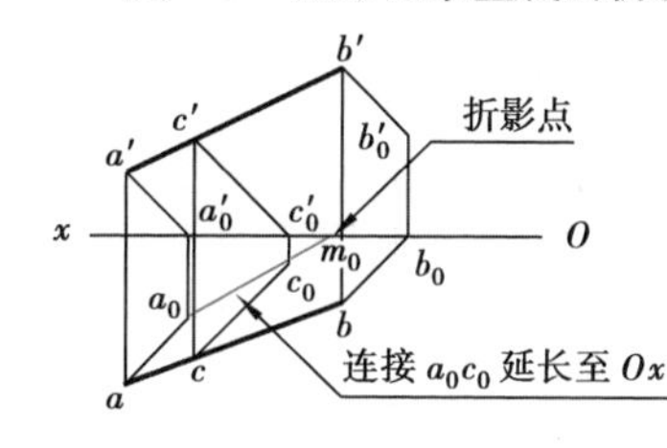

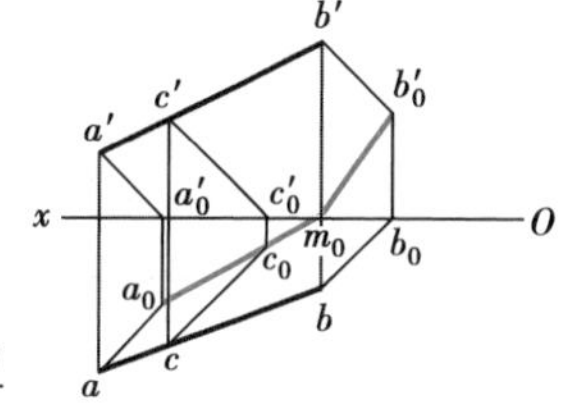

图5.10　辅助点法求直线的折影点

(1)虚影作图法　如图5.9所示,作出B在H面上的虚影$B_H(b_H,b'_H)$,连接a_0b_H。直线AB在H面上的落影A_0B_H(含虚影)与a_0b_H重合,A_0B_H与Ox轴的交点$M_0(m_0,m'_0)$即为折影点A_0M_0与a_0m_0重合,为AB落影在H面上的一段;M_0B_0与$m'_0b'_0$重合,为AB落影在V面上的一段。

(2)辅助点作图法　如图5.10所示,在直线AB上任取一辅助点$C(c,c')$,并求得点C的落影$C_0(c',c_0)$。连接a_0c_0并延长与Ox轴相交于m_0,m_0即为折影点M_0的H面投影,点M_0本身及其V面投影m'_0与m_0重合。

(3)反射光线法　先过直线落影折影点的一已知投影,沿习用光线的相反方向作45°斜线,即反射光线,与直线相交,再过交点求折影点的另一投影。

如图5.11所示,过d'_0作45°线交$a'b'$于d',求出d,再过d作45°线与2(面Ⅱ的H面投影)交于d_0,$D_0(d_0,d'_0)$即为AB落影于面Ⅱ、Ⅲ上的折影点。过a'作45°线,与4′交于a'_0,求出a_0。过面Ⅱ与面Ⅳ的交点c'_0,沿习用光线的相反方向作45°斜线,与$a'b'$于c',求出c_0。过b'作45°线,与3′交于b'_0,求出b_0。连接a_0c_0,c_0d_0,d_0b_0。

3)平面的落影

(1)平面在同一个承影面上的落影　平面图形在承影面上的落影由组成该平面图形的各

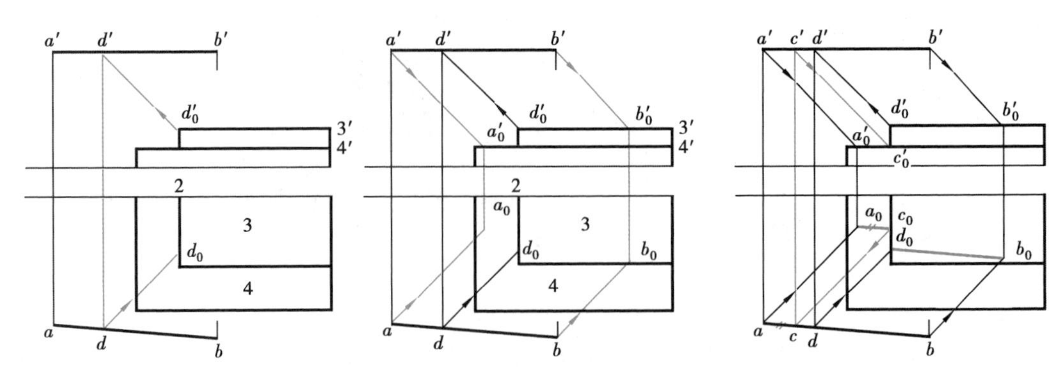

图5.11 反射光线法求直线在相互垂直平面上落影的折影点

边线的影所围成。平面图形为多边形时，只要求出多边形各顶点的同面落影，并依次以直线连接，即为所求的落影，如图5.12所示。面的落影轮廓线也称影线，其投影画成细实线，并在投影范围内涂灰黑色表示。

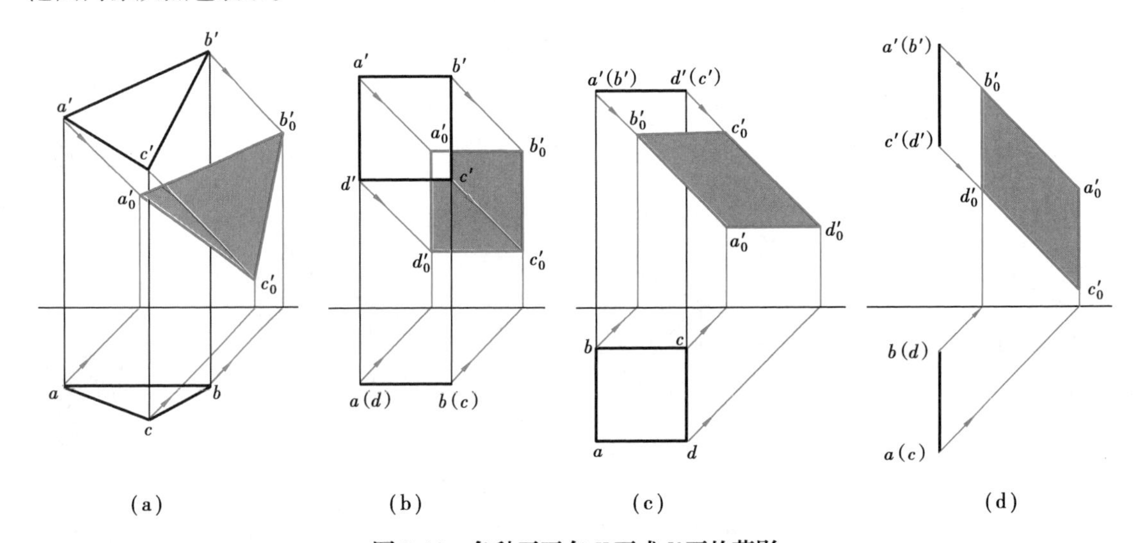

图5.12 各种平面在H面或V面的落影

(a)一般面；(b)正平面；(c)水平面；(d)侧平面

(2)平面不在同一承影面上的落影　如图5.13所示，$\triangle ABC$的顶点A和B的落影在V面上，而顶点C的落影在H面上。这时必须求出边线AC和BC落影的折影点，方法是除要分别求出各顶点的实影外，还要求出顶点C的虚影C_0'，然后按同一承影面上落影的点才能相连的原则，依次连接各点，即得平面的落影。也可按前述其他求直线落影折影点的方法求作其折影点。

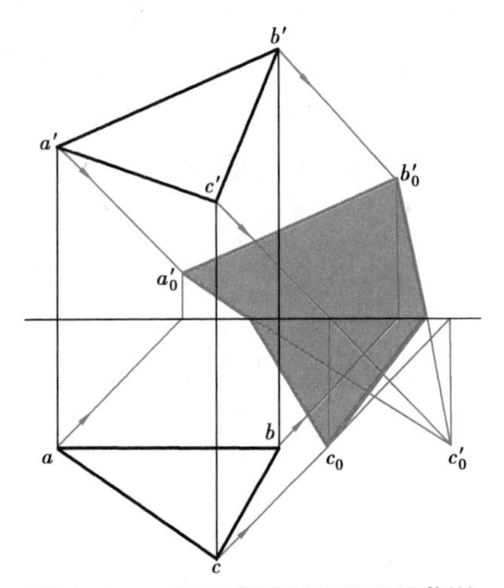

图5.13 一般面在墙面或地面的落影

5.1.3 平面立体的阴影

1)基本规律

求作平面立体的阴影，一般分为两个步骤：

(1)确立平面立体表面阴线的位置　平面立体在

常用光线下，其受光部分为阳面，背光部分为阴面，阳面与阴面相交成的凸棱线，即为立体表面的阴线。

对于平面立体积聚性表面，可通过作光线45°投影线的方法来判定其阴阳面。如图5.14所示，对六棱柱各积聚性表面作45°斜线，由此判断H面投影中，侧面b,a,f为阳面，c,d,e面为阴面。V面投影中，g'为阳面，h'面为阴面，从而确定平面立体的阴影。

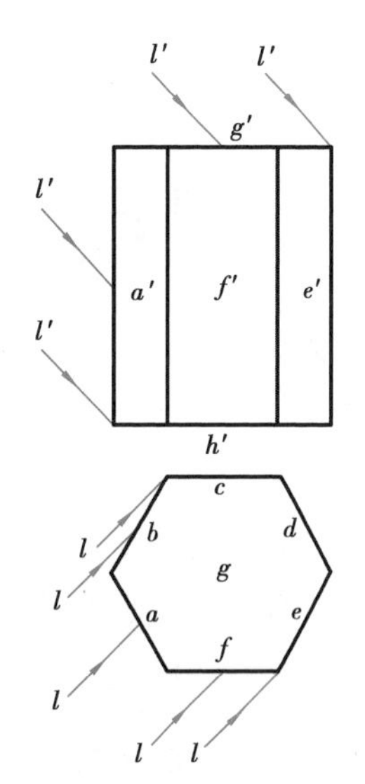

图5.14 判断平面立体阴阳面

(2)作出平面立体或阴线在承影面上的落影 此落影所围成的面积即为平面立体的影区范围。如果立体局部阴线起止较难确定，可先把此局部所有可能成为阴线的落影全部作出，所有影线相交而成的外轮廓线即为立体局部阴线的落影，影线所围成的面积为影区范围。

2)平面立体的阴影

(1)棱锥

【例5.1】 如图5.15所示，求作一底面重合于H面的正四棱锥在H面上的落影。

分析：△SAD和△SAB为阳面，△SDC和△SBC为阴面，故阴线为SD和SB，问题可转化为求两相交阴线的H面的落影。

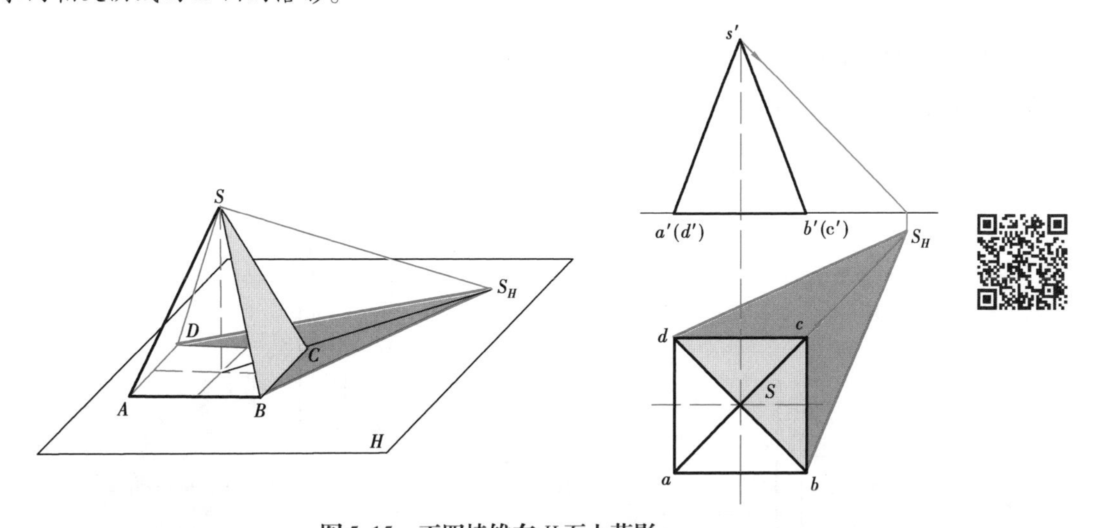

图5.15 正四棱锥在H面上落影

步骤：求出锥顶S在H面上的落影S_H，因阴线SD和SB均与H面相交，交点为D和B，由直线与承影平面相交规律可知，其在H面上的落影必分别通过D和B两点。因此，在H面投影中连S_Hd和S_Hb，即为两阴线在H面上的落影，四边形S_Hdcb为影区范围。H面中，△bcd为阴区。V面中，阴影或积聚为直线，或被遮挡，故不标出。

(2)棱柱

【例5.2】 如图5.16所示，在H面上有一四棱柱，作出其在两投影面上的落影。

分析：分析可知，四棱柱表面的阴线为$ABCDE$。

步骤：先求阴线DE的落影。因DE为铅垂线，故其落影分两段，H面上的落影为一段45°斜

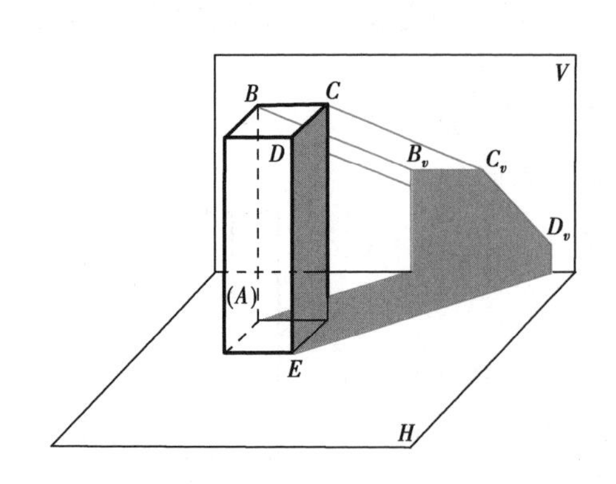

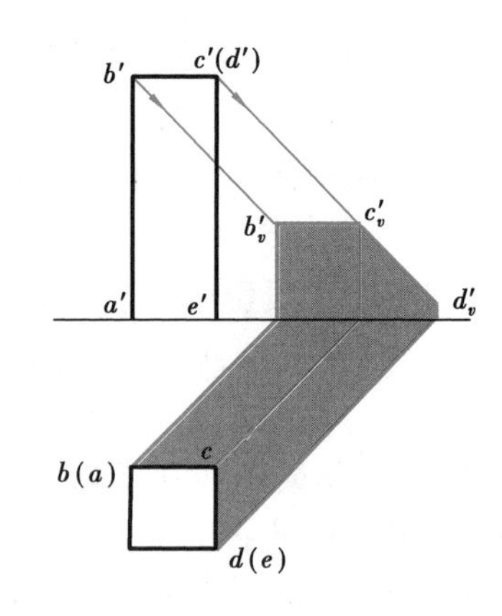

图 5.16 四棱柱在两投影面上的落影

线,转到 V 面为一段 DE 的平行线。阴线 CD 为正垂线,其在 V 面上的落影为45°斜线。BC 为侧垂线,落影为一段水平线。阴线 AB 为铅垂线,其在两投影面上的落影与 DE 的落影相似。至此,四棱柱的落影全部求出。

5.1.4 曲面立体的阴影

1)基本规律

曲面立体一般由曲面和平面或全部由曲面组成,曲面体表曲面的阴线为与曲面相切的光平面在曲面上形成的切线,其落影为此光平面与承影面的交线。

下面以常见的曲面体圆柱、圆锥为例,来说明曲面立体的阴影作图。

2)曲面立体的阴影

(1)圆柱

【例5.3】 如图5.17所示,一圆柱悬空并垂直于 H 面,求其在两面投影体系中的阴影。

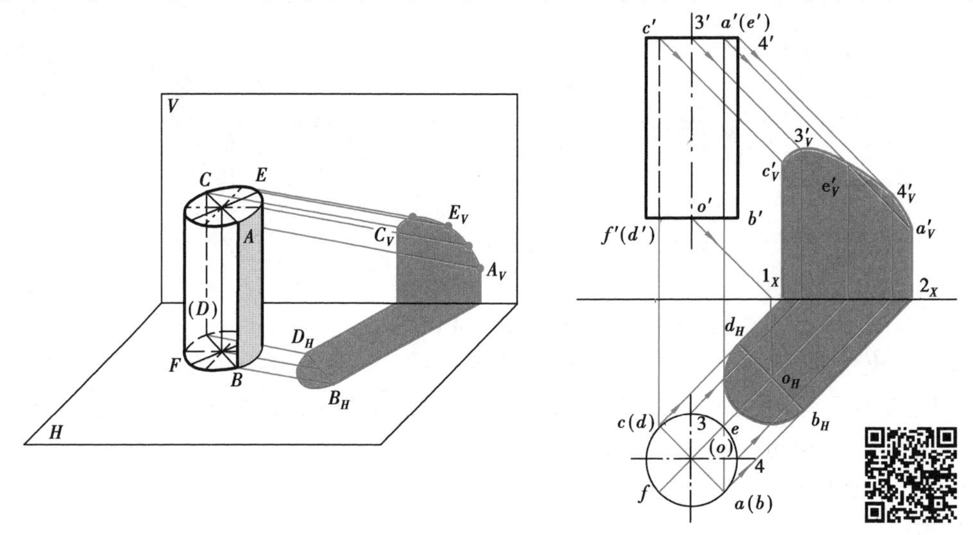

图 5.17 圆柱在两投影面上的落影

分析:

圆柱体表面的阴线由4段组成,AB 和 CD 为光平面与圆柱面的切线,是铅垂直线段,BFD

和 AEC 为两水平半圆，前者在 H 面落影为一半圆，后者在 V 面落影为半个椭圆，4 段阴线在空间是闭合的。

步骤：

● 在圆柱的 H 面积聚投影圆上作直径 ac 垂直于光线投影，则 $a(b)$ 和 $c(d)$ 即为阴线，亦是光平面与圆柱面的切线，由此可作出阴线的 V 面投影 $a'b'$ 和 $c'(d')$。

● 作阴线水平半圆 BFD 在 H 面上的落影半圆 $b_H f_H d_H$，此落影半圆因平行关系反映实形。

● 作阴线 AB 和 CD 的落影 $b_H 2_X a_V$ 和 $d_H l_X c'_V$。

● 因阴线水平半圆 AEC 在 V 面上的落影为半个椭圆，因此，在阴线半圆上取 3 个点 3，4 和 e，作出这 3 点的落影 $3'_V$，e'_V 和 $4'_V$，加上 A，C 两点的落影 a'_V 和 c'_V，共 5 个落影点，依次圆滑地将这 5 个点连成半个落影椭圆即可。

(2)圆锥

【例 5.4】 如图 5.18 所示，作出位于 H 面上的正圆锥的阴影。

分析：

此圆锥表面的阴线实际上就是过圆锥表面的光平面与圆锥面的两条切线，两阴线与 H 面的交点为 A 和 B，因此作出锥顶 S 在 H 面上的落影 S_H 后，由 S_H 分别向 A 和 B 连线，就得两阴线 SA 和 SB 在 H 面上的落影。

步骤：

● 作出锥顶 S 在 H 面上的落影 S_H。

● 由 S_H 向圆锥 H 面投影底圆作两切线，得切点 A 和 B 的两面投影 a，b 和 a'，b'，连接 sa 和 sb，为圆锥阴线的 H 面投影，连接 $s'a'$ 和 $s'b'$，为阴线的 V 面投影，其中 $s'b'$ 不可见，阴区如图 5.17 所示。

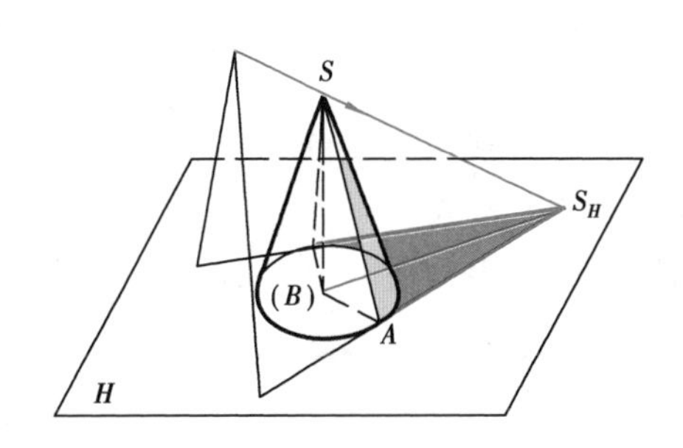

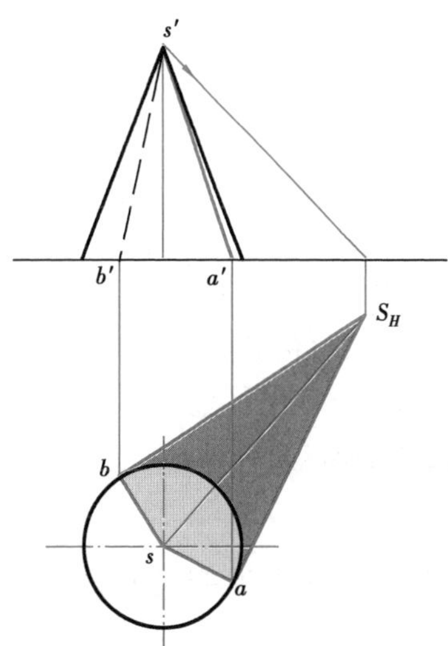

图 5.18 正圆锥在 H 面上的落影

● 连接 $S_H a$ 和 $S_H b$，即为阴线 SA 和 SB 在 H 面上的落影，整个落影区域由直线 $S_H a$ 和 $S_H b$ 及圆弧 acb 围成。

5.1.5 园林建筑细部的落影

在园林建筑立面图上画阴影时，墙面是主要的承影面，其次是窗扇和门扇等。门窗等园林建筑细部的形体多是长方形。下面介绍如何应用上述求落影的基本方法，在立面图上作窗洞、窗台、雨篷、阳台及隔墙、挑檐、台阶等园林建筑细部的落影。

1）门窗雨篷

求建筑细部的阴影一般使用下列两种方法。

（1）将阴线分段，连续求其阴影。

【例 5.5】 如图 5.19 所示，作出带有挑檐板门洞的阴影。

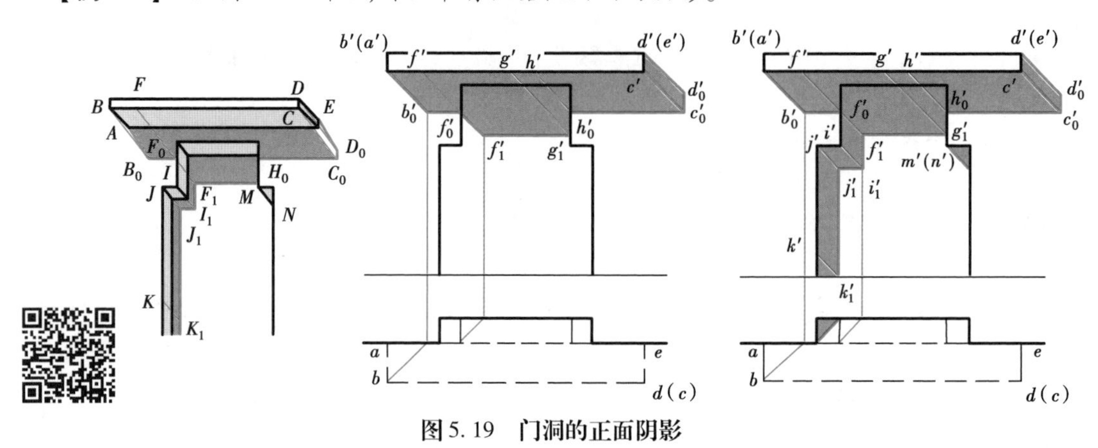

图 5.19 门洞的正面阴影

步骤：

①求挑檐的阴影。挑檐的阴线由折线 $ABCDE$ 组成，按顺序求其阴影。阴线 AB 为正垂线，其落影$(a')b'_0$为 45°斜线。阴线 BC 在正墙面上的落影平行于 $b'c'$，由 b'_0向右作 $b'c'$的平行线 $b'_0f'_0$，f'_0为过渡点，作f'_0在门面上的落影f'_1，因阴线 BC 也平行于门面，故由f'_1向右作 $b'c'$的平行线$f'_1g'_1$即为其落影。作 $b'_0f'_0$ 在门右侧墙面上的延长线 $h'_0c'_0$，即为阴线 BC 在墙面上的另一段落影。分别由f'_1，g'_1，h'_0作反回光线交 $b'c'$于f'，g'，h'三点，可知阴线 BC 分 4 段落影：第 1 段 $b'f'$落影为 $b'_0f'_0$，第 2 段$f'g'$落影为$f'_1g'_1$，第 3 段 $g'h'$落影于门的右侧墙面，其 V 面投影为$h'_0g'_1$，最后一段$h'c'$落影为 $h'_0c'_0$，以后可用此法分析阴线落影情况。铅垂阴线 CD 的落影$c'_0d'_0$平行于 $c'd'$，正垂阴线 DE 的落影 $d'_0(e')$为 45°斜线。

②求门的阴影。门的左侧阴线为折线 F_0IJK，由于此折线与门面平行，其落影 $f'_1j'_1j'_1k'_1$与$f'_0j'j'k'$平行。门右侧只有正垂阴线 MN 在门面上落影，为 45°斜线。

（2）将各立体阴线（包括可能存在的阴线）的落影全部作出，所有影线的最外轮廓线围线的面积即表示落影区范围。

2）台阶

【例 5.6】 如图 5.20 所示，作台阶左右两侧矩形护栏在地面、踏面、踢面和墙面等水平面和正平面上的影落。

分析及步骤：在落影的 V 面投影中，由于左侧护栏的阴线 BA 是正垂线，故它在踢面和墙面上落影的投影为 45°斜线 $b'b'_0$。而它在踏面上的落影则平行于 BA，分别反映阴线 BA 对各踏面的垂直距离。另一条阴线 BC 为铅垂线，其在地面和第 1 级踏面落影的 H 面投影为 45°斜线 bb_0，而在第 1 级踢面落影 V 面的投影则平行于 $b'c'$。两条阴线的交点 B 的落影为$B_0(b',b'_0)$（从 W 面投影可得点 B_0落在第 1 级踏面上）。

同理，台阶的右侧护栏阴线 ED 在墙面（V 面）上的落影为 45°斜线。在 H 面投影中，在地面

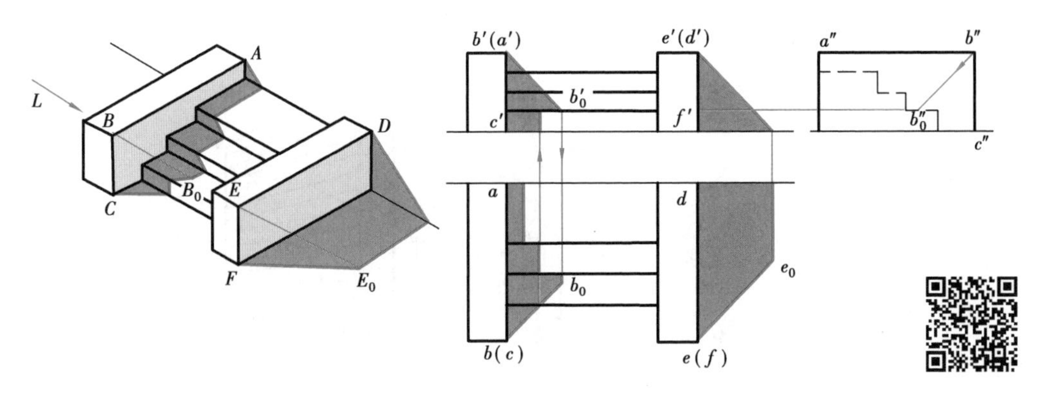

图5.20 台阶的阴影

上的落影平行于 ed，并反映阴线 ED 对地面的距离；因阴线 EF 为铅垂线，故在地面上的落影的投影为45°斜线 ee_0。

3）两坡屋顶

【例5.7】 求两坡屋面房屋的阴影。

分析：如图5.21所示，两坡屋面对地面 H 的倾角均小于45°。两坡面均受光，屋顶阴线为 $ABCDE$，屋身阴线为 FG 和 JK。

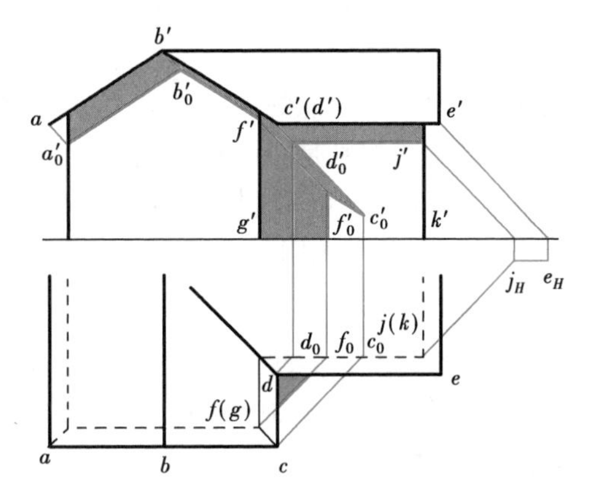

图5.21 两坡屋面的阴影

步骤：

①阴线 AB 在前墙面上的落影 $a'_0b'_0$ 平行于 $a'b'$，由 b'_0 作 $b'c'$ 的平行线，得阴线 BC 在前墙面上的落影 b'_0f'，f' 为过渡点。

②作 f' 在后墙面上的落影 f'_0，过 f'_0 作 $b'c'$ 的平行线交过 c' 的45°斜线于 c'_0 点，$f'_0c'_0$ 即为阴线 BC 在后墙面上的落影。

③因 f' 点在阴线 FG 上，故由 f'_0 向下作 $f'g'$ 的平行线，即为屋身阴线 FG 在后墙面上的落影。

④求出 D 点在后墙面上的落影 d'_0，则45°斜线 $C'_0d'_0$ 即为正垂阴线 CD 在后墙面上的落影。

⑤由 d'_0 向右作 $(d')e'$ 的平行线 d'_0j'，即为屋檐阴线 DE 在后墙面上的落影，H 面上的落影如图5.21所示。

5.2 透　视

5.2.1 透视图的基本概念

1）透视的概念

透视投影与轴测投影一样，都是一种单面投影，不同的是轴测投影用平行投影法画出，而透视投影则是用中心投影法绘制。

例如（图5.22），在人与园林建筑之间设立一个透明的铅垂面 K 作为投影面，人的视线穿过投影面并与投影面相交所得的图形称为投影图，也称为透视投影。SA，SB 等在透视投影中称为视线。很明显，在作透视图时逐一求出各视线 SA，SB，SC，…园林建筑上点 A^0，B^0，C^0，…就是园

林建筑上点 $A,B,C,\cdots$ 的透视。将各点的透视连接起来,就成为园林建筑的透视图。

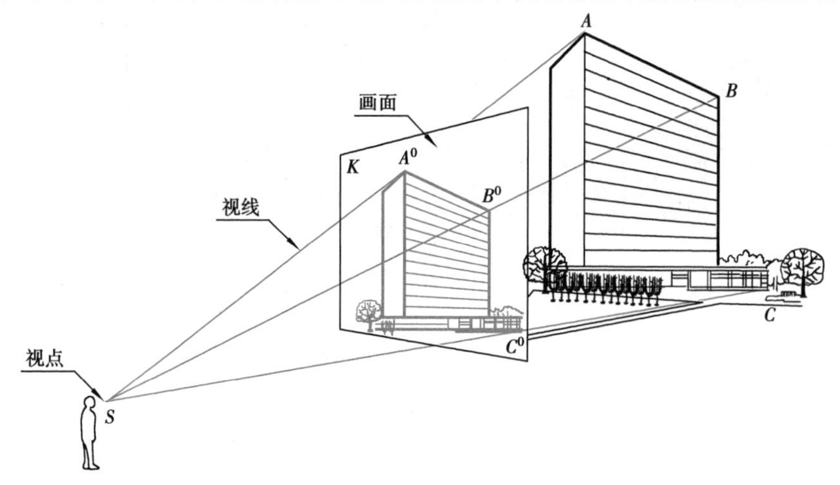

图 5.22 透视图的投影过程

透视图由于符合人的视觉印象,空间立体感强,形象生动逼真,故在科学、艺术、工程技术中被广泛地应用。特别是在园林建筑设计或总体规划设计中,设计人员绘制出所设计对象的透视,显示出其外貌效果,以供设计人员研究、分析设计对象的整体效果,进行各种方案的比较、修改、选择、确定,并供人们对建筑物进行评价和欣赏。

2)基本术语

在图 5.23 中,空间线段 AB 的端点 A 和 B 分别与视点 S 的连线称为视线,它与画面 K 的交点即为点 A 和点 B 的透视,用 A^0,B^0 表示。B 是画面上的点,本身与其重合,用 $B\cong B^0$ 表示。连接 A^0,B^0,A^0B^0 即为线段 AB 的透视。透视中各要素如图 5.23 所示。

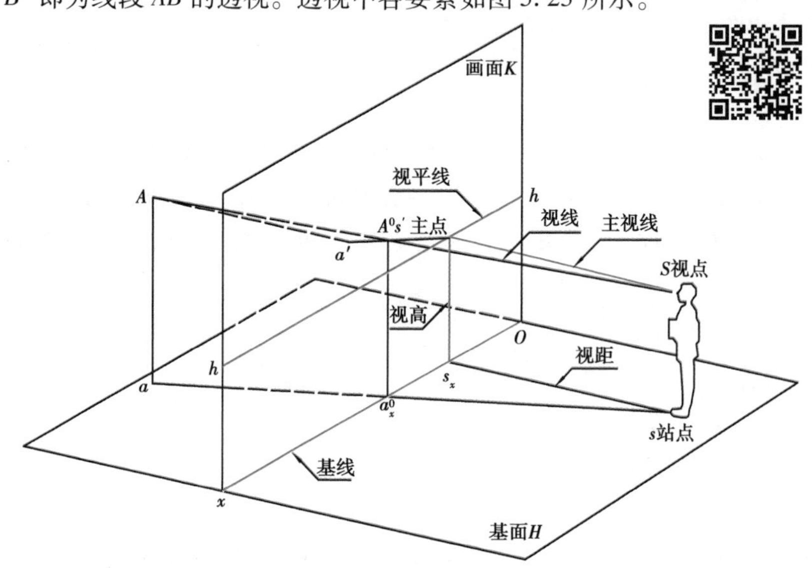

图 5.23 透视图的基本术语

H——基面,承载物体的平面,即地面。一般把地面看作正投影面 H 面。

K——画面,绘制透视的投影面。

Ox——基线,画面与基面的交线。

S——视点,投影中心。

s——站点,视点 S 在基面上的正投影,即观察者站立的位置。

Ss——视高,视点 S 与站点 s 间的距离。

s'——主点,视点 S 在画面上的正投影。

Ss'——主视线,通过视点且与画面垂直的视线,也称为视中线,Ss' 也表示视点 S 与主点 s' 间的距离,称视距,$Ss' = ss_x$。

hh——视平线,通过视点 S 所作视平面与画面的交线。视平线平行于基线 Ox。

SA——视线,空间点 A 与视点 S 的连线。

A^0——透视,视线与画面的交点,用与空间点相同的字母,于右上角加“0”表示。

a^0——次透视,点 A 在基面上的正投影 a 的透视。

α——视角,视锥的锥顶角。

用眼睛凝视前方景象时所能看到的范围,也就是从瞳孔这一中心点放射出去的无数视线所笼罩的空间范围,这个以瞳孔为顶点的圆锥形范围称为视锥,其圆锥顶角称为视锥角,也称为视角,其最大范围为 140°左右。视锥角在 60°以内视物清楚(图 5.24),最清晰视野的视角在28°~37°范围之内。视锥的轴线就是视中线,它与画面交于视平线上,交点即为主点。

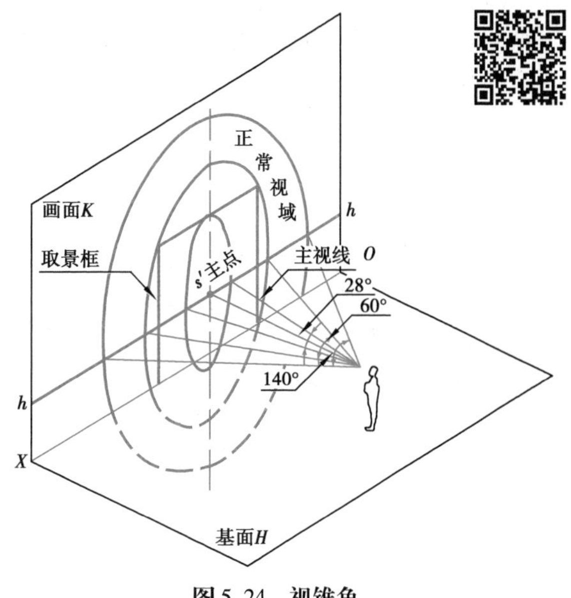

图 5.24 视锥角

3)透视的分类

当视点、画面和形体三者的相对位置不同时,形体的透视形象将呈不同的形状,从而产生了各种形式的透视图。这些形式不同的透视图的适用情况以及所采用的作图方法都不尽相同。习惯上,可按透视图上灭点的多少来分类和命名;也可根据画面、视点和形体之间的空间关系来分类和命名。若按透视图上的灭点的多少来分类与命名,透视图可分为 3 种。

(1)一点透视　画面平行于透视对象的一个坐标面 xOz,则 Oy 轴垂直于画面。如图5.25所示,与 Oy 轴平行的直线的透视汇聚于视平线上的一个灭点;而 Ox 轴和 Oz 轴平行于画面,与它们平行的直线无灭点。故一点透视也称平行透视。

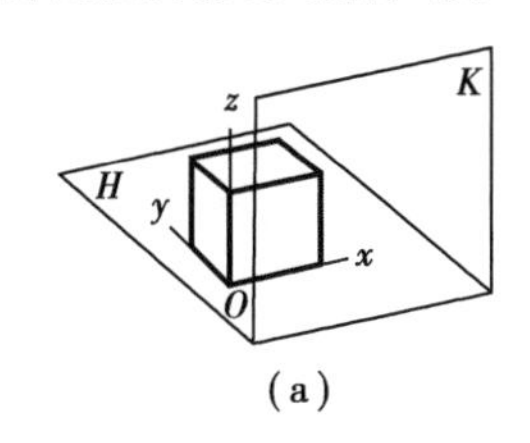

(a)

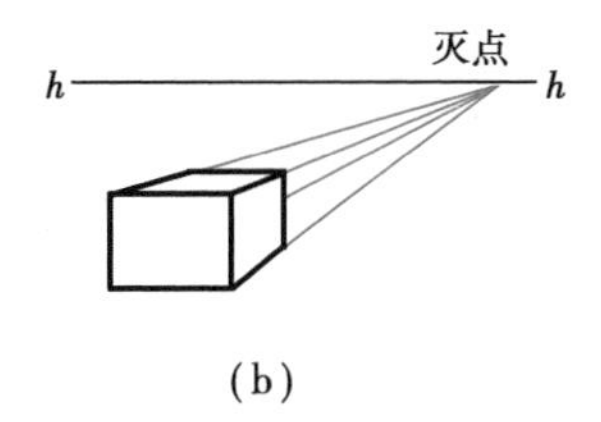

(b)

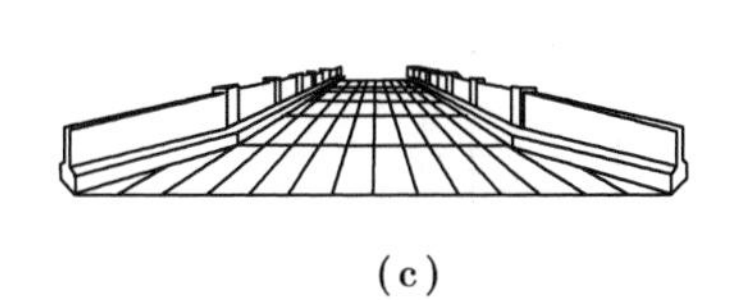

(c)

图 5.25 一点透视

(a)直观图;(b)透视图;(c)实例

(2)两点透视　画面平行于透视对象的一个坐标轴 Oz 而与其余两坐标轴 Ox,Oy 成一定的角度,因而具有两个灭点,故称为两点透视。如图 5.26 所示,与 Ox 或 Oy 平行的直线的透视分别汇聚于视平线上的两个灭点,但与 Oz 轴平行的直线无灭点。两点透视也称为成角透视。

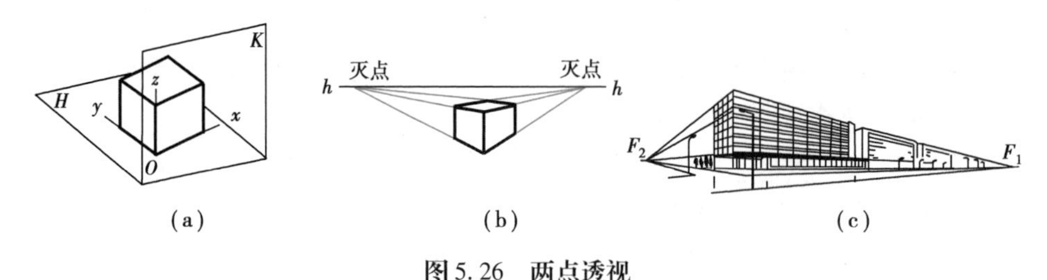

图 5.26　两点透视

(a)直观图;(b)透视图;(c)实例

(3)三点透视　画面与投影对象 3 个坐标轴都不平行,因而具有 3 个灭点,故称三点透视,与 Ox 轴和 Oy 轴平行的直线的灭点仍在视平线上。三点透视一般用来画大型建筑(如纪念碑、塔等)的透视图(图 5.27)。三点透视也称斜透视。

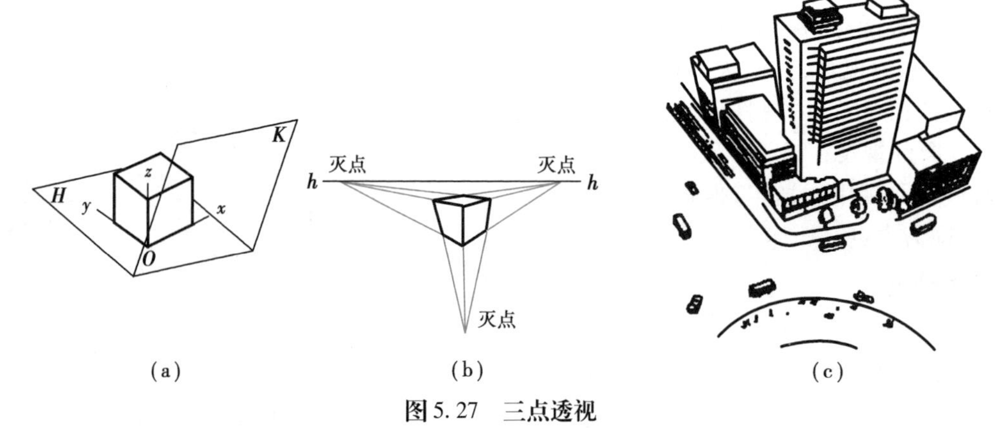

图 5.27　三点透视

(a)直观图;(b)透视图;(c)实例

在上述的一点透视中,当画面倾斜于基面时,所作透视通称为平行斜透视。

当上述各类透视图的视点高于投影对象时,画面上的图像就会显示出"俯视"效果,此时则称透视图为"鸟瞰透视"或"鸟瞰图"。其透视关系如图 5.28(b)所示。

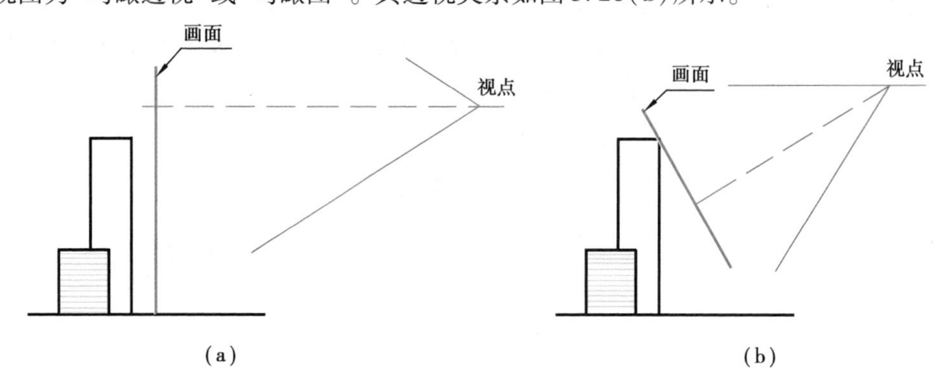

图 5.28　鸟瞰图画面位置

(a)一点透视或两点透视;(b)鸟瞰透视

4）透视参数的确定

（1）透视参数　园林透视的基本作图步骤可用图 5.29 中的框图来表示。

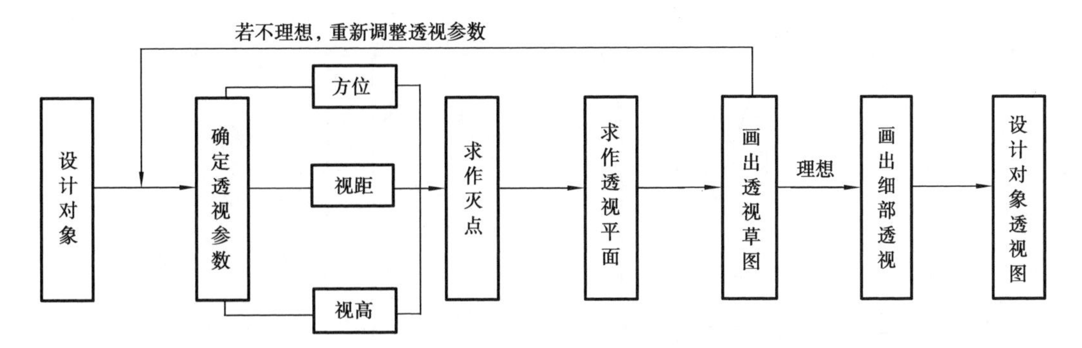

图 5.29　园林透视的基本作图步骤

由园林透视的作图步骤可见，要使画出的透视图符合人们处于最适宜位置观察物体时所获得的最清晰的视觉印象，首先必须正确选择视点、画面和物体三者之间的相对位置，其中视点由视距和视高两个参数的取值来确定。

（2）影响透视参数的因素　影响透视参数取值的因素有 3 个方面。

①视点与视角、视距的关系。视点的选择要尽可能使视角保持在 19°～50°，一般控制在 60°以内，画室内透视时可以稍大于 60°，但不宜超过 90°，否则会失真。

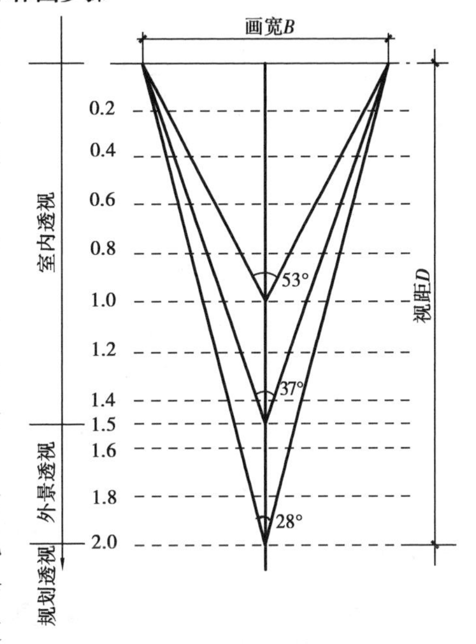

图 5.30　可供选择的相对视距

如图 5.30 所示，由于视角的大小随画宽和视距的比值而定，所以可以用相对视距 D/B 的数值来表示视角的大小，从而确定视点的位置。图 5.30 表明了在绘制透视图时可供选择的相对视距的一系列数值。用这一系列相对视距的数值可以作出各种不同视觉效果的透视图，一般在绘制外景透视时宜选 D/B 的值在 1.5～2.0 范围内。在绘制室内透视时，由于受室内面积的限制，不适宜使 D/B 的值在 1.5～2.0 范围内，这时可选择 $D/B<1.5$。相对视距 $D/B>2.0$ 可用来画规划透视图。

图 5.30 所示的视中线即视角的分角线。但实际作图时，常常发生视中线不是分角线的情况。此时，要注意视中线和画宽的交点不要超出画宽的三分之一中段。这样就能保证所作透视图变形为最小，否则会严重失真。

②视点与画面的相互关系。着手画图时，选择好画面、物体及视点间的相互位置是绘制透视图的关键。物体与画面的相对位置确定之后，视点位置的选择应有利于物体的表达和画面的布局，应能表达形体的特点和主要部分。如图 5.31 所示，物体的位置当 $\theta>\theta_1>\theta_2$、$\theta_2=0$时（绘制外景透视一般 θ 以 30°～45°为宜），s_1，s_2，s_3宜选如图所示的位置。视点确定后，视中线和画面的位置也就随之而确定。

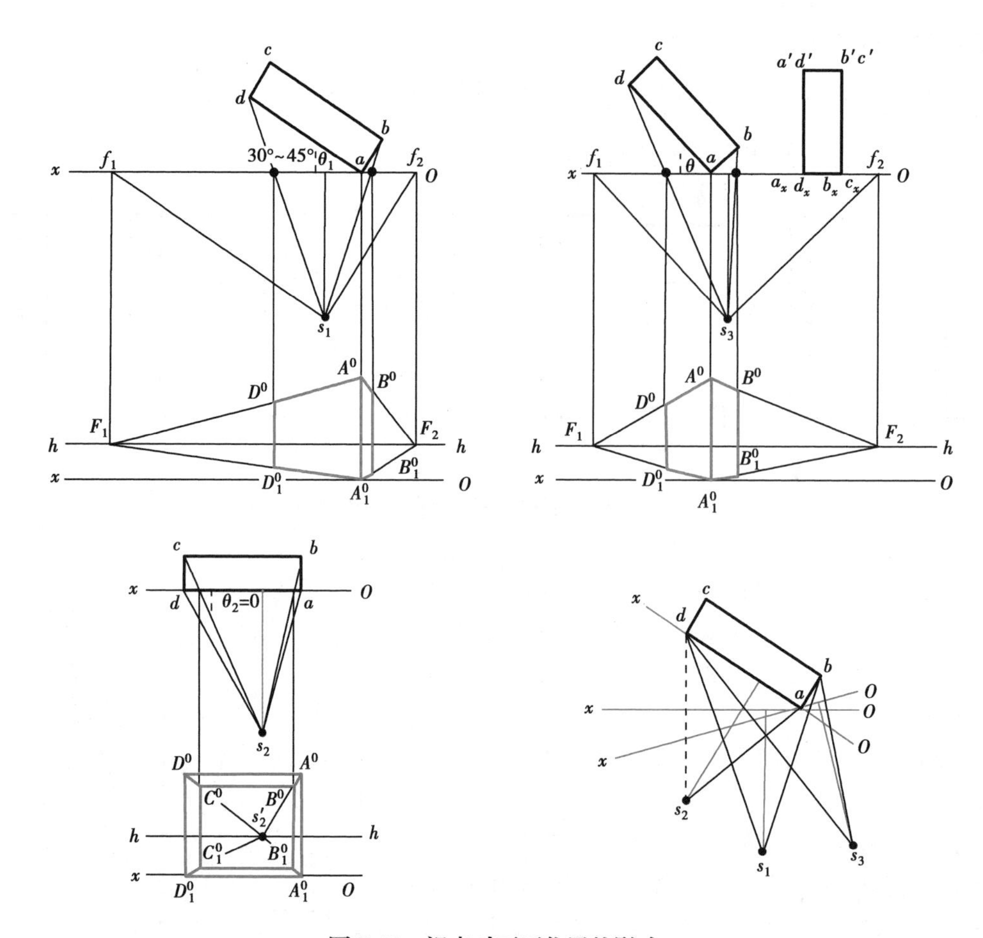

图 5.31　视点对画面位置的影响

③视平线高度的选择。视点的高低确定了视平线的高度和高低变化;对所表现的景物的透视形象影响甚大。在一般情况下,取人的平均高度 1.5 ~ 1.7 m,但这不能作为不变的定律,须视景物的类型及表现的需求而定。

图 5.32 所示为一个长方体房屋模型在不同视高下透视图的变化情况。

• 视平线取在接近房屋墙脚线的地方,即视高相当于 1.5 ~ 1.7 m,此时两边墙脚向灭点的消失较缓,而屋檐的消失则陡斜,适宜于画有屋檐的建筑,如图 5.32(a)所示。

• 视平线取在接近屋高的中间,墙脚与屋檐消失的程度大致相同,这样,透视图就显得呆板,一般不采用,如图 5.32(b)所示。

• 视平线取在接近屋檐处,消失的情况与图 5.32(a)相反,适宜画平房,如图 5.32(c)所示。

• 视平线与地平线重合,则两边墙脚线的透视与地平线重合,屋檐的透视更陡斜,适宜于绘制雄伟的纪念性园林建筑,如图 5.32(d)所示。

• 视平线取在高出园林建筑处,画出的鸟瞰图有利于表示园林建筑和道路、广场及园林建筑群之间的相互关系,适用于画厂区、区域规划的全貌和室内透视图,如图 5.32(e)所示。

• 视平线取在低于园林建筑处,这样画出的透视图称仰透视图,适用于画高山上的园林建筑透视和表现园林建筑檐口的局部透视,如图 5.32(f)所示。

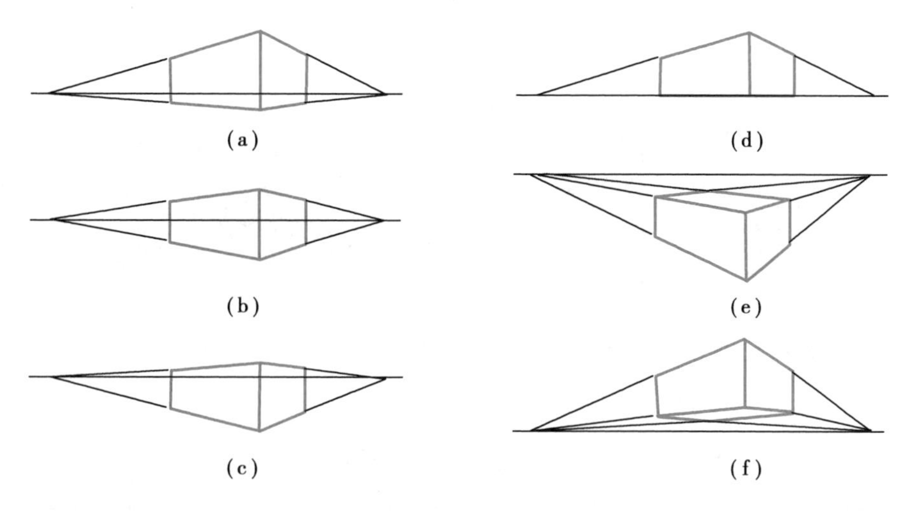

图 5.32 视平线高低对透视效果的影响

(a) $h=1.5\sim1.7$ m;(b) $h=1/2$ 房高;(c) h 接近房高;(d) $h=0$;(e) $h>$ 房高;(f) $h<0$

5.2.2 一点透视

1) 点的透视

点的透视就是过该点的视线与画面的交点。

图 5.33 所示为各种不同位置点的透视。设画面为 K,视点为 S。点 A 位于画面之后,作视线 SA,SA 与 K 面的交点 A^0 即为点 A 的透视。点 B 在画面 K 上,其透视 B^0 即为点 B 本身。点 C 在画面 K 之前,延长视线 SC,与画面 K 相交得透视 C^0。

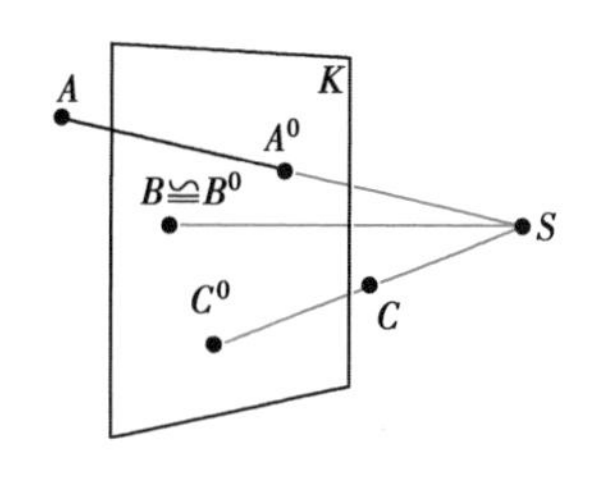

图 5.33 各种位置点的透视

点的透视可用正投影法中求直线和画面 K 交点的方法作出,称为视线迹点法。视线迹点法是透视图的基本作法。作图的实质是:过空间物体上各点作视线,求出视线与画面的交点,然后连接这些交点即得物体的透视。

【例 5.8】 如图 5.34(a)所示,已知点 A 的平面、立面投影、视点位置、视距、视高,求 A 点透视。

分析:如图 5.34(b)所示,设点 A 在 H 面和 K 面的投影为 a 和 a',视点 S 在 H 面和 K 面的投影为 s 和 s',连接 $s'a'$,则 $s'a'$ 为视线 SA 的 K 面投影。因透视 A^0 在 K 面上,其 K 面投影即为本身,故 A^0 必在 $s'a'$ 上。sa 为视线 SA 的 H 面投影,A^0 的 H 面投影就是 sa 与 Ox 的交点 a_x^0。

点 A 的 H 面投影 a 亦称基投影;基投影 a 的透视 a^0 称为 A 点的次透视。a^0 可由连接 Sa 与画面 K 相交而得。a^0 与 A^0 必位于 sa 与基线 Ox 交点 a_x^0 的同一垂直线上。

习惯上把画面 K 和基面 H 拆开来上下排列,如图 5.34(a)所示,K 面排在上方,H 面排在下方,这样,基线 Ox 在 H 面和 K 面上各出现一次。在作图时,H 面和 K 面在垂直方向应对齐。在画透视图时,H 面和 K 面通常可不画边框。

如图 5.34(c)所示,作图步骤如下:

- 作视线 SA,即在画面上作 $s'a'$ 和 $s'a_x$(视线 SA 和 Sa 在画面上的投影),在基面上连 sa(视线 SA 在基面上的投影)。

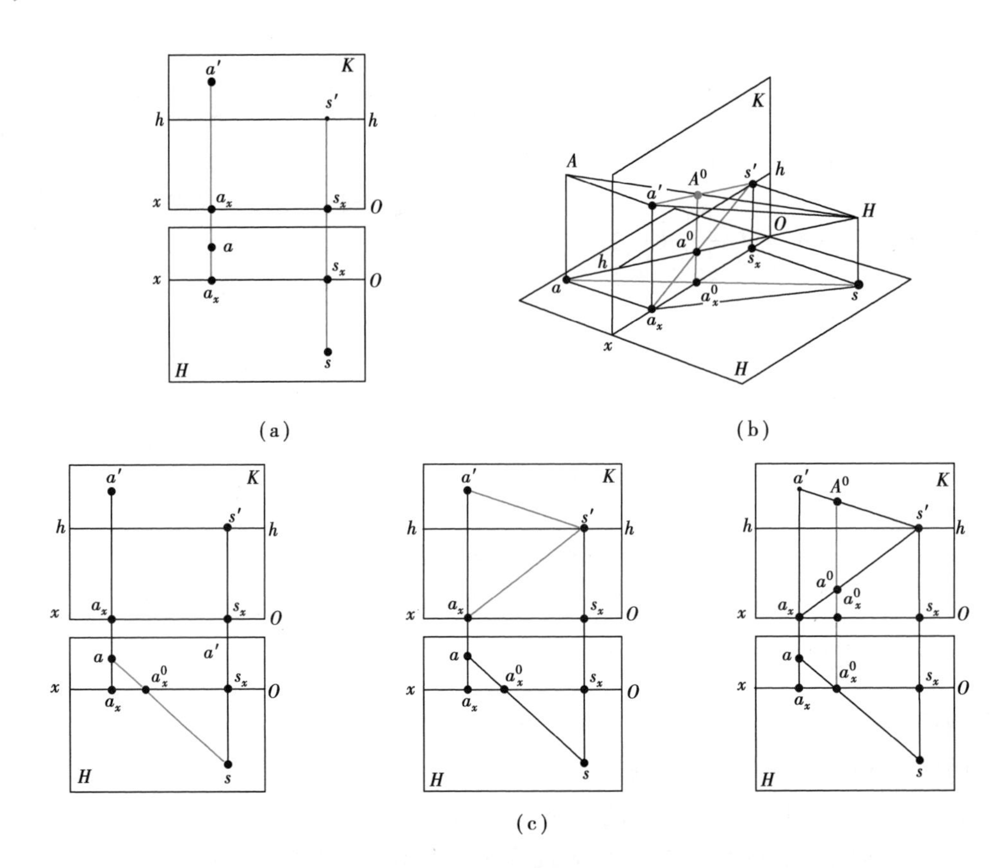

图 5.34 点的透视画法

(a)已知条件;(b)空间分析;(c)作图过程

- 求视线 SA 和 Sa 在画面的交点 A^0 和 a^0。

①求出基面上 sa 与 Ox 的交点 a_x^0;

②过 a_x^0 引垂直线,分别与 $s'a'$,$s'a_x$ 相交得交点 A^0 和 a^0,A^0 和 a^0 即分别为 A 点的透视和次透视。

应注意,由点的透视来表示该点在空间位置的条件,除了应知道视点和基面对画面的相对位置外,尚需画出该点的次透视。但在景物透视图上,不需表示出基面、视点对画面的相对位置,故不必画出景物的次透视。而点的次透视仅在作透视图过程中需要时才画出。

2)直线的透视

直线的透视在一般情况下仍是直线。当直线通过视点时,其透视为一点;当直线在画面上时,其透视即为本身。

直线对画面的位置可分为两大类:一是画面平行线,即与画面平行的直线;二是画面相交线,即与画面相交的直线。

(1)画面平行线的透视

①画面平行线的透视特性。与画面平行的直线没有灭点,或者说灭点在无限远处。因为由视点引出的与这类直线平行的视线也和画面平行而不能相交,或者说交于画面的无限远点,所以没有灭点。其透视的特性如下:

- 等长的两平行线段离画面近的长,远的短;在画面中的直线段的透视则反映线段实长。

- 画面平行线的透视与直线本身平行。
- 两条平行的画面平行线的透视仍相互平行。
- 画面平行线上各线段长度之比等于这些线段透视的长度之比。

如图5.35所示，直线AB平行于画面，其透视就是平面PAB与画面的交线A^0B^0，则$AB // A^0B^0$。所以，画面平行线的透视与直线本身平行。同样，如有另一直线$CD // AB$，同为画面平行线，由于$AB // A^0B^0$，$CD // C^0D^0$，因此$A^0B^0 // C^0D^0$，即互相平行的画面平行线其透视仍互相平行。

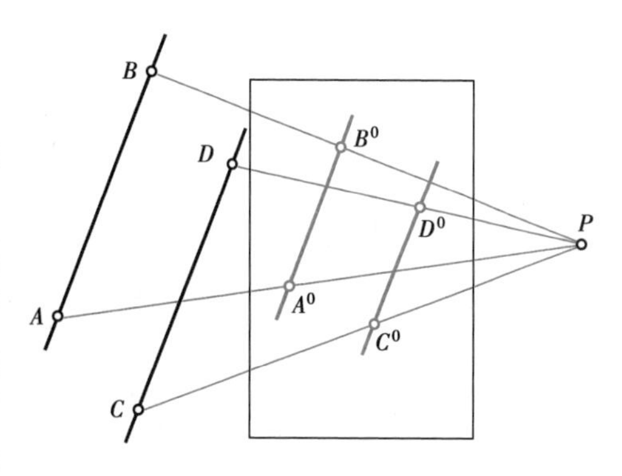

图5.35 画面平行线的透视

②基面垂线的透视作图(铅垂线)。铅垂线的透视仍是一条铅垂线，只是由于透视的原因，长度一般不等于原长度。如图5.36所示，AB即为一条铅垂线，A^0B^0为其透视，当铅垂线在画面上时，它的透视就是其本身，反映直线的真实高度，称真高线，可利用它来确定透视高度。

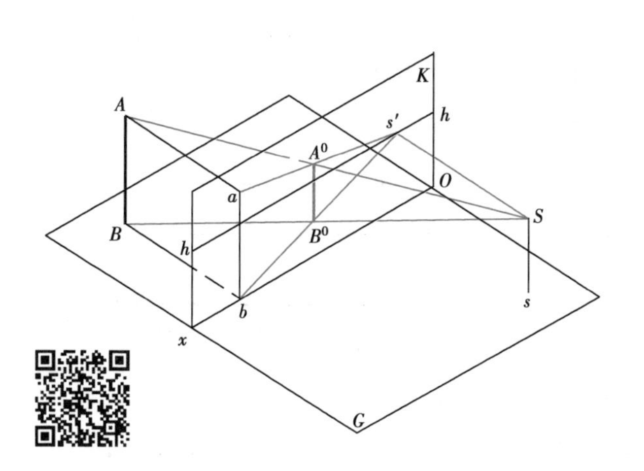

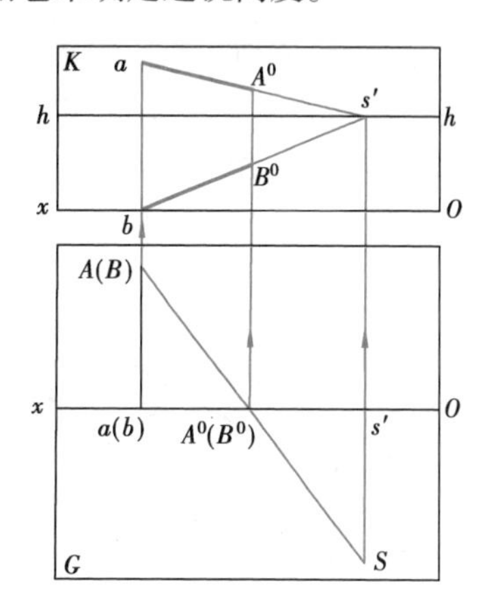

图5.36 基面垂直线的透视

(2)画面相交线的透视　直线与画面的交点称为直线的画面迹点，简称迹点。如图5.37所示，将线段AB向画面延长，与画面相交于点N，N就是迹点。N的迹点的透视即是N本身，其H面投影n是AB的H面投影ab与Ox的交点，n也就是迹点N的次透视。

所以，直线的迹点就是直线与画面K的交点，它的次透视在基线Ox上。

直线上无穷远点的透视称为该直线的灭点。

我们将图5.37中的线段AB及其H面投影ab分别向距画面K越来越远的方向延长至无穷远处的点M_∞和m_∞。又从几何学可知，两平行直线相交于无限远点，因而，通过一直线上无限远点的视线必与该直线平行。所以，由视点S连接M_∞的直线SM_∞必然平行于直线AB并与画面交于点M，M就是直线AB上无穷远点M_∞的透视，也即直线的灭点。由S作直线Sm_∞平行于ab，可在画面上得点m_∞的透视m。因为过S且平行于ab的直线是一条水平线，所以m_∞的透视m必在视平线hh上。

故此，直线的灭点实际上是由视点引出的与已知直线平行的视线与画面的交点。求直线的灭点(以下用字母F标记)，实际上是作一条视线与已知直线平行，再求此视线与画面的交点。

根据直线灭点的作图原理可知：一切与画面相交的水平线，其灭点均在视平线hh上。因为

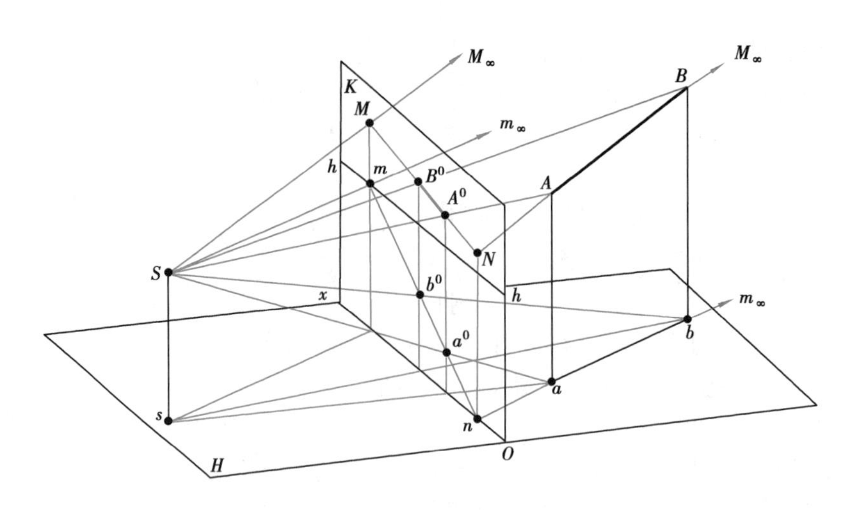

图 5.37　迹点法求画面相交线透视

平行于水平线的视线也是水平线，所以它们与画面的交点必在视平线上。

（3）画面垂直线的透视作图　如图 5.38 所示，直线 AB 垂直于画面 K，AB 的灭点是过 S 作 AB 的平行线与画面 K 的交点，即为主点 s'，求 AB 的透视，A 点是画画迹点，其透视为它本身，As' 为 AB 的透视方向，用视线迹点法可作出直线 AB 的透视 A^0B^0，像这种利用直线灭点和过某点的视线在画面上的迹点来求作透视的方法，称视线法（也称建筑师法）。

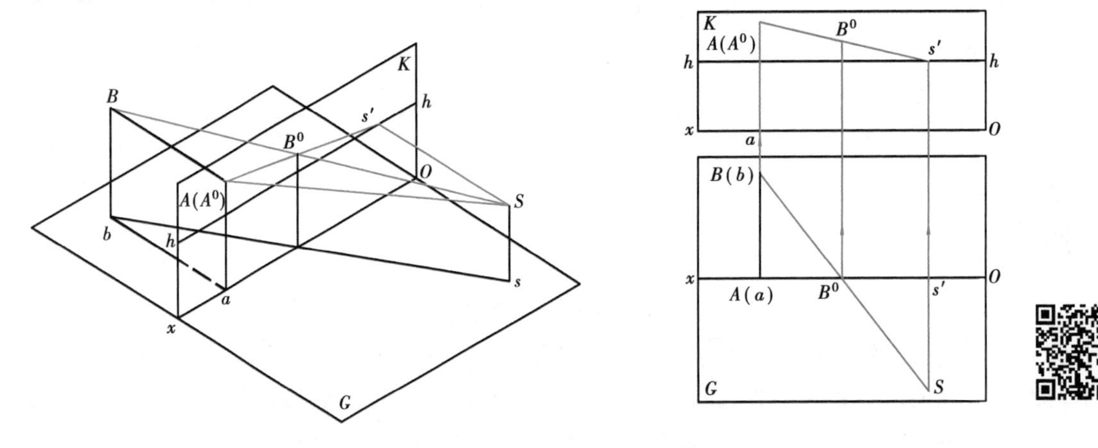

图 5.38　建筑师法求画面垂直线的透视

3）平面的一点透视

（1）多边形平面的一点透视　根据平面的灭线实质上为平行于平面的视平面与画面的交线，我们可以推知：

● 凡水平面，其灭线即为视平线。如图 5.39 所示，R_1，R_2，R_3等均为平行于基面 H 且高度不同的平面的透视，其画面迹线 R_{k_1}，R_{k_2}和 R_{k_3}必为不同高度的水平线，其灭线为视平线 hh（R_f重合于 hh）。

● 与画面平行的平面可理解为与画面相交于无限远，所以没有灭线。如图 5.39 所示，P 平面平行于画面，其透视为一个与原平面相似的图形，其灭线在无限远处。

● 凡同时垂直于基面和画面的平面，其灭线必垂直于视平线且通过主点。如图 5.39 所示，Q 平面是一个铅垂面，且垂直于基线 Ox，其画面迹线 Q_K和灭线 Q_f均为铅垂线，其灭线 Q_f通过主

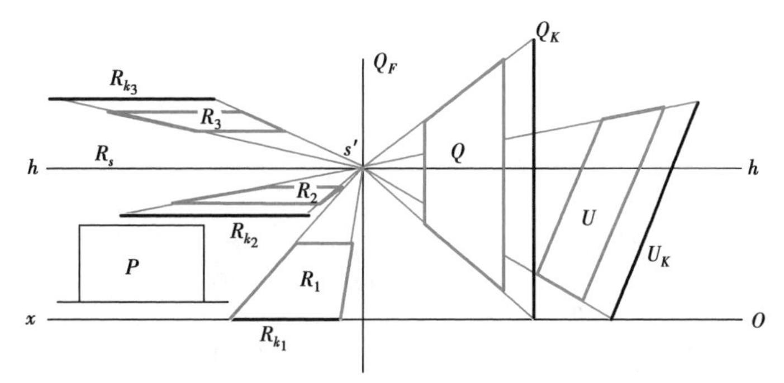

图5.39　特殊位置平面的透视

点 s'（$Q_f \perp hh$）。

• 凡垂直于画面的平面，其灭线必过主点。如图5.39所示，U 平面是一个正垂面，即平面垂直于画面而与基面 H 倾斜，其灭线 U_f 也过主点 s'，且和平面迹线 U_k 平行（图上未画出）。

• T 平面是一个铅垂面，其灭线为过视平线上某一灭点 F 的铅垂线。

另外，如同相互平行的直线有共同的灭点一样，空间互相平行的平面也有共同的灭线。所以，在透视图上，空间相互平行的平面在无限远处必相汇于一条灭线。

（2）圆的一点透视　当圆所在的平面不平行于画面时，圆的透视一般是椭圆。当圆所在的平面平行于画面时，圆的透视仍然是圆。画圆的透视时，如果透视成椭圆，通常是先作圆的外切正方形的透视，然后找出圆上的8个点，再用曲线板连成椭圆。如果透视成圆时，则应先找出圆心的位置和半径的透视长度，再用圆规画圆。

水平位置圆的一点透视：

画水平位置圆的透视的作图步骤如图5.40所示：

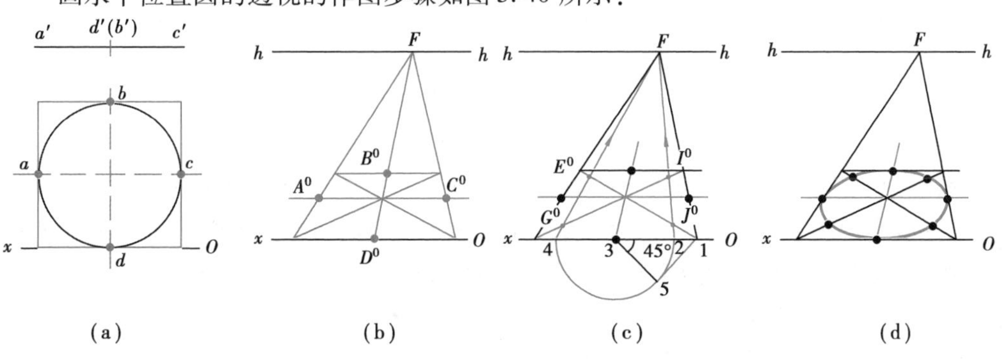

图5.40　水平位置圆的一点透视

（a）作圆外切四边形；（b）切点透视；（c）对角线上4个点的透视；（d）曲线连接各点

• 在平面图上，画出外切正方形，如图5.40（a）所示。

• 作外切正方形的透视，然后画对角线和中线，得圆上4个切点的透视 A^0，B^0，C^0 和 D^0，如图5.40（b）所示。

• 求对角线上4个点的透视。如图5.40（c）所示，作一点透视时，由于正方形的一边与基线重合，可直接在基线或平行于画面的边上作图。

• 用曲线板连8个点，所得椭圆即为所求，如图5.40（d）所示。

平行于画面的圆的一点透视：当圆所在的平面平行于画面时，先求出圆心 O 的透视 O^0，然后以半径 oa 的透视长度为半径，以 O^0 为圆心，用圆规画圆，如图5.41所示。

园林中常见的拱门的透视图如图 5.42 所示。

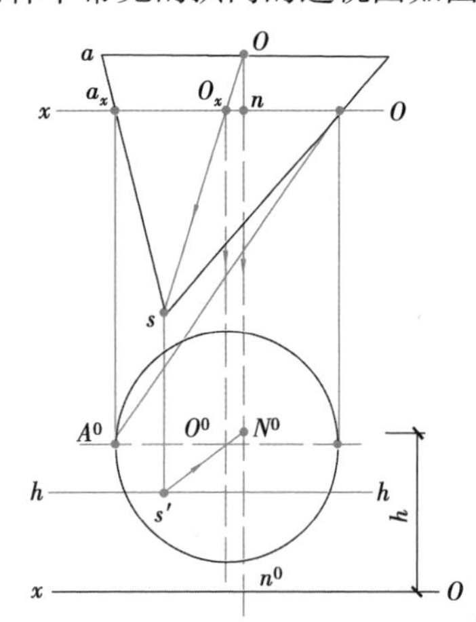

图 5.41　平行于画面的圆的一点透视

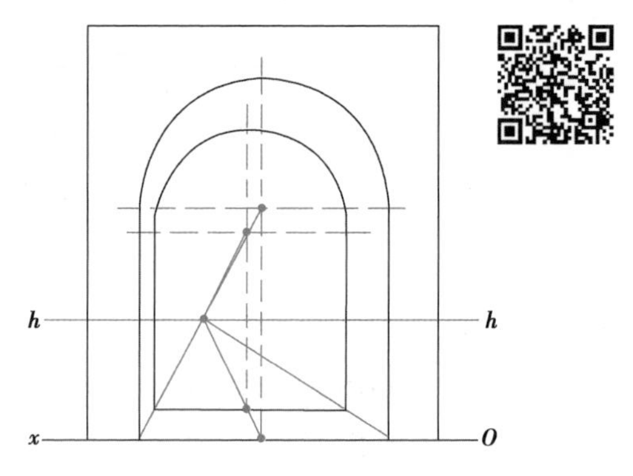

图 5.42　拱门一点透视

4)体的一点透视

(1)视线迹点法求作体的一点透视　视线迹点法是画透视图的基本作法。其作图原理是过空间物体上各点作视线,求出视线与画面的交点,然后连接交点得物体的透视。

【例 5.9】　已知室内布置的立面图和平面图,求作它的一点透视(图 5.43)。

分析:为使作出的透视图画面大些,一般须将画面放于房间的中间,或距视点较远的墙面上;视平线高度适当提高,约取 1.6 m;视角可稍大些,一般取 40°~50°,如有需要甚至可略超出 60°;为了突出室内主要部分,并使构图上不至于太呆板,站点可稍偏于一侧;真高线一般立在画面与室内侧墙面的相交处。

步骤:

①布局。将画面平行于正墙,视角取 40°~45°;站点稍偏于左侧,以突出室内右侧的主要部分;视点高度选 1.6 m 左右,画出视平线 hh,求宽度方向的灭点 F_2,在视平线上的 F_2 为主点 s'。

②作墙角线等的透视。左侧墙脚线 AB 和墙顶线 CD 分别与画面相交于 A^0 和 C^0,即画面交点。它们的全透视分别是 A^0F_2 和 C^0F_2。用视线交点法即可求得墙角线 BD 的透视 B^0D^0。同法作出右侧墙脚线和墙顶线的透视。最后连接正墙的墙脚线和墙顶线,由于它们在空间是平行于画面的水平线,它们的透视仍是水平线。

③作阁橱的透视。确定阁橱的透视高度时,先要求得橱底与左墙交线的画面交点 N^0,随之作出 E^0G^0,然后逐步完成阁橱的透视。

④作衣柜的透视。只要假想把衣柜向两侧延伸至与墙面相接,则作图法与阁橱相似。

⑤床、椅和门的透视。根据所求得的外框,画出细部,完成透视图。

(2)网格法作一点透视　由于曲线的透视一般仍为曲线,当平面曲线与画面重合时,其透视即为本身;与画面平行时,其透视的形状不变,但大小发生了变化。因此不适宜再用上述方法画它们的透视图。

当园林建筑或区域规划的平面形状复杂或为曲线曲面形状时,采用网格法绘制透视图较为方便。尤其在表现园林建筑群或区域性规划时,由于所表达的内容较多,包括单体园林建筑、道路、广场、绿化、水体及园林建筑小品等,透视轮廓复杂,所以通常利用网格法绘制鸟瞰透视来表达。

利用网格法作图的步骤是：先把园林建筑或区域规划平面图包围在一个正方形或长方形中，再把这个正方形或长方形分成更小的正方形网格，网格大小视图面复杂程度而定。网格越密，精度越高，所以常常在局部变化较多的地方采用大网格套小网格的办法。然后，画出所给定的网格的透视，把平面图上一系列的点按格子变化的趋势描绘到网格透视图的相应位置上，把各个点连接起来，便可得到平面图的透视。最后确定网格的透视平面图上各个点竖高度，即得园林建筑或区域规划的透视。

网格法不但应用于曲线图形，还常应用于较复杂的直线图形。

【例 5.10】 如图 5.44(a)所示，在平面图表示的有不规则的水池、曲折的道路和电线杆等，并已确定视点 S 的位置，求作其一点透视。

分析：区域平面图的水池、植物等形状不规则，且道路又呈曲线状，故采用一点透视网格，用网格法作图。

作图步骤：

①在平面图上以一定单位长度画好正方形格子，如图 5.44(a)所示。方格网为两组互相垂直的直线，一组直线为 1,2,3,…,11 等平行于画面，它们的透视将成为水平方向；另一组为 $a,b,c,\cdots,k$ 等垂直于画面的直线，它们的灭点即为主点 s'。

②在画面上定好视平线 hh 和基线 Ox，标出主点 s'和对角线的灭点 F，如图 5.44(b)所示。

③如图 5.44(b)所示，先作出所有画面垂直线的迹点。在本图中，各迹点都在基线 Ox 上，与它们的透视 $A^0,B^0,\cdots,K^0$ 重合。再与主点 s' 连接，得各线的全透视 $As'^0,Bs'^0,Cs'^0,\cdots,Ks'^0$。在作画面平行线组的透视时，可利用网格对角线的透视原理，连 K^0F 与已求得的画面垂直线的全透视 $As'^0,Bs'^0,Cs'^0,\cdots,Js'^0$ 相交，过各交点作基线 Ox 的平行线，即为各画面平行线的透视 $2^0,3^0,4^0,\cdots,11^0$。至此，方网格的透视完成。

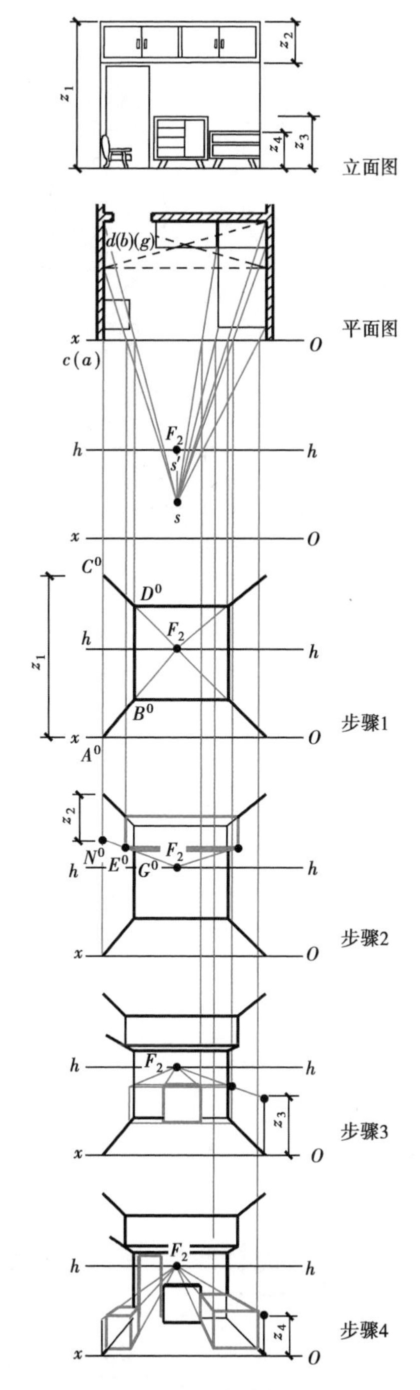

图 5.43 室内一点透视作图步骤

④把平面图按格子变化的趋势描绘到网格透视的相应格子上，就可得透视平面图。如图 5.44(c)所示，在平面图中的曲线上选取适当的点，如水池边上的 P,Q,Y 等点，按照它们处于网格中的位置，在网格的透视中定出 P^0,Q^0,Y^0等点，再用曲线连接起来，就得出水池的透视。取点越多，透视越精确。

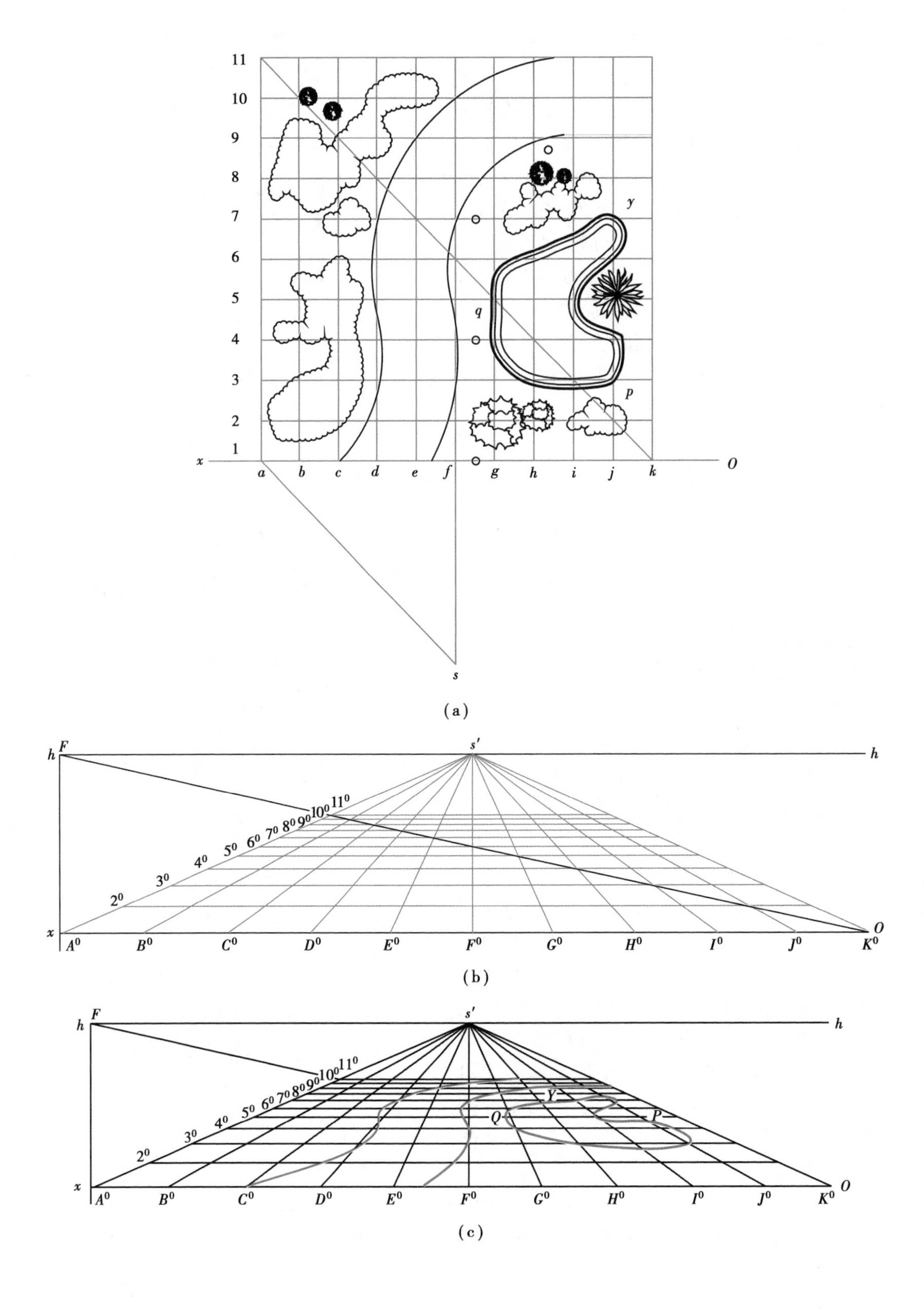
11
10
9
8
7
6
5
4
3
2
1
x
a b c d e f g h i j k
O
y
q
p
s
h F
s′
h
1⁰ 2⁰ 3⁰ 4⁰ 5⁰ 6⁰ 7⁰ 8⁰ 9⁰ 10⁰ 11⁰
x
A⁰ B⁰ C⁰ D⁰ E⁰ F⁰ G⁰ H⁰ I⁰ J⁰ K⁰
O
Y
Q
P

(a)

(b)

(c)

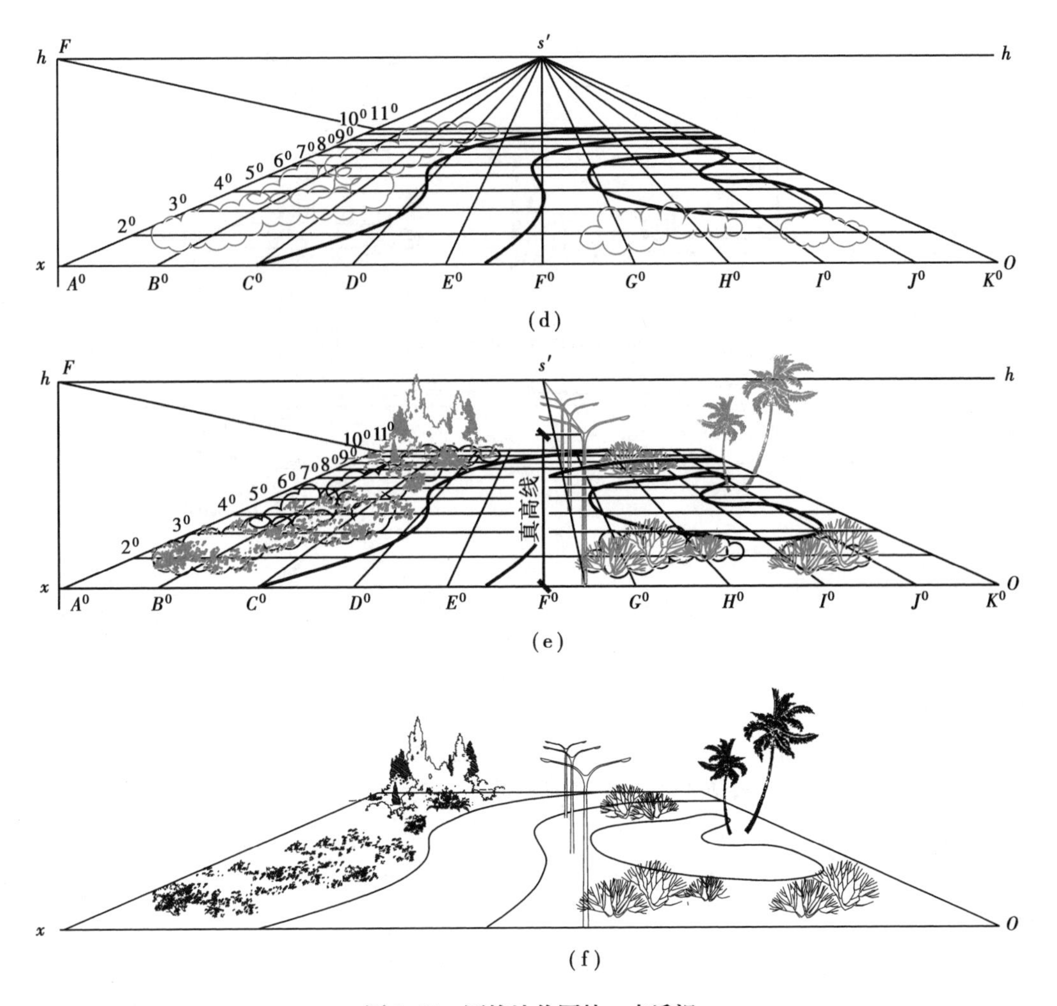

图 5.44　网格法作园林一点透视

(a)平面方格网;(b)方格网透视;(c)作主要地形;

(d)植物平面透视;(e)各点竖高度;(f)整理成图

道路的透视作图同上法。不规则灌木丛定出控制范围,大致形似即可。

⑤确定透视平面上各点竖高度,如图 5.44(d)所示。例如,在画面上的电线杆应为其真实高度,连接真高线顶点至 s',即可得电线杆高度控制线。所有构筑物、实体高度应通过透视方法求得,植物高度可估量。

(3)回转体的一点透视　园林中常有园凳、花钵、雕塑、石柱柱头等回转体。蘑菇亭的形体就属回转体一类,其一点透视如图 5.45 所示。

步骤:

①圆柱部分先画上、下底圆的透视,直线连接拐点,即完成圆柱透视。

②作蘑菇曲面部分的透视。蘑菇曲面部分是一曲线回转面,其透视画法的实质是作出回转面上若干纬圆的透视,这些透视椭圆的包络线就是蘑菇曲面的透视轮廓线。求作纬圆透视越多,透视越准确。一般拐点处纬圆都应该求作透视。图 5.45(c)中,示意了 P_0 和 P_1 处纬圆透视的作图方法和蘑菇曲面的透视。

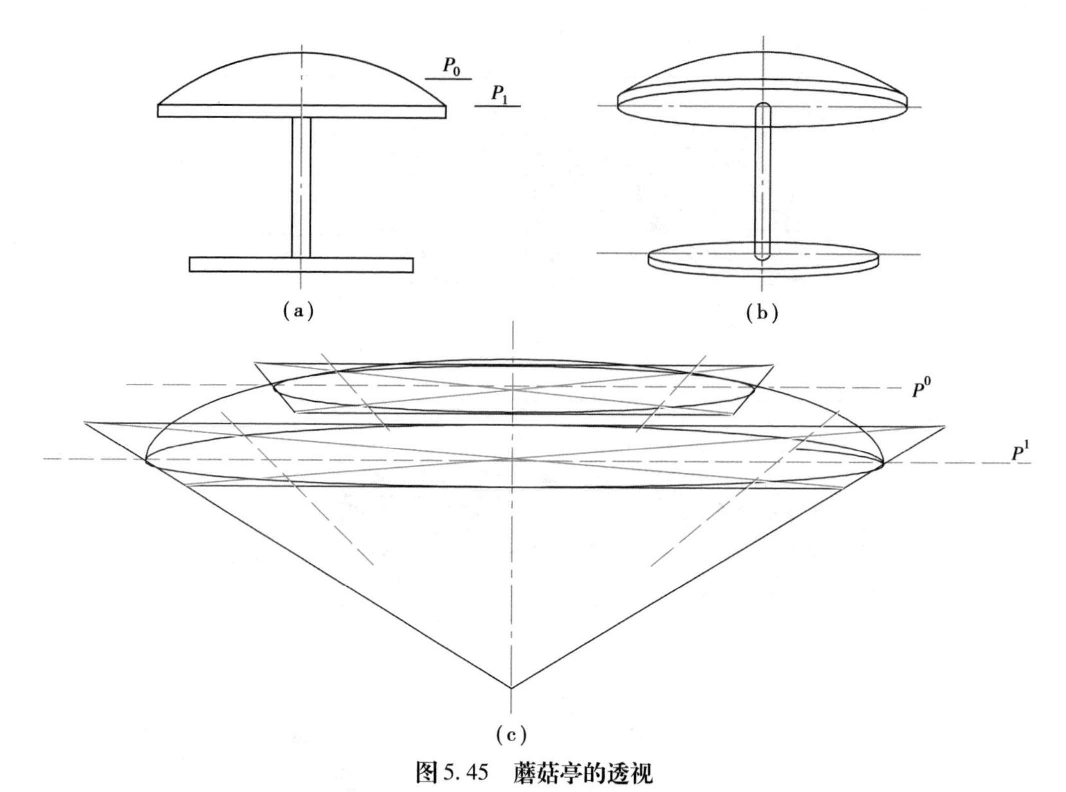

图 5.45　蘑菇亭的透视

(a)蘑菇亭立面;(b)蘑菇亭透视;(c)透视方法示意

5.2.3　两点透视

1)平面的两点透视

(1)多边形平面的两点透视　平面的透视一般情况下仍为平面。当平面通过视点时,其透视为一直线。平面图形的透视就是组成该平面图形的边界线的透视。所以,绘制一多边形平面的透视,可归结为作出此平面各边的透视。

【例 5.11】　如图 5.46 所示,已知在基面上的矩形 $ABCD$,选定基线 Ox 及站点 s 的位置和视平线 hh 后,求作其透视图。

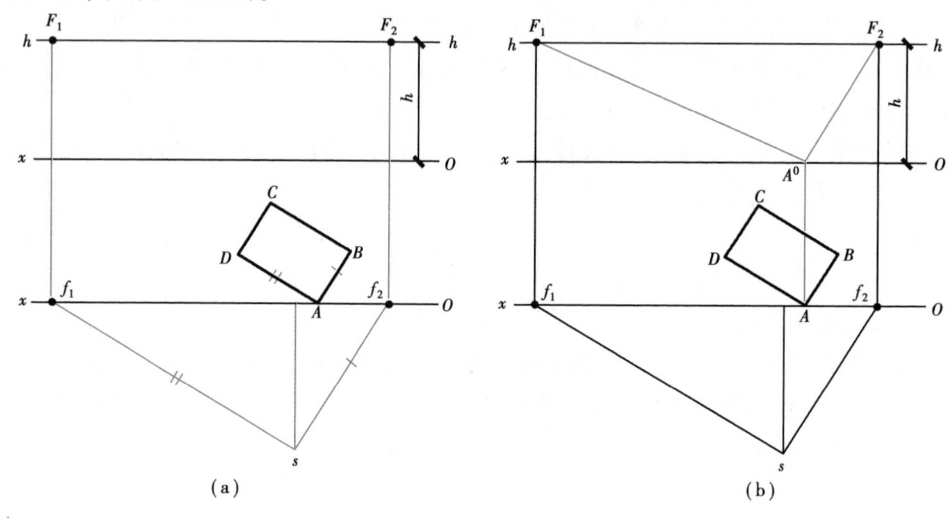

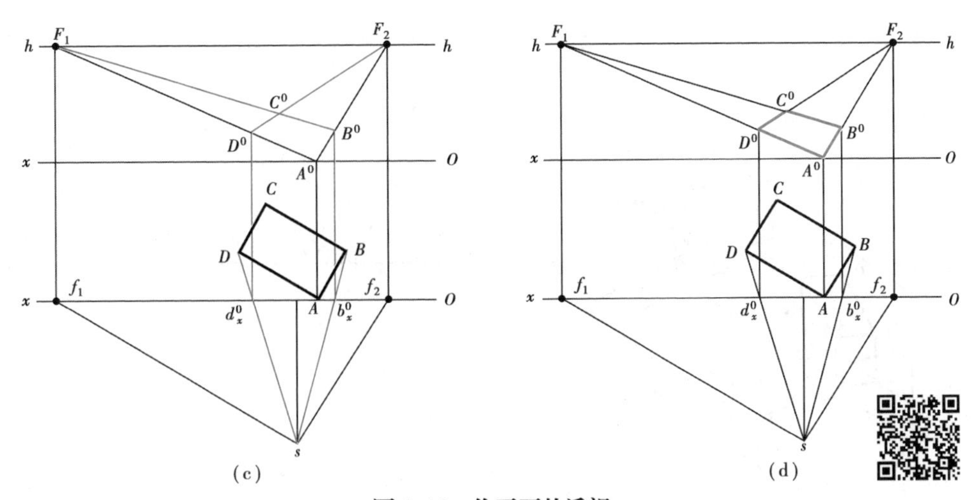

图 5.46 作平面的透视

(a)求灭点;(b)求点 A 的透视;(c)求点 B,C,D 透视;(d)整理完图

步骤:

①过点 A 作基线 Ox 垂直于 ss_x,再过站点 s 分别作平行于 AB 和 AD 的直线与 Ox 分别交于 f_1 和 f_2,即为 AB,CD 和 AD,BC 两组平行线的灭点在基线 Ox 上的投影,于是可得在视平线 hh 上的灭点 F_1 和 F_2。

②连接 sB,sC,sD 分别与 Ox 相交于 b_x^0,c_x^0,d_x^0,过各点向上引 Ox 垂线交 A^0F_1 和 A^0F_2 于 B^0,C^0,D^0,连 A^0,B^0,C^0,D^0 即得矩形 $ABCD$ 的透视 $A^0B^0C^0D^0$。

(2)圆的两点透视 画水平位置圆的透视,作图步骤如图 5.47 所示。

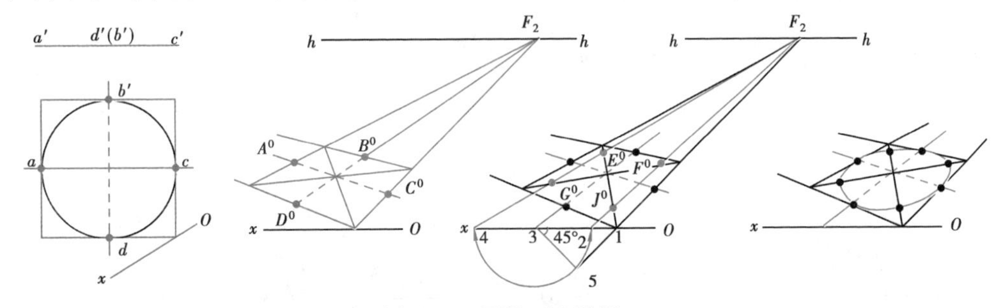

图 5.47 圆的两点透视

①在平面图上,画出外切正方形。

②作外切正方形的透视,然后画对角线和中线,得圆上 4 个切点的透视 A^0,B^0,C^0 和 D^0。

③求对角线上 4 个点的透视。当作两点透视时,如图 5.47 所示,要延长 F_2D^0,交基线于点 3。然后以 13 为斜边作等腰直角三角形。以直角边 35 为半径,点 3 为圆心,作圆弧交基线于点 2 和 4,连 $2F_2$ 和 $4F_2$,交对角线于点 J^0,F^0,G^0 和 E^0。

④用曲线板连 8 个点,所得椭圆即为所求。

当圆所在的平面垂直于地面,但不平行于画面时,作图方法与上述类似。

2)体的两点透视

【例 5.12】 求长方体的两点透视(图 5.48)。

步骤:

①确定画面位置、视距、视高。

②求灭点。过 s 作 AB,AC 的平行线,分别交 Ox 于 f_1,f_2,再过 f_1,f_2 作 hh 的垂线,得灭点 F_1,F_2。

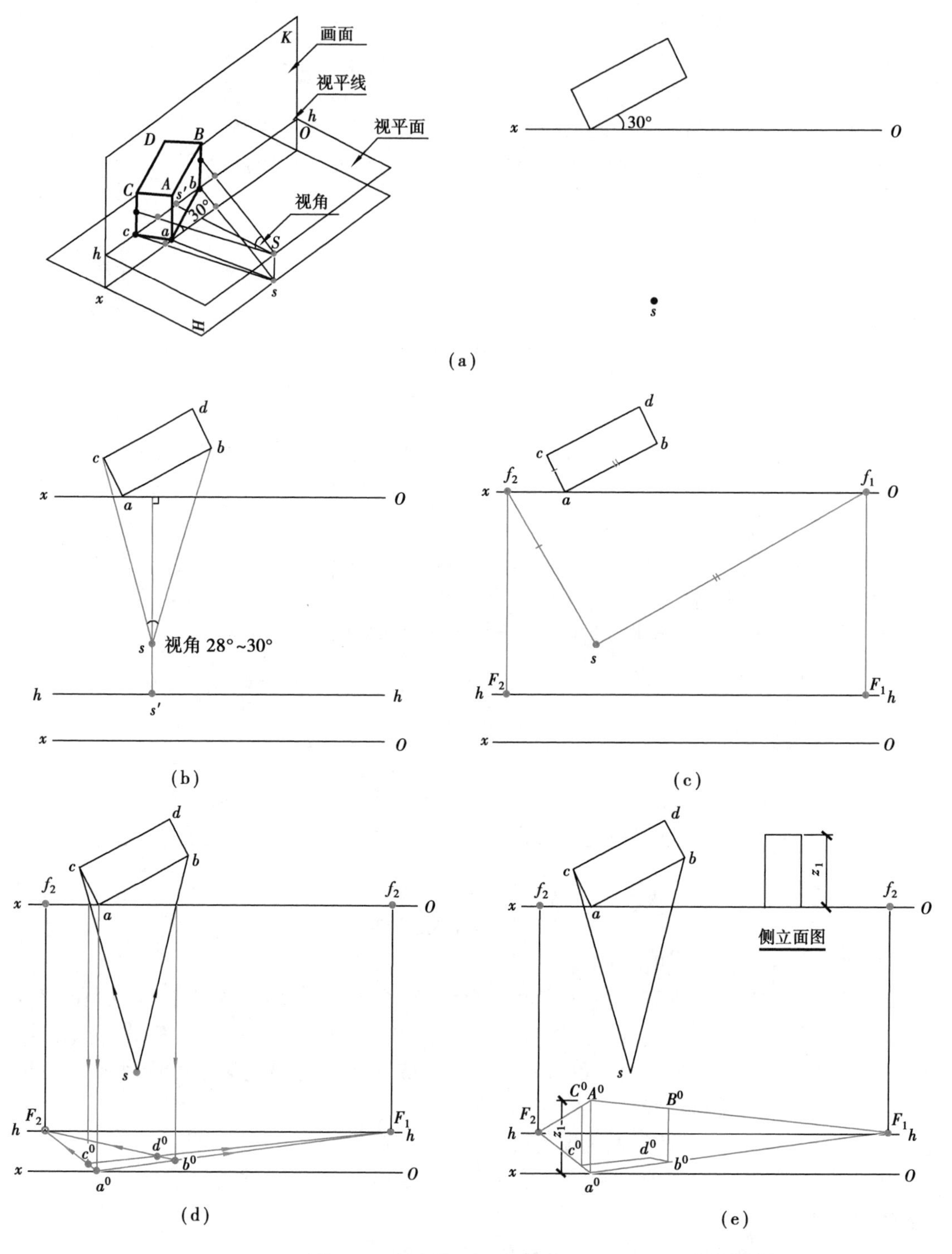

图 5.48 长方体的两点透视

(a)确定画面、站点位置和视高;(b)确定视平线和视角;(c)求灭点;(d)求底面的透视;(e)竖高度

③求 $abcd$ 平面透视。

④因 A 在画面上,所以 A 点透视高度为物体真实高度。在 A 点量取物体高度,得 A^0。连接 A^0F_1,A^0F_2。再过 b^0,c^0 作垂线,交 A^0F_1,A^0F_2 于 B^0,C^0,透视完成。

【例 5.13】 绘制两坡顶房屋外形的两点透视(图 5.49)。

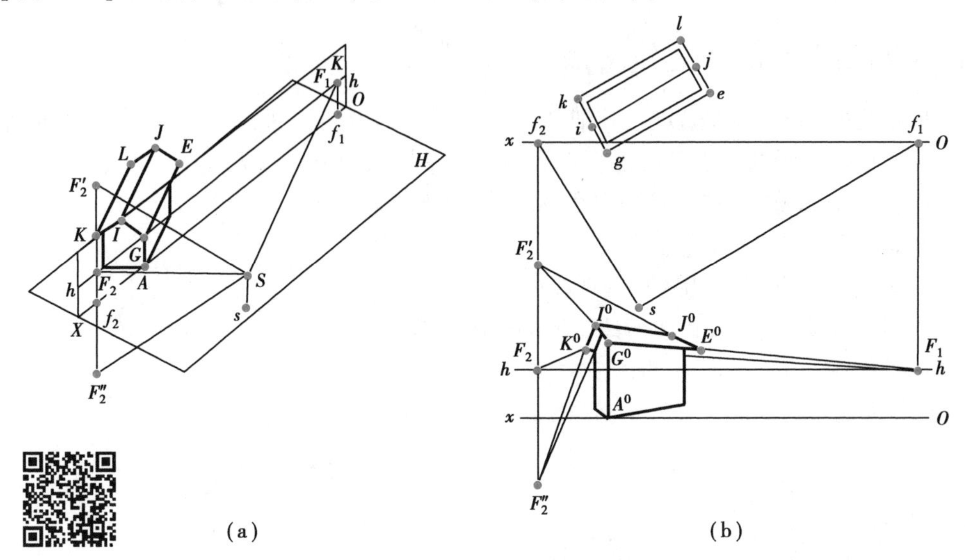

图 5.49 两坡屋顶的两点透视

(a)空间分析;(b)透视图

分析:该房屋外形由长方体和人字屋顶所组成。用视线迹点法作图时,将房屋一墙角 Aa 靠于画面,故反映真高;檐口线 GE 与画面交于 N,$N^0n_x^0$ 反映真高,可从侧立面图中量取墙 Ad 和 GE 的高度 z_1 和 z_2。

步骤:

长方体透视作法参见例 5.12。

①作屋檐线的透视。由于布局时已设置画面与墙角接触,因此前屋檐线就有一段 GN 凸出画面。作图时可如前所述,先求屋檐线 H 面投影 ge 的透视,然后竖高度,求出 G^0E^0。但不难看出,与墙角线 Aa 一样,直线 Nn 也位于画面上;于是,可直接从 n^0 截取檐口高度 z_2,求得点 N 的透视 N^0。然后连 N^0F_1,就是前屋檐的全透视。最后用视线交点法,求两端点 G 和 E 的透视,即得 G^0E^0。

②作屋脊线 IJ 的透视。IJ 也是平行于长度方向的水平线,灭点是 F_1,它与画面没有现成的交点,作图时,就得先将屋脊线延长,与画面相交于点 M。点 M 的水平投影 rn,就是 IJ 的水平投影 ij 延长后与 Ox 的交点。因此,作图时,如图 5.49(b)所示,延长 ij 交 Ox 得 m,过 m 引垂直线交画面基线 Ox 于 m^0,从 m^0 起在铅垂线上量取 M^0N^0 等于屋脊高度 z_3,得屋脊的画面交点 M^0。连 M^0F_1,就是屋脊线的全透视。最后用视线交点法求出两端点 I 和 J 的透视,即得屋脊线的透视 I^0J^0。

③作人字屋檐的透视。求出前屋檐线和屋脊线的透视后,只要分别连 I^0G^0 和 J^0E^0,就得前坡面两侧人字屋檐的透视。也可先求出倾斜线 IG 和 JE 的灭点 F_2,再利用灭点作图。IG,JE 在空间是两平行直线,因此它们的透视的延长线相交于灭点 F_2',亦即平行于人字屋脊 IG 和 JE 的视线 SF_2' 与画面的交点,如图 5.49(a)所示。由于人字屋檐的水平投影平行于宽度方向,所以

F_2'与 F_2应在同一铅垂线上。同样,后坡面的人字屋檐的透视 I^0K^0等的灭点 F_2'':(地点),也位于同一铅垂线上。而且 $F_2'F_2 = F_2F_2''$,因为$\triangle SF_2'F_2 = \triangle SF_2''F_2$,在求得 F_2'之后,如图 5.49(b)所示,就可截得 F_2''。连 I^0F_2'',求出 K^0,即得 I^0K^0。此外,还可利用 F_2''画出山墙与屋面的交线。图 5.49(b)中,画面上的图形经擦去作图线并描粗后,即为所求两坡顶房屋的透视图。

5.2.4 透视图上的简捷作图法

在求得景物的外形透视图以后,其细部可不必一一用上述方法去求作,而可在景物外形透视图上直接用简捷作图法添加其细部。现介绍几种常用的简捷作图方法。

(1)在矩形的透视图上求其等分中线　步骤(图 5.50):

①已知 *abcd* 为一矩形的透视图。

②作对角线 *ac*,*bd*,得 *m* 为矩形的透视中点。

③过 *m* 作 *ab* 的平行线 *gh*,即为该矩形的透视中线。

④同理可作 *abfe*,*abgh*,*hgcd* 的透视中线。

(2)矩形透视图的垂直等分　步骤(图 5.51):

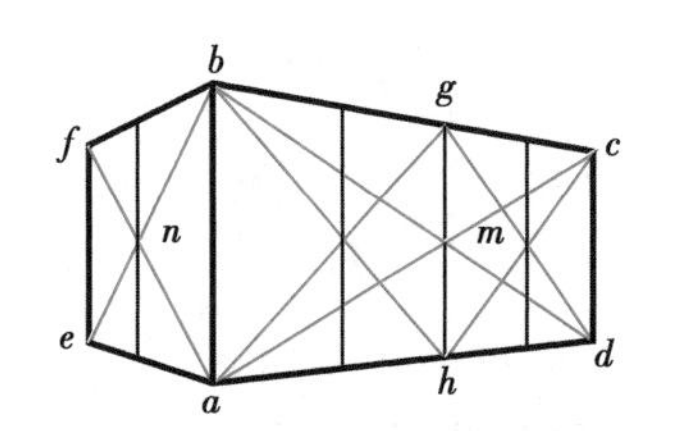

图 5.50　矩形透视等分中线

图 5.51　矩形透视图的垂直等分

①已知 *abcd* 为一矩形的透视图。

②过 *ab* 两端点的任一点作水平直线,同时将实际等分点标在此线上。

③连接两端点 5*c*,并延长交于视平线上一点 *K*。

④自 *K* 作 1,2,3,4 各点的连线,交 *bc* 于 *e*,*f*,*g*,*h* 各点,过各交点作垂线,即为该矩形的透视垂直等分线。

(3)在透视图上利用透视中线作与已知矩形相等的矩形　步骤(图 5.52):

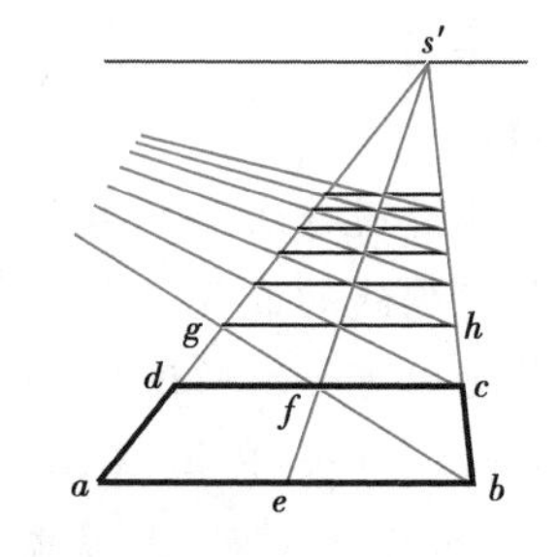

图 5.52　作与已知矩形相等的矩形

①已知矩形透视图 *abcd*,*e* 为 *ab* 之中点。

②自 *e* 连灭点,为该矩形之透视中线。

③自 *b* 连透视中线与 *cd* 之交点 *f*,并与 *ad* 之延长线交于 *g*,过 *g* 作与 *cd* 之平行线 *gh*,则 *cdgh* 即为所求。其余依此类推。

5.2.5 透视图中的阴影

在透视图中画阴影会使透视图更富表现力;画面更为生动、逼真,从而增强园林建筑造型的艺术感染力,更加深入细致地表达园林建筑或规划设计意图。在透视图中求作阴影就是作形体落影的透视,前述正投影图中的落影规律,有些仍可加以运用,有些在运用时应结合透视的变形和消失规律,有些则完全不能利用。这些问题将在下面列举的具体例图中予以说明。

1) 光线的方向及其确定

一般采用平行光线绘制透视阴影。而平行光线可根据它与画面的相对位置不同而分为两种:一是平行于画面的平行光线,称为画面平行光线;另一种是与画面相交的平行光线,称为画面相交光线。根据它在透视图中有无灭点,前者又可称为无灭光线,后者又可称为有灭光线。

(1)平行于画面的平行光线　如图5.53(a)所示,平行于画面的平行光线的透视仍保持平行,并反映光线对基面的实际倾角;光线的 H 面投影平行于 Ox,故光线的基透视为水平方向。光线可从右上方射向左下方,也可从左上方射向右下方,而且倾角大小可根据需要选定。

如图5.53(b)所示,光线方向与画面平行时,画面上的立体形象呈侧光效果。在侧光照射下,立体的两个可见面,一个受到光线的直接照射,光影多变;另一个立面处于阴面。

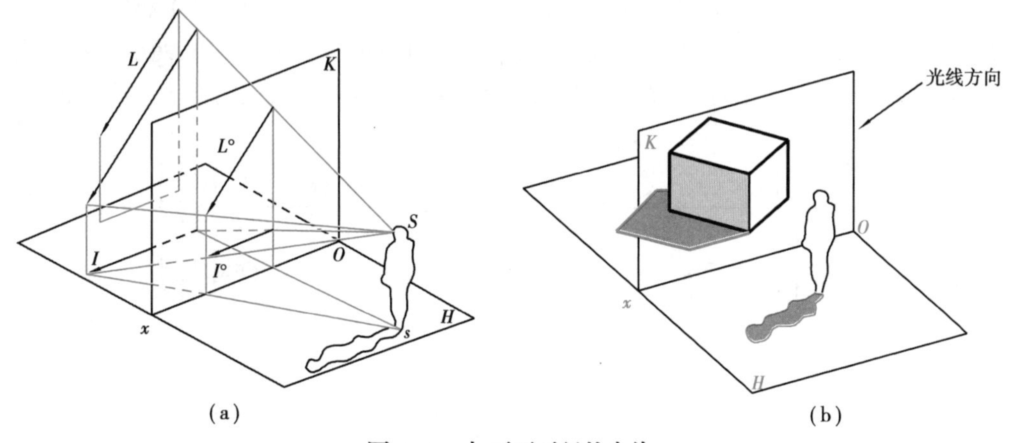

(a)　(b)

图5.53　与画面平行的光线

(2)相交于画面的平行光线　相交于画面的平行光线,如同相交于画面的直线一样,在画面上有它的灭点。光线的透视则汇交于光线的灭点 F_L,其基透视则汇交于视平线 hh 上的基灭点 F_1,F_L 与 F_1 的连线垂直于视平线。

画面相交光线的投射方向,有两种不同的情况:

①光线自画面后向观者迎面射来,如图5.54所示。此时,光线的灭点 F_L 在视平线的上方(相当于天点),光源如果是太阳的话,F_L 就是太阳的透视位置。

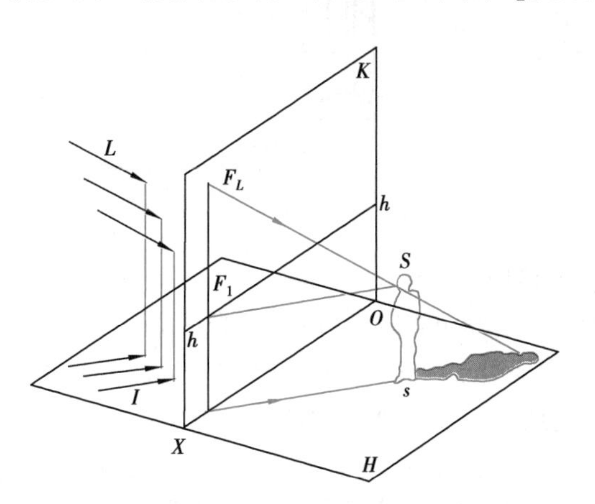

图5.54　迎面来的光线

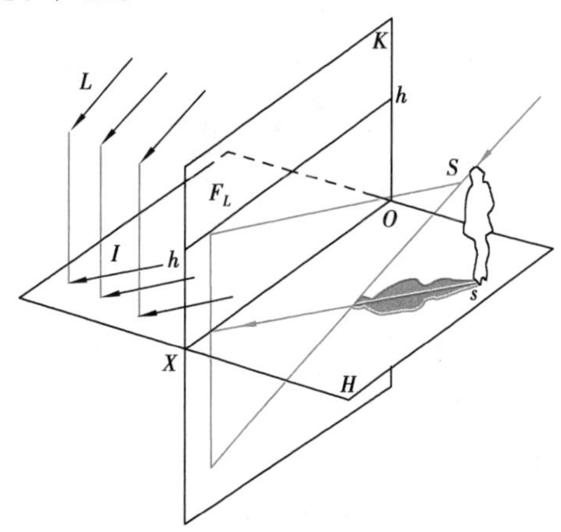

图5.55　背后来的光线

②光线自观者背后射向画面，如图 5.55 所示，光线的灭点 F_L则在视平线的下方（相当于地点）。

如图 5.56 所示，光线方向与画面相交时，可用光线方向的基面正投影与立体平面图的关系，确定光照的性质，可分为正射光、左侧光、右侧光和逆光 4 个光照区域。

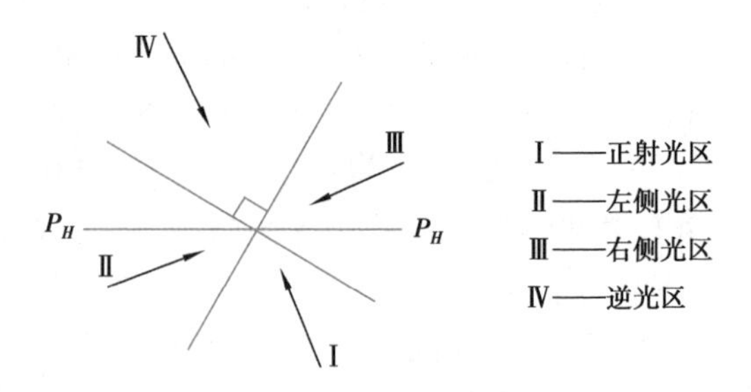

图 5.56　画面相交光线

在 4 种不同方向的光线照射下，立体表面的阴面和阳面，会产生如下的变化（图 5.57）：

如图 5.57（a）和图 5.57（c）所示，从观察者的左侧或右侧射向立体的光线，称为侧光。在侧光照射下，光线灭点在立体两个主向灭点 F_1和 F_2的外侧。在透视图中，两个可见的主向平面，一为阳面，一为阴面。这时，造成了强烈的明暗对比，主体突出，增强了立体的体积感。

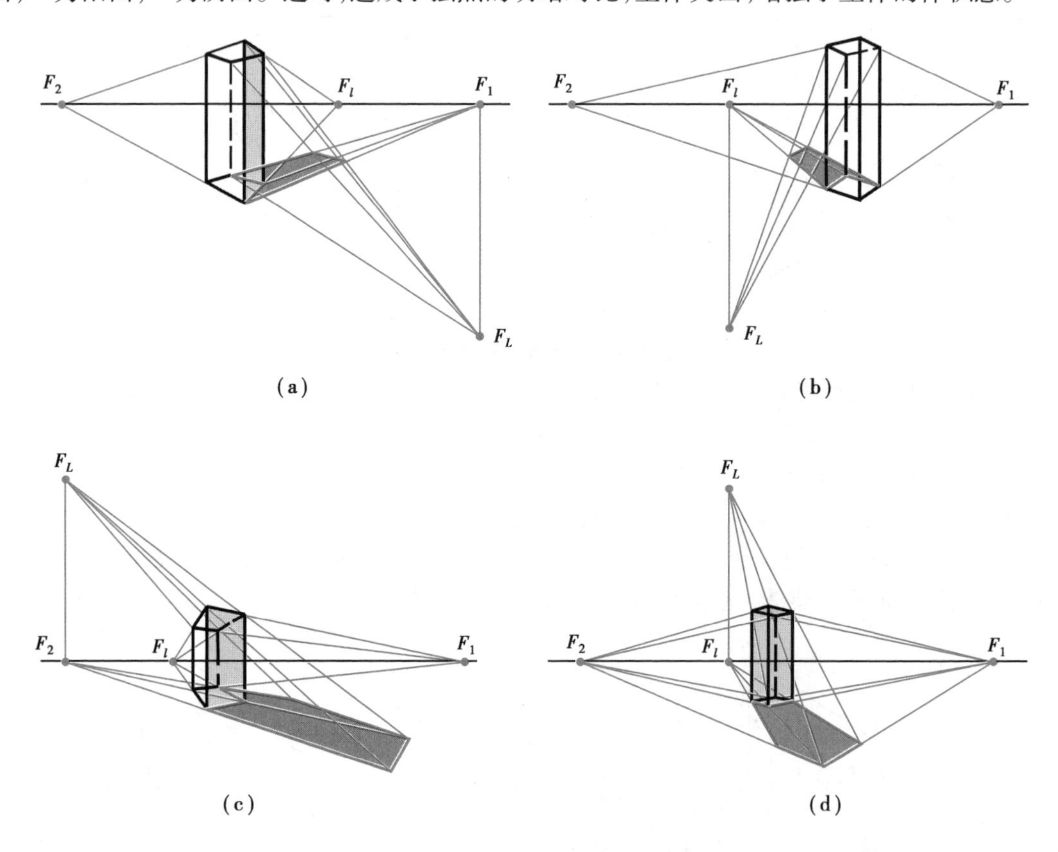

图 5.57　不同光线下阳面、阴面的变化

如图 5.57（b）所示，从观察者背后射向立体的光线称为正射光。在正射光照射下，光线灭点位于两个主向灭点 F_1和 F_2之间，立体的两个可见立面都受到光线的直接照射，光影变化丰富多彩，充分显示了立体两个可见主向平面利用光影关系进行艺术处理的造型特点。

如图 5.57（d）所示，从立体背后射来的光线，称为逆光。在逆光下观察立体时，光线灭点位于两个主向灭点 F_1和 F_2之间，这时立体的两个可见立面都处于阴面，在背景衬托下，立体外形的透视轮廓极其明显、突出，具有特殊的艺术效果。

透视阴影作图一般采取图 5.57(a),(b)所示形式,图 5.57(c)可采用,但图 5.57(d)很少采用。

2)透视阴影的基本作图

从投影法来看,立体在光照下的阴影现象,其落影的所有轮廓线(即影线)实质上就是阴线在承影面上的平行投影。因此,它具有平行投影的一般特点,如直线和承影平面平行,它的落影必平行于直线本身;直线和承影面相交,它的落影必通过两者交点的落影;铅垂线在 H 面上的落影,必与光线在 H 面上的投影相重合。这些基本性质在透视阴影中也同样保持。

(1)光线迹点法

【例 5.14】 如图 5.58 所示,已知足球门架及一悬于半空的足球(看做是一点)的透视 A 和基透视 a,求在画面平行光线下的落影。

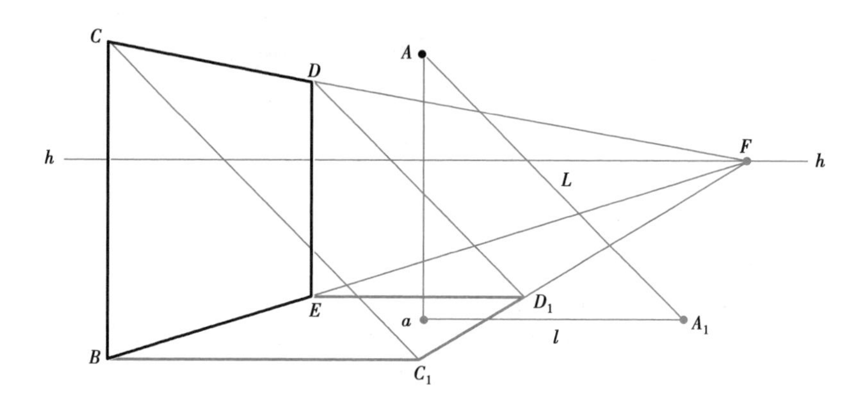

图 5.58 光线迹点法求足球门架落影

分析:在足球门架中,由于两立柱是画面平行线,包含它们所引的光平面与画面平行,故两根立柱的落影仍保持平行;门架的横木 CD 是基面平行线,它在基面上的落影 C_1D_1 必与其本身平行,与画面相交,故在透视图中,CD 和 C_1D_1 消失于同一灭点 F。

采用画面平行光线(图示为 45°光线),并运用光线迹点法作图。

步骤:

①求透视 A 的落影点 A_1。

过点 A 作光线的透视 L(45°线),过 a 作光线的基透视 l(水平直线),则 L 和 l 的交点 A_1,就是点 A 在地面(基面)上的落影。

②求足球门架的透视落影。

过点 C,D 作光线透视 L 的平行线,过 B,C 作光线的基透视 l 的平行线(水平直线),对应的两线相交即得 C,D 的透视阴影 C_1,D_1。连 C_1D_1 得门架的横木 ED 透视落影,C_1D_1 与基面平行线 CD 平行,故同消失于灭点 F。

门架立柱 CB,DE 的端点 B,E 的落影即为其本身,端点 C,D 的落影即 C_1,D_1。连 BC_1 和 ED_1,得 $BC_1 /\!/ ED_1$,即门架立柱 CB,DE 之透视落影。BC_1,ED_1 也可视为过 BC,DE 光平面(铅垂面)与基面之交线 BC_1,ED_1。

(2)光截面法与返回光线法

【例 5.15】 求图 5.59 中立杆 AB 在地面和单坡屋顶上的落影。

步骤:

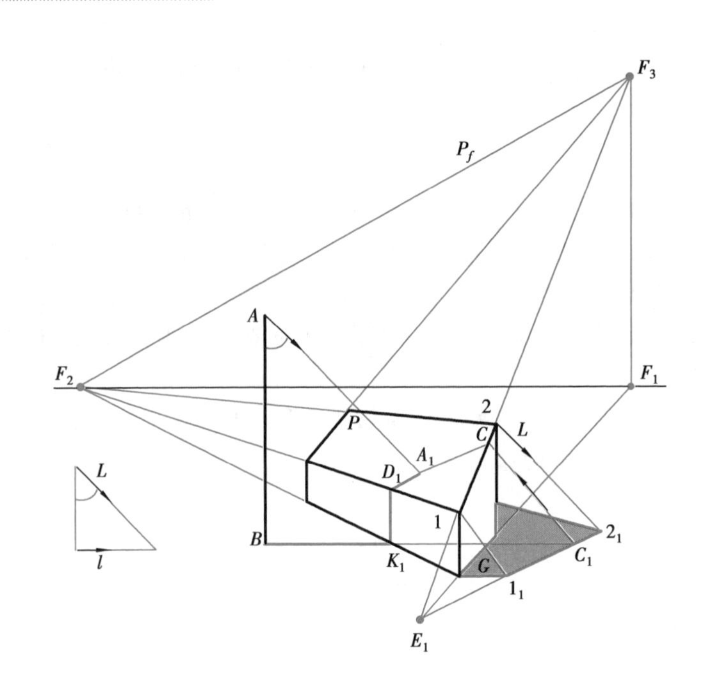

图 5.59　光截面法或返回光线法求旗杆落影

①运用光线迹点法求小房屋脊在地面上的落影。

屋面角点 1 和 2 在地面上的落影 1_1 和 2_1，用光线迹点法作出。延长影线 1_12_1 必通过阴线 12 和地面的交点 E_1。过影点 2_1 作透视线消失于主向灭点 F_2，即为小房屋脊在地面上的落影。

②运用光截面法或返回光线法求立杆 AB 在屋面 P 上的落影。

立杆 AB 在地面上的落影的一段是水平线 BK_1，K_1 是折影点，由此落影到墙面上，在墙面上的落影 K_1D_1 是铅垂线，落影由 D 转折到屋面 P 上。为求立杆 AB 在屋面 P 上的一段落影，可用返回光线法，如图 5.59 所示，用过地面上的影点 C_1 作返回光线而求出。

5.2.6　透视图中的倒影

当反射平面为水面时，把与物体对称于反射平面的图像称为倒影。园林建筑及园林庭院的透视图上，往往根据实际需要，画出水面倒影，以增强图像的真实感。

倒影的形成原理就是物理上光的镜面成像的原理：即物体与平面镜中的像和物体的大小相等，互相对称。对称的图形具有如下的特点：

- 对称点的连线垂直于对称面——水面；
- 对称点到对称面的距离相等。

在透视图中求作一物体的倒影，实际上就是画出该物体对称于反射平面的对称图形的透视。

如图 5.60 所示，河岸右边竖一电杆 Aa，当人站在河岸左边观看电杆 Aa 时，同时又能看到在水中的倒影 A^0a。连视点 S 与倒影 A^0，SA^0 与水面交于 B，过 B 作铅垂线，就是水面的法线。AB 称入射线，AB 与法线的夹角称入射角 α_1；SB 称反射线，反射线与法线的夹角称为反射角 α_2。直角三角形 $\triangle AaB = \triangle A_0aB$，即 $Aa = aA_0$。且同在一直线上，a 为对称点。AA_0 垂直于水面，$Aa = A_0a$，由此得到求倒影的作图步骤：

①过点 A 作 Aa 垂直于水面（水平面），并得出 A 在水面上的投影 a。

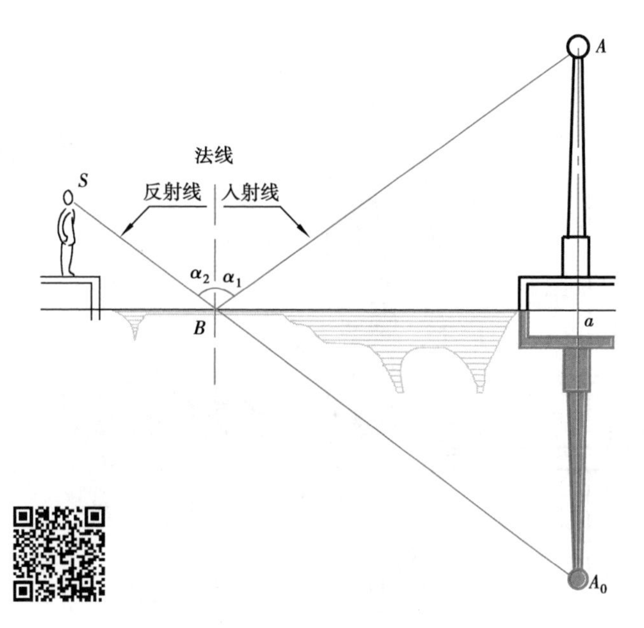

图 5.60　旗杆倒影

②在 Aa 的延长线上取 $A_0a=Aa$，所得 A^0 即为点 A 在水中的倒影。连接物体上各点的倒影即可求得物体在水中的倒影。

【例 5.16】　已知园林建筑形体及其环境的两点透视如图 5.61 所示，求水中倒影。

分析：园林建筑形体及其环境为两点透视，水中倒影也应符合两点透视原理和特性。因此，根据其透视图，可确定一些特征点。然后采用对称图形的简捷画法，作出其水下对称点，并按透视关系连接起来，即可作出倒影的透视。

作图步骤：

①作岸边一点 K 的倒影。

过 K 作垂直线 KK^0，以其垂足 k 为对称点，量取 K_k^0 等于 Kk，作出点 K 的倒影 K^0。

②作四角亭的屋角点 C 的倒影。

过 C 作垂直线 CC^0，并求作其垂足。

求垂足的方法：连 C_1F_1 与岸边线交于点 D，过 D 作垂直线与水面线交于点 d，连接 dF_1 并延长与 CC^0 相交，交点 c 即为垂足。

取 $cC^0=Cc$，求得点 C 的倒影 C^0；再取 $C_2c=C_1c$，求得点 C_1 的倒影 C_2。

③倾斜线（上行线）Ab^0 的倒影 A^0b^0 表现为下行线，$aA^0=Aa$。显然，倒影的透视消失于 F_4，且 $F_2F_4=F_3F_2$。这一点也是由于其对称性所决定的。

④同理求得其他的特征点，然后再采用对称图形的简捷画法，并按透视关系完成倒影的透视作图。

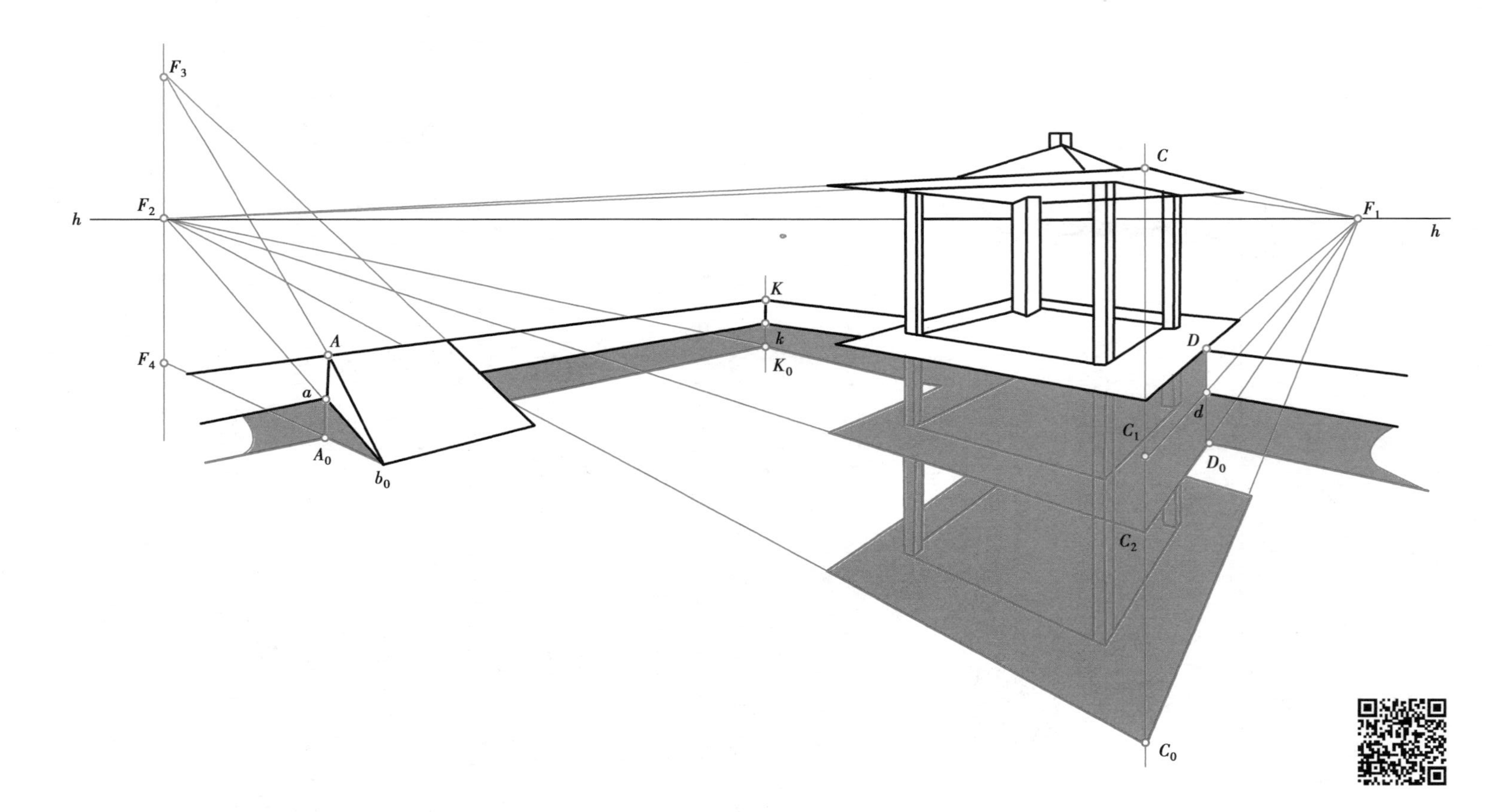

图5.61　园林建筑及周边环境水中倒影透视作法

6 园林识图

[本章导读]园林设计图具有较强的专业性,是园林工程的技术语言,是投影原理在园林设计表达上的实际运用。本章具体介绍园林工程设计图的表达内容、识读方法、绘图要求、绘图方法及步骤,为后续课程打下识图与绘图的基础。本章重点是园林平面图、立面图、剖面图的绘制,难点是园林结构、水电图的识读。学习本章内容时,要特别注意掌握通用图例表达、识图步骤、绘制方法和步骤、制图规范,多看不同类型的园林设计图。

园林设计是不断优化、逐步深化的过程。园林设计图按照不同阶段分为方案设计、初步设计和施工图设计。方案设计是根据园林总体规划或城市区域规划,对具体地域范围做的设计,主要表达设计理念、形式和初步定位。方案设计经政府有关部门(如规划局、国土局、旅游局等)审批通过,建设方认可后,进行初步设计。初步设计是根据审批意见、建设方意见,对方案进行调整修改,并进一步深入设计。在初步设计阶段,各专业设计人员应相互协调,避免设计中可能会出现的问题,确定方案的技术可实施性。初步设计再经审批通过后,进行施工图设计。施工图是工程预算、施工的依据。在施工图阶段,各专业设计人员继续深入、详尽设计,使图纸达到施工要求。施工图经相关部门审批后方可使用。

方案阶段设计图一般包括方案设计说明、总平面设计图、设计分析图(现状分析图、道路分析、景观分析、功能分析等)、设计表现图(鸟瞰图、景点透视图等)、分区平面图、园林建筑小品单体设计、竖向设计图、植物配置图、工程概算。

初步设计阶段应完成的工作有:初步设计说明,总平面图、分区平面图、园林建筑小品单体设计、竖向设计图、植物配置图的继续深化设计,结构、水电的配套设计图。

施工图阶段应进一步进行专业协调,各专业设计图均应完善,要求图纸规范,绘制清晰、详尽,设计深度应达到建设部颁布实施的"建筑工程设计文件编制深度规定"和"建筑场地园林景观设计深度要求"。完整的施工图分为文字部分、总图部分和详图部分。文字部分包括封面、目录、施工图设计说明等。总图部分表达项目的总体设计意图和内容。详图部分包括平面详图、园林建筑施工图、水景施工图、假山施工图、园桥施工图、竖向施工图、园路施工图、种植施工图、工程概预算等。园林景观施工图还应配以结构施工图、给排水施工图、电气施工图才能使项目得以实施。

因施工图相对方案设计图、初步设计图更详尽,故本章以园林景观施工图的识读为例进行讲解。

园 林 工 程 施 工 图

建筑单位________

工程名称________

图　　别________

设 计 号________

【 设计单位 】

年　月

图6.1　封面参考格式

6.1　园林景观施工图文字部分

6.1.1　总封面

施工图总封面应标明以下内容:建设单位名称、项目名称和设计编号、设计单位名称、设计单位法定代表人、技术总负责人和项目总负责人的姓名及签字或授权盖章、设计日期等基本信息。封面参考格式如图6.1所示。

6.1.2　目录表

施工图目录表除了项目名称、设计单位名称、设计类别、设计人员等基本信息外,更重要的是图纸编号及对应的图纸内容。目录表参考模板如表6.1所示。

表6.1　目录表参考格式

<table>
<tr><td colspan="4" rowspan="2">项目名称</td><td>设计阶段</td><td>施工图设计</td></tr>
<tr><td colspan="2">专业　　年</td></tr>
<tr><td colspan="4" rowspan="2">图　纸　目　录</td><td rowspan="2">0　景施</td><td>第xx页</td></tr>
<tr><td>共xx页</td></tr>
<tr><td rowspan="2">序号</td><td rowspan="2">图　纸　名　称</td><td colspan="2">图　纸　编　号</td><td rowspan="2">图纸规格</td><td rowspan="2">备　注</td></tr>
<tr><td>新　制</td><td>复　用</td></tr>
<tr><td>1</td><td></td><td></td><td></td><td></td><td></td></tr>
<tr><td>2</td><td></td><td></td><td></td><td></td><td></td></tr>
<tr><td>3</td><td></td><td></td><td></td><td></td><td></td></tr>
<tr><td>4</td><td></td><td></td><td></td><td></td><td></td></tr>
<tr><td>5</td><td></td><td></td><td></td><td></td><td></td></tr>
<tr><td>6</td><td></td><td></td><td></td><td></td><td></td></tr>
<tr><td>…</td><td></td><td></td><td></td><td></td><td></td></tr>
</table>

<table>
<tr><td>职称</td><td>设计</td><td>校对</td><td>审核</td><td>工程负责</td><td>审定</td><td rowspan="4">备注</td></tr>
<tr><td>姓名</td><td></td><td></td><td></td><td></td><td></td></tr>
<tr><td>签名</td><td></td><td></td><td></td><td></td><td></td></tr>
<tr><td>日期</td><td></td><td></td><td></td><td></td><td></td></tr>
</table>

文件编制顺序应按封面、目录、设计说明、总图、详图,最后是概算书。对于规模较大、功能复杂、设计文件较多的项目,设计说明和设计图纸可以按专业成册,单独成册的设计图纸应有图纸总封面和图纸目录。各专业负责人的姓名和签署也可在本专业设计封面或目录上标明。

6.1.3　施工图设计说明

(1)设计依据

①由主管部门批准园林景观初步设计文件、文号;

②国家、地方相关规范规定;

③建设单位、监理单位对初步设计提出的建议、意见(通常是会议纪要)。

(2)项目概况、设计范围　项目概况、设计范围包括建设地点、名称、景观设计性质、设计范围面积、设计内容等。

(3)材料说明　材料说明有共性的,如:混凝土、砌体材料、金属材料标号、型号;木材防腐、油漆;石材等材料,可统一说明或在图纸上标注。

(4)施工说明　施工说明包括对施工步骤、方法、安全的要求及注意事项等。

(5)种植设计说明　种植设计说明包括种植土要求、场地平整要求、苗木选择要求、植栽季节要求、间距要求等。

(6)其他需说明的问题　其他需说明的问题包括新材料、新技术做法及特殊造型要求。

6.2 园林景观施工图的总图部分

总平面图反映的是设计区域总的设计内容,所以它包含的内容应该是最全面的,包括建筑、道路、广场、植物种植、景观设施、地形、水体等各种构景要素的表现,除此之外通常在总平面图中还配有一小段文字说明和相关的设计指标。规模小、建造简单的项目可以将以上内容绘制在一张总图上,但大多数项目需要将以上内容分为若干张图,才能表达清楚。

6.2.1 总平面定位图

(1)了解项目概况　图纸的识读步骤由总到分,先了解项目总体情况,如场地范围、周边环境等,再识读图纸细节内容。

①看图名、比例、指北针、风玫瑰,了解所读图纸的设计内容、所处方位。

图名一般在图的正下方,黑体 10 号字(A3 以下图幅采用黑体 7 号字),图名下方绘有粗实线,与图名等长,如图 1.5 所示。

绘图比例是指图中图形与其实物相应要素的线性尺寸之比。有两种表示方法,一种是数字式,标在图名右侧,字的基准线应取平,其字高应比图名字高小一号或二号,见图 1.5。标题栏中的比例栏内应填写数字式比例。另一种是线段式,绘制在指北针下方,此方式能跟随图纸缩放,动态反映图纸比例,如图 6.2 所示。

指北针通常和风玫瑰合二为一。图纸通常按上北下南绘制。“风玫瑰”分风向玫瑰图和风速玫瑰图两种类型。规划、园林设计中常见的是风向频率玫瑰图,它是根据某一地区多年平均统计的各方风向和风速的百分数值,并按一定比例绘制,一般多用 8 个或 16 个罗盘方位表示。玫瑰图上所表示风的吹向(即风的来向),是指从外面吹向地区中心的方向。风玫瑰折线上的点离圆心的远近,表示从此点向圆心方向刮风的频率的大小。实线表示常年风,虚线表示夏季风。如图 6.3 所示,该地区常年主导风向以北风为主,夏季主导风向为北风和东南风。

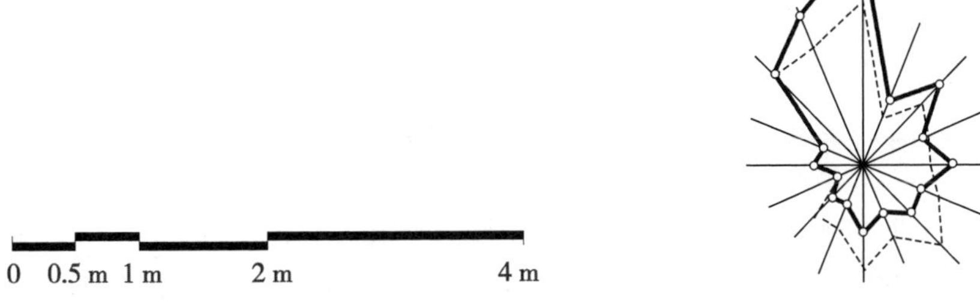

图 6.2　线段式比例尺　　　　图 6.3　风玫瑰

②看红线、红线外围道路、建筑、河流等,了解场地区位特征。

红线指规划部门批给建设单位的用地范围,一般用红色、粗、双点画线圈在图纸上,具有法律效力。

③看坐标网格和尺寸标注,了解场地尺度,确定施工放线依据。

网格法是以网格为制图单元,反映制图对象特征的一种地图表示方法。其制图精度取决于网眼大小,网眼越小,制图精度越高,所要求的施工放线精度也越高。

直角坐标网有建筑坐标网和测量坐标网两种标注方式。建筑坐标网是以工程范围内的某一点为“零”点,再按一定的距离画出网格,水平方向为 B 轴,垂直方向为 A 轴,便可确定网格坐标。测量坐标网是根据造园所在地的测量基准点的坐标,确定网格的坐标,水平方向为 Y 轴,垂直方向为 X 轴,坐标网格用细实线绘制。无论哪种网格,均应有明确的放线原点及对应的城市坐标,参见图 6.4。

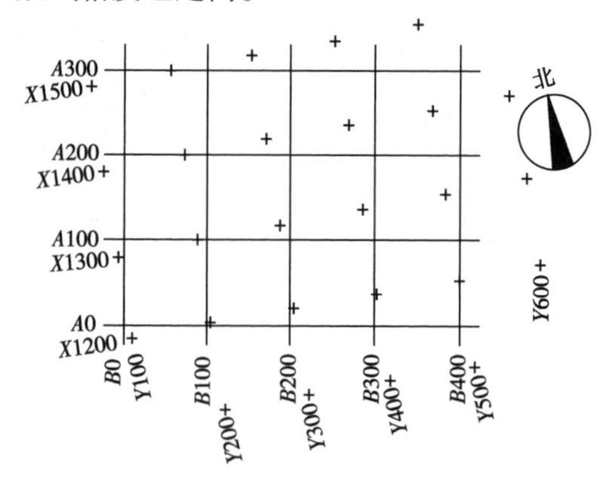

图 6.4 坐标网格

注:图中 X 为南北方向轴线,X 的增量在 X 轴上;Y 轴为东西方向轴线,Y 的增量在 Y 轴上。A 轴相当于测量坐标网中的 X 轴,B 轴相当于测量坐标网中的 Y 轴。

④看技术经济指标,了解项目用地、绿化面积等参数。

技术经济指标包括:用地面积、总建筑面积、建筑占地面积、建筑密度、容积率、铺地面积、绿化面积、绿地率、绿化覆盖率等。

(2)识读项目　找到主要出入口,顺园区主要道路“游览”全园,结合索引,了解场地内主要景观建设内容(如水体、建筑小品、广场、山石、服务性建筑、停车场等)的位置、平面形状,如图 6.5 所示。

①建筑物:以粗实线表示地面一层外墙轮廓,并标明建筑的坐标或相对定位尺寸、名称、层数、编号、出入口及 ±0.00 设计标高。地下建筑物位置、轮廓以粗虚线表示。建筑小品,如亭廊花架等,则以细实线表达建筑小品的顶平面。

②水体:不规则水面一般采用等深线表示。岸线用粗实线,在靠近岸线内侧水面中,依岸线的曲折作二三根细实线,这种类似于等高线的闭合曲线称为等深线。规则水面用粗实线绘出岸线,细实线绘制岸边护栏。在图中应注明自然水系或人工水系、水景。

③广场、活动场地:中粗线表示外轮廓范围(根据工程情况表示大致铺装纹样)。

④山石:采用其水平投影轮廓线概括表示,以粗实线绘出边缘轮廓,以细实线概括绘出褶皱纹。

如果植物配置总平面图单独成图,为使图面更清晰,在总平面定位图和竖向设计图中可不体现植物配置情况。

6.2.2 竖向设计总图

竖向设计图是根据平面设计图及原始地形地貌绘制的,它借助标注高程的方法,表示地形在竖直方向上的变化情况,它是造园时地形处理的依据。竖向设计图应包括地形平面图和地形剖面图,为方便读图,强调地形剖面图与平面图的对应关系,地形剖面图常常和竖向平面图放在同一张图上。

(1)看等高线,了解场地内的地形地貌　地形的平面表示主要采用图示和标注的方法。等高线法是地形最基本的图示方法,在此基础上可获得地形的其他直观表示法,如坡级法(图 6.6)、分布法(图 6.7)等,但这些方法常用在方案图中,施工图很少用。标注法则是用来标注地形上某些特殊点的高程(图 6.8)。

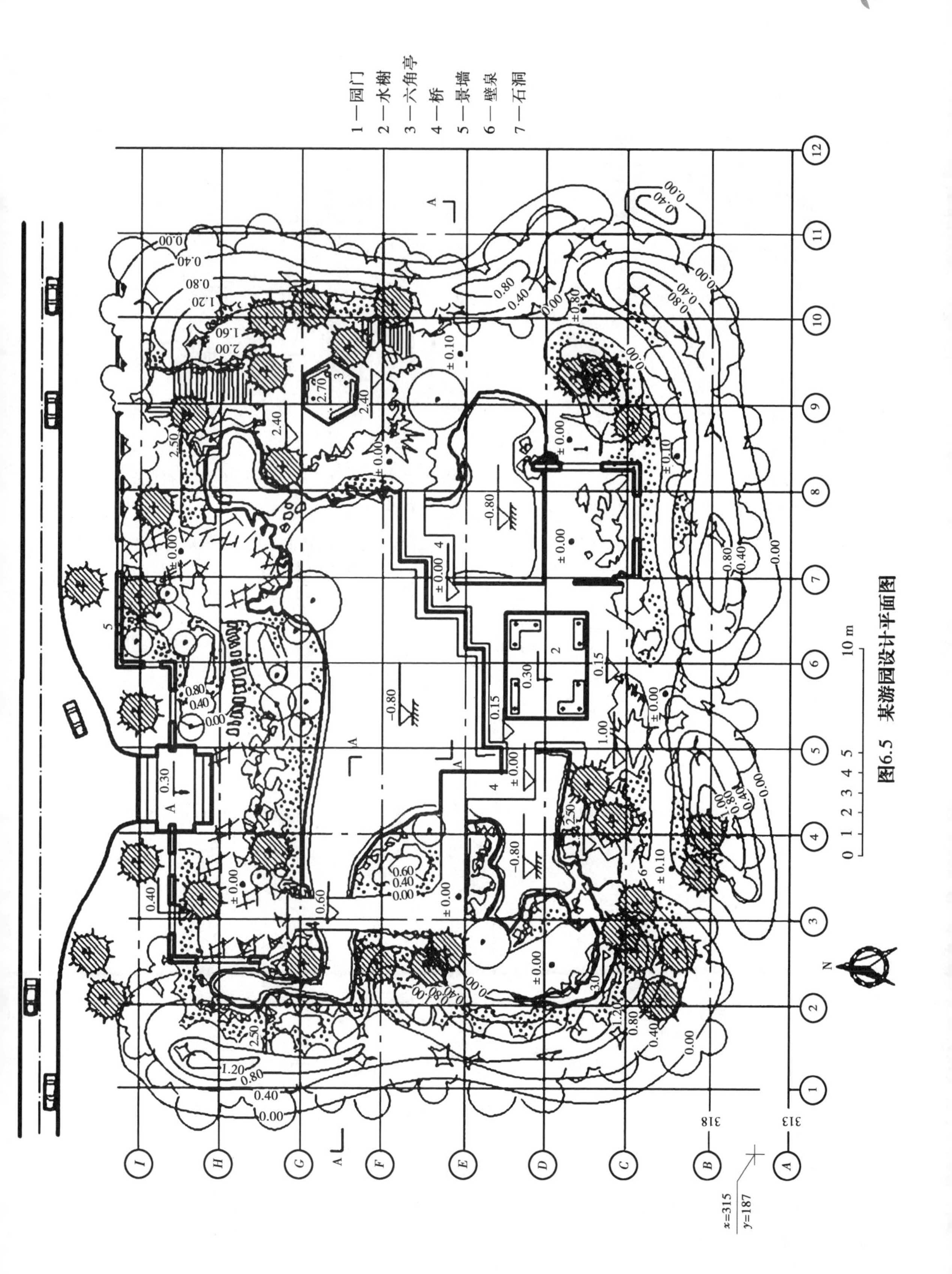

图6.5 某游园设计平面图

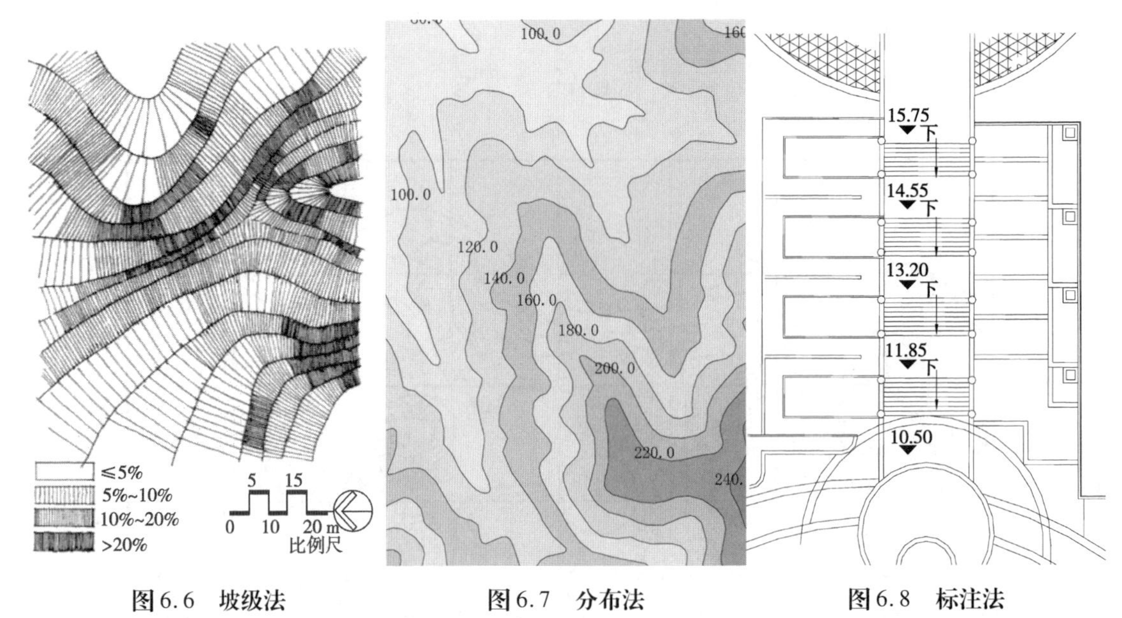

图 6.6 坡级法　　图 6.7 分布法　　图 6.8 标注法

等高线是指地形图上高程相等的各点所连成的闭合曲线。把地面上海拔高度相同的点连成的闭合曲线垂直投影到一个标准面上，并按比例缩小画在图纸上，就得到等高线(图 6.9)。等高线也可以看作是不同海拔高度的水平面与实际地面的交线，所以等高线是闭合曲线。在等高线上标注的数字为该等高线的海拔高度。

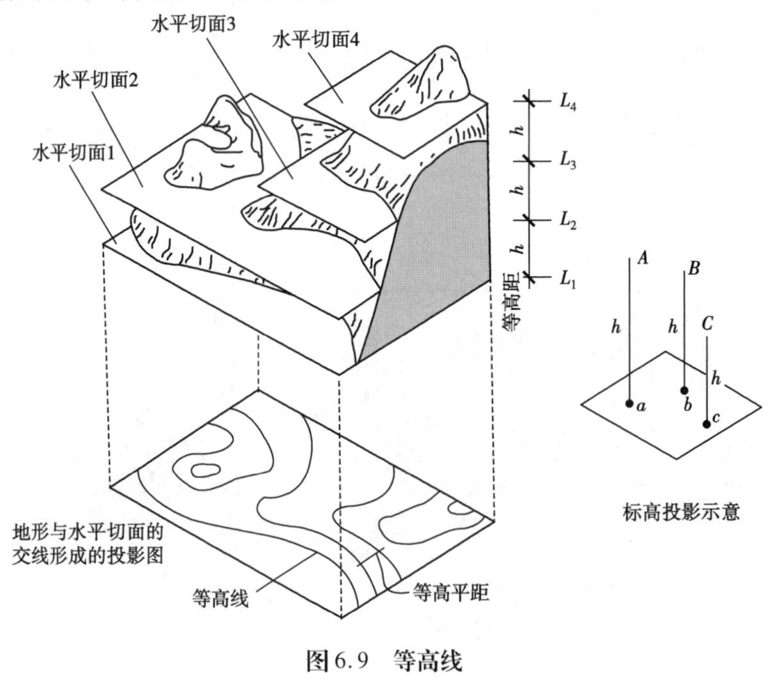

图 6.9 等高线

根据等高线看地形(图 6.10)：

①山顶：等高线闭合，且数值从中心向四周逐渐降低。

②盆地或洼地：等高线闭合，且数值从中心向四周逐渐升高，如果没有数值注记，可根据示坡线(为垂直于等高线的短线)来判断。

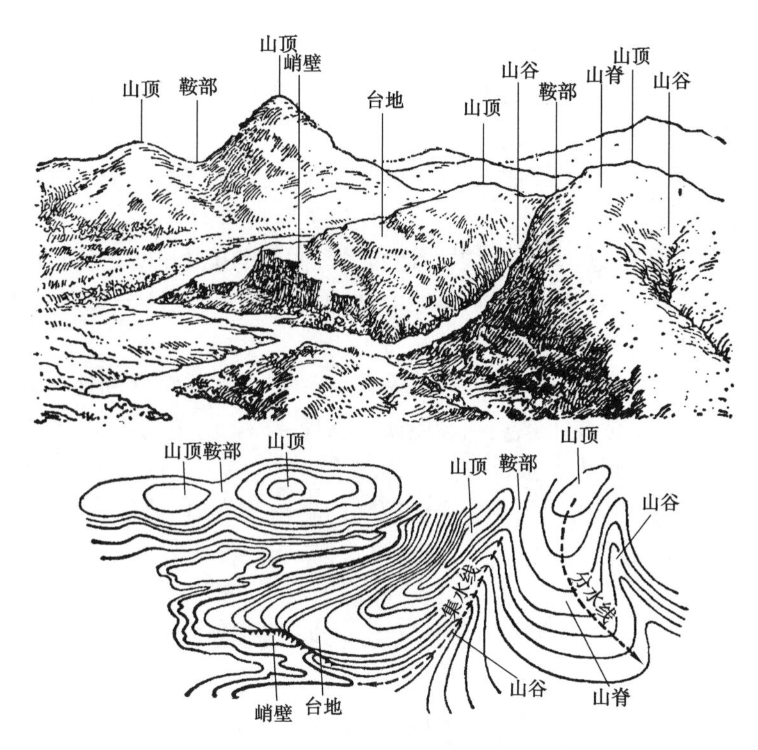

图 6.10 等高线与实际图的对照

③山脊:等高线凸出部分指向海拔较低处。等高线从高往低凸,就是山脊。

④山谷:等高线凸出部分指向海拔较高处。等高线从低往高凸,就是山谷。

⑤鞍部:正对的两山脊或山谷等高线之间的空白部分。

⑥缓坡与陡坡及陡崖:等高线重合处为悬崖。等高线越密集处,地形越陡峭;等高线越稀疏处,坡度越舒缓。

⑦台地是指四周有陡崖的、直立于邻近低地、顶面基本平坦似台状的地貌。由于构造的间歇性抬升,其多分布于山地边缘或山间。

等高线按其作用不同,分为首曲线、计曲线、间曲线与助曲线 4 种(图 6.11)。

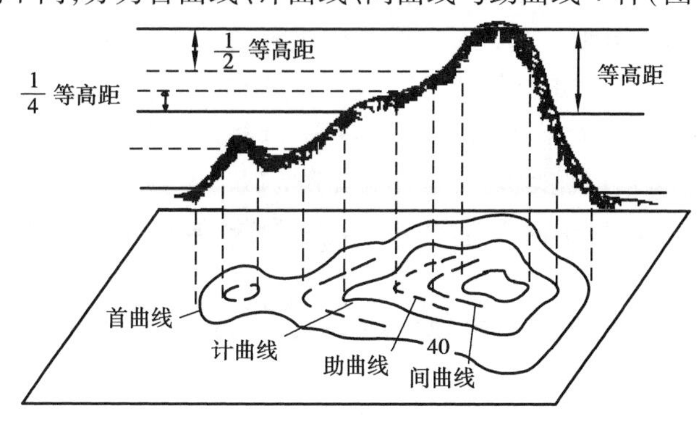

图 6.11 首曲线、计曲线、间曲线与助曲线

①首曲线:又称为基本等高线,是按规定的等高距测绘的细实线,用以显示地貌的基本形态。

②计曲线:又称为加粗等高线,从规定的高程起算面起,每隔 5 个等高距将首曲线加粗为一

条粗实线,以便在地图上判读和计算高程。

③间曲线:又称为半距等高线,是按 1/2 等高距描绘的细长虚线,主要用以显示首曲线不能显示的某段微型地貌。

④助曲线:又称为辅助等高线,是按 1/4 等高距描绘的细短虚线,用以显示间曲线仍不能显示的某段微型地貌。

间曲线和助曲线只用于显示局部地区的地貌,故除显示山顶和凹地各自闭合外,其他一般都不闭合。还有一种与等高线正交、指示斜坡方向的短线叫示坡线,与等高线相连的一端指向上坡方向,另一端指向下坡方向。

(2)看建筑、山石、水体和道路高程　当需表示地形图中某些特殊的地形点时,可用十字或圆点标记这些点,并在标记旁注上该点到参照面的高程,高程常注写到小数点后第二位,这些点常处于等高线之间,这种地形表示法称为高程标注法。

园林设计图中,高程标注法适用于标注建筑物的转角和入口、墙体和坡面顶面和底面的高程、假山顶、水面常水位等主要景点的控制标高,以及道路交叉口、转弯处和变坡点等(图 6.12)。

(3)看地形剖面图,帮助理解场地的空间关系　地形剖面图是根据选定的比例结合地形平面做出的地形剖断线,然后绘出地形轮廓线,得到的较完整的地形剖面图。在地形剖面图中除需要表示地形剖断线外,有时还需要表示地形剖断面后没有剖切到但又可见的内容。可见地形用地形轮廓线表示。

地形轮廓线实际上就是地形的地形线和外轮廓线的正投影。如图 6.12 中 1—1 剖面图所示,图中虚线表示垂直于剖切位置线的地形等高线的切线,将其向下延长与等距平行线组中相应的平行线相交,所得交点的连线即为地形轮廓线。

(4)看排水方向　排水方向用箭头表示,箭头指向为下坡方向。在箭头引线上方标有排水坡度如 $i=2\%$,引线下方标注排水距离,以 m 为单位(图 6.13)。

6.2.3　园路、铺装总平面图

园路是园林的脉络,是联系各个风景点的纽带。园路在园林中起着组织交通的作用,同时更重要的功能是引导游览、组织景观、划分空间、构成园景。

平面图主要表示园路、广场的平面状况(包括形状、线型、大小、位置、铺设状况、高程等内容)、表面铺装材料及其形状、大小、图案、花纹、色彩、铺排形式和相互位置关系等。

(1)依据园路宽度,分清园路功能　一般园路分为以下 4 种:

①主要道路:联系全园,为车辆通行、生产、救护、消防、游览等的主要交通。路面宽度为7 ~ 8 m。

②次要道路:沟通各景点、建筑,通轻型车辆及人力车,宽 3 ~ 4 m。

③林荫道、滨江道和各种广场。

④休闲小径、健康步道:双人行走 1.2 ~ 1.5 m,单人行走 0.6 ~ 1 m。

(2)找施工放线的基点、基线及坐标　在平面图中,找出网格放线的基点,即 B0-A0 点或 Y0-X0 点。路和广场的轮廓用具体的尺寸标明,其位置或曲线线型标出转弯半径或直接用直角坐标网格(或轴线、中心线)控制。网格采用(2 m×2 m) ~ (10 m×10 m)的方格。

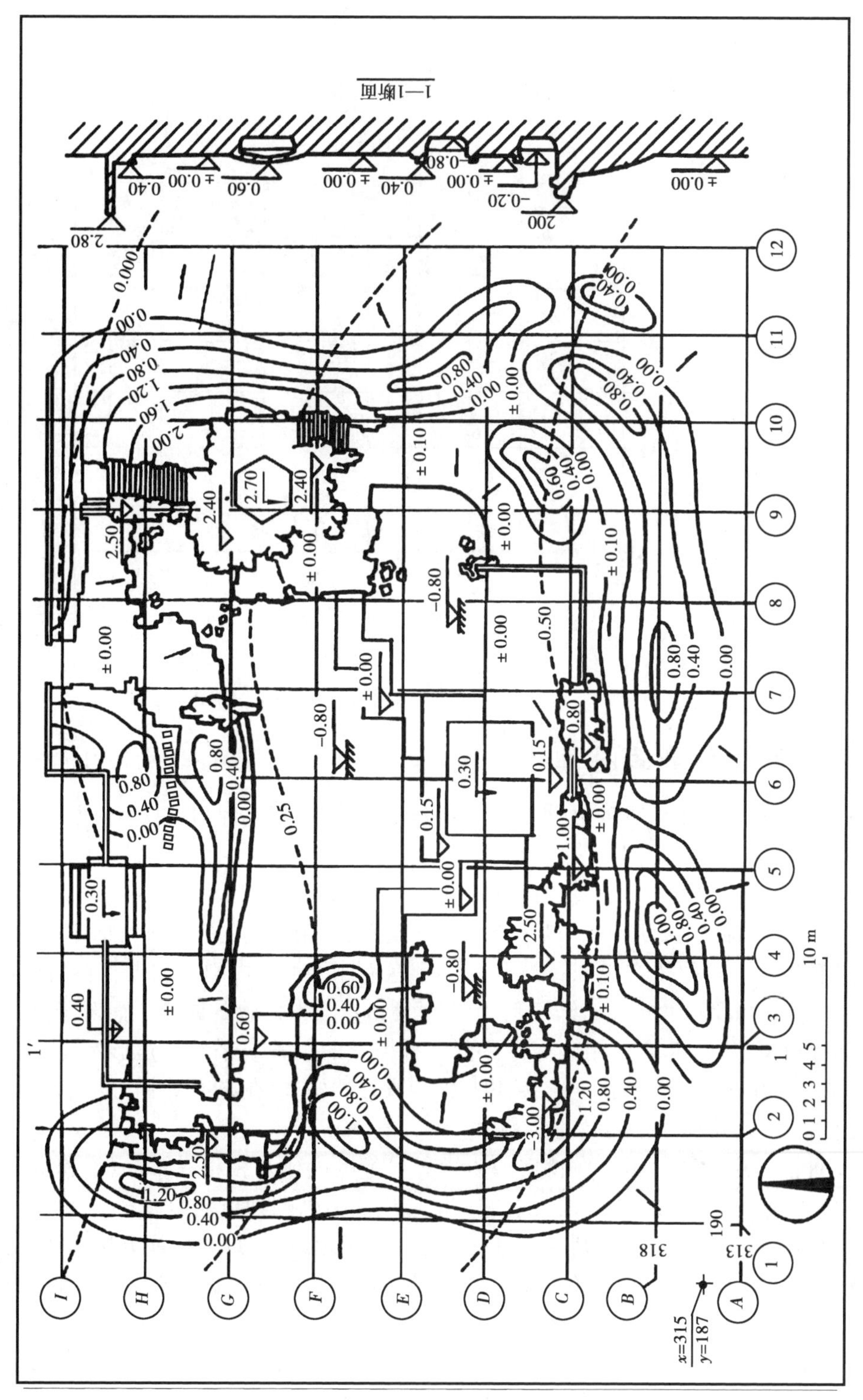

图6.12 某游园竖向设计图

(3)看路面、广场的高程(图6.14)　路面纵向坡度,路面中心标高(按其长在每10~30 m处标出高程);各转折点标高及路面横向坡度。

(4)看铺装材料　各路段、广场主要铺装材料的规格、颜色、材质、加工方式等。

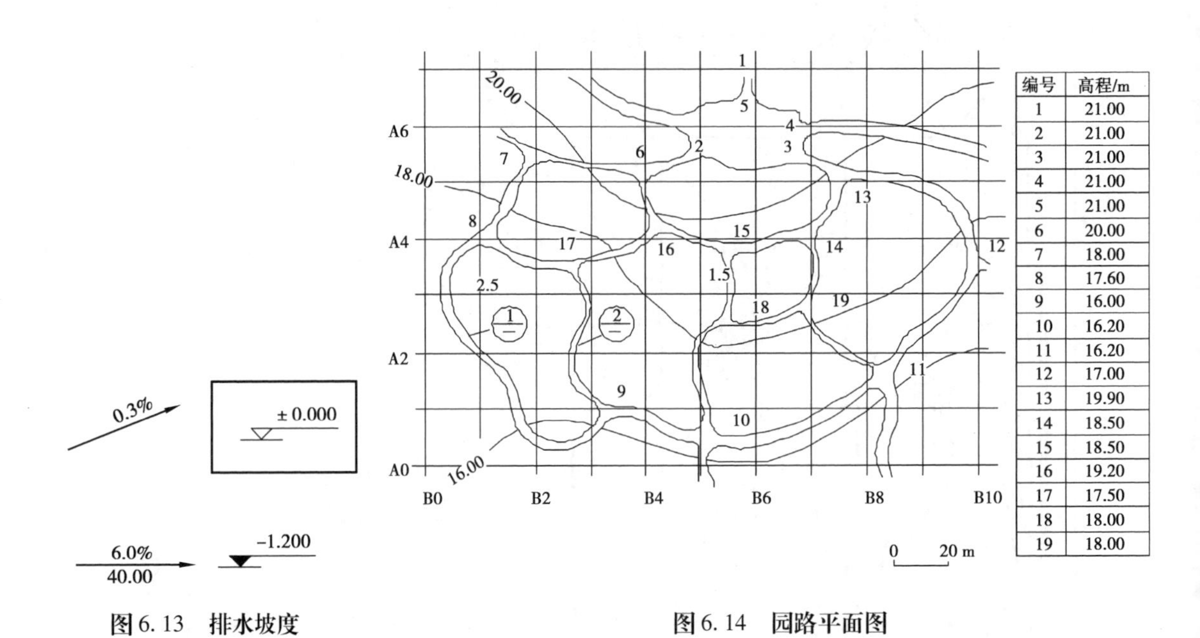

编号	高程/m
1	21.00
2	21.00
3	21.00
4	21.00
5	21.00
6	20.00
7	18.00
8	17.60
9	16.00
10	16.20
11	16.20
12	17.00
13	19.90
14	18.50
15	18.50
16	19.20
17	17.50
18	18.00
19	18.00

图6.13　排水坡度

图6.14　园路平面图

6.2.4　植物配置总平面图

植物种植设计平面图是植物种植施工、工程预结算、工程施工监理和验收的依据,它应能准确表达出种植设计的内容和意图。

现状植物用乔木图例内加竖细线的方法区分原有树木与设计树木,再在说明中区别。植物种植形式可分为点状种植、片状种植和草皮种植3种类型,可用不同的方法进行标注。

(1)点状种植　点状种植有规则式与自由式种植两种。对于规则式的点状种植(如行道树、阵列式种植等),可用尺寸标注出株行距、始末树种植点与参照物的距离。而对于自由式的点状种植(如孤植树、丛植树),可用坐标标注清楚种植点的位置或采用三角形标注法进行标注。点状种植植物往往对植物的造型形状、规格的要求较严格,应在施工图中表达清楚,除利用立面图、剖面图表示以外,可用文字来加以标注。

(2)片状种植　片状种植是指在特定的边缘界线范围内成片种植乔木、灌木和草本植物(除草皮处)的种植形式。对这种种植形式,施工图应绘出清晰的种植范围边界线,标明植物名称、规格、密度等。对于边缘线呈规则的几何形状的片状种植,可用尺寸标注方法标注,为施工放线提供依据,而对边缘线呈不规则的自由线的片状种植,应绘方格网放线图,文字标注方法与苗木表相结合。

(3)草皮种植　草皮是在上述两种种植形式的种植范围以外的绿化种植区域种植,图例是用打点的方法表示,标注应标明其草种名、规格及种植面积。

植物配置总平面图阅读步骤如下：

①看图名、比例、风玫瑰图或方位标。明确场地区位和当前平面图的方位、主导风向。

②看植物分区情况。根据路网结构和总平面分区图，了解各区域主要植物品种、构图风格，了解行道树、片植树种情况。

③看苗木总表，了解主要植物品种及其数量。

6.2.5 平面分区图

如图6.15所示，在总平面图上表示分区及区号、分区索引，分区应明确，不宜重叠。

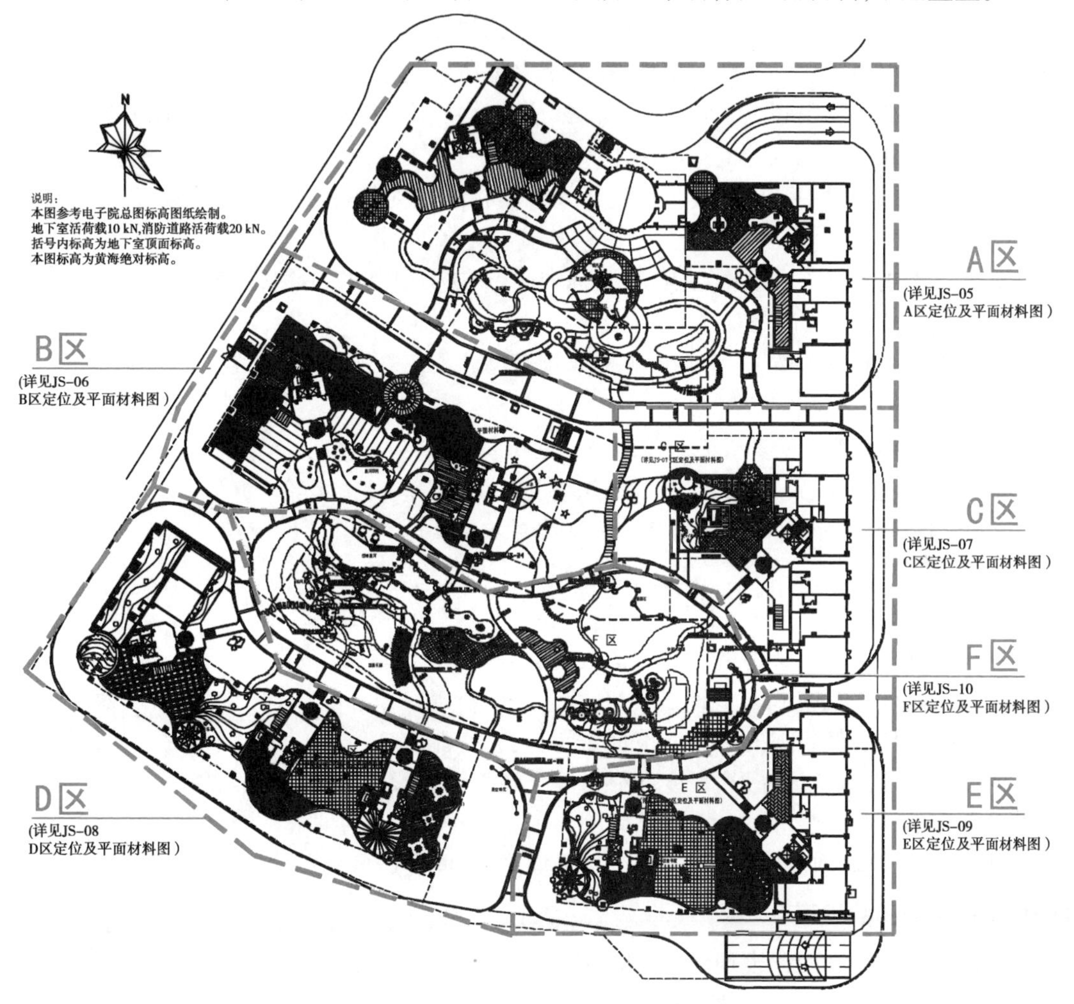

图6.15 某住宅区景观分区图

6.3 园林景观施工图的详图部分

6.3.1 各分区放大平面图

各分区放大平面图也称为平面详图，依据项目复杂情况，各分区平面图也可以像总平面图一样分平面定位图、竖向设计图、铺装设计图、乔木种植平面图、灌木种植平面图、地被植物种植图等。常用比例1∶100 ~ 1∶200表示各类景点定位及设计标高,标明分区网格数据及详图索引、指北针或风玫瑰图、图纸比例;平面详图的读图方法和步骤可参阅6.2。

(1)看图名、比例、风玫瑰图或方位标　明确场地区位和当前平面图的方位、主导风向。

(2)看图例、索引和文字说明　了解需特别注意的事项。

(3)看坐标或定位尺寸　各类景点定位原则:

①亭、榭一般以轴线定位,标注轴线交叉坐标;廊、台、墙一般以柱、墙轴线定位;标注起、止点轴线坐标或以相对尺定位。

②柱以中心定位,标注中心坐标。

③道路以中心线定位,标注中心线交叉点坐标;园路以网格尺寸定位。

④人工湖不规则形状以外轮廓定位,在网格上标注尺寸。

⑤水池规则形状以中心点和转折点定位标注坐标或相对尺寸;不规则形状以外轮廓定位,在网格上标注尺寸。

⑥铺装规则形状以中心点和转折点定位标注坐标或相对尺寸;不规则形状以外轮廓定位,在网格上标注尺寸。

⑦观赏乔木或重点乔木以中心点定位,标中心点坐标或以相对尺寸定位;灌木、树篱、草坪、花镜可按面积定位。

⑧雕塑以湖中心点定位,标中心点坐标或相对尺寸。

其他均在网格上标注定位尺寸。

(4)看等高线和高程　读图步骤和方法参见6.2.2。

(5)看道路、铺装平面　读图步骤和方法参见6.2.3。

(6)看植物种植平面图　读图步骤和方法参见6.2.4。

6.3.2　园林建筑及小品施工图

建筑在园林设计中是必不可少的一个组成部分,其形态结构、功能作用都不同于一般意义的民用建筑。园林建筑的形式多种多样,主要包括:亭、台、楼、阁、塔、轩、榭、斋,以及游廊、花架、大门等,被当作园林景观的主体或被称为园林的“点睛之笔”。在园林设计时须提供园林建筑单体的设计,给出建筑的外形、尺度和材料等。施工图阶段要求提供建筑的基础、各构件的结构以及各节点的施工方法等。

园林建筑图根据表现的内容和形式分为平面图、立面图、剖面图和局部大样图。

1)园林建筑平面图的识读

园林建筑平面图有两种表现形式,即顶平面(图6.16)和平剖图(图6.17)。

建筑平面图就是用一个假想的水平面,在距所绘楼层的楼面或地面1.2 m高处将整个建筑物剖开,移去剖切平面上方的部分,将剩余部分向水平投影面作投影,就是所求的建筑物平剖图,称为建筑平面图,简称平面图,如图6.17所示。建筑平面图主要用于表现建筑的平面布置情况、建筑物内部的空间划分等,在施工过程中,建筑平面图是进行施工放线,砌筑墙体、柱体,安装门窗等的依据。

(1)从一层平面或入口层平面开始

①对照总平面图,找出建筑物在园林中的位置。

②图名、比例尺和指北针:在图纸的标题栏内有图纸的名称,如建筑平面图、底层平面图、二

层平面图等。建筑物平面图的比例一般采用1∶100、1∶200等，必要时可用比例1∶150、1∶300等。还应该关注指北针，以明确建筑物的朝向。

③建筑物内部空间的划分，房间名称，出、入口的位置，墙体的位置。

在平面图中，一般用粗实线表达被水平剖切平面剖切到的墙、柱的断面轮廓。用中粗线表示门扇、窗台等；中虚线或细虚线表示高窗、洞口、通气孔、槽、地沟等不可见部分，其余均为细线。

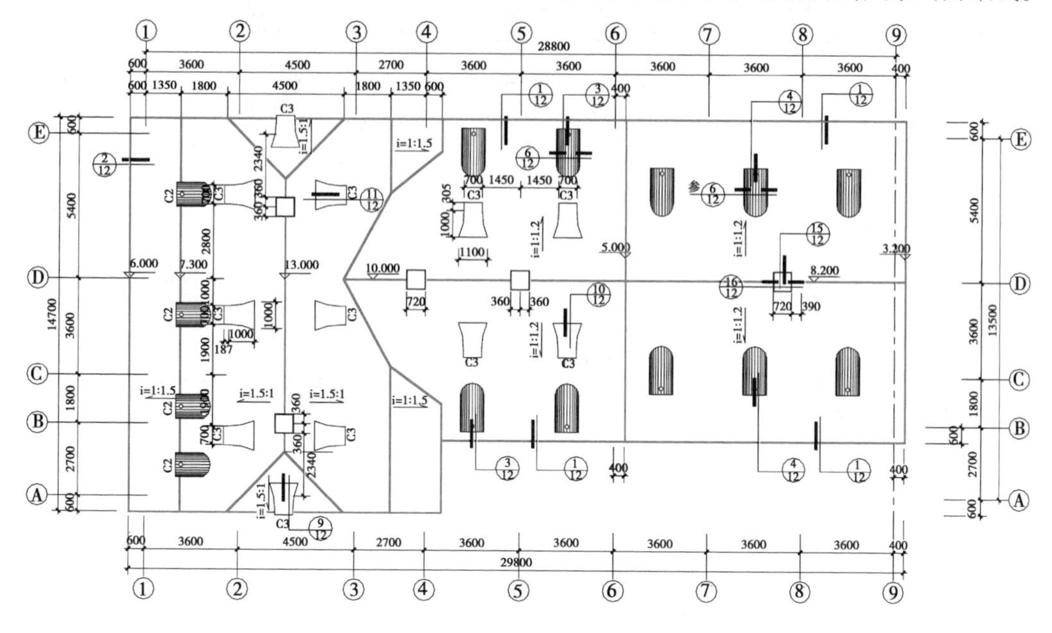

图6.16　某咖啡屋顶平面图

④定位轴线及尺寸：定位轴线用来确定建筑物承重构件的位置，对于施工放线非常重要，读图时应留意建筑物总尺寸及轴线尺寸。

(2)依次阅读建筑物其他楼层平面图，了解建筑物各楼层功能布局等。

2)建筑剖面图的识读

建筑剖面图是依据建筑平面图上标明的剖切位置和投影方向，假定用铅垂方向的切平面将建筑切开后得到的正投影图。沿建筑宽度方向剖切后得到的剖面图称横剖面图；沿建筑长度方向剖切后得到的剖面图称纵剖面图；将建筑的局部剖切后得到的剖面图称局部剖面图。建筑剖面图主要表示建筑在垂直方向的内部布置情况，反映建筑的结构形式、分层情况、材料做法、构造关系及建筑竖向部分的高度尺寸等。

建筑剖面图中，用粗实线表达被剖切到的墙、柱、楼板，细实线表示看线。

(1)了解图名及比例　由图6.18(a)可知，该图为1—1剖面，比例为1∶50，与平面图相同。

(2)了解剖面图与平面图的对应关系　将图名和轴线编号与底层平面图(图6.17)的剖切符号对照，可知图6.18中1—1剖面图是通过①—⑨轴，在Ⓒ—Ⓓ轴之间剖切后，向北投影所得到的剖面图。

(3)了解房屋的结构形式　从图6.18(a)1—1剖面图上的材料图例可以看出，该房屋的楼板、屋面板、楼梯、挑檐等承重构件均采用钢筋混凝土材料，墙体用砖砌筑，为砖混结构房屋。

(4)了解房屋各部位的尺寸和标高情况　在图6.18(a)1—1剖面图中画出了主要承重墙的轴线及其编号和轴线的间距尺寸。在竖直方向标注出了房屋主要部位，即室内外地坪、楼层、门窗洞口上下、阳台、檐口或女儿墙顶面等处的标高及高度方向的尺寸。在外侧竖向一般需标注细部尺寸、层高及总高三道尺寸。

(5)了解楼梯的形式和构造　从该剖面图可以了解楼梯的形式:该楼梯为钢筋混凝土结构双跑楼梯,两梯段不等跑。

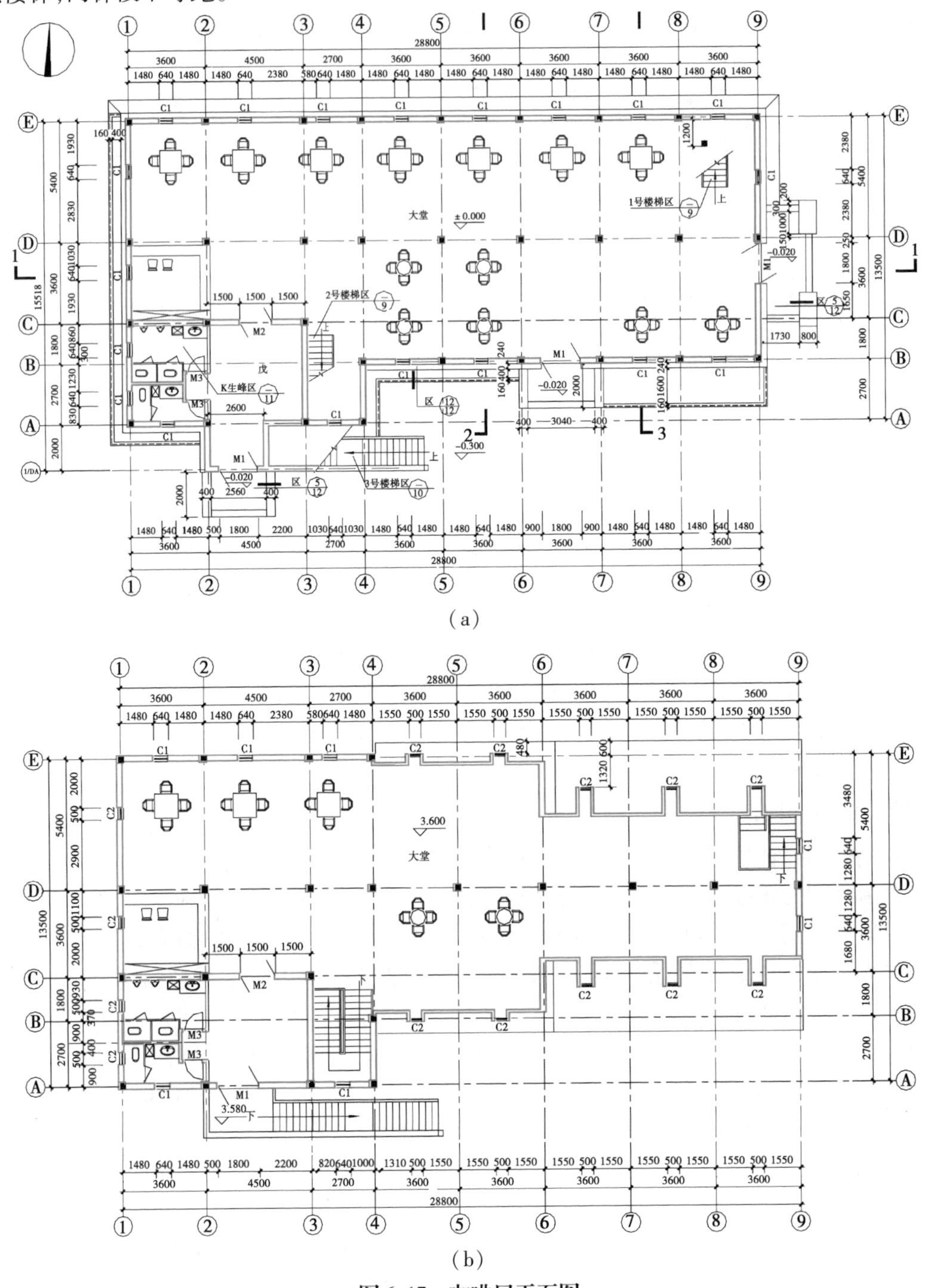

图 6.17　咖啡屋平面图

(a)咖啡屋一层平面图;(b)咖啡屋二层平面图

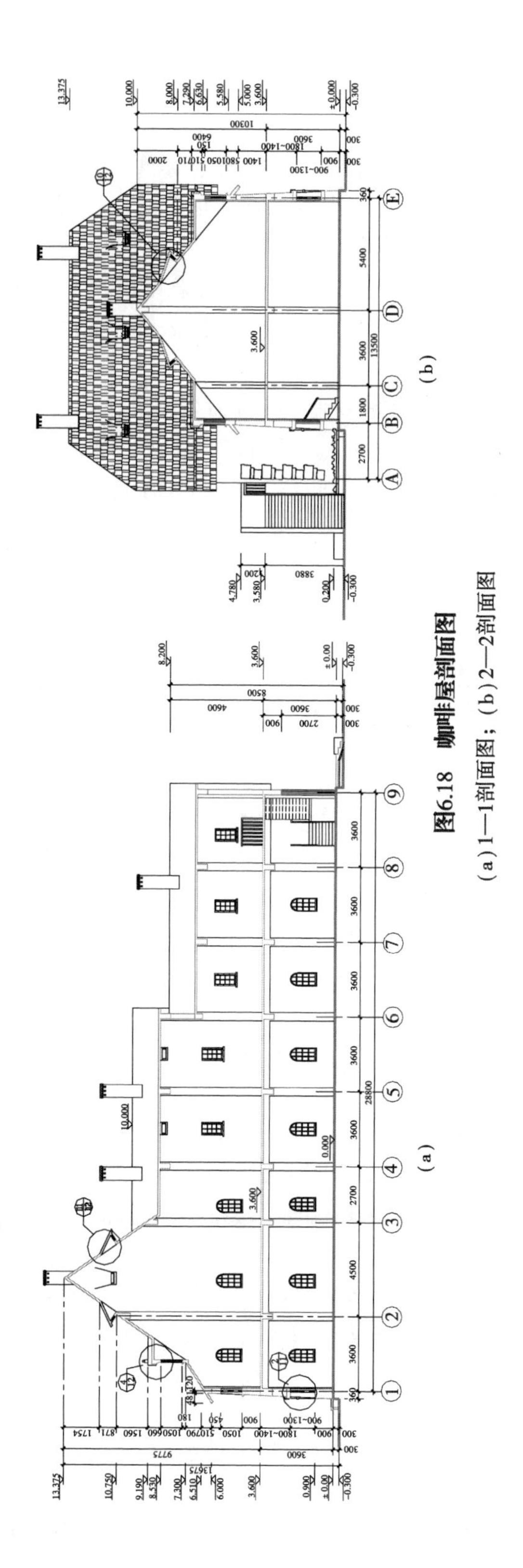

图6.18 咖啡屋剖面图

(a)1—1剖面图；(b)2—2剖面图

(6)了解索引详图所在的位置及编号　1—1 剖面图中，老虎窗、窗台的详细形式和构造需另见详图。

3)建筑立面图的识读

建筑立面图是将建筑的不同侧表面，投影到铅垂投影面上而得到的正投影图。它主要表现建筑的外貌形状，反映屋面、门窗、阳台、雨篷、台阶等的形式和位置，建筑垂直方向各部分高度，建筑的艺术造型效果和外部装饰做法等。

为了使立面图外形清晰、层次感强，立面图应采用多种线型画出。一般用加粗实线(1.5b ~ 2b)绘制地坪线，用粗线绘制天际轮廓线，中粗线表达前后两个面的交界线或者面的转折，细线表示同一立面上材质变化或拼接封等。

(1)了解图名及比例　建筑立面图一般有 3 种命名方式：

①按房屋的朝向来命名：南立面图、北立面图、东立面图、西立面图。

②按立面图中首尾轴线编号来命名：如①—⑨轴立面图(图 6.19)、Ⓐ—Ⓔ立面图、Ⓔ—Ⓐ立面图(图 6.20)。

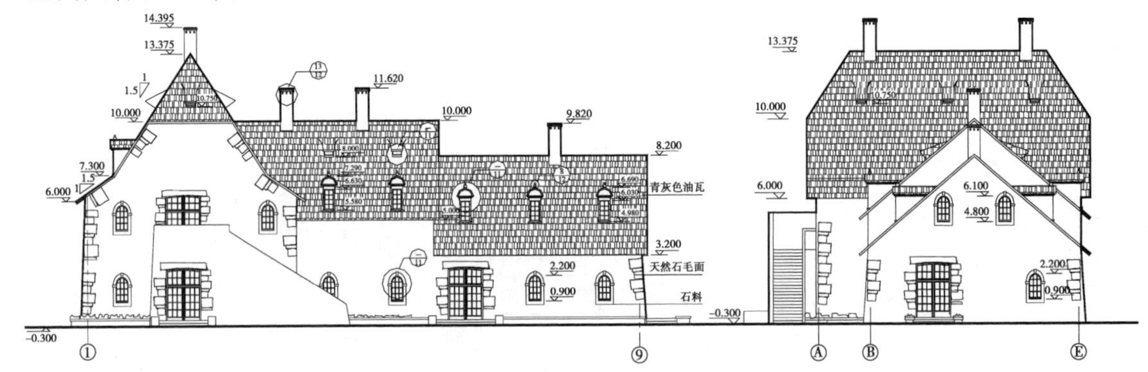

图 6.19　咖啡屋①—⑨轴立面图　　**图 6.20　咖啡屋Ⓐ—Ⓔ立面图**

③按房屋立面的主次(房屋主出入口所在的墙面为正面)来命名：正立面图、背立面图、左侧立面图、右侧立面图。

3 种命名方式各有特点，在绘图时应根据实际情况灵活选用，其中以轴线编号的命名方式最为常用。

(2)了解立面图与平面图的对应关系　对照建筑一层平面图上的指北针或定位轴线编号，可知南立面图的左端轴线编号为①，右端轴线编号为⑨，与建筑平面图(图 6.17)相对应。

(3)了解房屋的体形和外貌特征　该咖啡厅高两层，局部一层，法式坡变坡屋顶上有老虎窗和烟囱，天然石墙面，室外楼梯可上至二楼。

(4)了解房屋各部分的高度尺寸及标高数值　立面图上一般应在室内外地坪、阳台、檐口、门、窗、台阶等处标注标高，并宜沿高度方向注写某些部位的高度尺寸。从图中所注标高可知，房屋室外地坪比室内地面低 0.3 m，三段屋脊标高分别为 8.200 m，10.000 m 和 13.375 m，檐口最低 3.2 m。

(5)了解门窗的形式、位置及数量　该咖啡厅外墙窗户均为平开窗，屋面有老虎窗，窗规格统一。

(6)了解房屋外墙面的装修做法　从立面图文字说明可知，外墙面为天然石材毛面，屋面为青灰色油瓦。

4)建筑详图的识读

建筑平面图、立面图、剖面图表达建筑的平面布置、外部形状和主要尺寸,但因反映的内容范围大、比例小,对建筑的细部构造难以表达清楚。为了满足施工要求,对建筑的细部构造用较大的比例详细地表达出来,这样的图称为建筑详图,有时也叫作大样图。

详图的特点是比例大,反映的内容详尽,常用的比例有1∶50,1∶20,1∶10,1∶5,1∶2,1∶1等,建筑详图一般有3类详图:

①构造详图:如墙身详图、楼梯详图等;

②构件详图:如门窗详图、阳台详图等;

③装饰详图:如墙裙构造详图、门窗套装饰构造详图等。

详图要求图示的内容详尽清楚,尺寸标准齐全,文字说明详尽。一般应表达出构配件的详细构造,所用的各种材料及其规格,各部分的构造连接方法及相对位置关系,各部位、各细部的详细尺寸,有关施工要求、构造层次及制作方法说明等。同时,建筑详图必须加注图名(或详图符号),详图符号应与被索引的图样上的索引符号相对应,在详图符号的右下侧注写比例。对于套用标准图或通用图的建筑构配件和节点,只需注明所套用图集的名称、型号、页次,可不必另画详图。

(1)构造详图　构造详图是表达建筑局部的详细构造、材料做法及详细尺寸,如檐口、圈梁、过梁、墙厚、雨篷、阳台、防潮层、室内外地面、散水等。构造详图与平面图配合,是砌墙、室内外装修、门窗安装、编制施工预算以及材料估算的重要依据。

构造详图一般采用1∶20的比例绘制,如果多处节点相同或相似,可只画一个。

构造详图的线型与剖面图一样,但由于比例较大,所有结构部分用粗实线,面层、材料图例等用细实线。构造详图上所标注的尺寸和标高,与建筑剖面图相同,但应标出构造做法的详细尺寸。

以楼梯构造为例,介绍构造详图的识读方法与识读重点。

楼梯是楼房上下层之间的重要交通通道,一般由楼梯段、休息平台和栏杆(栏板)组成。楼梯详图就是楼梯间平面图及剖面图的放大图。它主要反映楼梯的类型、结构形式、各部位的尺寸及踏步、栏板等装饰做法。它是楼梯施工、放样的主要依据,一般包括楼梯平面图、剖面图和节点详图。

楼梯平面图是用一个假想的水平剖切平面通过每层向上的第一个梯段的中部(休息平台下)剖切后,向下作正投影所得到的投影图。它实质上是房屋各层建筑平面图中楼梯间的局部放大图,通常采用1∶50的比例绘制。

3层以上房屋的楼梯,当中间各层楼梯位置、梯段数、踏步数都相同时,通常只画出底层、中间层(标准)和顶层3个平面图;当各层楼梯位置、梯段数、踏步数不相同时,应画出各层平面图,如图6.21所示。各层被剖切到的梯段,均在平面图中以45°细折断线表示其断开位置。在每一梯段处画带有箭头的指示线,并注写"上"或"下" 字样。

通常,楼梯平面图画在同一张图纸内,并互相对齐,这样既便于识读又可省略标注一些重复尺寸。楼梯识读步骤如下:

①了解楼梯在建筑平面图中的位置及有关轴线的布置。

对照图6.21底层平面图可知,2号楼梯位于横向③—④轴线、纵向Ⓐ—Ⓒ轴线。

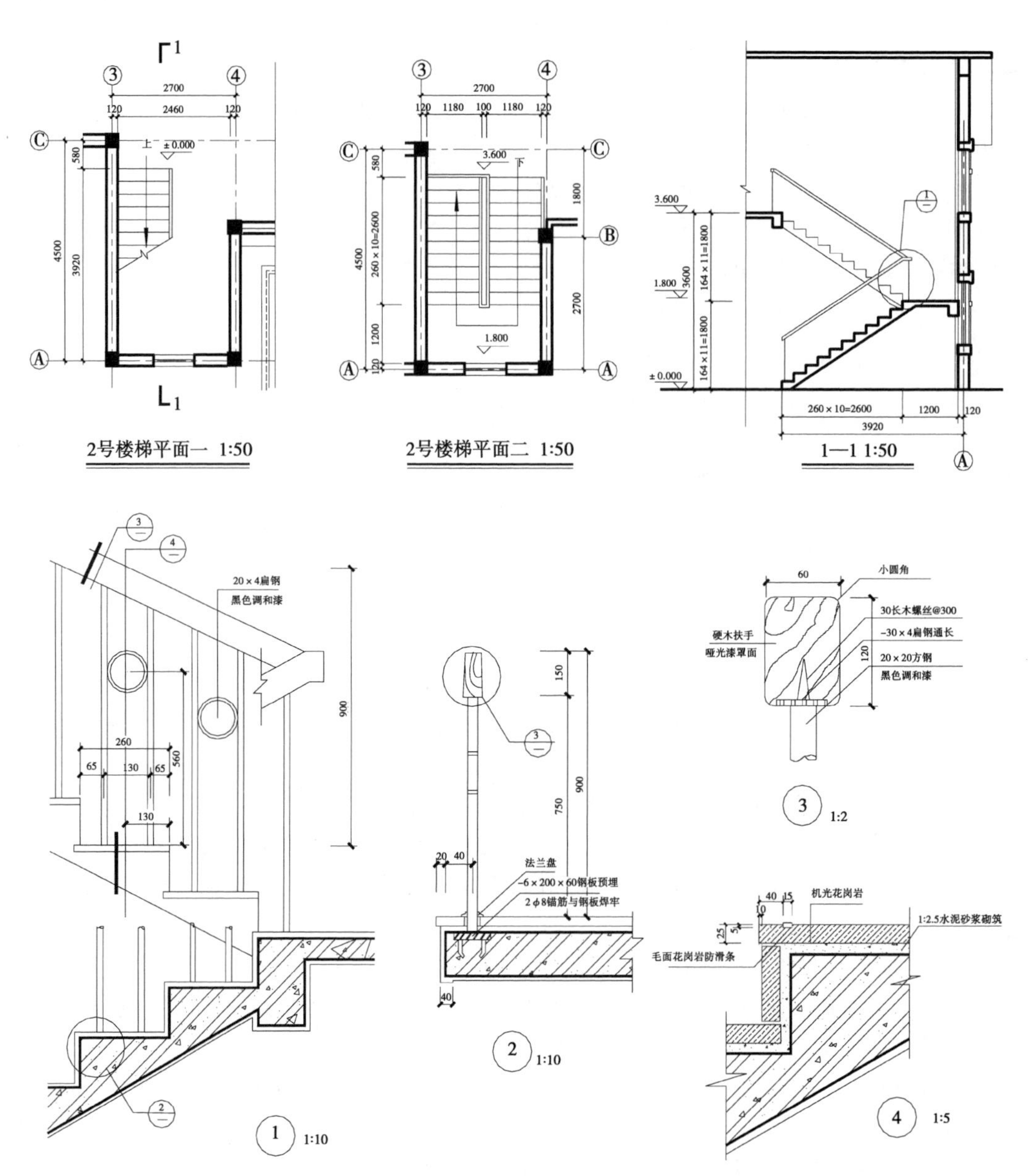

图 6.21　咖啡厅 2 号楼梯详图

②了解楼梯剖面图在楼梯底层平面图中的剖切位置及投影方向。

如图 6.21 中 2 号楼梯底层平面图的剖切符号为 2—2，剖切第一跑梯段，投影方向为右。

③了解楼梯间、梯段、梯井、休息平台等处的平面形式和尺寸以及楼梯踏步的宽度和踏步数。

由楼梯平面大样可知：该双跑楼梯平面开间尺寸 2 700 mm，进深 4 500 mm，梯段宽 1 180 mm，梯井宽 100 mm。两梯段等跑齐步，每跑各 11 级台阶，10 个踏面，梯段长 2 600 mm。中间休息平台净空 1 200 mm，标高 1.800 m。踏步宽 260 mm，高 164 mm。

(2)构件详图　构件详图重点表达构件的尺寸、材料、面层加工方式、连接方式等。

图 6.21 中③大样为栏杆扶手断面大样。硬木扶手截面尺寸为 60 mm × 120 mm，面刷哑光漆，四棱边倒小圆角。栏杆为方刚，截面尺寸 20 mm × 20 mm，面刷黑色调和漆，方刚顶部焊与

扶手同长度的扁钢。栏杆扶手两构件通过扁钢上的螺栓连接。

(3)装饰详图　装饰详图主要表达饰面材料的材质、颜色、规格、构造措施、施工工艺等。

图6.21中④大样为台阶大样。台阶面层为25 mm厚光面花岗石，距踏步边线40 mm设花岗岩成品防滑条，花岗岩板由1∶2.5水泥砂浆粘结在混凝土基层上。

6.3.3　园路、铺装工程详图

园路、铺装工程图用来说明园路的游览方向和平面位置、线型状况、沿线的地形和地物、纵断面标高和坡度、路基的宽度和边坡、路面结构、铺装图案、路线上的附属构筑物(如桥梁、涵洞、挡土墙)的位置等。由于园路的竖向高差和路线的弯曲变化都与地面起伏密切相关，因此园路工程图的图示方法与一般工程图样不完全相同。园路、广场施工图是指导园林道路和广场施工的技术性图样，它能够清楚地反映园林路网和广场布局，以及广场、园路铺装的材料、施工方法和要求等。

园路工程详图主要包括：园路平面详图、路基横断面图和铺装构造详图。必要时对路面的重点结合部及路面花纹可用详图进行表达。

1)平面详图

如图6.22所示，是一段园路的铺装详图。图示用平面图表示路面装饰性图案，常见的园路路面有：花街路面(用砖、石板、卵石组成各种图案)、卵石路面、混凝土板路面、嵌草路面、雕刻路面等。雕刻和拼花图案应画平面大样图，路面结构用断面图表达。

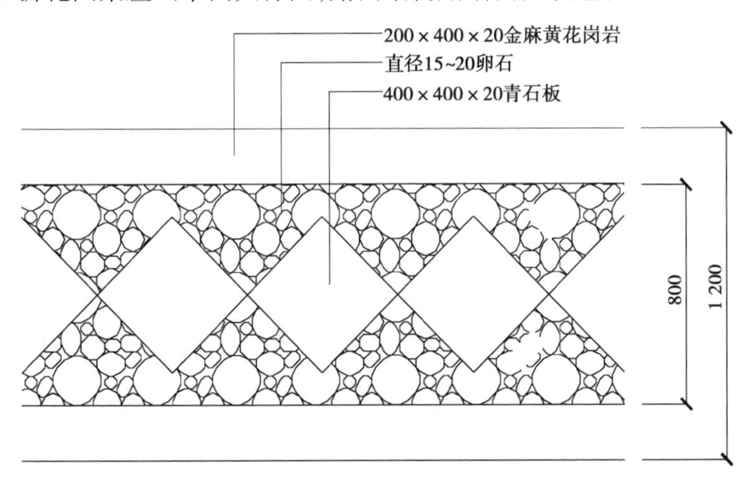

图6.22　园路铺装平面详图

2)道路纵断面图

路线纵断面图用于表示路线中心地面起伏状况。纵断面图是用铅垂剖切面沿着道路的中心线进行剖切，然后将剖切面展开成一立面，纵断面的横向长度就是路线的长度。园路立面由直线和竖曲线(凸形竖曲线和凹形竖曲线)组成。

由于路线的横向长度和纵向高度之比相差很大，故路线纵断面图通常采用两种比例，例如长度采用1∶2 000，高度采用1∶200，相差10倍。

路线纵断面图用粗实线表示顺路线方向的设计坡度线，简称设计线。地面线用细实线绘制，具体画法是将水准测量测得的各桩高程，按图样比例点绘在相应的里程桩上，然后用细实线顺序把各点连接起来，故纵断面图上的地面线为不规则曲折状。

设计线的坡度变更处，两相邻纵坡坡度之差超过规定数值时，变坡处需设置一段圆弧竖曲线来连接两相邻纵坡。应在设计线上方表示凸形竖曲线和凹形竖曲线，标出相邻纵坡交点的里程桩和标高，竖曲线半径、切线长、外距、竖曲线的始点和终点。如变坡点不设置竖曲线时，则应在变坡点注明“不设”。路线上的桥涵构筑物和水准点都应按所在里程注在设计线上，标出名称、种类、大小、桩号等，如图 6.23 所示。

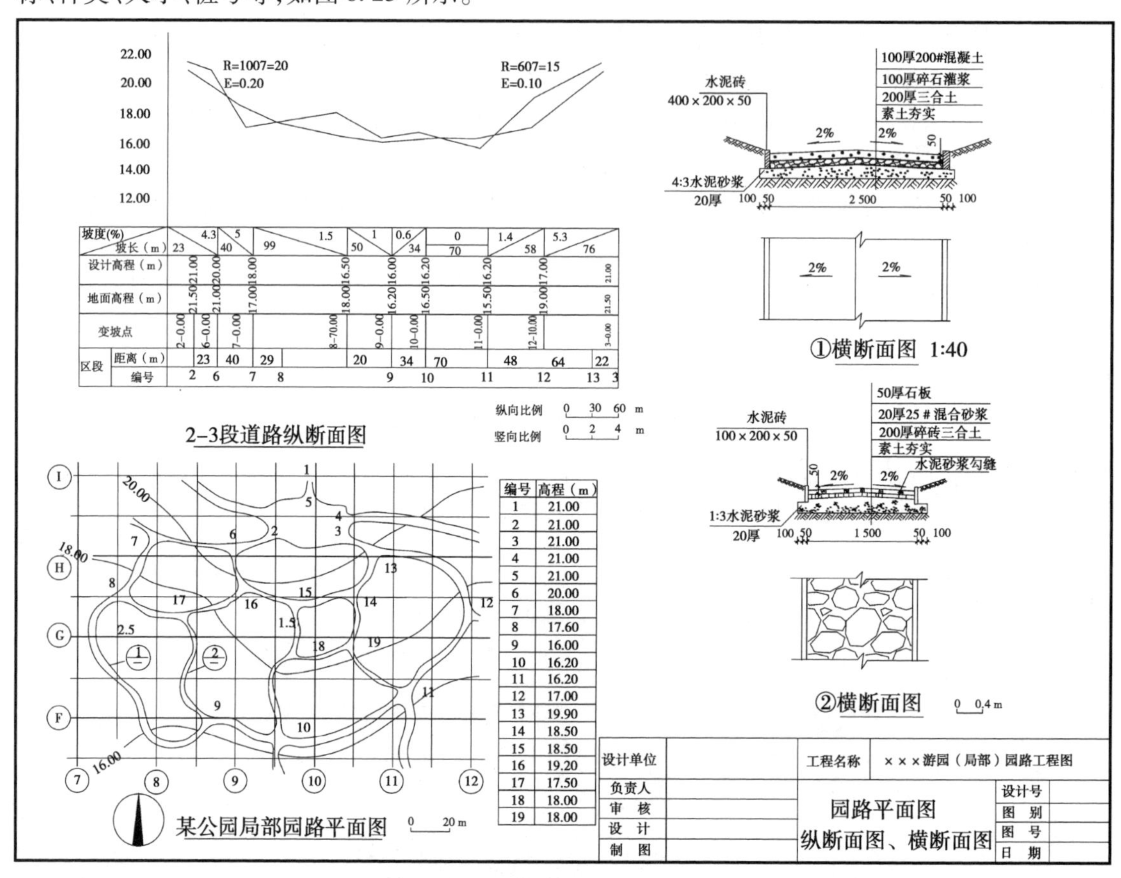

图 6.23　园路工程图

在图样的正下方还应绘制资料表，主要内容包括每段设计线的坡度和坡长，用对角线表示坡度方向，对角线上方标坡度，下方标坡长，水平段用水平线表示；每个桩号的设计标高和地面标高；平曲线（平面示意图），直线段用水平线表示，曲线用上凸或下凹图线表示，标注交角点编号、转折角和曲线半径。资料表应与路线纵断面图的各段一一对应。

路线纵断面图用透明方格纸画，一般总有若干张图纸。

3）路基横断面图

路基横断面图是用垂直于设计路线的剖切面进行剖切所得到的图形，作为计算土石方和路基施工的依据。路基横断面图一般用 1∶50，1∶100，1∶200 的比例。

4）铺装构造详图

铺装构造详图用于表达园路面层的结构，路面结构一般包括面层、结合层、基层、路基等，如图 6.24 所示。

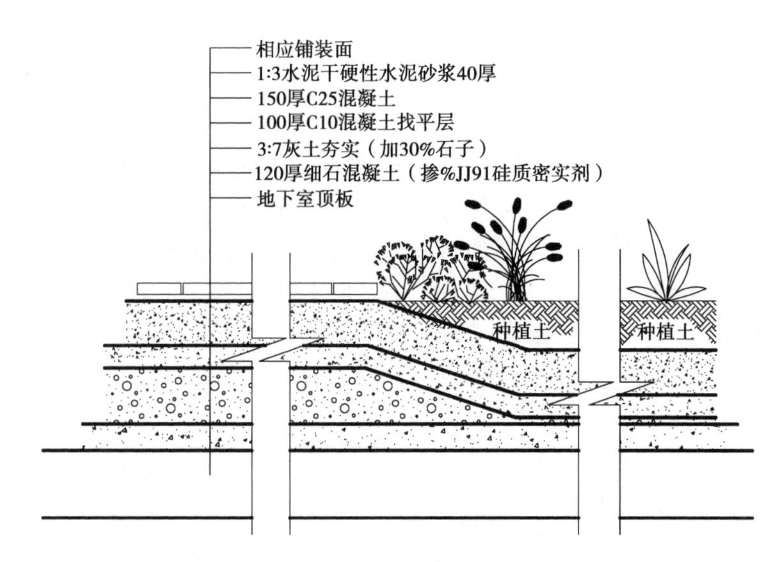

图 6.24　隐形消防车道断面大样

6.3.4　假山工程详图

假山是仿自然山水经艺术加工而堆砌起来以满足游览、造景的山。根据使用材料不同，假山可分为土山和石山。如图6.25所示的假山施工图包括平面图、立面图、剖(断)面图、基础平面图，对于要求较高的细部，还应绘制详图说明。

①平面图：表示假山的平面布置、各部的平面形状、周围地形和假山所在总平面图中的位置。

②立面图：表现山体的立面造型及主要部位高度，与平面图配合，可反映出峰、峦、洞、壑的相互位置。为了完整地表现山体各面形态，便于施工，一般应绘出前、后、左、右 4 个方向立面图(因篇幅所限，例图中只绘出正立面图)。

③剖面图：表示假山某处内部构造及结构形式、断面形状、材料、做法和施工要求。

④基础平面图：表示基础的平面位置及形状。基础剖面图表示基础的构造和做法，当基础结构简单时，可同假山剖面图绘在一起或用文字说明。

假山施工图中，由于山石素材形态奇特，施工中难以完全符合设计尺寸要求。因此，没有必要也不可能将各部尺寸全部标注，一般采用坐标方格网法控制。方格网的绘制，平面图以长度为横坐标，宽度为纵坐标；立面图以长度为横坐标，高度为纵坐标；剖面图以宽度为横坐标，高度为纵坐标。网格的大小根据所需精度而定，对要求精细的局部，可以用较小的网格示出。网格坐标的比例应与图中比例一致。

假山工程施工图(图 6.25)的阅读，一般按以下步骤进行：

(1)看标题栏及说明　从标题栏及说明中了解工程名称、材料和技术要求。本例为驳岸式假山工程。

(2)看平面图　从平面图中了解比例、方位、轴线编号，明确假山在总平面图中的位置、平面形状和大小及其周围地形等。图中所示，该山体处于横向轴线⑫⑬与纵向轴线Ⓖ的相交处，长约 16 m，宽约 6 m，呈狭长形，中部设有瀑布和洞穴，前后散置山石，倚山面水，曲折多变，形成自然式山水景观。

(3)看立面图　从立面图中了解山体各部的立面形状及其高度,结合平面图辨析其前后层次及布局特点,领会造型特征。从图可见,假山主峰位于中部,高为 6 m,位于主峰右侧的 4 m 高处设有二叠瀑布,瀑布右侧置有洞穴及谷壑,形成动、奇、幽的景观效果。

(4)看剖面图　对照平面图的剖切位置、轴线编号,了解断面形状、结构形式、材料、做法及各部高度。从图可见,1—1 剖面是过瀑布剖切的,假山山体由毛石挡土墙和房山石叠置而成,挡土墙背靠土山,山石假山面临水体,两级瀑布跌水标高分别为 3. 80 m 和 2. 30 m。2—2 剖面取自较宽的⑬轴附近,谷壑前散置山石,增加了前后层次,使其更加幽深。

(5)看基础平面图和基础剖面图　了解基础平面形状、大小、结构、材料、做法等。由于本例基础结构简单,基础剖面图绘在假山剖面图中,毛石基础底部标高为 -1. 50 m,顶部标高为 -0. 30 m。具体做法见说明。

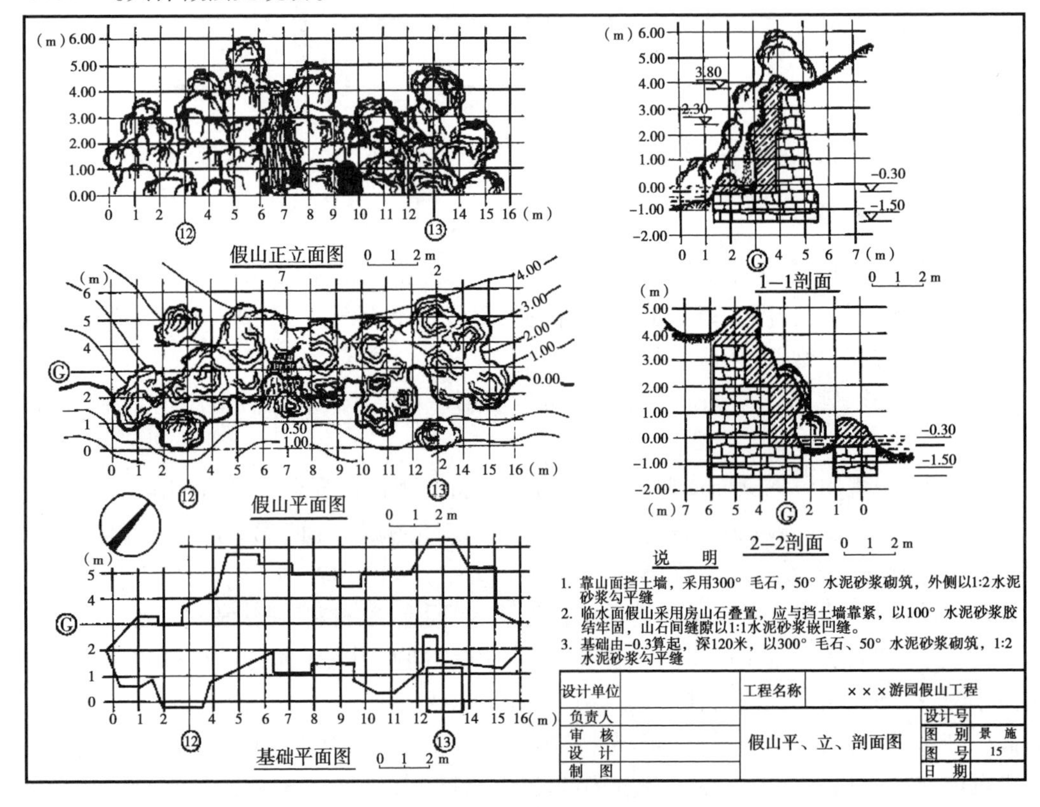

图 6. 25　假山工程图

6. 3. 5　水体、驳岸工程详图

水是园林的灵魂,或为“血液”,有了水才能使园林产生很多生气勃勃的景观。由于水体平面形状多为自然曲线,无法标注各部尺寸,为了便于施工,一般采用方格网控制。方格网的轴线编号应与总平面图相符。详图表示某一区段的构造、尺寸、材料、做法要求及主要部位标高(岸顶、常水位、最高水位、最低水位、基础底面)。

园林驳岸按断面形状可分为自然式和规则式两类。对于大型水体和风浪大、水位变化大的水体以及基本上是规则式布局的园林中的水体(图 6. 26),常采用整形式直驳岸,用石料、砖或混凝土等砌筑整形岸壁(图 6. 27)。对于小型水体和大水体的小局部,以及自然式布局的园林中水位稳定的水体,常采用自然式山石驳岸(图 6.28),或有植被的缓坡驳岸(图 6.29)。自然式山石驳岸可做成岩、矶、崖等形状,采取上伸下收、平挑高悬等形式。

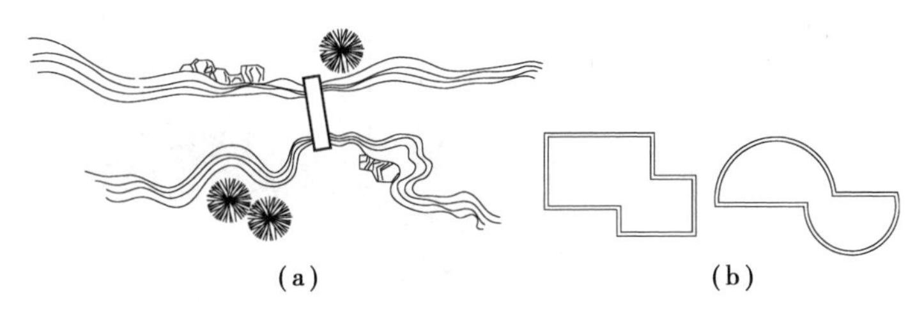

图 6.26 水体

(a)自然式;(b)规则式

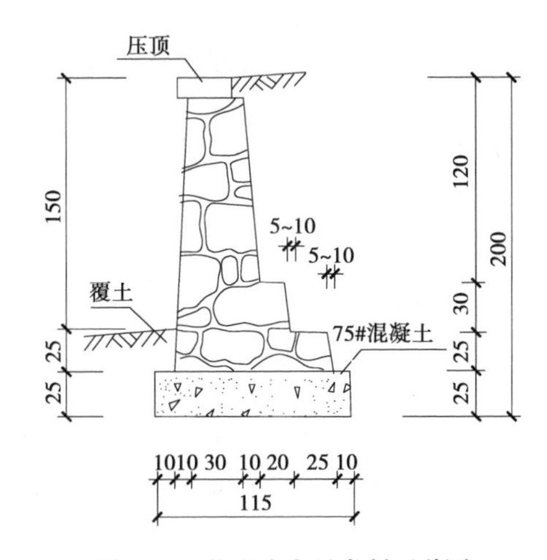

图 6.27 整形式直驳岸断面详图

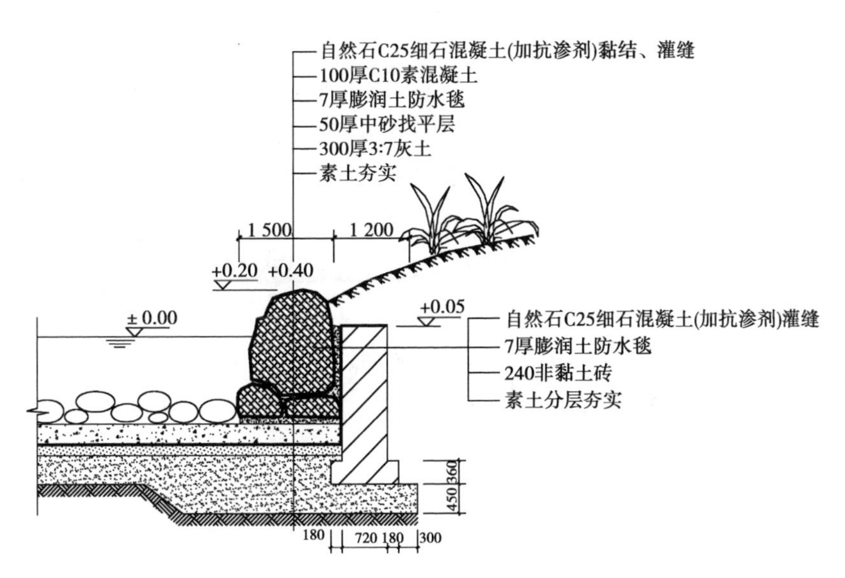

图 6.28 自然式山石驳岸断面详图

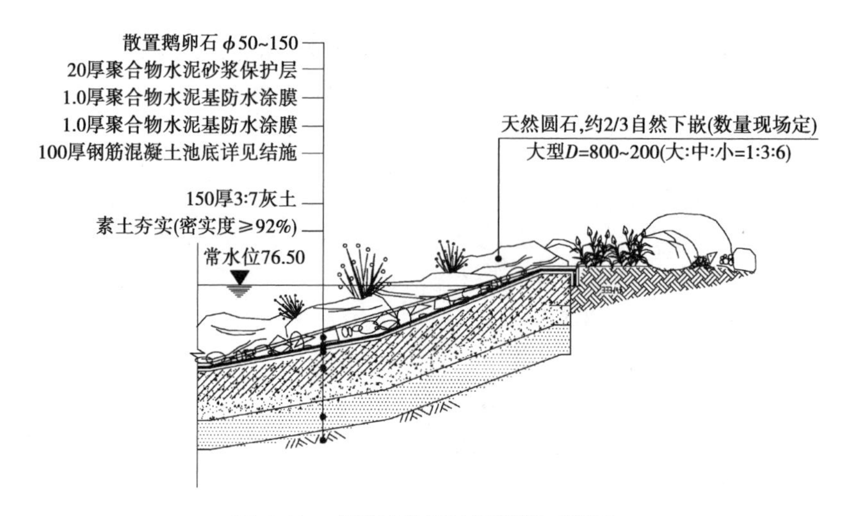

图 6.29　有植被的缓坡驳岸断面详图

6.3.6　植物种植施工详图

设计范围的面积有大有小,技术要求有简有繁,如果一概只画一张平面图很难表达清楚设计思想与技术要求,制图时应分别对待处理。在综合性公园的绿化设计中,由于设计范围面积大,设计者采用总平面图(表达园与园之间的关系,总的苗木统计表)——各园平面图(表达在一个园中各地块的边界关系,该园的苗木统计表)——各地块平面分图(表达地块内的详细植物种植设计,该地块的苗木统计表)——重要位置的大样图,4 级图纸层次来进行图纸文件的组织与制作,使设计文件能满足施工、招投标和工程预结算的要求。对于景观要求细致的种植局部,施工图应有表达植物高低关系、植物造型形式的立面图、剖面图、参考图片或文字说明与标注。

1)植物种植平面详图

(1)看标题栏、比例、风玫瑰图或方位标　明确工程名称、所处方位和当地主导风向。

(2)看图中索引编号和苗木统计表　根据图示各植物编号,对照苗木统计表及技术说明,了解种植的种类、数量、苗木规格和配置方式。一般要关注用量大的植物(如行道树)、品种珍贵的树和古树。植物配置图通常分为乔灌木平面图(图 6.30)和地被植物平面图(图 6.31),并分别绘制植物配置表。

(3)看植物种植定位尺寸　明确植物种植的位置及定点放线的基准。

2)植物种植断面详图

植物种植断面详图是指导施工的重要依据。断面详图表达植物种植土坑尺寸、植物土球大小要求、土质要求、施工保护措施等,如图 6.32—图 6.34 所示。

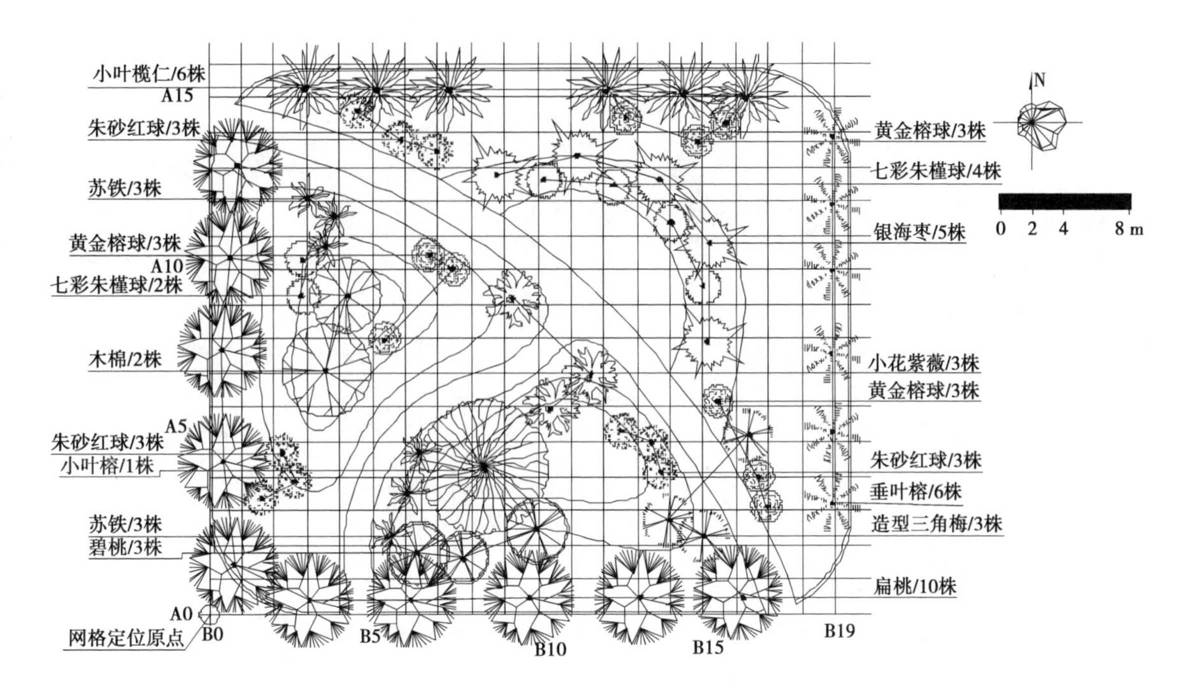

序号	图 例	名 称	数量/株	规 格				备 注
				地 径 /cm	胸 径 /cm	冠 幅 /m	株 高 /m	
01		小叶榄仁	6		8~10	2	4~5	
02		小叶榕	1		>10	2~3	2~3	
03		木棉	2		20~30	7~8	7~8	
04		垂叶榕	6		>10	1.2~1.5	2~3	
05		造型三角梅	3			1.2~1.5		
06		碧桃	6		6~7	3~4	3~4	
07		扁桃	10		6~7	3~4	3~4	
08		银海枣	5	30			3	杆高2.5~4 m
09		苏铁	6			0.8~1.0	1~1.2	
10		黄金榕球	9			0.8~1.0	1.0	
11		七彩朱槿球	2			0.8~1.0	1.0	
12		朱砂红球	9			0.8~1.0	1.0	
13		小花紫薇	21		6~7	1.5	1.5	

图 6.30　某住宅组团乔灌木配置图、配置表

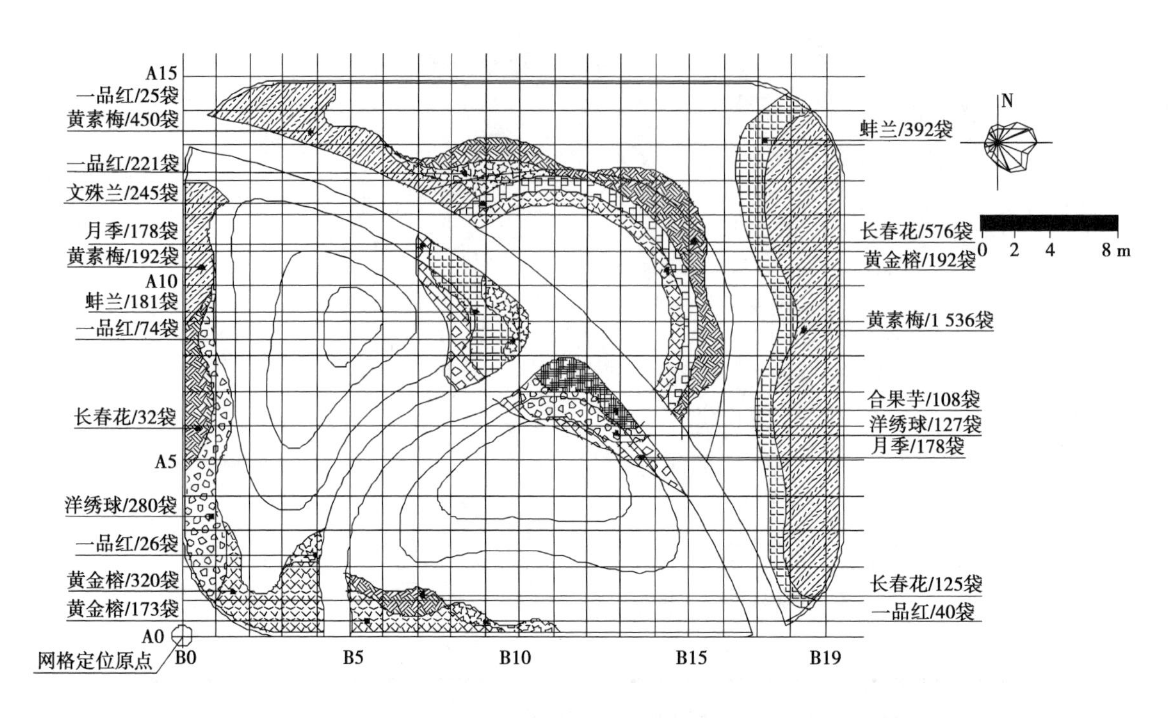

序号	图 例	名 称	数量/m²	规 格	备 注
A		蚌兰	12.7	高10 cm 49株/m²	袋苗
B		黄金榕	10.7	高20 cm 64株/m²	袋苗
C		黄素梅	34	高20 cm 64株/m²	袋苗
D		文殊兰	5	高30 cm 49株/m²	袋苗
E		月季	5.8	高20 cm 49株/m²	袋苗
F		长春花	11.5	高25 cm 64株/m²	袋苗
G		洋绣球	8.3	高40 cm 49株/m²	袋苗
H		一品红	7.4	高30 cm 49株/m²	袋苗
I		合果芋	2	高15 cm 49株/m²	袋苗
J		马尼拉草	151.5	满铺	

图 6.31　某住宅组团地被植物配置图、配置表

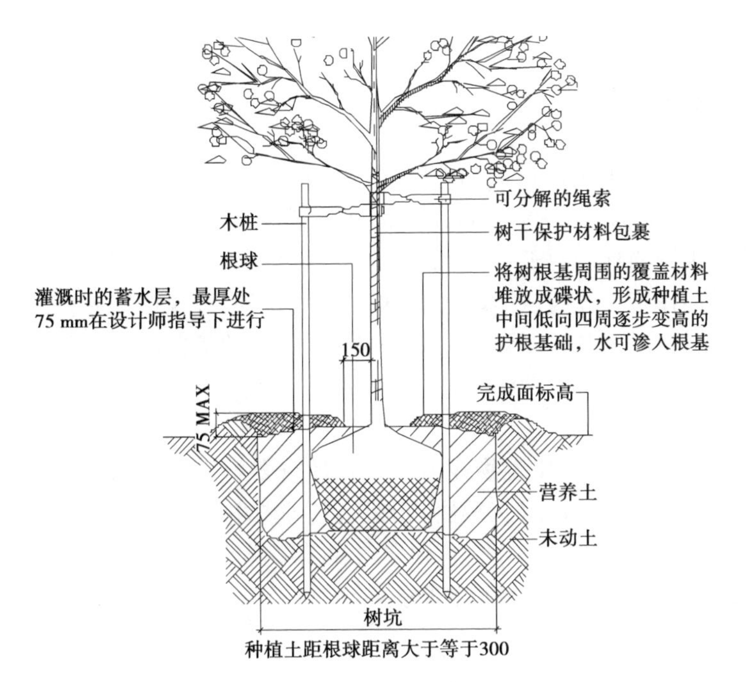

图 6.32 中型落叶树种植详图

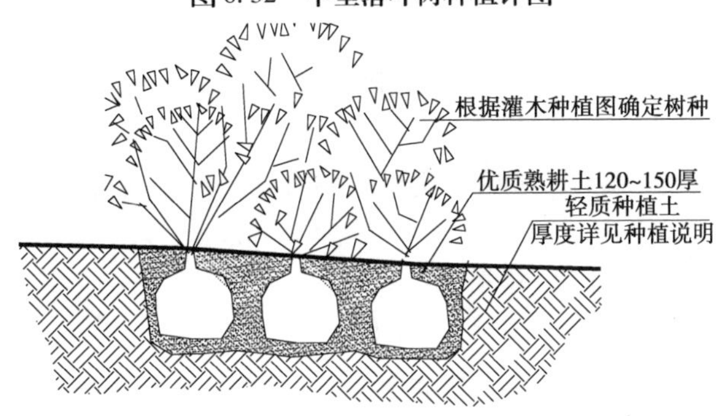

图 6.33 灌木种植详图

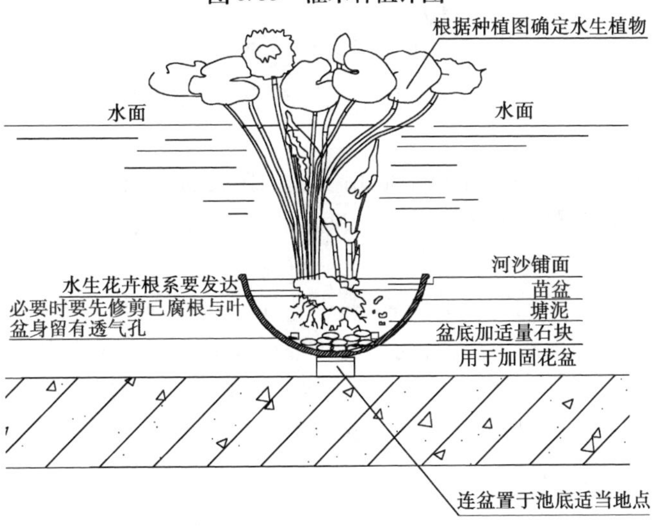

图 6.34 水生植物种植详图

6.4 结构施工图

结构施工图主要表明结构设计的内容和工程对结构的要求，它是表示建筑物各承重构件（如基础、承重墙、柱、梁、板、屋架等）的布置、构件类型、尺寸大小、材料质量、构造及其相互关系的图样。结构施工图简称“结施”。

结构施工图可用作施工放线、挖基槽、支模板、绑扎钢筋、设置预埋件和预留孔洞、浇捣混凝土、安装梁、板、柱等构件，以及编制预算和施工组织设计等的依据。

6.4.1 基础

基础位于底层地面以下，是建筑物或者构筑物的重要组成部分，它主要由基础墙（埋入地下的墙）和下部做成阶梯形的砌体（大放脚）组成。基础图主要是表示基础、地沟的平面布置和详细构造的图样，一般包括基础平面图、基础详图和文字说明 3 部分，是施工放线、挖基坑和砌筑基础的依据，是结构施工图的重要组成部分。

1）基础平面图

假想用水平面沿室内地面将建筑物剖开，移去截面以上部分，所作出的水平剖面图称为基础平面图，如图 6.35 所示。

（1）基础平面图的内容和要求　基础平面图主要表示基础的平面布局，墙、柱与轴线的关系。基础平面图的内容如下：

①图名、图号、比例、文字说明。为便于绘图，基础结构平面图可与相应的建筑平面图取相同的比例（图 6.35）。

②基础的平面布置。即基础墙、构造柱、承重柱以及基础底面的形状、大小及其与轴线的相对位置关系、标注轴线尺寸、基础大小尺寸和定位尺寸。

③基础梁（圈梁）的位置及其代号。基础梁的编号有 JL_1（7），JL_2（4）等，圈梁标注为 JQL_1，JQL_2 等。JL_1 的含义为：“JL”表示基础，“1”表示编号为 1，即 1 号基础梁。“（7）”表示 1 号基础梁共有 7 跨（基础梁的配筋详图）。“JQL_1”的含义为：“JQL”表示基础圈梁，“1”表示编号为 1。

④基础断面图的剖切线及其编号，或注写基础代号，如 JC，JC2，…

⑤当基础底面标高有变化时，应在基础平面图对应部位的附近画出剖面图来表示基底标高的变化，并标注相应基底的标高。

⑥在基础平面图上，应绘制与建筑平面相一致的定位轴，并标注相同的轴间尺寸及编号。此外，还应注出基础的定形尺寸和定位尺寸。基础的定形、定位尺寸标注有以下要求：

a. 条形基础：轴线到基础轮廓线的距离、基础坑宽、墙厚等；

b. 独立基础：轴线到基础轮廓线的距离、基础坑和柱的长、宽尺寸等；

c. 桩基础：轴线到轮廓线的距离，其定形尺寸可在基础详图中标注或通用图中查阅。

⑦线型。在基础平面图中，被剖切到的基础墙的轮廓用粗实线，基础底部宽度用细实线，地沟为暗沟时用细虚线。图中材料的图例线与建筑平面图的线型一致。

（2）基础平面图的识读方法

①找定位轴。

②找基础轮廓线。

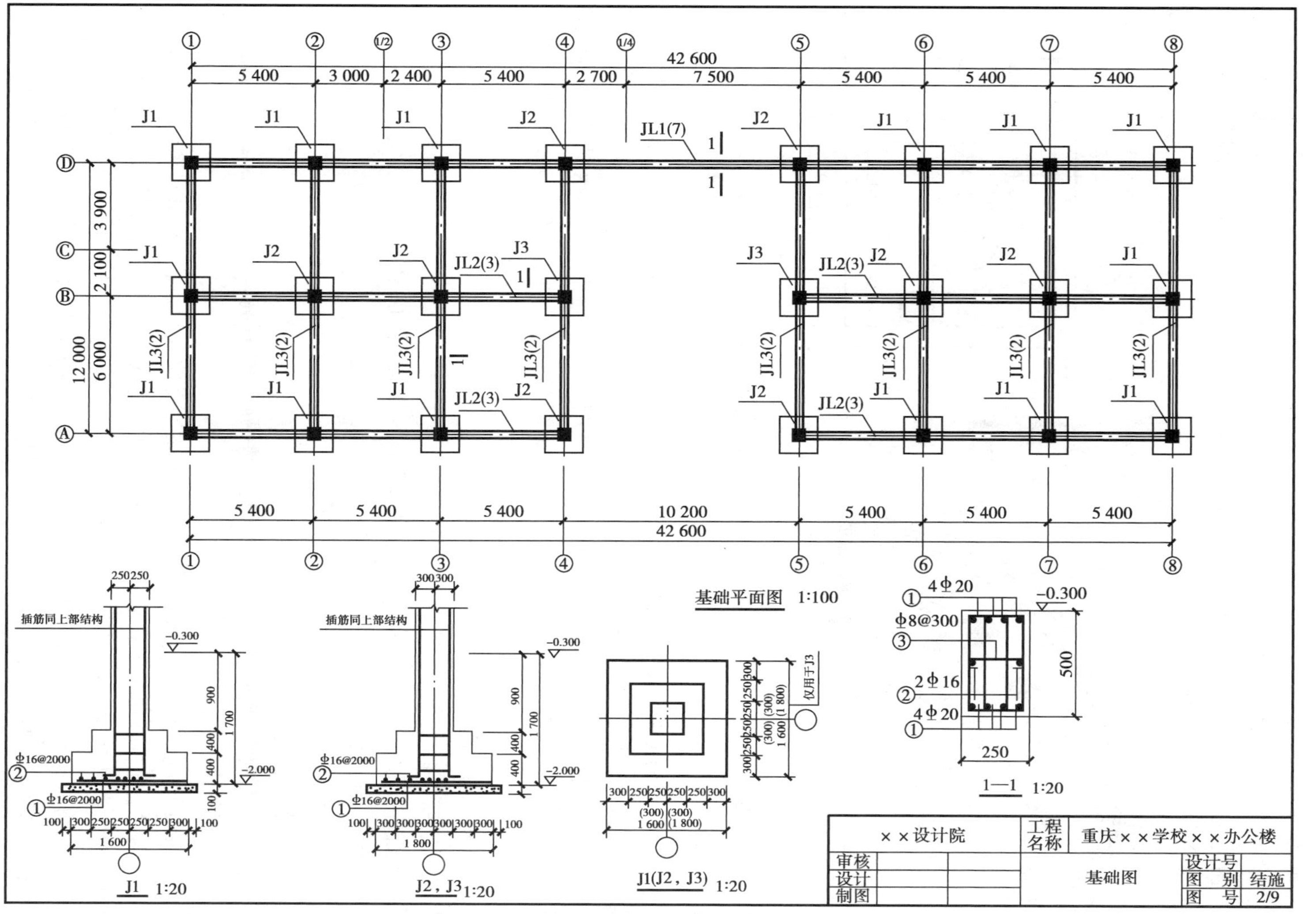

图6.35 某建筑物基础平面图

③对尺寸对照文字注释识读并理解。

图6.36所示是一个弧形长廊的基础平面布局图和基础平面图。弧形长廊的内侧是钢筋混凝土柱,外侧是砖砌墙体,所以内外基础平面形状有所不同,但是绘制方法及其要求都是相同的。右图是钢筋混凝土独立柱基础的平面图,可以看出柱与下部基础的尺度和位置关系以及基础底部钢筋网的布局形式。

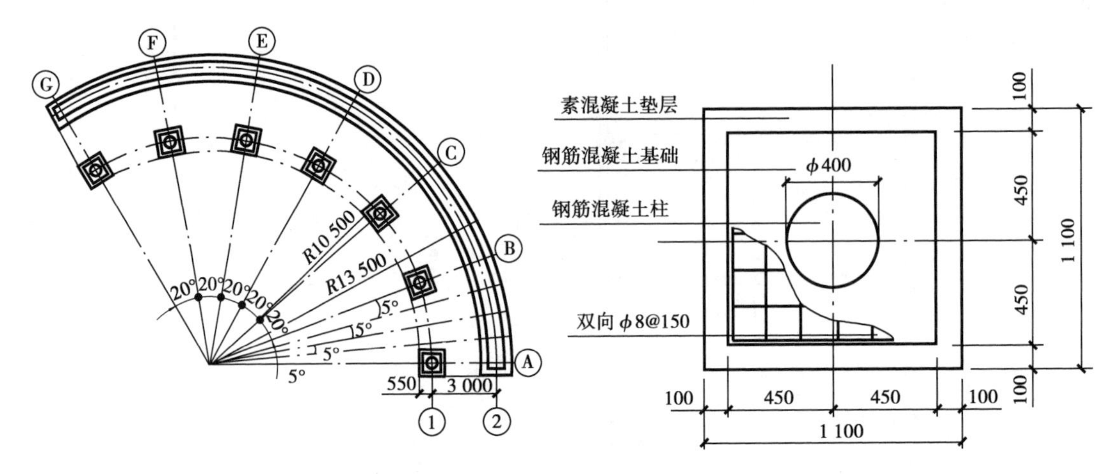

图6.36　弧形长廊基础平面图

2)基础详图

基础详图一般用平面图和剖面图表示,采用1∶20的比例绘制,主要表示基础与轴线的关系、基础底标高、材料及构造做法。

因基础的外部形状较简单,一般将两个或两个以上编号的基础平面图绘制成一个平面图。但是,要把不同的内容表示清楚,以便于区分。图6.37所示为几种常用的基础断面图。独立柱基础的剖切位置一般选择在基础的对称线上,投影方向一般选择从前向后投影。

(1)基础详图绘制内容

①图名(或基础代号)、比例、文字说明。

②基础断面图中轴线及其编号(若为通用断面图,则轴线圆圈内不予编号)。

③基础断面形状、大小、材料以及配筋。

④基础梁和基础圈梁的截面尺寸及配筋。

⑤基础圈梁与构造柱的连接作法。

⑥基础断面的详细尺寸和室内外地面、基础垫层底面的标高。

⑦防潮层的位置和作法。

(2)基础详图绘制要求　基础剖切断面轮廓线用粗实线绘制,填充材料图例参见附录Ⅳ。在基础详图中还应标注出基础各部分(如基础墙、柱、基础垫层等)的详细尺寸、钢筋尺寸以及室内外地面标高和基础垫层底面(基础埋置深度)的标高。具体尺寸注法如图6.38所示。图6.38所示为图6.36中弧形长廊的基础详图,左侧是钢筋混凝土柱下独立基础的断面图,右侧是砖砌条形基础的断面图,两者的埋深相同,都是1.3 m,垫层采用的是100厚C10的素混凝土。由于结构不同,所以两种基础的尺度及所填充的材料图例也各不相同。

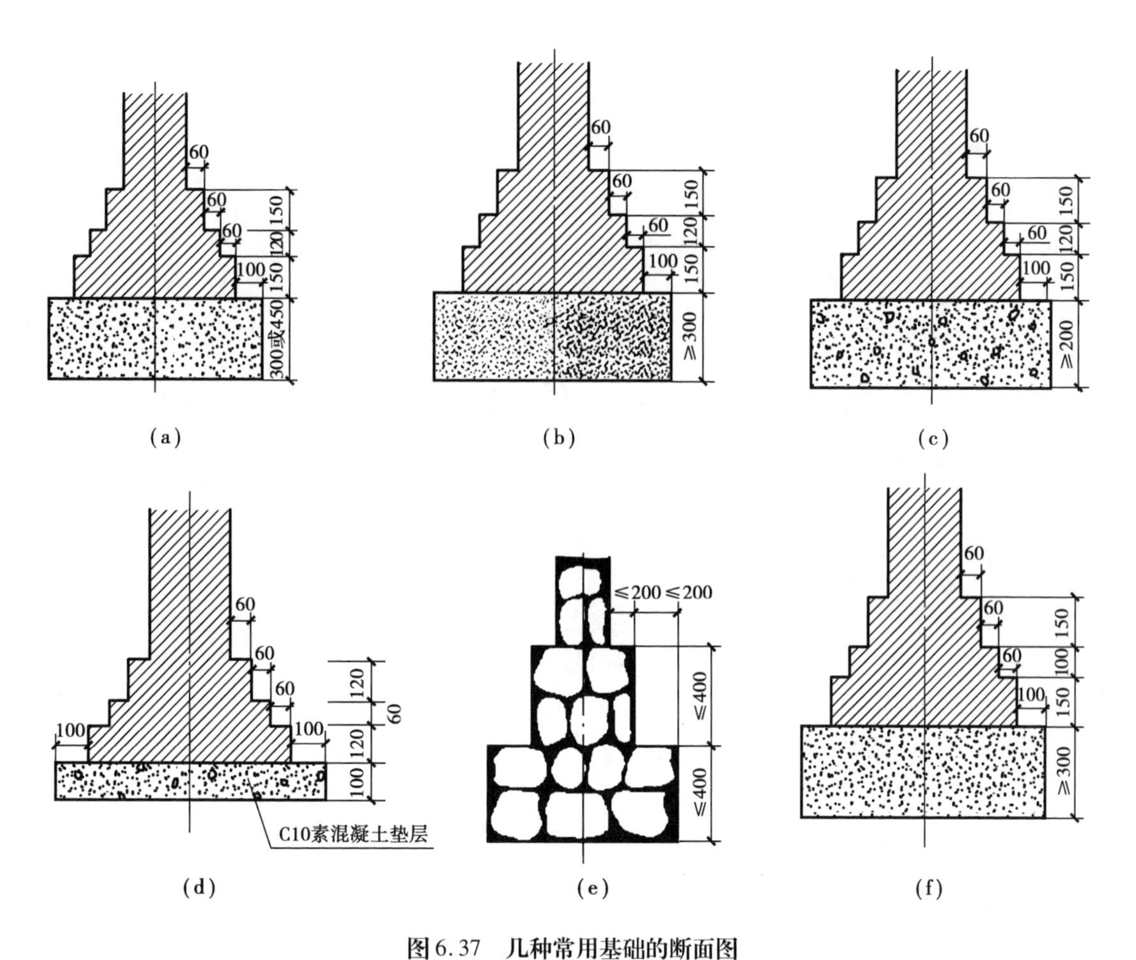

图 6.37　几种常用基础的断面图

(a)灰土基础;(b)三合土基础;(c)混凝土基础;(d)砖基础;(e)毛石基础;(f)毛石混凝土基础

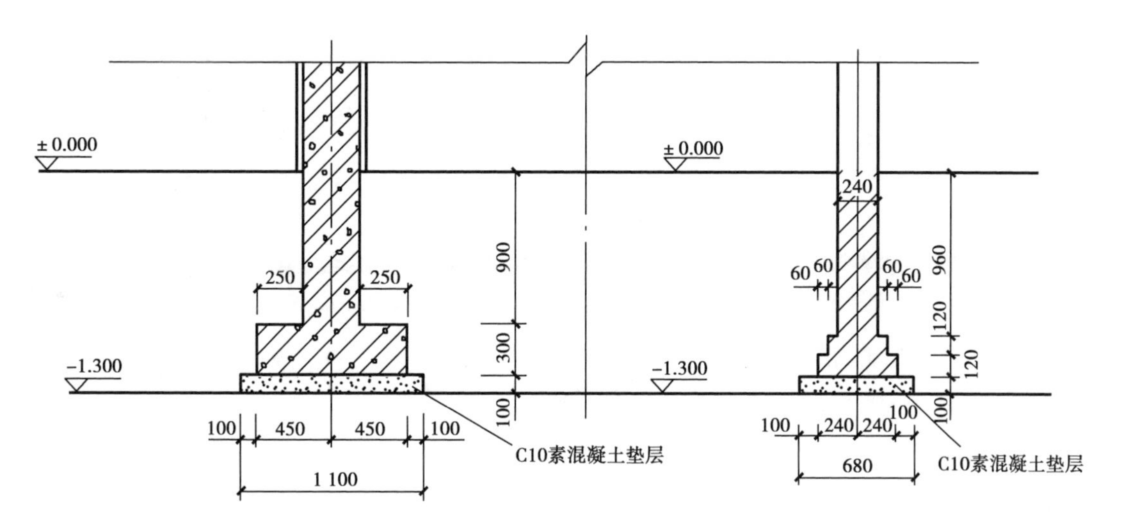

图 6.38　基础详图

6.4.2 钢　筋

1)钢筋的作用和分类

钢筋混凝土中的钢筋,有的是因为受力需要而配置的,有的则是因为构造需要而配置的,这些钢筋的位置、形状及作用各不相同,一般分为以下几种:

(1)受力钢筋(主筋)　在构件中承受拉应力和压应力为主的钢筋称为受力钢筋,用于梁、板、柱等各种钢筋混凝土构件中。受力钢筋按形状一般可分为直筋和弯起筋;按弯矩分正弯矩钢筋和负弯矩钢筋。

(2)箍筋　承受斜拉应力(剪应力),并固定受力筋、架立筋的位置而设置的钢筋称为箍筋,一般用于梁和柱中。

(3)架立钢筋　架立钢筋又叫架立筋,固定梁内钢筋的位置,把纵向受力钢筋和箍筋绑扎成骨架。

(4)分布钢筋　分布钢筋简称分布筋,用于各种板内。

(5)其他钢筋　因构造要求或者施工安装需要而配置的钢筋,一般称为构造钢筋,如腰筋、拉钩、拉接筋等。腰筋用于高度大于450 mm的梁中;拉钩在梁、剪力墙中可加强结构的整体性;拉接筋用于钢筋混凝土柱上与墙体的构造连接,起拉接作用,所以称为拉接筋。各种钢筋的形式及在梁、板、柱中的位置及形状如图6.39所示。

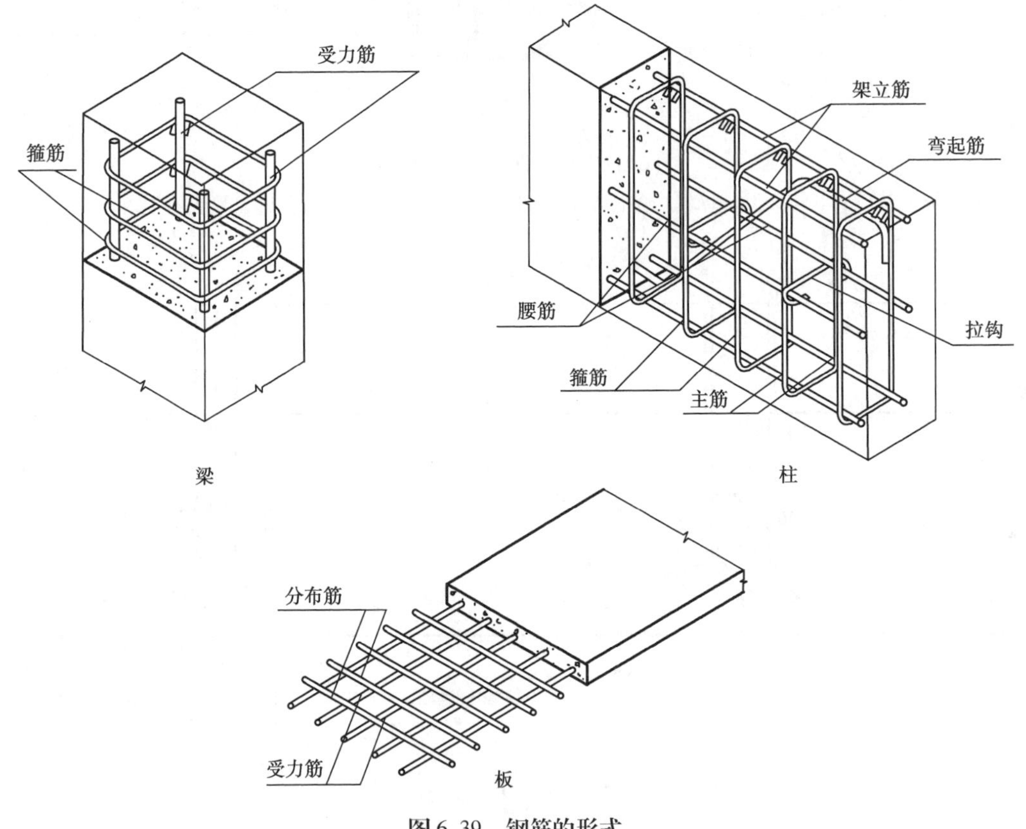

图6.39　钢筋的形式

为了使钢筋在构件中不被锈蚀，增强钢筋与混凝土的粘结力，在各种构件的受力筋外面，必须有一定厚度的混凝土，这层混凝土就被称为保护层。一般情况下，梁和柱的保护层厚为 25 mm；板的保护层厚为 10 ~ 15 mm；剪力墙的保护层厚为 15 mm。

2）钢筋表示方法

钢筋表示方法见附录Ⅶ。

3）常用钢筋的代号

目前我国钢筋混凝土中常用的钢筋、钢丝主要有：热轧钢筋、冷拉钢筋、热处理钢筋和钢丝四大类，依其承受强度大小的不同又可分为 HPB235，HRB335，HRB400，RRB400 四级。不同种类和级别的钢筋、钢丝在结构中的代号不同（表 6.2）。

表 6.2　钢筋的种类和代号

钢筋的种类	钢筋代号	钢筋的种类	钢筋代号
Ⅰ级钢筋（HPB235 级钢筋，3 号光面圆筋）	Φ	冷拉Ⅰ级钢筋	$Φ^L$
Ⅱ级钢筋（HRB335 级钢筋，16 锰钢钢筋）	Φ	冷拉Ⅱ级钢筋	$Φ^L$
Ⅲ级钢筋（HRB400，25 锰硅钢筋）	Φ	冷拉Ⅲ级钢筋	$Φ^L$
Ⅳ级钢筋（RRB400 级钢筋光圆或螺纹钢筋）	Φ	冷拉Ⅳ级钢筋	$Φ^L$
Ⅴ级钢筋（螺纹钢筋）	Φ	冷拔低碳钢丝	$Φ^b$

6.4.3　钢筋混凝土构件

混凝土由水泥、石子、砂子和水按一定比例拌和而成，经振捣密实，凝固后坚硬如石，抗压能力好，但抗拉能力差，容易因受拉而断裂导致破坏，为此常在混凝土构件的受拉区内配置一定数量的钢筋，使混凝土和钢筋牢固结合成一个整体，共同发挥作用，这种配有钢筋的混凝土称为钢筋混凝土（图 6.40）。

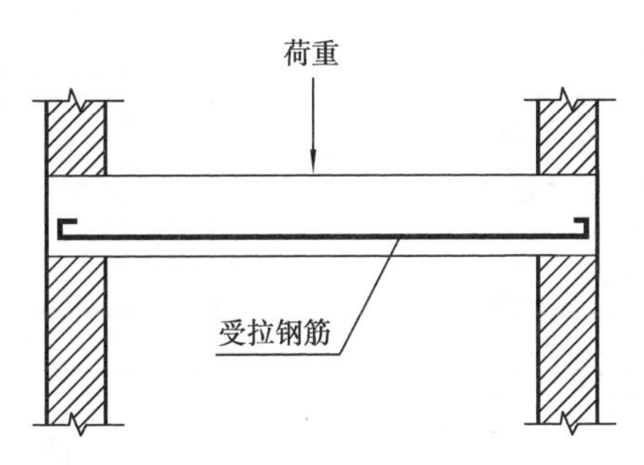

图 6.40　钢筋混凝土梁

钢筋混凝土构件详图是加工制作钢筋、浇筑混凝土的依据，其内容包括模板图、配筋图、钢筋表、文字说明 4 部分。

1）钢筋混凝土构件结构详图绘制内容

①构件代号，比例，施工说明。常用构件代号见附录Ⅵ。

②构件定位轴及其编号、构件的形状、大小和预埋件代号及布置（模板图）。

③梁、柱的结构详图通常由立面图和断面图组成,板的结构详图一般只画它的断面图或剖面图,也可把板的配筋直接画在结构平面图中。

④构件外形尺寸、钢筋尺寸和构造尺寸以及构件底面的结构标高。

⑤各结构构件之间的连接详图。

2)梁的模板图

梁的模板图是为浇筑梁的混凝土绘制的,主要表示梁的长、宽、高和预埋件的位置、数量。然而对外形简单的构件,一般不必单独绘制模板图,只需在配筋图中把梁的尺寸标注清楚即可。当梁的外形复杂或预埋件较多时(如单层工业厂房中的吊车梁),一般都要单独画出模板图(图6.41)。

模板图的绘图要求:模板图外轮廓线一般用细实线绘制。梁的正立面图和侧立面图可用两种比例绘制。如图6.41中梁的长度用1∶40绘制,梁的高度和宽度用1∶20绘制,这样的图看上去比较协调。

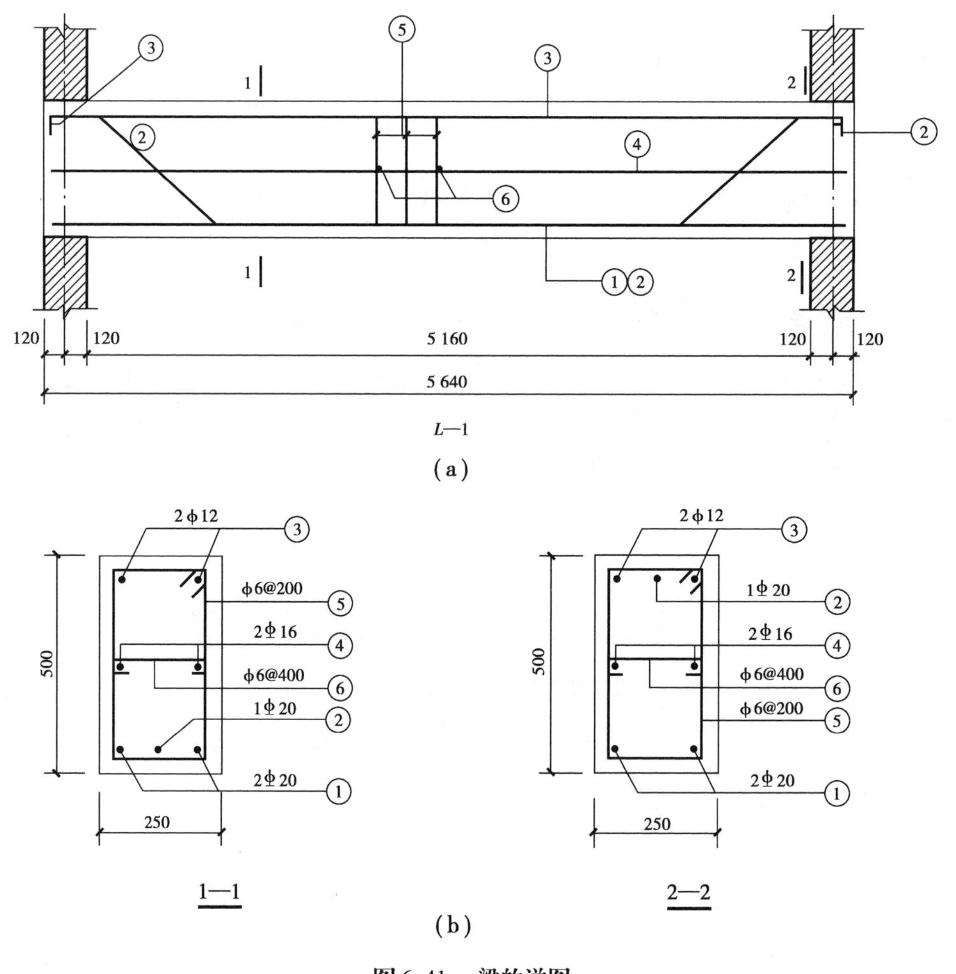

图6.41 梁的详图

(a)模板图;(b)梁的配筋图

3)梁的配筋图

配筋图主要用来表示梁内部钢筋的配置情况,配筋图通常由立面图和断面图组成。立面图中构件的轮廓线用细实线画出;钢筋简化为单线,用粗实线表示,并对不同形状、不同规格的钢筋进行编号,编号用阿拉伯数字顺次编写,并将数字写在圆圈内。圆圈用直径为 6 mm 的细实线绘制,并用引出线指到被编号的钢筋。断面图中剖到的钢筋圆截面画成黑圆点,其余未剖到的钢筋仍画成粗实线,并规定不画材料图例。内容包括钢筋的形状、规格、级别和数量、长度等。图 6.41 所示的梁中有 6 种钢筋,第 1 种为①号钢筋,在梁的底部,是主筋。标注符号的含义为:

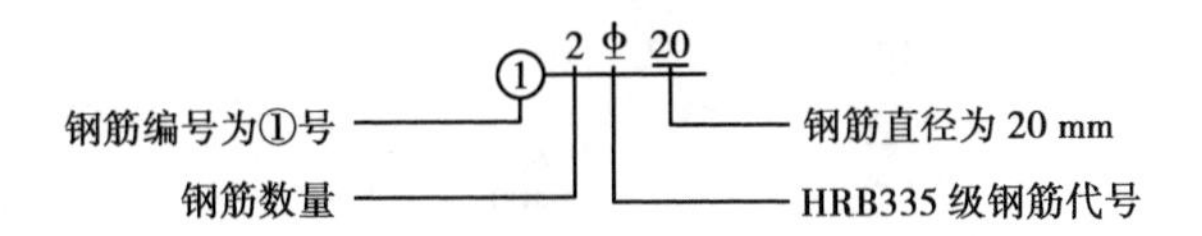

第 2 种为②号钢筋为弯起筋;第 3 种为③号筋,在梁的上部为架起筋;第 4 种为④号钢筋,为腰筋;第 5 种⑤号钢筋,称为箍筋,其标注格式为:

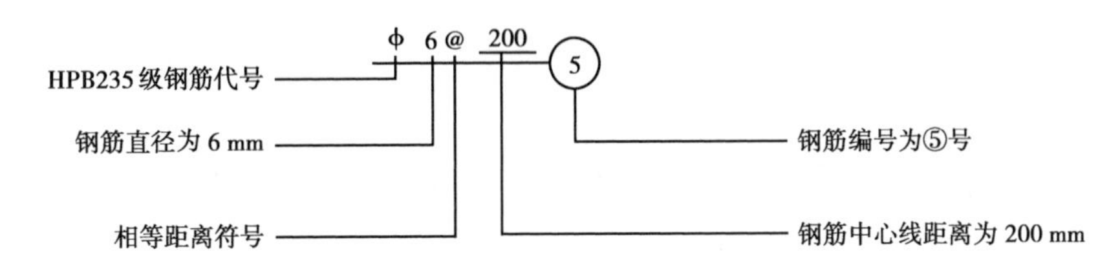

第 6 种为⑥号钢筋,称为拉钩。

6.5 园林给排水图

6.5.1 园林给排水图表达的方法

1)园林给排水图的组成

园林给排水图是表达园林给排水及其设施的结构形状、大小、位置、材料及有关技术要求的图样,以供交流设计和施工人员按图施工。园林给排水图一般是由给排水管道平面布置图、管道纵断面图、管网节点详图及说明等构成。

2)园林给排水图的特点

(1)常用的给排水图例 园林给排水管道断面与长度之比以及各种设备等构配件尺寸偏小,当采用较小比例(如 1∶100)绘制时,很难把管道以及各种设备表达清楚,故一般用图形符号和图例来表示。一般管道都用单线来表示,线宽宜用 0.7 mm 或 1.0 mm,常用的园林给排水图例见附录Ⅷ。

(2)标高标注 平面图、系统图中,管道标高应按图 6.42(a)所示方式标注;沟渠标高应按图 6.42(b)所示方式标注;剖面图中,管道及水位的标高应按图 6.42(c)所示方式标注。

(3)管径 管径的单位一般用 mm 表示。水输送钢管(镀锌或水镀锌)、铸铁管等材料,以公称直径 *DN* 表示(如 *DN*50);焊接钢管、无缝钢管等,以外径 *D* × 壁厚表示(如 *D*108 ×4);钢筋混凝土管、混凝土管、陶土管等,以内径 *d* 表示(如 *d*230)。

管径的表示方法应符合图 6.43 中的规定。

(4)管线综合表示 园林中管线种类较少,密度也小,为了合理安排各种管线,综合解决各种管线在平面和竖向上的相互关系,一般用管线综合平面图来表示,遇到管线交叉处可用垂距

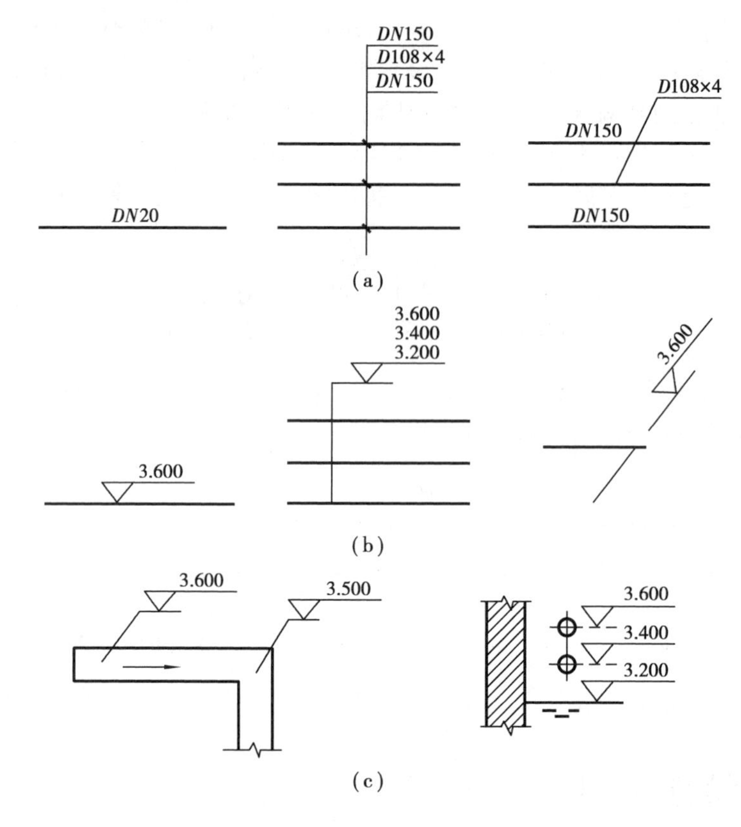

图 6.42　标高标注示例

(a)管道标高标注法;(b)沟渠标高标注法;(c)剖面及水位标高标注法

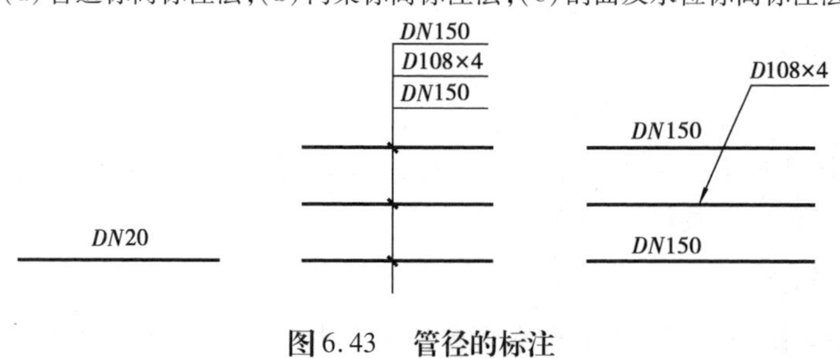

图 6.43　管径的标注

简表表示,如图 6.44 所示。

3)给水排水平面布置图

(1)表达的内容与要点

①建筑物、构筑物及各种附属设施:厂区或小区内的各种建筑物、构筑物、道路、广场、绿地、围墙等,均按建筑总平面的图例根据其相对位置关系用细实线绘出其外形轮廓线。多层或高层建筑在左上角用小黑点数表示其层数。用文字注明各部分的名称。

②管线及附属设备:厂区或小区内各种类型的管线是本图表述的重点内容,以不同类型的线型表达相应的管线,并标注相关尺寸以满足水平定位要求。水表井、检查井、消火栓、化粪池等附属设备的布置情况以专用图例绘出,并标注其位置。

(2)绘图的基本要求　建筑物、构筑物、道路、广场、绿地、围墙等应与总图一致。给水、排水、雨水、热水、消防、中水、工艺管线等应绘制在同一张图上。如管线种类繁多、地形复杂,使得在同一图上表达出现困难时,可按不同管道种类分别绘制。各类管线及附属设备用专用图例绘制,并按规定的编号方法进行编号。注明同厂(小区)外进水、出水、排水、雨水等相关管道的连接点位置、连接方式、分界井号、管径、标高、定位尺寸与水流方向。绘制厂(小区)各构筑物,建筑物的进水管、出水管、供水管、排泥管、加药管,并标注管径和进行定位。在图上标明各类管道的管径与定位尺寸。图上应绘制风玫瑰,无污染源时可以指北针代替。

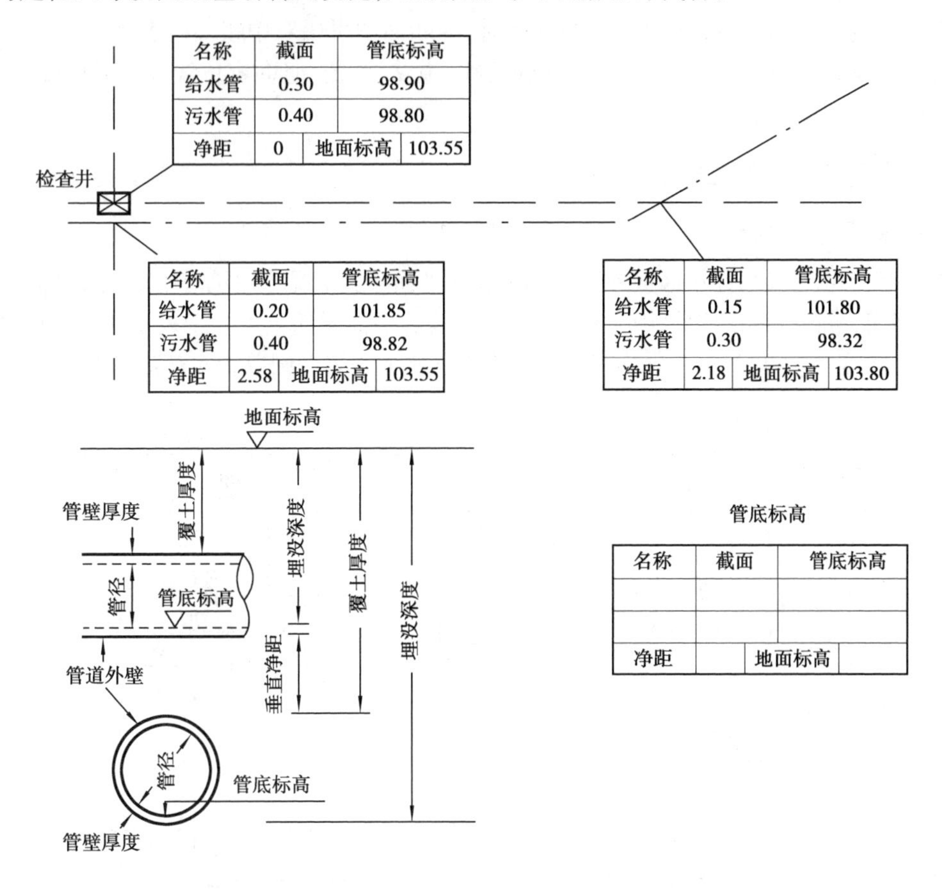

图 6.44　管线综合表示图

构筑物、建筑物及管线定位采用下列两种方法:

①坐标法:对于构筑物、建筑物,标注其中心坐标(圆形类)或两对角坐标(方形类);对于管线类,标注其管道转弯点(井)的中心坐标。

②控制尺寸线法:以永久建筑物、构筑物的外墙(壁)线、轴线、道路中心线为控制基线,标注管道的水平位置。

4)给水排水管道纵断面图

(1)表达的内容与要点

①原始地形地貌与原有管道、其他设施等:给水及排水管道纵断面图中,应标注原始地面线、设计地面线、道路、铁路、排水沟、河谷及与本管道相关的各种地下管道、地沟、电缆沟等的相对距离和各自的标高。

②设计地面、管线及相关的建筑物、构筑物:绘出管线纵断面以及与之相关的设计地面、附属构筑物、建筑物,并进行编号。标明管道结构(管材、接口形式、基础形式)、管线长度、坡度与

坡向、地面标高、管线标高(重力流标注内底,压力流标注管道中心线)、管道埋深、井号以及交叉管线的性质、大小与位置。

③标高标尺:一般在图的左前方绘制一标高标尺,表达地面与管线等的标高及其变化。

(2)绘图的基本要求

①压力流管道用单粗实线表示,重力流管道用双中粗实线表示。在对应的平面图中均采用单中粗实线表示。如管道直径大于400 mm时,纵断面图可用双中粗实线表示。

②设计地面线、阀门井、检查井、相交的管线、道路、河流、竖向定位线等均采用细实线绘制,自然地面线用细虚线绘制。

6.5.2 园林给排水图的识读

1)给水排水管道平面图

图6.45所示为某居住小区室外给水排水管网平面布置情况。建筑总平面图是小区室外给水排水管网平面布置的设计依据,由于作用不同,建筑总平面图的重点在于表示建筑群的总体布置(如道路交通、环境绿化等),小区室外给水排水管网平面布置图则以管网布置为重点。

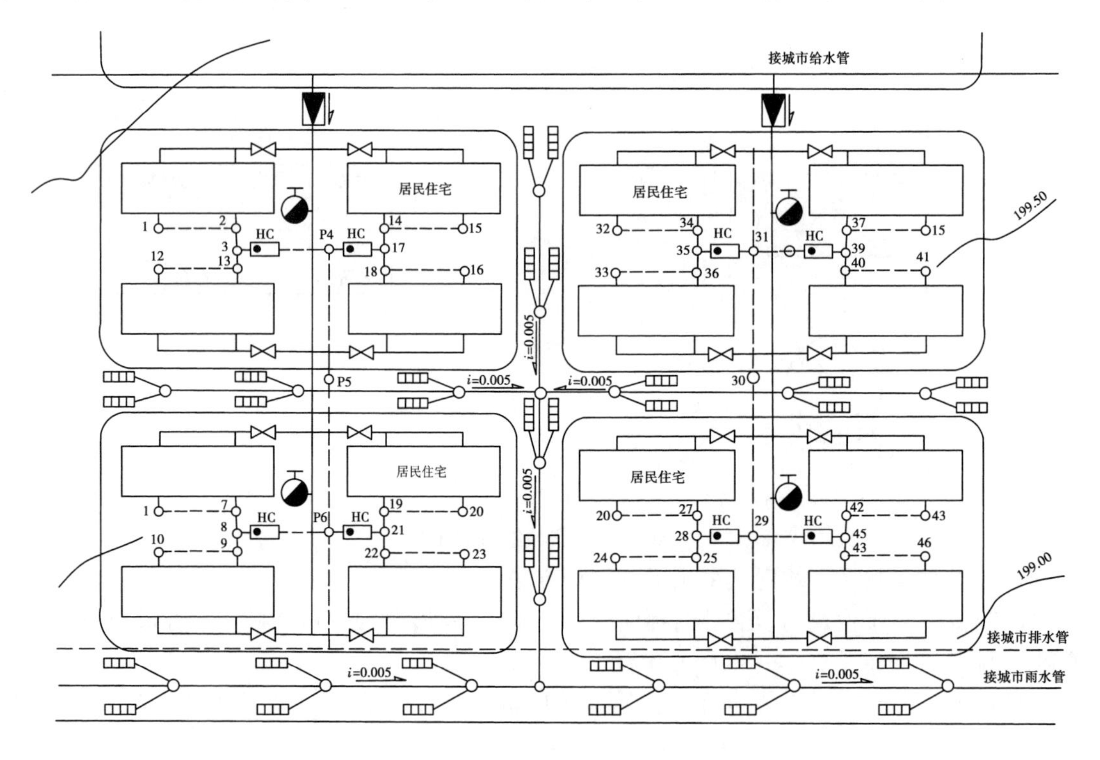

图6.45 某居住小区室外给水管网平面布置图

室外给水排水管道平面图识读的主要内容和注意事项如下:

①查明管路平面布置与走向。通常给水管道用中粗实线表示,排水管道用中粗虚线表示,检查井用直径2~3 mm的小圆表示。给水管道的走向是从大管径到小管径与室内引水管相连。排水管道的走向则是从建筑物排出污水管连接检查井,管径是从小管径到大管径,直通城市排水管道。

②要查看与室外给水管道相连的消火栓、水表井、阀门井的具体位置,了解给水排水管道的

埋深及管径。

③室外排水管的起端、两管相交点和转折点均设置了检查井，排水管是重力自流管，故在小区内只能汇集于一点而向排水干管排出，并用箭头表示流水方向。从图中还可以看到雨水管与污水管分别由两根管道排放，这种排水方式通常称为分流制。

2）纵断面图

从图6.45所示的平面布置图中可读到检查井的编号P4，P5，P6，与之相对应的图6.46排水管道纵断面图中的检查井编号P4，是从西北角出发向南经编号P5来到编号P6，再与城市排水管道相连接。

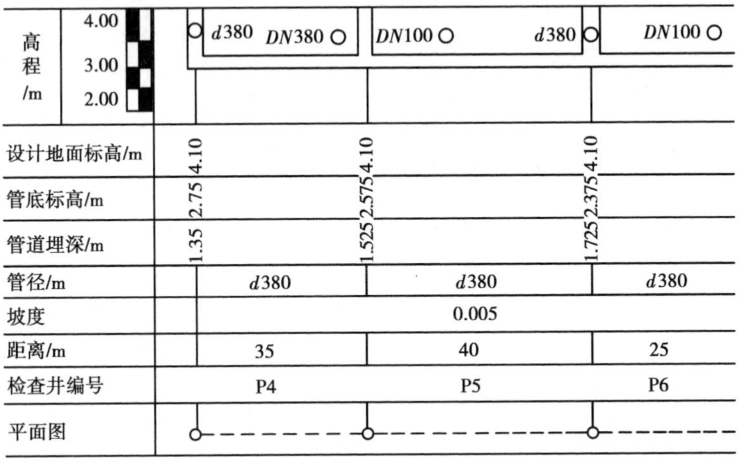

高程/m 4.00 3.00 2.00

d380　DN380　DN100　d380　DN100

设计地面标高/m	4.10		4.10		4.10	
管底标高/m	2.75		2.575		2.375	
管道埋深/m	1.35		1.525		1.725	
管径/m		d380		d380		d380
坡度		0.005				
距离/m		35		40		25
检查井编号		P4		P5		P6
平面图						

图6.46　排水管道纵断面图

由图6.46可见，上部为埋地铺设的排水管道纵断面，其左部为标高尺寸，下部为有关排水管道的设计数据表格。读图时，可直接查出有关排水管道每一节点处的设计地面标高、管底标高、管道埋深、管径、坡度、距离、检查井编号等。如编号P4检查井处的设计地面标高为4.10 m，管底标高2.75 m，管道埋深为1.35 m。若把图6.45与图6.46对照起来读图，可以了解到排水管道与给水管、雨水管的交叉情况。

3）给水排水施工详图

给水排水施工详图的画法与建筑施工图详图画法基本一致，同样要求图样完整详尽、尺寸齐全、材料规范、有详细的施工说明等。标准的器具及设备施工详图可直接套用有关给水排水标准图集，只需要在详图索引符号上注写所选图集编号或在施工说明中写明采用图集编号即可。图6.47所示为坐箱式坐便器安装详图。对不能直接套用的则需要自行画出详图。

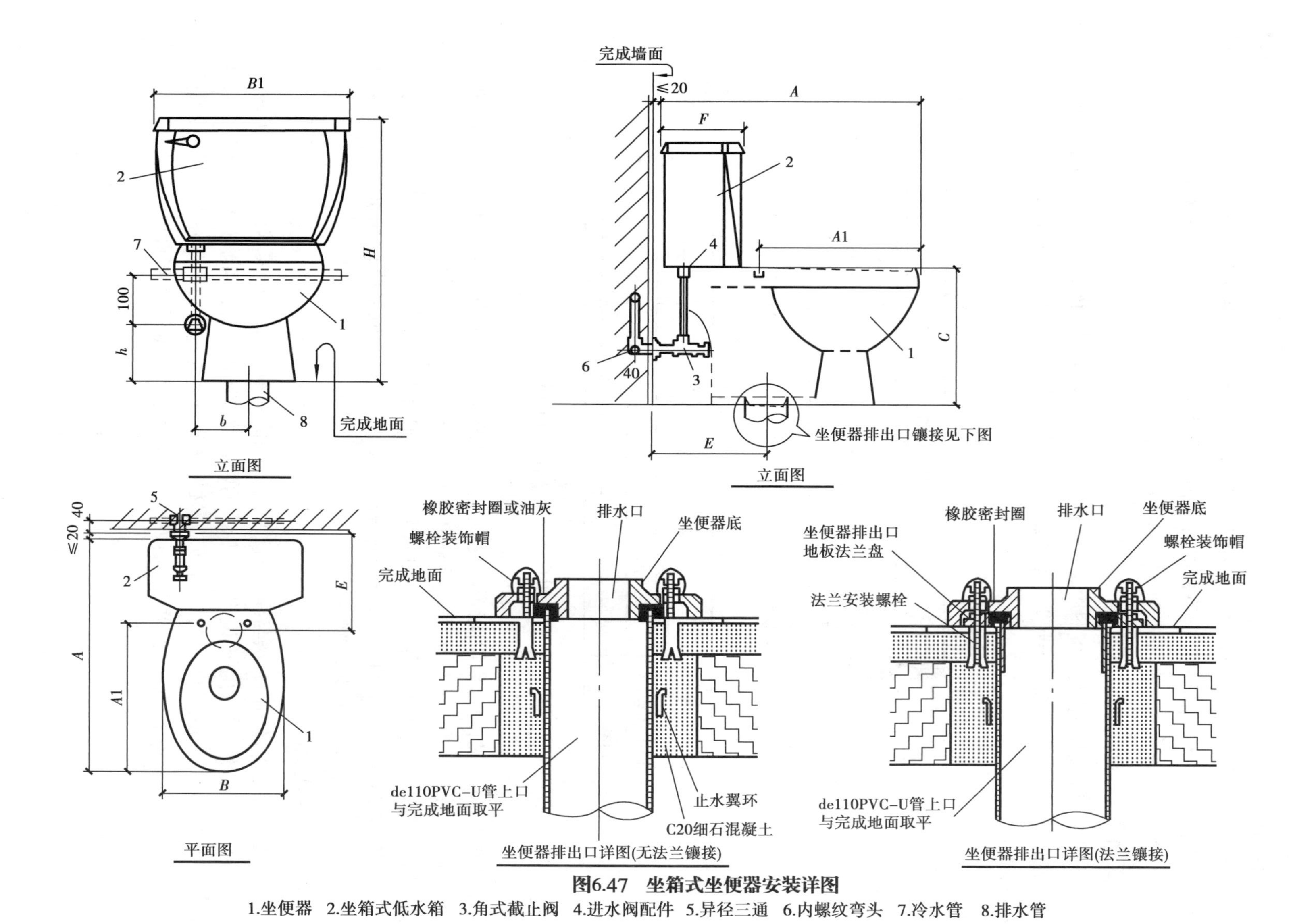

图6.47　坐箱式坐便器安装详图

1.坐便器　2.坐箱式低水箱　3.角式截止阀　4.进水阀配件　5.异径三通　6.内螺纹弯头　7.冷水管　8.排水管

6.6 园林电气设计图

6.6.1 园林电气图表达的内容

1)园林电气图的有关规定

识别国家颁布的和通用的电气简图用图形符号,是设计和阅读园林电气图的基础。园林电气图是根据国家颁布的有关电气技术标准和通用图形符号绘制的。常用的电气图形符号见附录Ⅸ。

2)园林电气图的组成

园林电气一般分为设备用电和照明用电,设备用电主要指喷泉等高负载用电设备,照明用电则指各种灯具的用电。

园林电气图一般由电气外线总平面图、电气平面图、电气系统图、设备布置图、电气原理接线图和详图等组成。

(1)电气外线总平面图　电气外线总平面图是根据公园总平面图绘制的变电所、架空线路或地下电缆位置并注明有关施工方法的图样。

(2)电气平面图　电气平面图是表示各种电气设备与线路平面布置的图纸,它是电气安装的重要依据。

(3)电气系统图　电气系统图是概括整个工程或其中某一工程的供电方案与供电方式并用单线连结形式表示线路的图样。它比较集中地反映了电气工程的规模。

(4)设备布置图　设备布置图是表示各种电气设备的平面与空间的位置、安装方式及相互关系的图纸。

(5)电气原理接线图(或称控制原理图)　电气原理图是表示某一具体设备或系统的电气工作原理图。

(6)详图(也称大样图)　详图一般采用标准图,主要表明线路敷设、灯具、电器安装及防雷接地、配电箱(板)制作和安装的详细做法及要求。

6.6.2 园林电气图的识读

1)电气系统图

电气系统图分为电力系统图、照明系统图等。电气系统图上标有整个公园内的配电系统和容量分配情况、配电装置、导线型号、截面、敷设方式及管径等。

图 6.48 所示为电气系统图。图中表明,进户线用 4 根 BLX 型、耐压为 500 V、截面积为 16 mm^2的电线从户外电杆引入。3 根相线接三刀单投胶盖切开关(规格为 HK1—30/3),然后接入 3 个插入式熔断器(规格为 RC1A—30/25)。再将 A,B,C 三相各带一根零线引到分配电盘。A 相到达底层分配电盘,通过双刀单投胶盖切开关(规格为 HK1—15/2),接入插入式熔断器(规格为 RC1A—15/15),再分 N1,N2,N3 和一个备用支路,分别通过规格为 HK1—15/2 的胶盖切开关和规格为 RC1A—10/4 的熔断器,各线路用直径为 5 mm 的软塑管沿地板沿墙暗敷。管内穿 3 根截面为 1.5 mm^2的铜芯线。

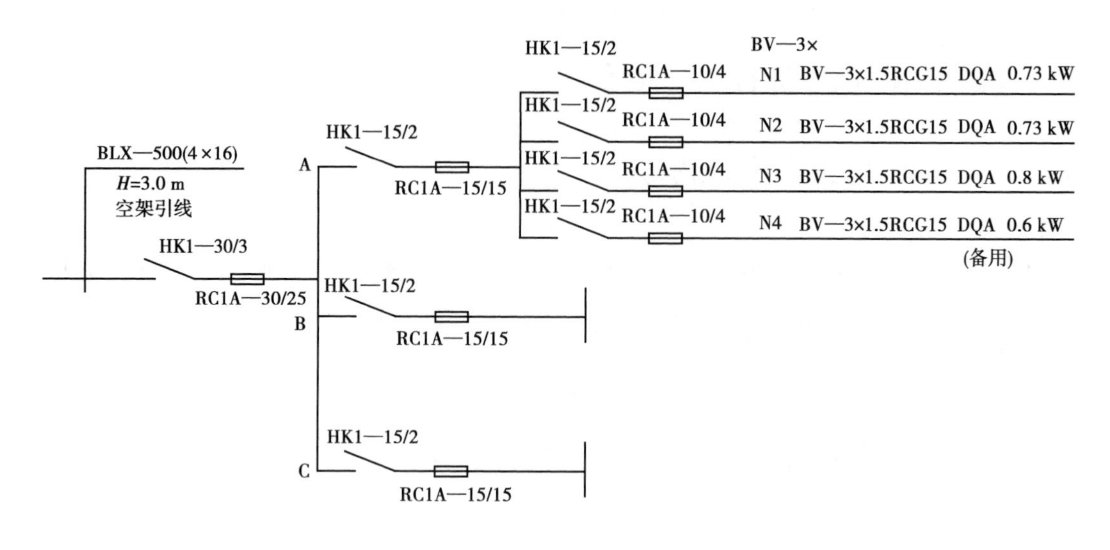

图 6.48 电气系统图

2)电气平面图

电气平面图是电气安装的重要依据，它是将同一层内不同高度的电器设备及线路都投影到同一平面上来表示的。

平面图一般包括变配电平面图、动力平面图、照明平面图、防雷接地平面图等。照明平面图就是在公园施工平面图上绘出的电气照明分布图，图上标有电源实际进线的位置、规格、穿线管径，配电箱的位置，配电线路的走向，干支线的编号、敷设方法，开关，插座，照明器具的种类、型号、规格、安装方式和位置等。

一般照明线路的走向是电源从建筑物某处进户后，经总配电箱和分配电箱，由干线、支线连接起来，通向各用电设备。其中干线是由外线引入总配电箱及由总配电箱到分配电箱的连接线，支线是自分配电箱引至各用电设备的导线。图 6.49 所示为底层照明图。图中电源由 2 楼引入，用两根 BLX 型、耐压 500 V、截面积为 6 mm^2的电线，穿 VG20 塑料管沿墙暗敷，由配电箱引 3 条供电回路 N1，N2，N3 和 1 条备用回路。N1 回路照明装置有 8 套 YG 单管 1×40 W日光灯，悬挂高度距地 3 m，悬吊方式为链(L)吊，2 套 YG 双管 40 W 日光灯，悬挂高度距地 3 m，悬挂方式为链(L)吊。日光灯均装有对应的开关。带接地插孔的单箱插座有 5 个。N2 回路与 N1 回路相同。N3 回路上装有3 套100 W、2 套60 W 的大棚灯和2 套100 W 壁灯，灯具装有相应的开关，带接地插孔的单相插座有 2 个。

3)电气详图

电气安装工程的局部安装大样、配件构造等均要用电气详图表示出来才能施工。一般的施工图不绘制电气详图，电气详图与一些具体工程的做法均参考标准图或通用图册施工。有些设计单位为避免重复作图，提高设计速度，还自行编绘了通用图集供安装施工使用。图 6.50是两只双控开关在两处控制一盏灯的接线方法。

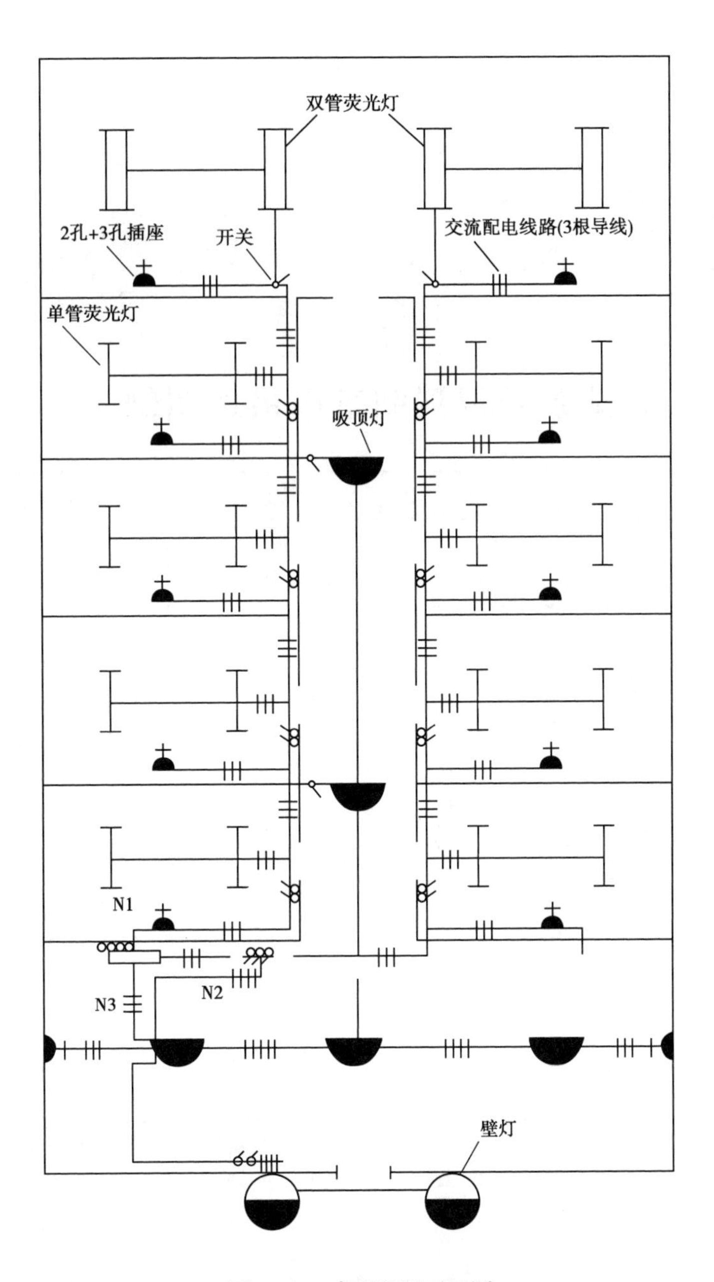

图 6.49　底层照明平面图

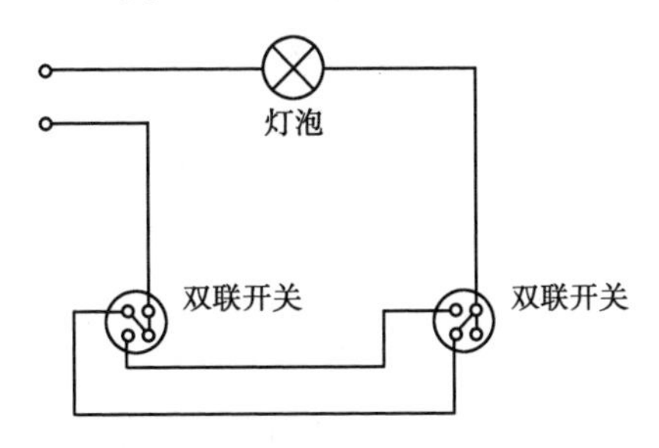

图 6.50　两只双控开关在两处控制一盏灯接线方法详图

附 录

附录Ⅰ 城市绿地系统规划图纸中用地图例(见书前彩图)

序 号	图 形	文 字	图形颜色
1		公园绿地	C = 55 M = 6 Y = 77
2		生产绿地	C = 53 M = 8 Y = 53
3		防护绿地	C = 36 M = 15 Y = 54
4		附属绿地	C = 15 M = 4 Y = 36
5		其他绿地	C = 19 M = 2 Y = 23

注:图形颜色由C(青色)、M(洋红色)、Y(黄色)、K(黑色)4种印刷油墨的色彩浓度确定;图形颜色中字母对应的数值为色彩浓度百分值,表中缺省的油墨类型的色彩浓度百分值一律为0。

附录Ⅱ　风景名胜区总体规划图纸用地及保护分类、保护分级图例(见书前彩图)

序　号	图　形	文　字	图形颜色
1	用地分类		
1.1		风景游赏用地	C=46　M=7　Y=57
1.2		游览设施用地	C=31　M=85　Y=70
1.3		居民社会用地	C=4　M=28　Y=38
1.4		交通与工程用地	K=50
1.5		林地	C=63　M=20　Y=63
1.6		园地	C=31　M=6　Y=47
1.7		耕地	C=15　M=4　Y=36
1.8		草地	C=45　M=9　Y=75
1.9		水域	C=52　M=16　Y=2
1.10		滞留用地	K=15
2	保护分类		
2.1		生态保护区	C=52　M=11　Y=62
2.2		自然景观保护区	C=33　M=9　Y=27
2.3		史迹保护区	C=17　M=42　Y=44

续表

序　号	图　形	文　字	图形颜色
2.4		风景恢复区	C = 20　M = 4　Y = 39
2.5		风景游览区	C = 42　M = 16　Y = 58
2.6		发展控制区	C = 8　M = 20
3	保护分级		
3.1		特级保护区	C = 18　M = 48　Y = 36
3.2		一级保护区	C = 16　M = 33　Y = 34
3.3		二级保护区	C = 9　M = 17　Y = 33
3.4		三级保护区	C = 7　M = 7　Y = 23

注：①根据图面表达效果需要，可在保持色系不变的前提下，适当调整保护分类及保护分级图形颜色色调。

②图形颜色由 C（青色）、M（洋红色）、Y（黄色）、K（黑色）4 种印刷油墨的色彩浓度确定；图形颜色中字母对应的数值为色彩浓度百分值，表中缺省的油墨类型的色彩浓度百分值一律为 0。

附录Ⅲ　风景名胜区总体规划图纸景源图例(见书前彩图)

序　号	景源类别	图　形	文　字	图形大小	图形颜色
1	人文		特级景源(人文)	外圈直径为 b	C = 5　M = 99 Y = 100　K = 1
2			一级景源(人文)	外圈直径为 $0.9b$	
3			二级景源(人文)	外圈直径为 $0.8b$	
4			三级景源(人文)	外圈直径为 $0.7b$	
5			四级景源(人文)	直径为 $0.5b$	
6	自然		特级景源(自然)	外圈直径为 b	C = 87　M = 29 Y = 100　K = 18
7			一级景源(自然)	外圈直径为 $0.9b$	
8			二级景源(自然)	外圈直径为 $0.8b$	
9			三级景源(自然)	外圈直径为 $0.7b$	
10			四级景源(自然)	直径为 $0.5b$	

注:①图形颜色由 C(青色)、M(洋红色)、Y(黄色)、K(黑色)4 种印刷油墨的色彩浓度确定;图形颜色中字母对应的数值为色彩浓度百分值。

②b 为外圈直径,视图幅以及规划区域的大小而定。

附录Ⅳ　风景名胜区总体规划图纸基本服务设施图例(见书前彩图)

设施类型	图　形	文　字	图形颜色
服务基地		旅游服务基地/综合服务设施点(注:左图为现状设施,右图为规划设施)	
旅行		停车场	C=91　M=67 Y=11　K=1
		公交停靠站	
		码头	
		轨道交通	
		自行车租赁点	
		出入口	
游览		导示牌	C=71　M=26 Y=69　K=7
		厕所	
		垃圾箱	
		观景休息点	
		公安设施	
		医疗设施	
		游客中心	

续表

设施类型	图 形	文 字	图形颜色
游览		票务服务	C=71 M=26 Y=69 K=7
		儿童游戏场	
饮食		餐饮设施	C=27 M=100 Y=100 K=31
住宿		住宿设施	
购物		购物设施	
管理		管理机构驻地	

注:图形颜色由 C(青色)、M(洋红色)、Y(黄色)、K(黑色)4 种印刷油墨的色彩浓度确定;图形颜色中字母对应的数值为色彩浓度百分值。

附录Ⅴ　设计图纸常用图例

序　号	名　称	图　形	说　明
建　筑			
1	温室建筑	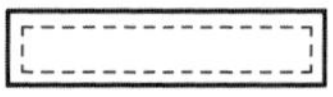	依据设计绘制具体形状
等高线			
2	原有地形等高线		用细实线表达
3	设计地形等高线		施工图中等高距值与图纸比例应符合如下的规定： 图纸比例 1∶1 000，等高距值 1.00 m； 图纸比例 1∶500，等高距值 0.50 m； 图纸比例 1∶200，等高距值 0.20 m
山　石			
4	山石假山	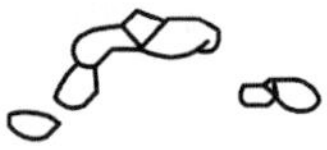	根据设计绘制具体形状，人工塑山需要标注文字
5	土石假山		包括“土包石”“石包土”及土假山，依据设计绘制具体形状
6	独立景石		依据设计绘制具体形状
水　体			
7	自然水体		依据设计绘制具体形状，用于总图
8	规划水体	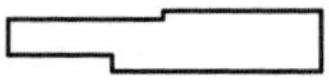	依据设计绘制具体形状，用于总图
9	跌水、瀑布		依据设计绘制具体形状，用于总图
10	旱涧		包括“旱溪”，依据设计绘制具体形状，用于总图
11	溪涧		依据设计绘制具体形状，用于总图
绿　化			
12	绿化	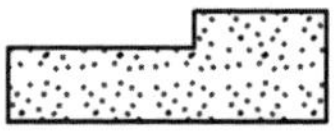	施工图总平面图中绿地不宜标示植物，以填充及文字进行表达

续表

序　号	名　称	图　形	说　明
常用景观小品			
13	花架		依据设计绘制具体形状,用于总图
14	座凳		用于表示座椅的安放位置,单独设计的根据设计形状绘制,文字说明
15	花台、花池		依据设计绘制具体形状,用于总图
16	雕塑	雕塑 雕塑	仅表示位置,不表示具体形态,根据实际绘制效果确定大小;也可依据设计形态表示
17	饮水台		
18	标识牌		
19	垃圾桶		

附录Ⅵ　初步设计和施工图设计图纸的植物图例

<table>
<tr><th rowspan="3">序号</th><th rowspan="3">名称</th><th colspan="3">图形</th><th rowspan="3">图形大小</th></tr>
<tr><th colspan="2">单株</th><th rowspan="2">群植</th></tr>
<tr><th>设计</th><th>现状</th></tr>
<tr><td>1</td><td>常绿针叶乔木</td><td></td><td></td><td></td><td rowspan="6">乔木单株冠幅宜按实际冠幅为3~6 m绘制,灌木单株冠幅宜按实际冠幅为1.5~3 m绘制,可根据植物合理冠幅选择大小</td></tr>
<tr><td>2</td><td>常绿阔叶乔木</td><td></td><td></td><td></td></tr>
<tr><td>3</td><td>落叶阔叶乔木</td><td></td><td></td><td></td></tr>
<tr><td>4</td><td>常绿针叶灌木</td><td></td><td></td><td></td></tr>
<tr><td>5</td><td>常绿阔叶灌木</td><td></td><td></td><td></td></tr>
<tr><td>6</td><td>落叶阔叶灌木</td><td></td><td></td><td></td></tr>
<tr><td>7</td><td>竹类</td><td></td><td>—</td><td></td><td>单株为示意;群植范围按实际分布情况绘制,在其中示意单株图例</td></tr>
<tr><td>8</td><td>地被</td><td colspan="3"></td><td rowspan="2">按照实际范围绘制</td></tr>
<tr><td>9</td><td>绿篱</td><td colspan="3"></td></tr>
</table>

附录Ⅶ 常用建筑材料图例(摘自 GBJ 1—86)

序 号	名 称	图 例	说 明
1	自然土壤		包括各种自然土壤
2	夯实土壤		
3	砂、灰土		靠近轮廓线点较密的点
4	砂、砾石、碎砖三合土		
5	天然石材		包括岩层、砌体、铺地、贴面等材料
6	毛石		
7	普通砖		1. 包括砌体、砌块; 2. 断面较窄,不易画出图例线时,可涂红
8	耐火砖		包括耐酸砖等
9	空心砖		包括多种多孔砖
10	饰面砖		包括铺地砖、马赛克、陶瓷锦砖、人造大理石等
11	混凝土		1. 本图例仅适用于能承重的混凝土及钢筋混凝土; 2. 包括各种标号、骨料、添加剂的混凝土; 3. 在剖面图上画出钢筋时,不画图例线; 4. 断面较窄,不易画出图例线时,可涂黑
12	钢筋混凝土		
13	焦渣、矿渣		包括与水泥、石灰等混合而成的材料

续表

序号	名称	图例	说明
14	多孔材料		包括水泥珍珠岩、沥青珍珠岩、泡沫混凝土、非承重加气混凝土、泡沫塑料、软木等
15	纤维材料		包括麻丝、玻璃棉、矿渣棉、木丝板、纤维板等
16	松散材料		包括木屑、石灰木屑、稻壳等
17	木材		1. 上图为横断面,左上图为垫木、木砖、木龙骨; 2. 下图为纵断面
18	胶合板		应注明×层胶合板
19	石膏板		
20	金属		1. 包括各种金属; 2. 图形小时,可涂黑
21	网状材料		1. 包括金属、塑料等网状材料; 2. 注明材料
22	液体		注明液体名称
23	玻璃		包括平板玻璃、磨砂玻璃、夹丝玻璃、钢化玻璃等
24	橡胶		
25	塑料		包括各种软、硬塑料及有机玻璃等
26	防水材料		构造层次多或比例较大时,采用上面图例
27	粉刷		本图例点以较稀的点

注:序号1,2,5,7,8,12,14,18,20,21,25图例中的斜线、短斜线、交叉斜线等一律为45°。

附录Ⅷ　构造及配件图例(摘自 GBJ 104—87)

序　号	名　称	图　例	说　明
1	土墙		包括土筑墙、土坯墙、三合土墙等
2	隔断		1. 包括板条抹灰、木制、石膏板、金属材料等隔断; 2. 适用于到顶与不到顶隔断
3	栏杆		上图为非金属扶手,下图为金属扶手
4	楼梯	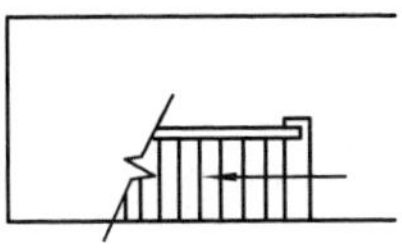 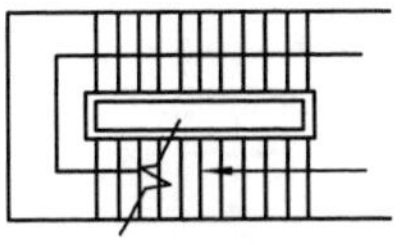 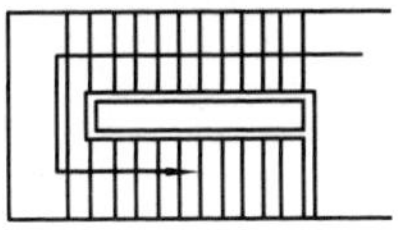	1. 上图为底层楼梯平面,中图为中间层楼梯平面,下图为顶层楼梯平面; 2. 楼梯的形式及步数应按实际情况绘制
5	坡道	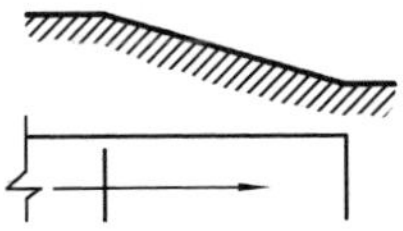	
6	检查孔	 	左图为可见检查孔,右图为不可见检查孔
7	孔洞	 	

续表

序号	名称	图例	说明
8	坑槽		
9	墙预留洞	宽×高或ϕ	
10	墙预留槽	宽×高×深或ϕ	
11	烟道		
12	通风道		
13	新建的墙和窗		本图为砖墙图例，若用其他材料，应按所用材料的图例绘制
14	在原有墙或楼板上局部堵塞的洞		
15	空门洞		

续表

序号	名称	图例	说明
16	单扇门(包括平开或单面弹簧)	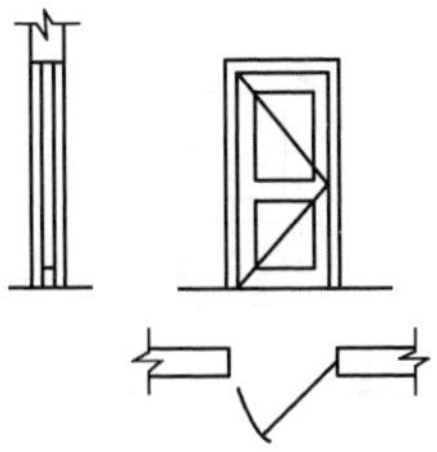	1. 门的名称代号用 M 表示; 2. 剖面图上左为外、右为内,平面图上下为外、上为内; 3. 立面图上开启方向线交角的一侧为安装合页的一侧,实线为外开,虚线为内开; 4. 平面图上的开启弧线及立面图上的开启方向线,在一般设计图上不需表示,仅在制作图上表示; 5. 立面形式应按实际情况绘制
17	双扇门(包括平开或单面弹簧)	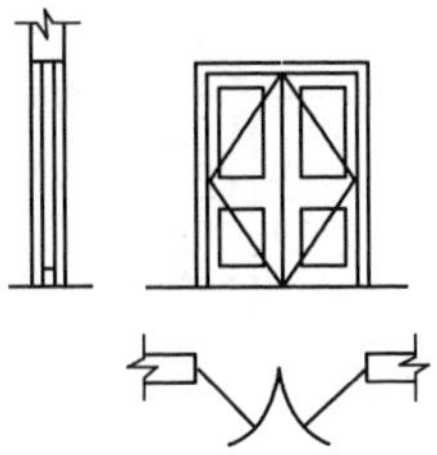	
18	对开折叠门	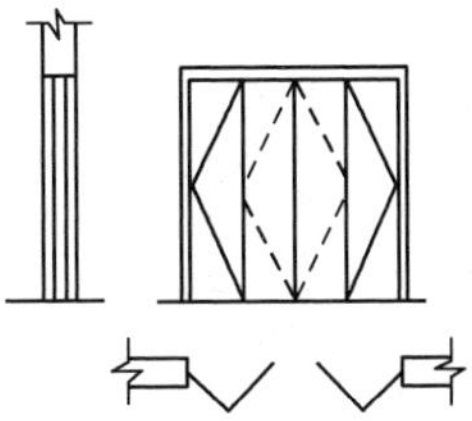	
19	墙外单扇推拉门	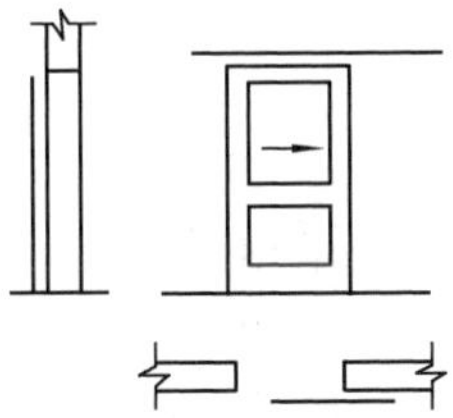	同序号 16 说明中的 1,2,5
20	墙外双扇推拉门	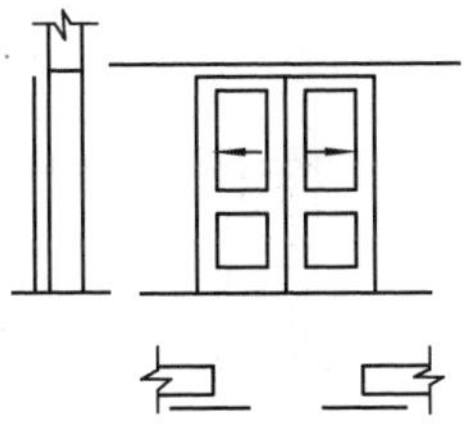	同序号 19

续表

序　号	名　称	图　例	说　明
21	墙内单扇推拉门	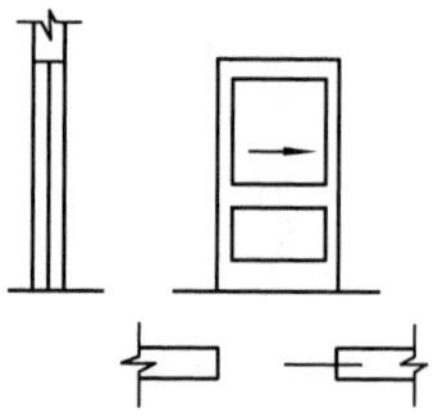	同序号 19
22	墙内双扇推拉门		同序号 19
23	单扇双面弹簧门	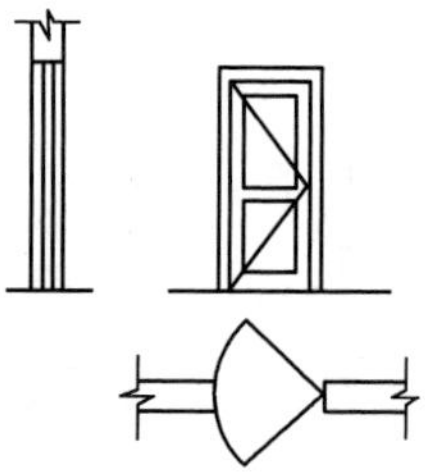	同序号 16
24	双扇双面弹簧门	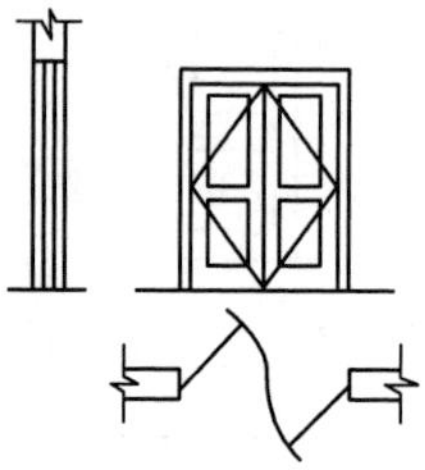	同序号 16
25	单扇内外开双层门 （包括平开或单面弹簧）	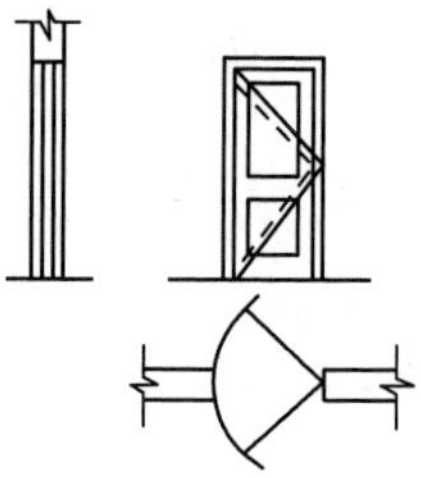	同序号 16

续表

序号	名称	图例	说明
26	双扇内外开双层门（包括平开或单面弹簧）	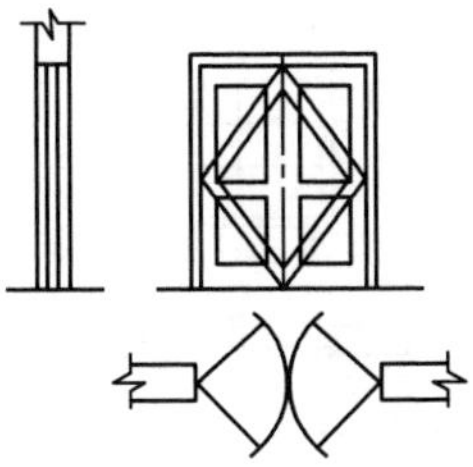	同序号 16
27	转门	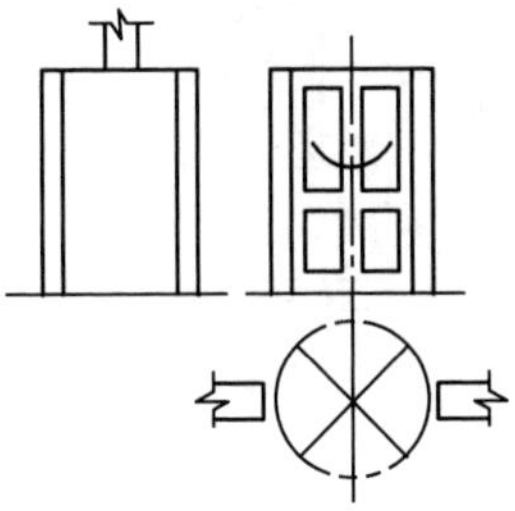	同序号 16 中的 1,2,4,5
28	折叠上翻门	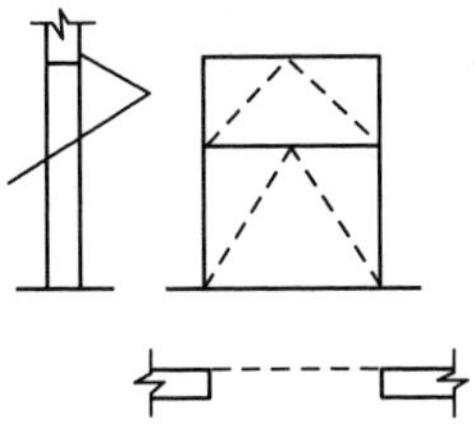	同序号 16
29	卷门	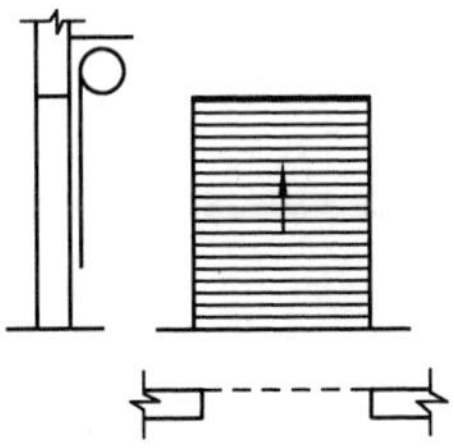	同序号 16 说明中的 1,2,5
30	提升门	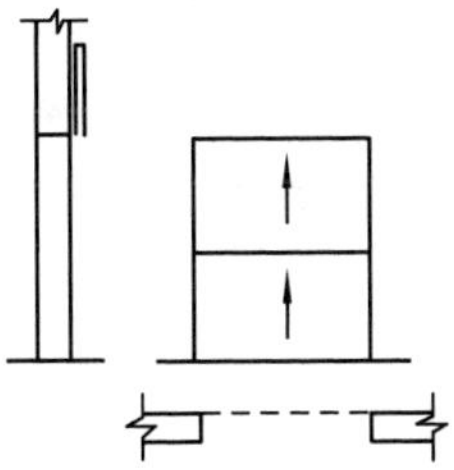	同序号 16 说明中的 1,2,5

续表

序号	名称	图例	说明
31	单层固定窗	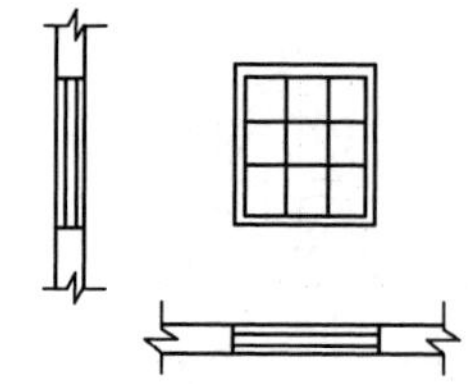	1. 窗的名称代号为 C; 2. 立面图中的斜线表示窗的开关方向,实线为外开,虚线为内开;开启方向线交角的一侧为安装合页的一侧,一般设计图中可不表示; 3. 剖面图上左为外、右为内,平面图上下为外,上为内; 4. 平、剖面图上的虚线仅说明开关方式,在设计图中不需表示; 5. 窗的立面形式应按实际情况绘制
32	单层外开上悬窗	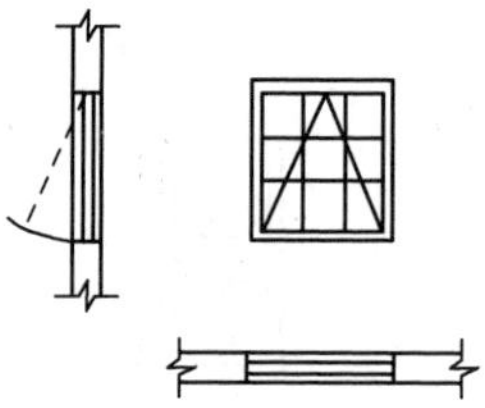	
33	单层中悬窗	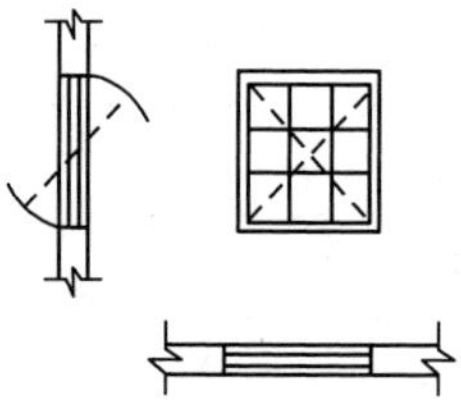	同序号 31
34	单层内开下悬窗	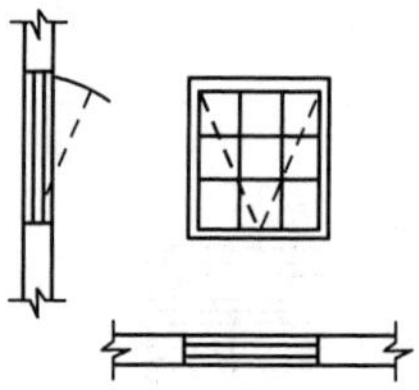	同序号 31
35	单层外开平开窗	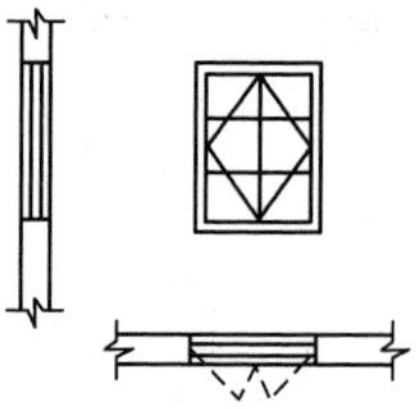	同序号 31

续表

序号	名称	图例	说明
36	立转窗		同序号 31
37	单层内开平开窗		同序号 31
38	双层内外开平开窗		同序号 31
39	左右推拉窗		同序号 31 说明中的 1,3,5
40	上推窗		同序号 31 说明中的 1,3,5
41	百叶窗		同序号 31

附录Ⅸ 常用构件代号

序号	名称	代号	序号	名称	代号	序号	名称	代号
1	板	B	19	圈梁	QL	37	承台	CT
2	屋面板	WB	20	过梁	GL	38	设备基础	SJ
3	空心板	KB	21	连系梁	LL	39	桩	ZH
4	槽形板	CB	22	基础梁	JL	40	挡土墙	DQ
5	折板	ZB	23	楼梯	TL	41	地沟	DG
6	密肋板	MB	24	框架梁	KL	42	柱间支撑	ZC
7	楼梯板	TB	25	框支梁	KZL	43	垂直支撑	CC
8	盖板或沟盖板	GB	26	屋面框架梁	WKL	44	水平支撑	SC
9	挡雨板或檐口板	YB	27	檩条	LT	45	梯	T
10	吊车安全走道板	DB	28	屋架	WJ	46	雨篷	YP
11	墙板	QB	29	托架	TJ	47	阳台	YT
12	天沟板	TGB	30	天窗架	CJ	48	梁垫	LD
13	梁	L	31	框架	KJ	49	预埋件	M
14	屋面梁	WL	32	刚架	GJ	50	天窗端壁	TD
15	吊车梁	DL	33	支架	ZJ	51	钢筋网	W
16	单轨吊车梁	DDL	34	柱	Z	52	钢筋骨架	G
17	轨道连接	DGL	35	框架柱	KZ	53	基础	J
18	车挡	CD	36	构造柱	GZ	54	暗柱	AZ

注:①预制钢筋混凝土构件、现浇钢筋混凝土构件、钢构件和木构件,一般可直接采用本附录中的构件代号。在绘图中,当需要区别上述构件的材料种类时,可在构件代号前加注材料代号,并在图样中加以说明。

②预应力钢筋混凝土构件的代号,应在构件代号前加注“Y-”,如“Y-DL”表示预应力钢筋混凝土吊车梁。

附录Ⅹ 钢筋的一般表示方法

序号	名称	图例	说明
1	钢筋横断面	●	
2	无弯钩的钢筋端部	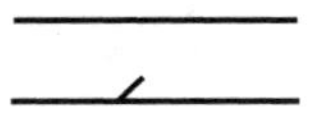	下图表示长、短钢筋投影重叠时,短钢筋的端部用45°斜划线表示
3	带半圆形弯钩的钢筋端部		
4	带直钩的钢筋端部		
5	带丝扣的钢筋端部		
6	无弯钩的钢筋搭接		
7	带半圆形弯钩的钢筋搭接		
8	带直钩的钢筋搭接		

附录Ⅺ 给排水工程常用图例(摘自 GBJ 106—87)

序号	名称	图例	说明
1	管道		用于一张图内只有一种管道的情况
		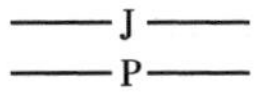 J P	用汉语拼音字头表示管道类别
		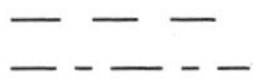	用图例表示管道类别
2	交叉管		指管道交叉不连接,在下方和后面的管道应断开
3	三通连接	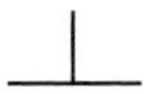	

续表

序号	名称	图例	说明
4	四通连接	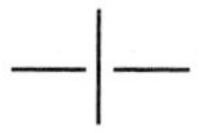	
5	流向		
6	坡向	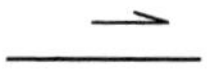	
7	套管伸缩器	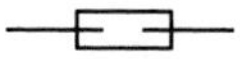	
8	波形伸缩器	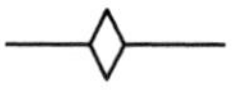	
9	弧形伸缩器		
10	方形伸缩器	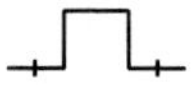	
11	防水套管	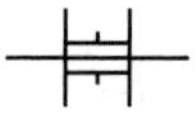	
12	软管		
13	可挠曲橡胶接头		
14	管道固定支架		
15	管道滑动支架	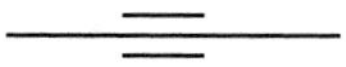	
16	保温管		也适用于防结露管
17	多孔管		
18	拆除管	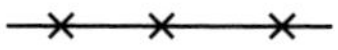	
19	地沟管	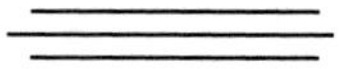	

续表

序号	名称	图例	说明
20	防护套管	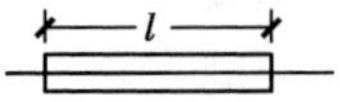	
21	管道立管	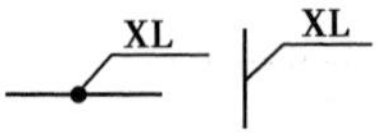 XL XL	X 为管道类别代号
22	排水明沟	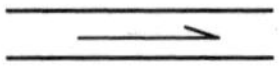	
23	排水暗沟	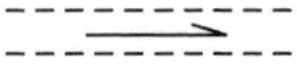	
24	弯折管		表示管道向后弯 90°
25	弯折管	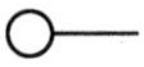	表示管道向前弯 90°
26	存水弯		
27	检查口		
28	清扫口		
29	通气帽		
30	雨水斗	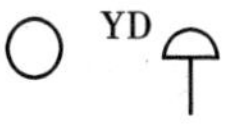 YD	
31	排水漏斗		
32	圆形地漏		
33	方形地漏		
34	自动冲洗水箱	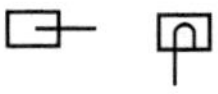	
35	阀门套筒		

续表

序号	名称	图例	说明
36	挡墩	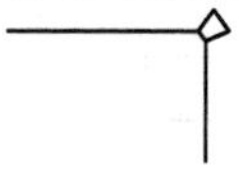	
37	法兰连接	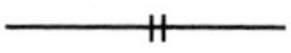	
38	承插连接	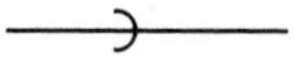	
39	螺纹连接	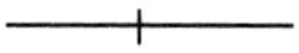	
40	活接头	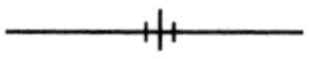	
41	管堵		
42	法兰堵盖		
43	喇叭口		
44	转动接头	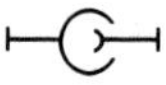	
45	管接头	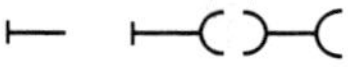	
46	弯管		
47	正三通	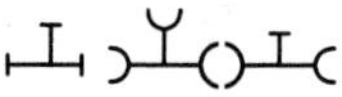	
48	阀门		用于一张图内只有一种阀门的情况
49	角阀		
50	三通阀		

续表

序号	名 称	图 例	说 明
51	四通阀		
52	闸阀		
53	截止阀		
54	电动阀	M	
55	减压阀		
56	底阀		
57	自动排气阀		
58	浮球阀		
59	延时自闭冲洗阀		
60	放水龙头		
61	皮带龙头		
62	洒水龙头		
63	化验龙头		
64	肘式开关		
65	脚踏开关		

续表

序号	名称	图例	说明
66	室外消火栓		
67	室内消火栓(单口)		
68	室内消火栓(双口)		
69	消防喷头(开式)	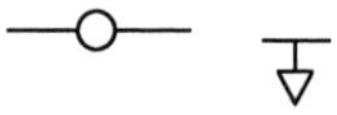	
70	消防喷头(闭式)	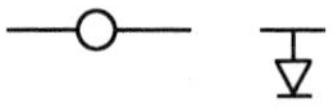	
71	消防报警阀		
72	水盆水池	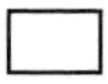	用于一张图内只有一种水盆或水池的情况
73	洗脸盆		
74	立式洗脸盆		
75	浴盆		
76	化验盆、洗涤盆	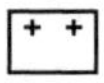	
77	盥洗槽	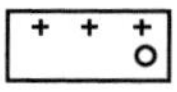	

续表

序号	名 称	图 例	说 明
78	污水池		
79	立式小便器		
80	挂式小便器		
81	蹲式大便器		
82	坐式大便器		
83	小便槽		
84	饮水器		
85	淋浴喷头		
86	矩形化粪池	HC	HC 为化粪池代号
87	圆形化粪池	HC	
88	雨水口		
89	阀门井、检查井		

续表

序号	名称	图例	说明
90	放气井		
91	泄水井		
92	水表井		本图例与流量计相同
93	泵		用于一张图内只有一种泵的情况
94	离心水泵		
95	真空泵	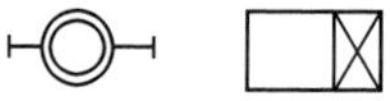	
96	压力表		
97	自动记录压力表		

附录Ⅻ 常用电气图例

1. **开关、控制和保护装置**(摘自 GB 4728,7—84)

图形符号	说明	旧符号
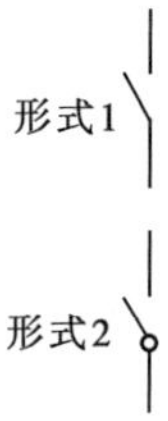 形式1 形式2	动合(常开)触点 注:本符号也可用作开关的一般符号	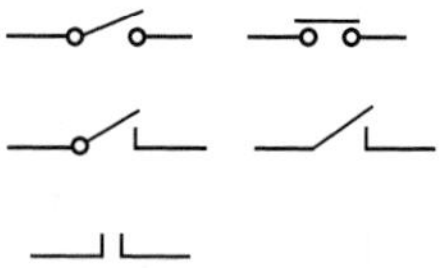
	动断(常闭)触点	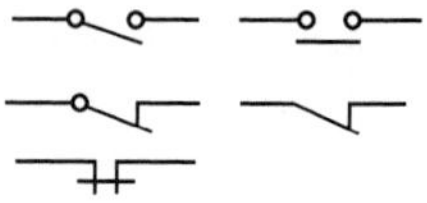
	先断后合的转换触点	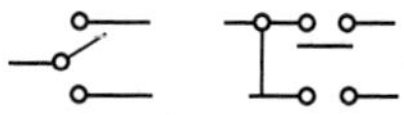

续表

图形符号	说 明	旧符号
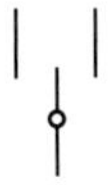	中间断开的双向触点	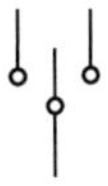
形式1  形式2 	当操作器件被吸合时延时闭合的动合触点	  接触器
形式1  形式2 	当操作器件被释放时延时断开的动合触点	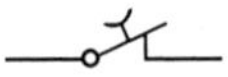  接触器
形式1  形式2 	当操作器件被释放时延时闭合的动断触点	  接触器
形式1  形式2 	当操作器件被吸合时延时断开的动断触点	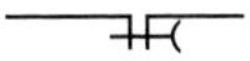 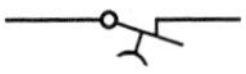 接触器
	吸合时延时闭合和释放时延时断开的动合触点	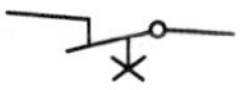
	手动开关的一般符号	
	按钮开关(不闭锁)	

续表

图形符号	说　明	旧符号
	拉拔开关(不闭锁)	
	旋钮开关、旋转开关(闭锁)	
	多极开关的一般符号 单线表示	
	多线表示	
	接触器(在非动作位置触点断开)	
	具有自动释放的接触器	
	接触器(在非动作位置触点闭合)	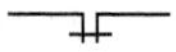
	断路器	 
	隔离开关	
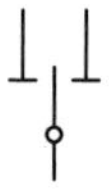	具有中间断开位置的双向隔离开关	

续表

图形符号	说　明	旧符号
	负荷开关(负荷隔离开关)	
	具有自动释放的负荷开关	
形式1　形式2	操作器件的一般符号	
	缓慢释放(缓放)继电器的线圈	
	缓慢吸合(缓吸)继电器的线圈	
	缓吸缓放继电器的线圈	
	快速继电器(快吸和快放)的线圈	
	对交流电不敏感继电器的线圈	
	交流继电器的线圈	
	热继电器的驱动器件	
$U=0$	零电压继电器	
$I \leftarrow$	逆流继电器	

续表

图形符号	说　明	旧符号
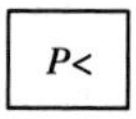 P<	欠功率继电器	
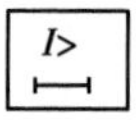 I>	延时过流继电器	
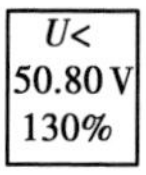 U< 50.80 V 130%	欠电压继电器 整定范围为 50 ~ 80 V,重整定比 130%	
	熔断器的一般符号	
	供电端由粗线表示的熔断器	
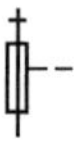	带机械连杆的熔断器(撞击器式熔断器)	
	具有独立报警电路的熔断器	
	跌开式熔断器	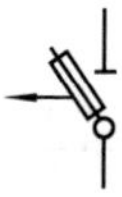
	熔断器式开关	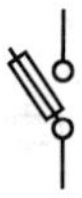
	熔断器式隔离开关	
	熔断器式负荷开关	
	火花间隙	
	避雷器	

2. **测量仪表、灯和信号器件**(摘自 GB 4728,8—84)

图形符号	说 明	旧符号
V	电压表	
A $I\sin\varphi$	无功电流表	
var	无功功率表	
$\cos\varphi$	功率因数表	
φ	相位表	
Hz	频率表	
	同步表(同步指示器)	
	检流计	
n	转速表	
Wh	电度表(瓦特小时计)	
Wh	多费率电度表(示出二费率)	
varh	无功电度表	
	钟(二次钟、副钟)的一般符号	
	带有开关的钟	
	灯的一般符号 信号灯的一般符号	照明 信号

续表

图形符号	说　明	旧符号
	闪光型信号灯	
	电喇叭	
	电铃	
	蜂鸣器	

3. **电力和照明**(摘自 GB 4728,11—85)

图形符号		说　明	旧符号
规划的	运行的		
v/v	v/v	变电所(示出改变电压)	
−/∼	−/∼	变流所(示出直流变交流)	
		杆上变电站	
		移动变电所	
		防爆式移动变电所	
		地下变电所	
		地下线路	
		水下(海底)线路	
		架空线路	
		管道线路	

续表

图形符号		说　明	旧符号
规划的	运行的		
		挂在钢索上的线路	
		事故照明线	
		50 V 及其以下电力及照明线路	
		控制及信号线路（电力及照明用）	
		用单线表示多种线路	
		用单线表示多回路线路（或电缆管束）	
		母线一般符号	
		装在支柱上的封闭式母线	
		装在吊钩上的封闭式母线	
		滑触线	
		中性线	
		保护线	
		保护和中性共用线	
		具有保护线和中性线的三相配线	
		向上配线	

续表

图形符号		说　明	旧符号
规划的	运行的		
		向下配线	
		垂直通过配线	
		盒(箱)的一般符号	
		带配线的用户端	
		配电中心(示出 5 根导线管)	
		连接盒或接线盒	
$a\frac{b}{c}Ad$		带照明灯的电杆 a——编号; b——杆型; c——杆高; d——容量; A——连接相序	
		电缆铺砖保护	
		电缆穿管保护	金属管 非金属管
		电缆预留	
		母线伸缩接头	
		电缆中间接线盒	

续表

图形符号		说　明	旧符号
规划的	运行的		
		电缆分支接线盒	
		屏、台、箱、柜的一般符号	
		动力或动力—照明配电箱	
		信号板、信号箱(屏)	
		照明配电箱(屏)	
		事故照明配电箱(屏)	
		多种电源配电箱(屏)	
		直流配电盘(屏)	
		交流配电盘(屏)	
		按钮一般符号	
		按钮盒	
		带指示灯的按钮	
		单相插座 暗装 密闭(防水) 防爆	

续表

图形符号		说 明	旧符号
规划的	运行的		
		带接地插孔的单相插座	
		暗装	
		密闭(防水)	
		防爆	
		带接地插孔的三相插座	
		暗装	
		密闭(防水)	
		防爆	
		插座箱(板)	
		开关的一般符号	
		单极开关	
		暗装	明装
		密闭(防水)	暗装
		防爆	密闭
		双极开关	
		暗装	明装
		密闭(防水)	暗装
		防爆	密闭

续表

图形符号		说 明	旧符号
规划的	运行的		
		三极开关 暗装 密闭(防水) 防爆	明装 暗装 密闭
		单极拉线开关	
		单极双控拉线开关	
		双控开关(单极三线)	
		具有指示灯的开关	
5		萤光灯一般符号 三管萤光灯 五管萤光灯	荧光灯列

参考文献

[1] 王志伟,等. 园林环境艺术与小品表现图[M]. 天津:天津大学出版社,2003.

[2] 刘卫斌. 园林工程[M]. 北京:中国科学技术出版社,2003.

[3] 金煜. 园林制图[M]. 北京:化学工业出版社,2005.

[4] 魏艳萍. 建筑制图与阴影透视[M]. 北京:中国电力出版社,2004.

[5] 中国计划出版社. 建筑制图标准汇编[M]. 北京:中国计划出版社,2003.

[6] 柴海利. 最新国外建筑钢笔画技法[M]. 南京:江苏美术出版社,2004.

[7] 中华人民共和国住房和城乡建设部. 风景园林制图标准:CJJ/T 67—2015[S]. 北京:中国建筑工业出版社,2015.

[8] 中华人民共和国住房和城乡建设部. 建筑制图标准:GB/T 50104—2010[S]. 北京:中国建筑工业出版社,2011.

[9] 中华人民共和国住房和城乡建设部. 房屋建筑制图统一标准:GB/T 50001—2017[S]. 北京:中国建筑工业出版社,2011.

[10] 欧内斯特·伯登. 建筑设计配景图库[M]. 3 版. 白晨曦,译. 北京:中国建筑工业出版社,1997.

[11] 夏克梁,徐卓恒. 景观设计手绘教学与实践[M]. 上海:东华大学出版社,2015.

[12] 谷康,付喜娥. 园林制图与识图[M]. 2 版. 南京:东南大学出版社,2010.

[13] 孛随文,刘成达. 园林制图[M]. 郑州:黄河水利出版,2010.

[14] 王晓婷,明毅强. 园林制图与识图[M]. 北京:中国电力出版社,2009.

[15] 吴机际. 园林工程制图[M]. 广州:华南理工大学出版社,1999.

[16] 常会宁,武新. 园林制图与识图[M]. 2 版. 北京:中国农业大学出版社,2015.

[17] 谭伟建. 建筑设备工程图识读与绘制[M]. 2 版. 北京:机械工业出版社,2014.

[18] 谭伟建,尚久明,韩变枝. 建筑设备工程图识读与绘制习题集[M]. 2 版. 北京:机械工业出版社,2014.